CRYPTOGRAPHY IN BLOCKCHAIN

区块链中的密码技术

（第二版）

王永娟　于　刚　高承实　◎主编

ZHEJIANG UNIVERSITY PRESS
浙江大学出版社
·杭州·

图书在版编目（CIP）数据

区块链中的密码技术 / 王永娟，于刚，高承实主编.
2 版. -- 杭州：浙江大学出版社，2025. 2. -- ISBN
978-7-308-25418-2

Ⅰ. TP311.135.9

中国国家版本馆 CIP 数据核字第 2024AU8452 号

区块链中的密码技术(第二版)

王永娟　于　刚　高承实　主编

责任编辑	吴昌雷
责任校对	王　波
封面设计	北京春天
出版发行	浙江大学出版社
	（杭州市天目山路 148 号　邮政编码 310007）
	（网址：http://www.zjupress.com）
排　版	杭州晨特广告有限公司
印　刷	杭州杭新印务有限公司
开　本	787mm×1092mm　1/16
印　张	18
字　数	383 千
版 印 次	2025 年 2 月第 2 版　2025 年 2 月第 1 次印刷
书　号	ISBN 978-7-308-25418-2
定　价	49.00 元

基于可信计算技术构建的安全可信保障体系才能保证区块链的健康发展

中国工程院院士　沈昌祥

区块链是一种利用密码学技术,将系统内有效交易进行编码的可附加账本。区块链要求每次交易必须有效,系统必须对数字资产的归属达成共识,且过往历史不能篡改。

比特币和区块链诞生虽仅有 10 余年,但其起源却要追溯到密码学。密码学技术的使用不仅可以保证信息的机密性,而且可以保证信息的完整性和准确性,防止信息被篡改、伪造和假冒。区块链中常用的密码技术包括哈希算法、非对称加密、数字签名,以及更艰深的同态加密、零知识证明等。没有密码学作为技术支撑,区块链系统将不复存在,区块链系统的安全性更无从保证。

区块链的安全与其他重要信息系统等同,从业务应用信息安全角度,要求交易有效、达成共识;从系统服务资源安全角度,要求数据不能被篡改,服务不能被中断。

2010 年 8 月,曾发生利用整数溢出漏洞凭空造出 1840 亿个比特币的事件。2016年 5 月,数字自治组织 DAO(区块链创业者技术开发社区、去中心的风投基金)因被发现有漏洞(9 个)而失败。席卷全球的勒索病毒对区块链也是极大的威胁。

利用主动免疫可信计算技术保护区块链,是区块链系统安全的必由之路。为使计算资源系统服务可信,要求区块链计算过程不被恶意干扰,主动免疫防止恶意攻击。为保证交易数据可控,要求比特币等区块链数据能够安全可信存储与传输。为达到交易过程可管控目的,要求交易过程真实可信,不可伪造,可信共管。

为此,可信系统管理平台要为可信的硬件、软件和安全策略提供度量基准值,安全服务商要为区块链计算环境提供可信保障策略。大量的区块链计算节点须向区块链审计平台提供可信报告,审计平台根据可信报告确定区块链的异常情况,及时处理。只有基于可信计算技术构建出的安全可信的保障体系才能保证区块链的健康发展。

密码乃国之重器,是保护国家利益的战略性资源,是网络安全的核心技术和基础支撑。密码研究已有数千年的历史。作为一门古老而深奥的学科,密码学经历了从古典密码学到现代密码学的演变。随着密码学的发展和密码技术的广泛应用,密码领域涌现出了大量的新技术和新概念。

　　密码学本身的深奥以及使用范围的局限,使得一般人对密码学非常陌生。区块链概念的普及和区块链技术的广泛应用,使得密码学研究者从一小部分学者和专家快速扩展到了大部分计算机从业者和区块链爱好者。王永娟研究员、于刚博士和高承实博士编撰的这本《区块链中的密码技术》,从区块链系统中应用最广泛的密码学基础入手,适合作为广大密码学爱好者和区块链爱好者的密码学学习入门读物。

　　该书除了从区块链系统的角度深入浅出地阐述密码学理论、技术、发展和应用之外,其不同于其他同类型图书之处,还在于用了一章的篇幅专门向读者阐述了密码研究和密码使用的政策法规,这在国内同类型图书中是极少见的。密码的研究和使用有着极强的政策性因素,这一点也是目前最为国内广大区块链爱好者所忽视的。

密码技术赋能区块链应用向更深层次发展

国家密码管理局研究员　何良生

区块链被普遍认为是继大数据、云计算、人工智能等技术之后的又一个可能带来重大影响的颠覆性技术。它以块链结构存储数据，使用密码技术保证数据安全，能够实现数据的一致性存储、难以篡改和无法抵赖。区块链建立了新的信任方式，能够在网络中建立点与点之间的可靠信任，使得价值传递过程能够既公开信息又保护隐私，既共同决策又保护个体权益。

密码技术是区块链最核心、最底层的技术，是区块链系统安全运行的基石。区块链系统多个环节使用了密码技术，包括哈希算法、签名算法、隐私保护算法、密码协议等，密码技术在区块链系统构建和稳定运行过程中发挥着重要作用。密码技术的发展和创新，必将带动区块链应用向更加广泛和更深的层次迈进！

区块链的出现和发展推动了密码理论和密码技术的应用、普及和发展。但密码不同于其他技术，密码的管理和使用具有鲜明的法律特征和政策特性，密码技术的管理和使用都要严格遵守相关的法律法规。第十三届全国人大常委会第十四次会议审议通过的《中华人民共和国密码法》于 2020 年 1 月 1 日正式施行，这是密码领域的综合性、基础性法律。《中华人民共和国密码法》规范了我国密码的应用和管理，为新时代密码工作提供了法律保障，必将促进密码事业的发展，营造良好的密码应用秩序。

伴随着科技和时代发展，密码设计、密码分析、密码应用和密码管理的内涵和外延都在不断地发生变化，密码的应用也越来越广泛，市场上相关教材和图书也随处可见，关于密码技术最新进展的图书，如量子密码、生物密码、基因密码也越来越多，但区块链领域的从业者和爱好者，却缺少一本适合的密码学方面的入门图书。

王永娟研究员、于刚博士、高承实博士编撰的这本《区块链中的密码技术》定位为面向区块链领域从业人员和爱好者的科普读物，不仅涵盖了密码学的基础知识，如密码学的概念、类别、各种算法，而且对区块链系统中广泛使用的密码技术进行了详细分析,深入浅出,由表及里,让读者既能够了解到区块链系统中的密码学原理,又能够知晓密码技术在区块链系统中的应用方式和地位作用,以及下一步的可能发展方向。该书对想学习了解密码学知识的人来说是一本很好的入门读物,对想了解区块链的人来说也是很好的选择。

区块链无论是在当下,还是未来,都将受到持续和高度的关注,并将在真实世界场景中发挥重要作用,但区块链技术的应用和发展离不开密码技术的发展与创新,密码技术的进一步发展,也必将使区块链在更大范围、更深程度上推动各个领域的数字化转型和发展。

再版前言

党的二十大报告指出,"加快发展数字经济,促进数字经济和实体经济深度融合,打造具有国际竞争力的数字产业集群",进一步明确了数字经济下一阶段的发展方向和目标。区块链是数字经济的重要组成部分,区块链赋能实体经济,既是数实融合的重要内容,也是推进数实融合的重要抓手。

本书主要面向区块链相关专业的大学生、区块链领域从业者和区块链爱好者,是区块链中密码技术的入门读物,重点讲述区块链中使用的密码理论和技术,旨在帮助读者加深对区块链的理解,深化对区块链中密码技术应用的认知。

再版之际,作者修订了第一版中存在的笔误,扩充了区块链扩容、隐私保护等用到的密码技术。第 3 章增加了同态加密、广播加密技术;第 4 章对 SM3 哈希算法、Merkle Patricia Tree 等相关知识进行了扩充完善;第 6 章增加了拟态区块链系统的介绍;第 7 章增加了侧链、跨链、DAG 等相关技术概述;并将隐私保护技术及其在区块链中的应用相关内容扩充形成新的第 7 章。

第二版一共 9 个章节。

第 1 章阐述区块链起源与发展历史、区块链的技术原理、区块链的技术体系结构、区块链与密码技术的关系,以及密码技术在区块链系统中的地位和作用等内容。本章内容可以帮助读者从总体上了解区块链的相关内容,并理解密码技术在区块链系统中的作用和地位。

第 2 章介绍密码学的发展历程、密码学相关术语、密码体制分类、加密基本原理、密码系统模型等基础知识,同时对密钥长度,密钥管理过程以及算法使用等密码技术进行了梳理,最后对密码学研究进展进行了概述。本章内容可以帮助读者对密码学和密码技术建立起初步了解,为深刻理解密码技术在区块链中的应用奠定基础。

第 3 章重点阐述非对称密码的起源与特点、理论与基础,非对称密码与对称密码优缺点,并就典型的非对称密码算法 RSA、椭圆曲线等进行了详细分析和讨论,最后讨论非对称密码在区块链中的主要应用场景。本章重点在于帮助读者掌握典型的非对称密码算法及其在区块链中的应用。

第 4 章首先分析哈希函数的起源及其发展历史,哈希函数的理论基础,哈希函数的安全性,然后重点分析当前典型的哈希函数,包括 MD5、SHA-1、SHA2、SM3 等哈希算法,最后从区块链运行机制方面,探讨哈希算法在区块链中的功能和应用。本章重点在于帮助读者掌握哈希算法及其在区块链中的应用。

第5章在梳理密码协议的基本定义、基本特征以及密码协议的安全性基础之上，讨论密码协议在共识机制、智能合约等区块链重要功能中的应用，最后对区块链中典型的多方安全计算、拜占庭将军问题和门限方案等密码协议进行了分析。本章重点在于帮助读者掌握密码协议的概念及其在区块链中的应用。

第6章讨论区块链安全问题。首先分析区块链在构建过程中存在的安全问题及其相应的解决方案，接着讨论区块链系统面临的安全威胁，并从可信计算和拟态两个角度，探讨安全区块链体系结构及其要素。本章重点在于帮助读者了解区块链面临的安全威胁以及解决思路。

第7章具体讨论由密码技术构建的以比特币为基石的区块链1.0，以以太坊为代表的区块链2.0，以及在智能化物联网中拥有各种应用场景的区块链3.0的基本内容、存在问题和未来发展。

第8章概述隐私保护和隐私计算，详细介绍混淆电路、零知识证明、群签名、环签名、盲签名、门限签名、聚合签名等隐私保护技术，并对主要隐私保护技术在区块链中的应用进行了论述。本章重点在于帮助读者掌握隐私保护技术及其在区块链中的应用。

第9章探讨密码政策及其相关内容。梳理总结我国现行的密码管理政策以及政策的发展和应用，着重讨论国密算法在区块链中的应用和挑战，最后，针对当前形势下的商用密码的发展进行了探讨。

在第二版编写过程中得到课题组内研究生的大力支持，在此表示衷心感谢。同时也参阅引用了一些国内外最近有关区块链方面的论文与著作，在此谨向作者们表示深切的谢意。

由于作者水平所限，书中有不当和错误之处，敬请专家、学者和广大读者批评指正。

作者

第一版前言

通往区块链殿堂的密码

区块链是由多种技术的重新组合而带来的一次重大技术创新,并极有可能带来一场伟大的数字革命,这场数字革命可能包括在现有技术框架内如何融合进更多更新的技术,也包括更多技术的新的组合方式的出现,以及由技术组合带来的人类生产生活方式的全方位调整和改革。

区块链通过多种技术的组合和资源的消耗,使得传统的建立在互联网基础上的不可靠、不可信连接,变得可靠、可信。这无论是对于提升未来出现的更复杂信息系统的系统鲁棒性,还是建立在信息系统之上的复杂业务系统的稳固和可靠,都将提供极大的支撑作用,带来极大的经济价值方面的想象空间。目前建立在区块链系统上的各种成功的 DAPP 应用,包括 2020 年火爆的 DEFI,是这方面的早期案例。

区块链通过数据在一定范围内的全网一致性分发和冗余存储,使数据在相应范围内公开透明,赋予了所有节点同样的权力和地位,使系统中的每个个体在更大程度上拥有自我决策的能力。这种架构将有可能为社会治理由以往的他治变为更大程度上的自治、社会组织由更大程度上的他组织变为自组织提供底层技术基础,进而将有可能改变传统中心化方式下的经济组织形式和社会治理流程。

自 2008 年中本聪的《比特币:一种点对点的电子现金系统》白皮书问世,至今已10 余年时间。这 10 余年间,区块链的影响力越来越大,区块链在技术方面也取得了巨大的突破,应用场景日趋丰富。区块链已经从原来单纯的比特币生产和支付,发展到与溯源、供应链、能源供给和调配、跨境支付等各行业相结合。区块链也发展出公有链、联盟链和私有链等不同类型,并在应用中与其他系统互相借鉴和融合。

随着技术的进一步发展和成熟,区块链的可落地场景越来越多,区块链的影响力也将越来越大。凡是可以通过数据公开以增强信任、通过流程重构以减少中间环节的场景,都是区块链的用武之地。凡是需要互相认证以加强多方协作,并通过相互之间的身份认证和固化数据减少推诿扯皮现象发生的场景,都可以用区块链技术对原有流程重新改写。区块链未来将有可能重塑全部人类社会现存的生产生活制度。

尽管具有如此重大的作用和如此深远的影响,但区块链在最基本的技术手段上并不复杂。具有最基本功能的区块链系统,都是由非对称密码、哈希函数、点对点传输协议和安全多方计算等几种已有成熟技术共同组成的。每种技术都在区块链概念产生以前独自发展了很多年,每种技术都不是区块链系统独有的。

密码技术的应用在区块链系统中无处不在。没有密码技术,就不可能有区块链系统存在。区块链系统中数据的隐私保护需要密码技术;保证数据的完整性,防止数据被篡改需要密码技术;个人身份确证需要密码,钱包保护也需要密码技术,甚至密钥的保护还需要密码技术。

无论是区块链从业者,还是区块链爱好者,若想对区块链有稍微深入一点的了解,就离不开密码学。但密码学发展至今已有几千年历史,体系日渐庞杂,内容越发深奥,初学者若无人引导,一时难以一窥究竟。虽然目前市面上密码学教材和专著较多,但这些教材和专著更多是从密码学学科专业本身出发,并不适合无任何密码学基础的普通区块链从业者和爱好者。

现在网络资讯极其丰富,基本上任何资讯都可以通过网络获取。但也正因为其内容极大丰富,从小学一年级数学题,到博士后、教授级别的全同态加密研究成果,均同步呈现在每个人的面前,让初学者不知所措,无所适从。各种内容也真伪莫辨,既有很多真知灼见,也有很多一家之言。

缘于以上因素,笔者不揣冒昧,站在区块链从业者和区块链爱好者的角度,以自己学习区块链的所学所感,编写了这本《区块链中的密码技术》,志在为广大区块链从业者和爱好者提供一条快速进入区块链世界的可选之路,让大家更方便地了解密码,学习密码,尽快进入区块链的广阔世界!

密码学尽管发展时间短,但发展极其迅猛,同时又涉及多个学科专业,分支众多,术语体系也不尽规范,往往同一个对象有几个不同的称谓。这些都在内容取舍、深浅和详尽程度把握、术语的一致性等方面给编写带来了困扰。

本书的编写,得到了中国工程院沈昌祥院士和国家密码管理局何良生研究员的指导并欣然为本书作序,得到了战略支援部队信息工程大学多位老师的帮助,得到了散列科技集团的领导和员工的大力支持,在此表示感谢!团队许自花、刘梦冉两位同志为此书的编撰付出了极大的努力和心血,在此一并感谢!这本书的编写,参考了国内外密码学、区块链、网络安全领域的众多教材、专著和论文,也参考了网络上由无数密码学爱好者和区块链爱好者撰写的各种文字,在此一并表示感谢!最后要感谢本书的责任编辑吴昌雷老师,正是吴老师的认真和耐心,保证了本书以更高水准和更严谨的表述呈现在大家面前。但由于时间精力和个人水平能力所限,书中错误和不足亦在所难免,恳请各位读者批评指正!

最后,真心希望本书能够成为广大区块链从业者和爱好者通往区块链殿堂的密码!

目 录 CONTENTS

第1章 密码技术在区块链技术体系中的地位和作用

1.1 区块链的起源和发展

1.1.1 区块链的起源

区块链技术起源于虚拟数字加密货币领域。事实上,加密数字货币的研究与应用早已有之。早在1983年,美国计算机科学家和密码学家David Chaum[①]便率先将加密技术应用于数字货币,开创了该领域的先河。然而,区块链真正进入大众视野并广为人知,主要归功于比特币。

2008年,一位化名为中本聪(Satoshi Nakamoto)的神秘人士,在"metzdowd.com"网站的密码学邮件列表中发布了一篇题为《比特币:一种点对点的电子现金系统》(Bitcoin:A Peer-to-Peer Electronic Cash System)的论文。该论文详细设计了比特币这一虚拟加密数字货币系统,而其底层支撑技术正是区块链。

需要指出的是,区块链技术并非中本聪首创。早在1991年,密码学家Stuart Haber和Scott Stornetta[②]便提出了区块链的前驱技术,并将其应用于时间戳服务。他们运用加密哈希算法为每个数字文档生成唯一的标识符(ID),每当文档发生更改时,该ID也会随之改变。1995年,他们开始在《纽约时报》分类版的小广告中每周发布新添加的哈希值,这一举措可视为区块链技术在实际应用中的首个案例,比中本聪发布比特币白皮书早了13年。尽管如此,比特币的出现无疑极大地推动了区块链技术的发展,直至今日,比特币仍是区块链技术最为重要的应用场景之一。

---

① David Chaum,美国计算机科学家和密码学家,在20世纪80年代初发明了第一种数字货币——电子现金(e-Cash),解决了支付隐私问题,并提出了"离线支付"、可拆分电子现金等具有创新性的技术理念。

② 1991年,密码学家Stuart Haber和Scott Stornetta首次发明了时间戳,他们用加密哈希算法为每个数字文档生成唯一一个ID,每次更改文档时,ID都会改变,最终他们推出了名为Surety的时间戳服务。1995年,他们开始每周在《纽约时报》分类版的一个小广告中发布新添加的哈希值,这可以算是区块链技术应用的第一个实例,比中本聪发布比特币白皮书早13年。

1.1.2　比特币产生的背景与意义

在比特币诞生之前,互联网的 TCP/IP(传输控制协议/因特网互联协议)协议仅能实现全球信息的高速低成本传输。随着互联互通技术的发展(互联网、物联网、VR/AR),人与物、人与信息的交互方式越来越多样化,更多的实物被数字化或者代币化,单纯的信息分享和传输已不能满足经济社会的发展需要。当实体实现数字化或代币化后,如何实现价值的转移以及点到点的资产和价值传输,成为了人们关注的焦点。

2008 年,全球金融危机爆发,各国政府纷纷采取量化宽松政策,以避免金融系统崩溃。出于对中心化的传统金融体系的不信任,中本聪与一群神秘的技术极客于 2008 年 11 月发布了比特币白皮书。经过 10 余年的社会实践,比特币与构建比特币系统的底层技术——"区块链",开始大放异彩。

从技术角度看,比特币是数字货币历史上的一次伟大创新。基于 P2P 网络的比特币系统由数千个核心节点构成,自 2009 年上线以来已经在全球范围内持续运行超过 15 年时间,最大支持过单笔价值 1.5 亿美元的交易。在没有任何中心化系统运维参与下,持续并且较为稳定地支持了数以亿计的全球性交易。

在比特币体系中,全网所有参与者均为交易的监督者,交易双方可以在无须建立信任关系的前提下完成交易。由此,区块链技术改变了人们获取价值和分享信息的方式,有望创造一个新的分布式的、点到点的社会生态。

1.1.3　从比特币到区块链

2014 年,比特币背后的区块链(Blockchain)技术开始受到广泛关注,并正式引发了分布式账本(Distributed Ledger)技术的革新浪潮。人们逐步意识到,与记账相关的技术,对于资产(包括有形资产和无形资产)的管理(包括所有权和流通)十分关键;去中心化的分布式记账技术,对于当前开放多维的商业网络意义重大;而区块链是实现去中心化记账系统的一种可行且极具潜力的技术体系。目前,区块链已经从比特币这种虚拟加密数字货币向更多领域延伸,在包括金融、贸易、征信、物联网、共享经济在内的诸多领域崭露头角。当人们提到"区块链"时,往往已经与比特币网络没有直接联系了,除非特别指出是承载比特币交易系统的"比特币区块链"。

根据应用场景和准入情况的不同,区块链系统发展出公有链、联盟链和私有链三种不同类型。公有链是非准许链,不需要批准,任何节点任何时候都可以自由加入和退出。比特币系统、以太坊系统等很多区块链系统都是公有链系统。联盟链是准许链,是面向多用户主体的区块链系统。联盟链有自己的准入和退出规则,需要批准才可以进入和退出。Hyperledger Fabric、R3 Corda 等都是典型的联盟链系统。私有链也是准许链,但私有链更多是面向单一类型用户主体,处理单一业务类型的区块链系统。

1.1.4　区块链发展历史

2008 年,区块链概念初现端倪。发展到今天,区块链已经融汇吸收了分布式架构、块链式数据存储与验证、点对点网络协议、加密算法、共识机制、身份认证、智能合约等多类技术,并在某些领域与大数据、物联网、人工智能、5G、云计算等技术形成交集与合力,已经成为一种综合性整体技术解决方案的统称。

从技术本质来看,区块链技术是一种全新的分布式基础架构与计算范式。它借助链式数据结构来实现对数据的验证与存储;运用分布式节点共识算法来生成和更新数据,采用密码学方式保障数据传输和访问的安全;利用由自动化脚本代码组成的智能合约来编程和操作数据。

《区块链发展的六个阶段》一文将 2008 年至今的区块链发展分为了 6 个阶段。

一是技术试验阶段。2008 年,中本聪发表了具有里程碑意义的区块链白皮书《比特币:一种点对点的电子现金系统》,首次提出了"区块链"概念。这一创新理念为去中心化的数字货币体系奠定了基础。2009 年,中本聪创立了比特币社会网络,并开发出第一个区块,即"创世区块"。这标志着区块链技术从理论构想迈入了实际应用的试验阶段,为后续的发展拉开了序幕。

二是极客小众阶段。2010 年 2 月 6 日,第一个比特币交易所诞生,为比特币的交易提供了平台。同年 7 月 17 日,著名比特币交易所 Mt.Gox 成立,这标志着比特币真正进入了市场流通领域。然而,在这一阶段,比特币主要在一些极客和技术爱好者的小众群体中流行,大众对其认知度和接受度较低,市场参与度有限。

三是市场酝酿阶段。2013 年初,比特币价格为 13 美元/枚。随后,塞浦路斯政府在金融危机中关闭了银行和股市,这一事件引发了投资者对传统金融体系的担忧,推动了比特币价格的飙升。到 2013 年 11 月 19 日,比特币价格达到 1242 美元/枚的新高。但此时区块链进入主流社会的经济基础尚不具备,中国银行体系限制、Mt.Gox 倒闭等事件接连发生,触发了比特币市场的大熊市,价格持续下跌,许多相关企业倒闭。这一阶段是区块链市场发展的一个重要酝酿期,虽然经历了大起大落,但也为后续的发展积累了经验和教训。

四是市场爆发阶段。比特币价格从 2016 年初的 400 美元/枚最高飙升至 2017 年底的将近 2 万美元/枚,涨幅高达 50 倍。比特币的造富效应吸引了大量投资者的关注,带动了其他虚拟货币以及各种区块链应用的大爆发。各类区块链项目如雨后春笋般涌现,涵盖了金融、供应链、医疗等多个领域,市场热度空前高涨。

五是进入主流阶段。2017 年 12 月,芝加哥商品交易所上线比特币期货交易,这标志着比特币正式进入主流投资品行列。金融机构的参与使得比特币和区块链技术得到了更广泛的认可,也为投资者提供了更多的投资选择。2020 年以来,全球范围内新冠疫情影响的持续扩大,世界主要国家央行实施新一轮的货币放水。各种机构借机进入加密货币市场,导致比特币和以太币等虚拟加密货币在 2021 年初又经历了一轮价格飙升。这一阶段,区块链技术逐渐从极客小众走向主流社会,得到了更多传统金融机构和投资者的关注。

六是产业落地阶段。2018 年,虚拟货币和区块链在经历市场狂乱之后进行了各方面调整,回归理性。此前由于造富效应带动的众多区块链项目,只有一小部分坚持下来并继续推进区块链技术的落地。尽管 2021 年初比特币单枚价格突破 6 万美元,但从全球范围来看,其带动的波澜并没有超过 2017 年底。目前,区块链技术已经在金融贸易、征信、物联网、共享经济等多个领域实现了产业落地。例如,在金融贸易领域,区块链技术可实现跨境支付的快速清算、降低交易成本、提高交易透明度;在供应链领域,有助于实现产品溯源、优化库存管理、提升供应链协同效率。

由此可以看出,在宏观层面上,区块链发展是一个从理论构想到实际应用、从极客小众到主流社会、从市场狂热到理性回归的过程。随着技术的不断发展和完善,区块链有望在未来为更多领域带来变革和突破,推动全球经济的发展和社会的进步。

在技术层面,区块链技术在比特币出现后,经历了三个发展阶段,分别是区块链1.0、区块链 2.0 和区块链 3.0。

区块链 1.0 是以比特币为代表的数字货币应用,其场景包括支付、流通等货币职能。区块链 1.0 的主要功能是去中心化的数字货币发行和支付,其目标是为了实现去中心化功能。

区块链 1.0 的系统局限性较大。比如,比特币系统 1M 容量的区块设计导致在交易频次越来越高,需求增多的情况下,转账速度会变得越来越慢,影响交易效率。该问题可以通过扩容解决,后来的比特现金、比特黄金以及比特钻石等项目就是因为扩容时意见不统一而硬分叉产生的。另外,区块链 1.0 只具备数字货币的交易和支付功能,不能大范围地普及实体经济,对日常生活的影响有限。

区块链 2.0 是将数字货币与智能合约相结合,在金融领域有着更广泛的应用场景,包括了证券登记和结算、跨境支付、金融衍生品等。如果说区块链 1.0 是以比特币为代表,解决了货币和支付手段的去中心化问题,那么区块链 2.0 就是更宏观地推动了整个市场去中心化,利用区块链技术来转换更多不同的数字资产,通过转换来创造不同种类资产的价值。区块链技术的去中心化账本功能可以被用来创建、确认、转移各种不同类型的资产及合约。几乎所有类型的金融交易都可以在被改造以后在区块链系统上运行,包括股票、私募股权、众筹、债券和其他类型的金融衍生品如期货、期权等。但不得不提的是,这种改造的代价也是非常大的,因此,如何使区块链在不同领域落地也就变得越来越重要。

相比区块链 1.0,区块链 2.0 的最主要贡献是智能合约。所谓智能合约,是指以代码形式定义的一系列承诺,包括合约参与方可以在上面执行这些承诺的协议。智能合约一旦设立就不需要第三方参与,只要合约执行条件触发,合约就会自动执行。智能合约具备去中心化的公正的和超强的行动执行力。

区块链 2.0 以公共区块链平台以太坊(ETH)为代表。2013 年以太坊率先发布

《以太坊：下一代智能合约和去中心化应用平台》白皮书，并致力于将其打造成最佳的智能合约平台。以太坊在继承了比特币去中心化特点的同时，实现了图灵完备的特性，拓展了区块链系统功能。以太坊虚拟机可以执行任意复杂算法的代码，因此催生了大量的去中心化应用（DAPP）。以太坊所创建的 ERC 2.0 标准，极大地降低了区块链开发难度，推动了区块链上各种应用的发展和繁荣。虽然以太坊为其平台上运行的服务提供了兼容的代币模型，但无论是以太坊还是比特币，都无法与其他去中心化货币或平台进行基本的交互操作。大多数情况下，如果希望将价值从一种货币转移到另一种货币，还需通过中心化的交易所进行。

区块链 2.0 时代的智能合约开启了真正意义上的可编程区块链。智能合约支持图灵完备的脚本语言，为开发者在其设置的"操作系统"之上开发任意应用提供了必要的基础设施，在区块链系统上打通了虚拟世界与现实世界对接的桥梁。区块链 2.0 最大的贡献是通过智能合约彻底颠覆了传统货币和支付的概念。在区块链 2.0 时代，区块链依据可追溯、不可篡改等特性形成了信任基础，为智能合约提供了可信任的执行环境，使得合约实现自动化、智能化成为可能。智能合约与传统合约最大的不同在于其不受现实社会的制约，在触发合约条款后系统自动执行协议，仲裁平台在智能合约中不再对执行结果进行判定，而是承担执行之责。区块链 2.0 对数字身份、智能合约等基础设施进行了构建，在此基础上，隐藏了底层技术的复杂性，使得应用开发者可以更多地专注于应用逻辑及商业逻辑层面。

然而，区块链 2.0 也存在一定的局限性。目前，区块链 2.0 的交易处理速度只能达到每秒钟 70—80 笔，这在一定程度上制约了其快速发展。

区块链 3.0 则是超越了货币、金融范围的大规模商业应用，为各行各业提供去中心化解决方案。区块链 3.0 可以实现自动化采购、智能化物联网应用、虚拟资产的兑换和转移、信息存证、防伪溯源、能源管控，可以在艺术、法律、开发、房地产、医院、人力资源等各行各业发挥作用。区块链也不再局限于金融领域，可用于实现全球范围内日趋自动化的物理资源和人力资产的分配，促进科学、健康、教育等领域的大规模协作。

目前我们正处于区块链 2.0 向区块链 3.0 过渡和演进的阶段。虽然区块链已走出概念发展阶段，但当下的区块链底层技术体系仍不够完善，可应用场景的匹配比较有限。一方面共识机制等区块链的核心技术尚存在优化和完善的空间；另一方面，区块链的处理效率还难以达到现实中一些高频应用要求。而且目前主流的区块链技术平台均发源于国外，国内的区块链技术服务商要做到技术自主可控，还需要耐心地从底层开发做起，到能够引领全球区块链技术发展，还需要更多人的努力和更长时间的积累。

1.2　区块链的技术原理与体系架构

1.2.1　区块链的技术原理

1.2.1.1　区块链系统的形象表示

那么,到底什么是区块链呢? 图 1-1 给出了一种形象的说明。

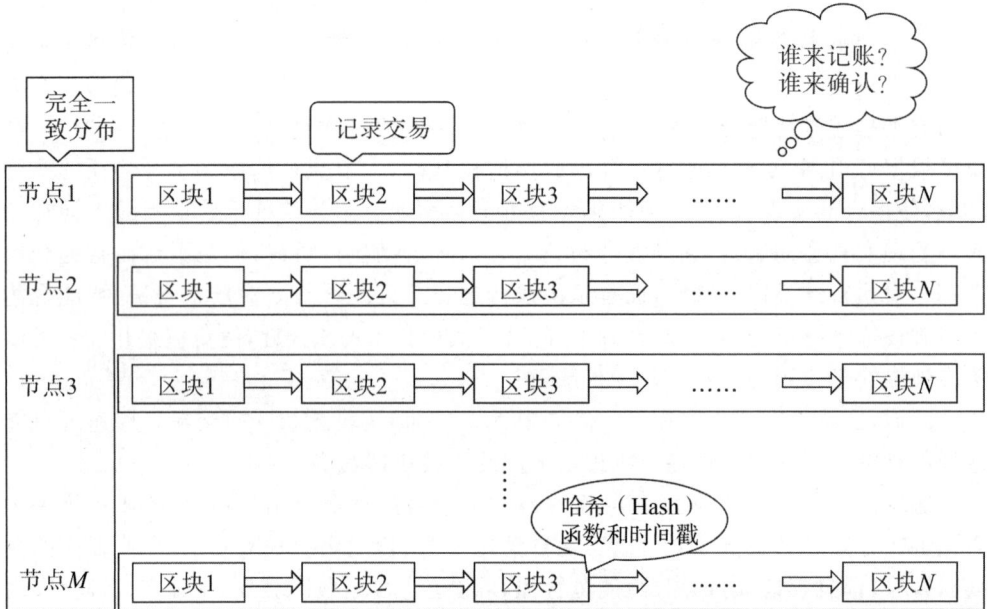

图 1-1　区块链系统的形象表示

图 1-1 中,每个节点是网络中一台单独的计算机,每个区块是这台计算机上的一个独立存储单元。按照比特币系统的定义,区块上存储的是一笔笔交易内容。

当通过区块链系统产生一笔交易之后,区块链系统会将这笔交易直接记录到当前计算机的当前区块上,这笔交易同时还要附加交易双方的数字签名等内容,使得其他任何人都可以对这笔交易内容的真伪进行验证。这笔交易连同交易双方的数字签名,同时会通过区块链系统的底层 P2P 网络,发送给系统中所有节点,并记录在其他节点的对应区块上。这样,就使得区块链系统中每一个区块链上的内容完全一致。

当前区块内容填满之后,系统会为当前区块打上一个时间戳,然后对当前区块内的交易两两归一,形成一棵 Merkle 树,并通过单向 Hash 函数递归地计算出这个区块内所有交易的根 Hash 值,并将这个根 Hash 值记录到下一个区块的区块头部。

为了维护系统的自运行,比特币系统设计了挖矿激励机制。系统中所有节点都可以参与记账,节点争夺记账权的过程称为"挖矿"。在比特币系统中,哪个节点获得记账权,系统就将支付一定数量的比特币,对记账节点进行激励。

为了保证系统有序运行,比特币系统对挖矿设置了难度系统,所有参与记账权争夺的节点必须按照固定的算法,通过对不同随机数的试探,找到满足特定挖矿难度的随机数。一旦某一个节点率先找到满足条件的随机数,这个节点就需要向全网广播,然后由其他节点进行验证。验证通过之后,这个节点就获得了当前区块的记账权,并对当前区块内的交易打包。然后开始下一个区块记账权的争夺。

1.2.1.2　区块链系统的特征

以上是对以比特币为代表的区块链系统的简单描述。那么,这个系统有什么特征呢?

一般来讲,区块链系统具有如下五个基本特征:

数据公开透明难以篡改。在这个系统中,所有数据都是公开透明的,任何人都可以查看和检验。同时,数据一旦被记录到区块链上之后,就再也难以修改,即使这个数据是错的。

系统去中心化运行。比特币等区块链系统既不存在中心化的管理机构,也不存在中心化的节点。所有节点在系统中的地位和作用是完全一样的,占有同样的数据,拥有完全一样的功能。

系统集体维护。这个系统没有中心化机构负责管理,系统运行是由所有节点共同来维护的。比特币系统发明的挖矿激励,是保障系统集体维护的动力。在比特币之后的其他区块链系统,发明了各种挖矿激励,本质上都是为了保证系统的集体维护和自运行。

去第三方信任。这个系统不同于传统人类社会,陌生人之间进行交易需要第三方的信任担保和信任传递。比特币等区块链系统中不存在第三方机构,任何两方直接进行交易,由全网所有节点对交易内容的真伪进行检验。

交易可追溯。比特币等区块链系统中的区块按照时间顺序,通过区块内所有交易的根 Hash 值形成了一个链条,使得所有交易在系统中都可以追溯。

1.2.1.3　区块链系统用到的主要密码技术

区块链系统是一种技术组合创新。2008 年中本聪的白皮书以及其后的比特币系统并未包含任何新的技术。当然,比特币后续的其他区块链系统,由于面向的应用场景不同,已经在包含的技术、技术的组合方式方面又有了不同的创新内容。

比特币系统主要运用了非对称密码和哈希函数这两种密码技术,它们在比特币系统的多个关键环节中都发挥了重要作用。

在交易地址生成环节,同样用到了非对称密码技术。比特币地址是由公钥经过一系列变换得到的,这个过程中涉及到了哈希函数。哈希函数将公钥转换为固定长度的字符串,作为比特币地址,既保证了地址的唯一性,又增加了地址的复杂性,提高了安全性。

交易支付环节也离不开非对称密码技术。当一笔交易发起时,发送方需要使用自己的私钥对交易信息进行签名,接收方则使用发送方的公钥来验证签名的有效性,从而确保交易的真实性和完整性。

而比特币系统的挖矿过程,则主要是基于哈希函数。矿工们通过不断尝试不同的随机数,来计算出一个满足特定条件的哈希值,这个过程被称为"工作量证明"。一旦某个矿工找到了满足条件的哈希值,他就可以将这个区块添加到区块链上,并获得相应的比特币奖励。

密码技术支撑和构造了区块链系统。当然,后续其他区块链系统用到的密码算法更加复杂,密码技术也更加丰富。除了非对称密码和哈希函数,后续其他区块链系统还用到了安全多方计算、零知识证明、同态加密、隐私计算等多种不同的甚至是非常前沿的密码技术。

1.2.1.4 区块链的本质及其对社会的促进作用

区块链是数字化、信息化发展到特定阶段之后出现的一种反逻辑、反常识的技术结构组合。在数字化、信息化没有充分发展之前,不可能出现区块链。区块链所处理的所有内容都是数字化和信息化的内容。

区块链之前出现的所有沟通交流方式,都是为了扩大沟通交流范围,提高沟通交流效率,降低沟通交流成本。区块链却恰恰相反,区块链通过多种技术的组合,极大地消耗了资源,降低了沟通交流的效率,但使得沟通交流的内容变得更加可靠、可信。

同时,区块链对数据进行的全网一致性分发和冗余存储,极大降低甚至消除了各节点之间原来的信息不对称,消除了整个系统对原信息系统中心节点的依赖,为系统从原来的中心化、他组织变为去中心化、自组织提供了技术和系统架构上的支持。

区块链对整个社会的作用,在于通过由区块链底层技术构造的去中心化信息系统,有可能重构整个社会的组织架构和生产业务流程。重构之后的社会组织架构和生产业务流程,将实现社会组织架构和生产业务流程的去中心化,在拥有对等数据的前提下,实现社会组织架构和生产业务流程的去中介化,以此提高整个社会的生产生活效率。

1.2.1.5 区块链带来的三个层面价值

区块链系统以其去中心化运行、系统集体维护等物理措施的支撑,综合运用密码学、P2P网络、共识机制等技术手段和社会治理手段实现了链上数据公开透明、数据不可篡改不可伪造,并进而衍生出去第三方信任、交易可追溯等特性。区块链由此带来了三个层面的价值。

第一个层面就是链上数据的公开透明和不可篡改、不可伪造。区块链这一特性不仅会降低整个系统的信息不对称性,而且还会极大提升系统整体的信任水平,增加治理透明度,营造可信环境,进而推动治理水平的提高。区块链这一个层面的价值,既可以由许可链在许可范围内实现,也可以由非许可链在整个社会范围内实现。

区块链带来的第二个层面的价值,在于通过数据在全网范围内所有节点间的一致性冗余分布存储,降低甚至消除信息不对称,由此可以在数据对等基础上实现业务流程的优化和重构,实现业务系统的去中心化和业务流程的去中介化,在总体上提高生产效率。并且由于优化后的业务系统去掉了不必要的中心环节和中介环节,进而可以将原来中心环节和中介环节占有的利润进行重新分配。区块链第二个层面的价值,主要由许可链在被许可的范围内实现。

区块链带来的第三个层面的价值在于提升系统的鲁棒性[①]。在更广泛的数字化信息系统中和更复杂的业务系统中,通过数据在一定范围内的一致性冗余存储,实现信息系统和业务系统的去中心运行和集体维护,可以极大提高系统的可靠程度。

1.2.2　区块链的技术体系架构

各类区块链系统虽然在具体实现上各有不同,但整体架构却具有较高的共性。2018 年由中国信息通信研究院和可信区块链推进计划共同组织编写的《区块链白皮书》认为,区块链在技术体系结构上可划分为基础设施、基础组件、账本、共识、智能合约、接口、应用、操作运维和系统管理共 9 部分。如图 1-2 所示。

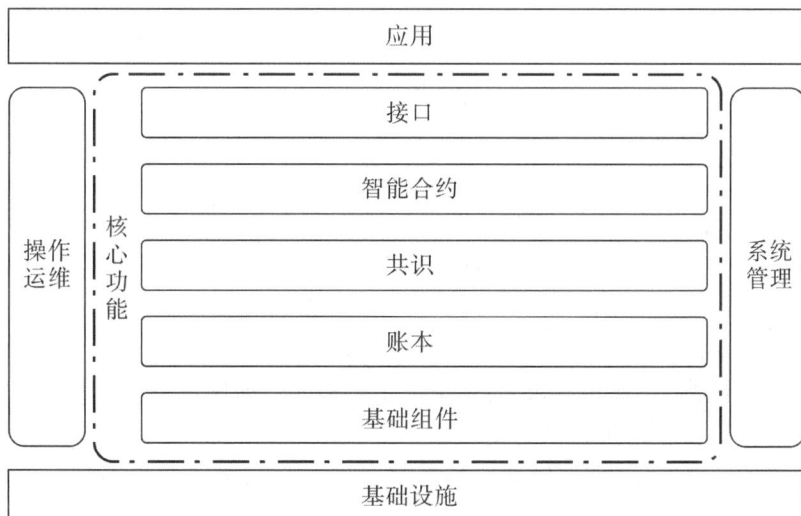

图 1-2　区块链技术基础架构模型

1.2.2.1　基础设施(Infrastructure)

基础设施层提供了区块链系统正常运行所需的操作环境和硬件设施(物理机、云等),具体包括网络资源(网卡、交换机、路由器等)、存储资源(硬盘和云盘等)和计算资源(CPU、GPU、ASIC 芯片等)。基础设施层为上层提供物理资源和驱动,是区块链系统的底层基础支持。

---

① 鲁棒是 Robust 的音译,也就是健壮和强壮的意思,是在异常和危险情况下系统生存的关键。鲁棒性是指控制系统在一定参数摄动下,维持其他某些性能的特性。根据对性能的不同定义,可分为稳定鲁棒性和性能鲁棒性。

1.2.2.2　基础组件(Utility)

基础组件层可以实现区块链系统网络中信息的记录、验证和传播。

区块链是建立在传播机制、验证机制和存储机制基础上的一个分布式系统,整个网络没有中心化的硬件和管理机构,任何节点都有机会参与总账的记录和验证,并将计算结果广播发送给其他节点,且任一节点的损坏或者退出都不会影响整个系统的运作。具体而言,基础组件层主要包含网络发现、数据收发、密码库、数据存储和消息通知5类模块。

1.网络发现

区块链系统由众多节点通过网络连接构成,每个节点需要通过网络发现协议发现邻居节点,并与邻居节点建立链路。特别是在公有链系统中,节点数量往往很多,需要有一种好的网络发现算法。对于联盟链而言,网络发现协议还需要验证节点身份,以防止各种网络攻击。

2.数据收发

节点通过网络通信协议连接到邻居节点后,通过数据收发模块完成与其他节点的数据交换。事务广播、消息共识以及数据同步等功能都由该模块执行。根据不同区块链的架构,数据收发器的设计需考虑节点数量、密码学算法等因素。

3.密码库

区块链中多个环节使用了密码学算法。密码库为上层组件提供基本的密码学算法支持,包括各种常用的编码算法、加密算法、哈希算法、签名算法、隐私保护算法。与此同时,密码库还涉及了诸如密钥的维护和存储之类的功能。

4.数据存储

根据数据类型和系统结构设计,区块链系统中的数据使用不同的数据存储方式。存储方式包括关系型数据库(如 MySQL)和非关系型数据库(如 LevelDB)。通常,需要保存的数据包括公共数据(例如交易数据、事务数据、状态数据等)和本地的私有数据。

5.消息通知

消息通知模块为区块链中不同组件以及不同节点提供消息通知服务。交易成功之后,客户通常需要跟踪交易执行期间的记录并获取交易执行的结果。消息通知模块可以完成消息的生成、分发、存储和其他功能,以满足区块链系统的需要。

1.2.2.3　账本(Ledger)

账本层负责区块链系统的信息存储,包括收集交易数据,生成数据区块,对本地数据进行合法性校验,并将校验通过的区块加到链上。账本层将上一个区块的签名嵌入下一个区块中组成块链式数据结构,使数据完整性和真实性得到保障,这正是区块链系统防篡改、可追溯特性的实现原理。典型的区块链系统的数据账本设计,采用了一种如图 1-3 所示的按时间顺序存储的块链式数据结构。

第100块	第101块	第102块
本区块摘要:00005E3B 父区块摘要:00006EB0 本区块填充:4D98FEA0	本区块摘要:00001FBA 父区块摘要:00005E3B 本区块填充:45E38A91	本区块摘要:00007641 父区块摘要:00001FBA 本区块填充:FE45810F
交易1 交易2 ... 交易2415 交易2416　MerKle 树	交易1 交易2 ... 交易123 交易124　MerKle 树	交易1 交易2 ... 交易1091 交易1092　MerKle 树

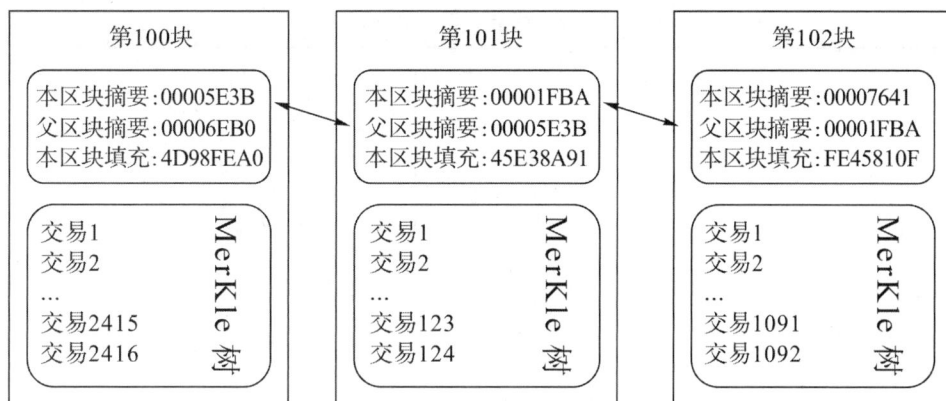

图 1-3　按时间顺序存储的块链式数据结构

账本有两种数据记录方式,分别是基于资产的和基于账户的,如表 1-1 所示。基于资产的模型中,首先以资产为核心建模,然后记录资产的所有权的变化情况,即所有权是资产的一个字段。基于账户的模型,以账户作为资产和交易的对象,资产是账户下的一个字段。相比较而言,基于账户的数据模型可以更方便地记录、查询账户相关信息,而基于资产的数据模型可以更好地适应并发环境。为了获取高并发的处理性能,且能及时查到账户的状态信息,许多区块链平台正向两种数据模型的混合模式发展。

表 1-1　账本层两种数据记录模型对比

对比内容	基于资产	基于账户
建模对象	资产	用户
记录内容	记录资产所有权	记录账户操作
系统中心	状态(交易)	事件(操作)
计算重心	计算发生在客户端	计算发生在节点
判断依赖	方便判断交易依赖	较难判断交易依赖
并行	适合并行	较难并行
账户管理	难以管理账户元数据	方便管理账户元数据
适用的查询场景	方便获取资产最终状态	方便获取账户资产余额
客户端	客户端复杂	客户端简单
举例	比特币、R3 Corda	以太坊、超级账本 Fabric

1.2.2.4　共识(Consensus)

共识层负责协调保证全网各节点数据记录的一致性,封装网络节点的各类共识算法。区块链系统中的数据由所有节点独立存储,在共识机制的协调下,共识层同步各节点的账本,从而实现节点选举、数据一致性验证和数据同步控制等功能。数据同步和一致性协调使区块链系统具有信息透明、数据共享的特性。

区块链现行有两类共识机制,根据数据写入的先后顺序判定,如表 1-2 所示。

表 1-2 两类共识机制对比

对比内容	第一类共识机制	第二类共识机制
写入顺序	先写入后共识	先共识后写入
算法代表	PoW、PoS、DPoS	PBFT 及 BFT 变种
共识过程	大概率一致就共识,工程学最后确认	确认一致再共识,共识即确认
复杂性	计算复杂度高	网络复杂度高
仲裁机制	如果一次共识同时出现多个记账节点,就产生分叉,最终以最长链为准	法定人数投票,各节点间 P2P 广播沟通达成一致
是否分叉	有分叉	无分叉
安全阈值	作恶节点权益之和不超过 1/2	作恶节点数不超过总节点数 1/3
节点数量	节点数量可以随意改变,节点数越多,系统越稳定	随着节点数增加,性能下降。节点数量不能随意改变
应用场景	多用于非许可链	用于许可链

从业务应用的需求看,共识算法的实现应综合考虑应用环境、性能等诸多要求。一般来说,许可链采用节点投票的共识机制,以降低安全为代价,提升系统性能。非许可链采用基于工作量、权益证明等共识机制,主要强调系统安全性,但性能较差。为了鼓励各节点共同参与,维护区块链系统的安全运行,非许可链采用发行 Token 的方式,作为参与方的酬劳和激励机制,即通过经济平衡的手段,来防止对总账本内容进行篡改。因此,根据运行环境和信任分级,选择适用的共识机制是区块链应用落地应当考虑的重要因素之一。表 1-3 给出了几种常用的共识算法对比。

表 1-3 几种常用共识算法对比

共识算法	PoW	PoS	DPoS	PBFT[①]	VRF[②]
节点管理	无许可	无许可	无许可	需许可	需许可
交易延时	高(分钟)	低(秒级)	低(秒级)	低(毫秒级)	低(毫秒级)
吞吐量	低	高	高	高	高
节能	否	是	是	是	是
安全边界	恶意算力不超过 1/2	恶意权益不超过 1/2	恶意权益不超过 1/2	恶意节点不超过 1/3	恶意节点不超过 1/3
代表应用	Bitcoin、Ethereum	Peercoin	Bitshare	Fabric(Rev0.6)	Algorand
扩展性	好	好	好	差	差

---

① PBFT,Practical Byzantine Fault Tolerance,实用拜占庭容错。PBFT 算法的提出主要是为了解决拜占庭将军问题。拜占庭将军问题简单地说,是存在作恶节点情况下的一种少数服从多数的问题。

② VRF,Verifiable Random Functions,可验证随机函数,是一种低能耗、高效率的随机数算法,并提供了非对称密钥可验证机制。

1.2.2.5　智能合约(Smart Contract)

智能合约层负责将区块链系统的业务逻辑以代码形式实现、编译和部署,完成既定规则的条件触发和自动执行,最大程度减少人工干预。智能合约的操作对象大多为数字资产。数据上链后难以修改、触发条件强等特性决定了智能合约的使用具有高价值和高风险。如何规避风险并保证价值安全是当前智能合约大范围应用的难点。在可计算性理论里,如果一系列操作数据的规则可以用来模拟单带图灵机,那么它是图灵完备的,一个有图灵完备指令集的设备被定义为通用计算机。如果计算机设备是图灵完备的,它就有能力执行条件跳转(比如 if、while、goto 语句)和改变内存数据。如果智能合约是图灵完备的,它就有能力模拟原始计算机,且即使最简单的计算机也能模拟出最复杂的计算机。智能合约根据图灵完备与否可以分为两类,即图灵完备和非图灵完备。表 1-4 给出了部分区块链系统的智能合约特性。

表 1-4　部分区块链系统的智能合约特性

区块链平台	是否图灵完备	开发语言
比特币	不完备	BitcoinScript
以太坊	完备	Solidity
EOS	完备	C++
Hyperledger Fabric	完备	Go
Hyperledger Sawtooth	完备	Python
R3 Corda	完备	Kotlin/Java

影响实现图灵完备的常见原因包括循环或递归受限、无法实现数组或更复杂的数据结构等。图灵完备的智能合约有较强适应性,可以对逻辑较复杂的业务操作进行编程,但有陷入死循环的可能。对比而言,图灵不完备的智能合约虽然不能进行复杂逻辑操作,但更加简单、高效和安全。

当前智能合约的应用仍处于比较初级的阶段,且成了区块链安全的"重灾区"。从历次智能合约漏洞引发的安全事件看,合约编写存在较多安全漏洞,对区块链应用的安全性带来了巨大挑战。目前,提升智能合约安全性一般有以下几个思路。一是形式化验证(Formal Verification),即通过严格的数学证明来确保合约代码所表达的逻辑符合意图。数学证明逻辑严密,但难度较大,一般需要委托第三方专业机构进行审计。二是智能合约加密。智能合约不能被第三方明文读取,以此减少智能合约因逻辑上存在的安全漏洞而被攻击。此法成本较低,但无法用于开源应用。三是严格规范合约语言的语法格式。通过总结智能合约的优秀模式,开发标准智能合约模板,形成标准规范的智能合约编写规则,可以提高智能合约的质量和安全性。

1.2.2.6　系统管理(System Management)

系统管理层负责对区块链体系结构中其他内容进行管理,主要包含权限管理和节点管理两类功能。

权限管理是区块链技术的关键部分，尤其是对于数据访问有更高安全要求的许可链。权限管理可以通过以下几种方式实现：

①将权限列表提交给账本层，并实现分散权限控制；

②使用访问控制列表实现访问控制；

③使用权限控制，例如评分/子区域。

通过权限管理，可以确保数据和函数调用只能由相应的操作员操作。

节点管理的核心是节点标识的识别，通常使用以下技术实现。

①CA 认证。集中颁发 CA 证书给系统中的各种应用程序，身份和权限管理由这些证书进行认证和确认。

②PKI^① 认证。身份由基于 PKI 的地址确认。

③第三方身份验证。身份由第三方提供的认证信息确认。

由于不同区块链系统的应用场景各异，节点管理存在较大差异。现有业务扩展可与身份验证及权限管理协同实现。

1.2.2.7　接口（Interface）

接口层主要用于完成对功能模块的封装，为应用层提供简捷的调用方式。应用层通过调用 RPC^② 接口与其他节点进行通信，通过调用 SDK 工具包对本地账本数据进行访问、写入等操作。

RPC 和 SDK 应遵守以下规则。一是功能齐全，能够完成交易和维护分布式账本，有完善的干预策略和权限管理机制。二是可移植性好，可以用于多种环境中的多种应用，而不仅局限于某些绝对的软件或硬件平台。三是可扩展和兼容，应尽可能向前和向后兼容，并在设计中考虑可扩展性。四是易于使用，应使用结构化设计和良好的命名方法方便开发人员使用。常见的实现技术包括调用控制和序列化对象等。

1.2.2.8　应用（Application）

应用层作为最终呈现给用户的部分，主要作用是调用智能合约层的接口，适配区块链的各类应用场景，为用户提供各种服务和应用。由于区块链具有数据确权属性以及价值网络特征，目前产品应用中很多工作都可以交由底层的区块链平台处理。在开发区块链应用过程中，前期工作须非常慎重，应当合理选择去中心化的公有链、高效的联盟链或安全的私有链作为底层架构，以确保在设计阶段核心算法无致命错误。因此，合理封装底层区块链技术，并提供一站式区块链开发平台将是应用层发展的必然趋势。同时，跨链技术的成熟还可以为应用层选择系统架构时增加一定的灵活性。

---

①　PKI，Public Key Infrastructure，公钥基础设施。PKI 是利用公钥加密技术为电子商务的开展提供一套安全基础平台的技术和规范。

②　RPC，Remote Procedure Call，远程过程调用。简单的理解是一个节点请求另一个节点提供服务。

根据实现方式和作用目的不同,当前基于区块链技术的主要应用可以划分为三类场景(如表 1-5 所示):一是价值转移类,数字资产在不同账户之间转移,如跨境支付;二是存证类,将信息记录到区块链上,但无资产转移,如电子合同;三是授权管理类,利用智能合约控制数据访问,如数据共享。此外,随着应用需求的不断升级,还存在多类型融合的场景。

表 1-5　区块链应用场景分类

类型	政府	金融	工业	医疗	法律	版权
价值转移	—	数字票据 跨境支付 应收账款 供应链金融	能源交易	医疗保险	—	—
存证	电子发票 电子证照 精准扶贫	现钞冠字号 溯源 供应链金融	防伪溯源	电子病历 药品追溯	公证 电子存证 网络仲裁	版权确权
授权管理	政府数据 共享	征信	—	健康数据 共享	—	版权管理

1.2.2.9　操作运维(Operation and Maintenance)

操作运维层负责区块链系统的日常运营和维护工作,包含日志库、监视库、管理库和扩展库等。在统一的架构之下,各主流平台根据自身需求及定位不同,其区块链体系中存储模块、数据模型、数据结构、编辑语言、沙盒环境的选择亦存在差异,这也会给区块链平台的操作运维带来较大的挑战。详见表 1-6。

表 1-6　主流平台区块链技术体系架构对比

层级	平台差异	比特币	以太坊	Hyperledger Fabric	R3Corda
应用	—	比特币	Dapp/以太坊	企业级分布式账本	CorDapp
智能合约	编程语言	Script	Solidity/Serpent	Go/Java	Java/Kotlin
	沙盒环境	—	EVM	Docker	JVM
共识(数据准入)	—	PoW	PoW/PoS	PBFT/SBFT/Kafka	Raft
账本	数据结构	Merkle 树/区块链表	Merkle Patricia 树/区块链表	Merkle Bucket 树/区块链表	无区块连接交易
	数据模型	基于资产	基于账户	基于账户	基于资产
	区块存储	文件存储	LevelDB	LevelDB/CouchDB	关系数据库
基础组件层	—	TCP、P2P	TCP、P2P	HTTP2、P2P	AMQP(TLS)、P2P

1.3 区块链与密码技术

1.3.1 密码学概述

1.3.1.1 密码学

密码学是研究如何在敌手存在的环境中保护通信及信息安全的科学。密码学涉及数学、物理、计算机、信息论、编码学、通信技术等学科,并已经在现实生活中得到广泛应用。密码已经从军事外交等传统领域拓展到生产生活众多领域,密码技术与云计算、物联网、大数据、人工智能、5G、区块链等新兴技术的新的结合方式也在不断涌现。商用密码的应用领域和应用方式更加丰富,密码应用的边界在不断拓宽。

从大的方面来分,密码学可分为密码编码学和密码分析学。密码编码学主要研究对信息进行编码以实现信息隐蔽,而密码分析学主要研究通过密文获取对应的明文信息。

密码学的主要研究内容包括对称密码、公钥密码、Hash 函数、密码协议、新型密码(生物密码、量子密码等)、密钥管理、密码应用。相应的密码算法主要有分组密码、流密码、Hash 函数、公钥密码以及新兴的认证加密算法等。

对称密码也被称为单密钥密码,是指加密用的密钥和解密用的密钥是同一个密钥,或在本质上是同一个密钥,即可以由任意一个计算出另外一个。对称密码包括分组密码和序列密码。分组密码是对信息以组为单位进行加解密运算,序列密码又称为流密码,是对信息以位为单位进行加解密运算。

公钥密码也称为非对称密码、双密钥密码。公钥密码体制加密用的密钥和解密用的密钥不同,不能由加密密钥计算出解密密钥。

Hash 函数,又被称为散列函数、杂凑函数、哈希函数、摘要算法,是把任意长度的输入通过该算法,转换成固定长度的输出,该输出就是哈希值,也被称为散列值、杂凑值、摘要。Hash 函数一般用来确保数据在传输过程中的完整性。

密码学的公开研究时间较短,其发展史上的里程碑性事件包括 1949 年 Shannon《保密系统的通信理论》[①]的发表、20 世纪 70 年代美国 DES 算法[②]的公布和公钥密码

---

① Shannon,译为香农。1949 年香农发表了《保密系统的通信理论》,将信息理论引入了密码学,提出了通用的单密钥密码系统模型,引进了不确定性、剩余度和唯一解距离作为度量密码系统安全性的测度,对完全保密、理论安全性和实用安全性等新概念作了论述,为传统的对称密码研究奠定了理论基础。

② DES 是对称密码体制,又被称为美国数据加密标准,是 1972 年美国 IBM 公司研制的对称密码体制加密算法。

思想[1]的提出。

在这之后公开的密码研究发展迅速,AES[2]、NESSIE 计划[3]、eSTREAM 计划[4]、SHA3 计划[5]以及 CAESAR 竞赛[6]极大地推动了密码学的发展。

此外,云计算、大数据、区块链等新的应用环境和侧信道攻击等新的攻击手段带来了新的安全需要,于是涌现出了全同态密码、属性及函数密码、程序混淆密码、抗泄露密码等新的研究内容。

1.3.1.2　密码学与网络空间安全

安全是发展的前提,发展是安全的保障。没有网络安全,信息社会将成为黑暗中的废墟,而密码学则是网络空间安全的基础。

信息论奠定了密码学的基础,但是,密码学在其发展过程中已经超越了传统信息论,形成了自己新的理论和应用。如单向陷门函数、公钥密码、零知识证明、安全多方计算,以及一些新的密码设计与分析理论。从应用角度看,密码技术是信息安全的一种共性技术,几乎所有的信息安全系统都要应用密码技术。因此,密码理论是网络空间安全学科的理论基础,而且是网络空间安全学科特有的理论基础。

通常信息系统安全的目标可以概括为以下几个基本要求。

保密性(Confidentiality)。保证信息不泄露给未经授权的任何人。

完整性(Integrity)。防止信息被未经授权的人篡改。

---

① 公钥密码学的思想最早是迪菲(Diffie)和赫尔曼(Hellman)提出的。1976 年,迪菲和赫尔曼在《密码学的新方向》中提出了将加密密钥和解密密钥分开,且加密密钥公开、解密密钥保密的公钥密码体制,开创了现代密码学的新领域。

② AES 是英文高级加密标准 Advanced Encryption Standard 的简写,在密码学中又被称 Rijndael 加密法,是美国联邦政府采用的分组加密标准,用来替代原先的 DES,已经被全世界广泛使用。

③ NESSIE 计划(New European Schemes for Signatures, Integnity, and Encryption)是欧洲一项为期三年的密码计划,一是为了推出一系列安全的密码模块,二是保持欧洲在密码研究领域的领先地位并增强密码在欧洲工业中的作用。

④ eSTREAM 是 2004 年 ECRYPT(European Network of Excellence for Cryptology)启动的序列密码计划研究项目,目的是帮助密码研究人员开展对序列密码的研究和设计,征集"可以成为适合广泛采用的新流密码"。

⑤ 为替代在理论上已被找到攻击方法的 SHA-1 算法,美国国家标准与技术研究所启动了 SHA3(Secure Hash Algorithm-3)计划,征集可以作为新标准发布的单向散列函数算法。全世界企业和密码学家提交了很多 SHA-3 候选方案,经过长达 5 年的选拔,最终于 2012 年美国标准与技术研究院将 Keccak 算法作为 SHA-3 标准。

⑥ CAESAR(Competition for Authenticated Encryption: Security, Applicability, and Robustness)是近年来新出现的认证密码的竞赛,它继承了 AES 密码竞赛、eSTREAM 密码竞赛和 SHA-3 竞赛的比赛传统,是专门针对认证密码而创立的国际密码竞赛。CAESAR 竞赛旨在增强人们对认证加密算法的认识和信心。

可用性(Availability)。信息资源随时可提供服务的能力。

可控性(Controllability)。对信息和信息系统实施安全监控,防止信息和信息系统被非法利用。

对信息系统的攻击包括主动攻击和被动攻击两类。主动攻击是指攻击者主动地开展一些不利于信息系统的事情,从而对信息系统带来直接的影响。主动攻击按照攻击方法不同,可分为中断、篡改和伪造三类。中断是指截获由网络发送的数据,将有效数据中断,使目的节点无法接收到源节点发送的数据;篡改是指将源节点发送到目的节点的数据进行篡改,从而影响目的节点接收到的信息的正确性;伪造是指在源节点未发送数据的情况下,伪造数据发送给目的节点的行为。

被动攻击是一种在不影响正常数据通信的情况下,通过窃听源节点发送至目的节点的有效数据,破坏网络传输的保密性,最终导致数据信息泄露。被动攻击不会对网络传输数据造成直接的影响。被动攻击又可分为两类:一是被动地获取传输消息内容;二是对传输数据流进行分析。

密码技术通过数学变换实现信息加密,其核心功能在于保障信息的秘密。伴随各种新型信息技术发展起来的现代密码学,不仅可用于保证信息的保密性,而且还可用于提供信息的完整性、可用性和可控性。可以说,密码是保证信息安全的最有效手段,密码技术是保证信息安全的核心技术。

密码学需要实现的功能与目标包括如下5个方面。

①机密性。机密性是指信息不泄露给非授权用户的特性,可以理解为仅有发送方和指定的接收方才能够理解传输的报文内容。窃听者可以截取到加密后的报文,但不能还原出原来的信息,即不能得到原始报文内容。机密性可以防止对信息系统的被动攻击。常用的密码学保密技术是信息加密。

②认证。根据认证目的的不同,认证包括实体认证和消息认证两类。实体认证是验证信息发送者的真实性,包括对信源、信宿的认证和识别;消息认证是验证信息的完整性,保证数据在传输或存储过程中未被篡改、重放。认证是防止主动攻击的重要技术。通过认证鉴别,发送方和接收方都应该能证实通信的另一方确实具有他们所声称的身份,即第三者不能冒充通信的对手方,通信主体可以对对方的身份进行鉴别。

③完整性。完整性是网络信息未经授权不能被改变的特性。完整性可以防止主动攻击。也就是说,在通信过程中,即使发送方和接收方可以互相鉴别对方,但他们还需要确保其通信的内容在传输过程中未被改变。

④不可否认性。用于防止通信双方的某一方对所传输消息的否认,即一个消息发出后,接收者能够证明这一消息的确是由通信的另一方发出的。类似地,当一个消息被接收后,发出者能够证明这一消息的确已经被通信的另一方接收了。

⑤可用性(访问控制)。访问控制的目标是防止对网络资源的非授权访问,控制的实现方式是认证,即检查欲访问某一资源的用户是否具有访问权,其目的是保证信息的可用性。

1.3.2　密码技术是区块链系统构建和运行的基石

目前的信息系统多是基于互联网搭建的,区块链系统亦是如此。无论是哪种区块链系统,仍然是基于现有 IT 系统的,并不能脱离现有 IT 系统而独立存在。以比特币为代表的区块链 1.0,是为解决去中心环境下网络支付双花问题而设计的,有其特有的应用场景和设计目的。以太坊增加了智能合约,重点是解决去中心化网络环境下的金融应用,是将传统中心化场景中已经存在的金融场景搬迁到了区块链的世界里。

密码学是网络空间安全学科的理论基础,在网络空间运行的区块链系统同样需要密码技术来保障其安全。密码学是区块链系统运行的基石,没有密码学,区块链系统也将不复存在。

区块链通过哈希链式结构确保数据完整性以防止历史篡改,利用数字签名技术验证交易真实性来规避身份假冒,并借助零知识证明等机制维护交易机密性。这些密码学机制不仅是区块链运行的技术基石,更使其具备去中心化信任的本质特征。若缺乏密码学支撑,区块链将丧失防伪造、抗抵赖等核心安全属性,其技术体系亦无法成立。

2008 年,中本聪在"密码朋克"邮件列表组中发布了《比特币:一种点对点的电子现金系统》,作为比特币方案的底层技术方案,"区块链"概念被正式提出。

比特币的区块链方案首次展示了以密码技术为核心来构建开放的分布式信息系统的可能。方案采用椭圆曲线公钥密码算法和哈希算法,在此基础上构建基于工作量证明(PoW)的共识协议、基于数字签名的交易、基于 Merkle Tree 的交易存储区块以及区块间的哈希链等核心机制,再加入经济激励机制,通过打造全局可信、难以篡改的分布式共享交易账本,解决了安全与信任的种种难题。

在此方案中,传统的基于中心服务器的安全体制和措施并不存在,而且任意客户端可以随时以匿名方式参与,也可以随时自由离开,并可以"点对点"地与网络中的其他节点进行交互,交互也是以匿名方式进行的。

比特币背后的区块链技术也适用于真实世界的业务场景,可以在开放环境下在陌生人之间直接点对点地进行价值转移与信任合作。这具有极大的应用价值。区块链2.0 和区块链 3.0 也是在此基础上发展起来的。正如量子物理学之于量子计算机技术的发展、数学之于深度学习技术的发展,密码技术对于区块链这类新型信息系统的发展具有决定性的作用。

事实上,区块链 1.0 系统并没有包含密码学上的新成果,但密码学在区块链系统中的应用却是一个重要的关键性事件。区块链出现以前,密码学的主要应用是构建秘密通信体系。区块链的出现大大拓展了密码学的应用领域,使之成为构建新型人类互信社区的核心技术力量。

本质上讲,区块链系统是密码技术的一种新型应用场景。区块链系统的多个环节使用了密码技术,包括各种常用的编码算法、哈希算法、签名算法、隐私保护算法、零知识证明、同态加密、安全多方计算等。

区块链系统中用到的最主要密码技术包括了非对称密码和哈希算法，这些算法在构建区块链系统和系统运行过程中发挥了重要作用。非对称加密技术是钱包和交易的基础技术，而哈希算法直接保障了区块链的不可篡改性，这是区块链最重要的特性之一。

1.3.3　区块链与密码技术的未来发展

1.3.3.1　区块链与密码学长期融合发展

区块链目前仍处于技术应用的较早期阶段，技术瓶颈依然存在，主要体现在系统性能、安全与隐私保护、跨链互通等方面。而这些技术瓶颈的解决，仍有赖于密码技术研究的最新进展和密码学已有成果的进一步应用。

比如，比特币系统工作量证明（PoW 共识）机制导致了大量能源消耗，作为 PoW 共识机制替代的权益证明（PoS）共识机制已被采用，包括以太坊项目正从 PoW 过渡到 Casper 协议[①]的 PoS 共识机制。而 PoS 共识机制的采用，离不开密码技术研究的支撑。爱丁堡大学 Aggelos Kiayias 等人的论文《Ouroboros：一个可证明安全的 PoS 区块链协议》在 2017 年被顶级密码学术会议 Crypto 收录，图灵奖获得者 Silvio Micali 在 2017 年针对共识算法的分叉问题提出的名为 Algorand[②] 的 PoS 共识算法，能够以极大的概率确保共识算法收敛一致，避免分叉的产生。

在隐私保护领域，由于区块链的分布式账本验证过程既需要记账节点能够验证交易的正确性，又需要达到隐私性要求，因此技术极客们和学术界前赴后继，提出了几代解决方案，从最早比较偏向"工程化思想"的"混币"[③]技术，发展到利用密码学的环签名技术[④]大大提升匿名效果，直到高级密码学方案零知识证明 zk-SNARK 协议[⑤]被采用以达到彻底的隐私保护。

为了解决区块链性能瓶颈问题，基于"可撤销的哈希锁定合约"技术的链下协议

---

① Csaper 是以太坊选择实行的 PoS 协议，是一种 PoS 的状态固化系统，能叠加运行于 PoW 的区块链系统之上，集合了 PoS 共识算法和拜占庭容错算法。

② Algorand 是 MIT 机械工程与计算机科学系 Silvio Micali 教授与合作者于 2016 年提出的一个区块链协议，主要是为了解决比特币区块链采用的 PoW 共识协议存在的算力浪费、扩展性弱、易分叉、确认时间长等不足。

③ CoinJoin 是一种无关协议的匿名混币技术，使用者需要委托第三方来构造一笔混合多笔输入的交易。CoinJoin 技术不是完全匿名的，提供服务的第三方可以知道混币交易的流向。

④ 环签名（Ring Signature）方案由 Rivest、Shamir 和 Tauman 三位密码学家于 2001 年首次提出。环签名也被称为 CryptoNote，由群签名演化而来，典型的应用案例是门罗币。环签名技术通过将交易发起方的签名与其他诱饵签名相混合，从而隐匿交易发起方的地址。

⑤ zk-SNARK（zero knowledge Succinct Non-interactive Argument of Knowledge）是简洁化的非交互式零知识证明。零知识证明指的是证明者能够在不向验证者提供任何有用信息的情况下，使验证者相信某个论断是正确的。ZCash 是最早广泛应用 zk-SNARK 的数字货币系统，目的是彻底解决交易被追踪从而暴露用户隐私的问题。

"闪电网络"①方案被提出,基于有向无环图(DAG)②技术的新型区块链账本方案则提供高并发交易的可能性。

以密码技术为核心发展起来的区块链技术将为密码应用提供广阔的实践空间,推动密码技术应用和研究的进一步发展,而密码技术研究的成果又不断反哺区块链的发展。尤其是公有链在挑战更高目标过程中带动的密码技术方案的新思想、新技术又为服务于实际需求的联盟链/私有链带来有价值的技术启发,推动了区块链在实际商业领域的应用加速。

1.3.3.2　密码技术在区块链应用领域面临的挑战

区块链由于需要在众多节点间通过共识机制达成一致,因此其性能目前还不理想。区块链的性能主要受到共识算法的影响。共识算法的完善是一项长期的工作。

区块链核心技术的突破还需要依赖密码技术底层算法、协议的突破。比如,为实现完善的隐私保护,从 Zcoin/Zcash 项目到以太坊项目升级路线中,零知识证明均受到了极大关注。但是,零知识证明协议无论理论还是实践层面都较为复杂,如 Zcash 基于的 zk-SNARK 协议虽然在隐私性上达到了前所未有的保护程度,但是性能测试显示,在一个 4 核服务器上,生成一次隐私转账要占用 3.2GB 内存和 1 分钟左右的运行时间,这种资源消耗和运算速度无疑限制了其技术的广泛应用。

为了抵御未来量子计算机发展对现有密码体制尤其是公钥密码体制带来的颠覆性冲击,密码学术界已经发展出了几类抗量子密码算法。

---

①　闪电网络的思路是将大量交易放到区块链之外进行,最后通过区块链对结果进行认定,以此提高区块链系统对交易的处理效率。闪电网络的核心概念包括 RSMC 和 HTLC,前者解决了链下交易的确认问题,后者解决了支付通道的问题。

RSMC,可撤销的顺序成熟度合同。交易双方存在一个"微支付通道"(资金池),都预存一部分资金到"微支付通道"里。每次交易需要双方对资金分配方案共同确认,同时签字作废旧的版本,当需要提现时,将最终交易结果写到区块链网络中,被最终确认。如果一方能够证明某一个方案之前已被作废,则资金罚没给质疑成功方,这可以确保没人会拿一个旧的交易结果来提现。

微支付通道是通过 Hashed Timelock Contract 来实现的,即限时转账。通过智能合约,双方约定转账方先冻结一笔钱,并提供一个哈希值,如果在一定时间内有人能提出一个字符串,使得它哈希后的值跟已知值匹配,实际上意味着转账方授权了接收方来提现,则这笔钱转给接收方。

RSMC 保障了两个人之间的直接交易可以在链下完成,HTLC 保障了任意两个人之间的转账都可以通过一条支付通道来完成。整合这两种机制,就可以实现任意两个人之间的交易都可以在链下完成了。

②　DAG,Directed Acyclic Graph,不包含有向环的有向图。区块链的链式结构存在块存储量问题,交易速度问题。DAG 可以天然保证结点交易的顺序。目前采用 DAG 技术的区块链产品有 DagCoin,IOTA,ByteBall 等,据说在性能和储量方面有了全面的提升。

区块链采用 DAG 结构以后成了 blockless(无块化)的结构,即不再将交易打包到块中、以块为单元进行存储,而是直接将交易作为基本单元存储。DAG 也有双花的可能,即分叉问题,但它在确认有效路径以后会自动恢复。此外,DAG 是异步共识。

密码技术在区块链的工程化实现中还存在密钥误用、代码漏洞等诸多不易察觉的安全隐患。

参考文献

[1] NAKAMOTO, S. Bitcoin: A Peer-to-Peer Electronic Cash System[EB/OL]. (2008-10-31) [2020-06-01]. https://downloads. coindesk. com/research/whitepapers/bitcoin. pdf.

[2] 袁勇,王飞跃. 区块链技术发展现状与展望[J]. 自动化学报,2016,42(4):481-494.

[3] 昌用. 区块链发展的六个阶段[EB/OL]. (2018-03-09) [2020-06-15]. https://www. 8btc. com/article/172917.

[4] 舟丹. 区块链的发展阶段[J]. 中外能源,2019,24(12):44.

[5] 林小驰,胡叶倩雯. 关于区块链技术的研究综述[J]. 金融市场研究,2016(2):97-109.

[6] Ethereum:A Next-Generation Smart Contract and Decentralized Application Platform[EB/OL]. (2013-11-20) [2021-01-20]. https://ethereum. org/en/whitepaper/.

[7] 高承实. 回归常识--高博士区块链观察[M]. 北京:中国发展出版社,2020.

[8] SHANNON, C E. Communication theory of secrecy system[J]. Bell System Technical Journal,1949,28(4):656-715.

[9] 张文涛,吴文玲,卿斯汉. 简评欧洲密码大计划的发展现状[J]. 计算机科学,2003(2):22-25.

[10] 刘依依. eSTREAM 和流密码分析现状[J]. 信息安全与通信保密,2009(12):47-49.

[11] 卡哈特. 密码学与网络安全[M]. 北京:清华大学出版社,2005.

[12] 威赫区块链. 从密码学来解读区块链技术发展![EB/OL]. (2018-09-10) [2020-10-20]. https://www. jianshu. com/p/b5b225889a48.

第 2 章　密码学基础

2.1　密码学发展历程

从加密方式的变革来看,密码学大致经历了手工密码、机械密码和电子密码三个时代。而就发展历史而言,密码学又可以分为古典密码学、近代密码学和现代密码学三个阶段。现在学术界所讨论的密码学多是指现代密码学。现代密码学建立在信息论和数学的研究成果基础之上。此外,随着量子计算和量子通信的发展,量子密码学(Quantum Cryptography)正受到越来越多的关注,其发展可能对现有的密码学安全机制产生较大影响。

2.1.1　古典密码学

古典密码学可追溯到数千年前。早在公元前 1900 年左右,古埃及就出现了使用特殊字符和简单替换式密码来保护信息的先例。美索不达米亚平原上曾出土过一个公元前 1500 年左右的泥板,记录了加密描述的陶器上釉工艺配方。古希腊时期(公元前 800—前 146 年)人们还发明了通过物理手段来隐藏信息的"隐写术",例如使用牛奶书写、用蜡覆盖文字等。后来在古罗马时期还出现了基于替换加密的凯撒密码,据称凯撒曾用此方法与其部下通信而得以命名。

古典密码学阶段是指从密码的产生,到其发展为近代密码之间的这段时期。我们通过古典密码在古代各国的使用和几个简单的古典密码体制来认识古典密码。

2.1.1.1　古典密码在古代各国的使用

古代中国。从古到今,军队历来是使用密码最频繁的地方。中国古代兵书《六韬》(又称《太公六韬》或《太公兵法》),据说是由西周的开国功臣太公望(又名吕尚或姜子牙,约公元前 1128—前 1015)所著。书中以周文王和周武王与太公问答的形式阐述军事理论,其中《龙韬·阴符》篇和《龙韬·阴书》篇就讲述了君主如何在战争中与在外的将领进行保密通信的故事。

我国明末清初著名的军事理论家揭暄(1613—1695)所著的《兵经百言》用 100 个字条系统阐述了中国古代的军事理论,其中的"传"字诀就是古代军队通信方法的总结,其描述如下。

军队分开行动后,如果相互之间不能通信,就要打败仗;如果能通信但不保密,也要被敌人暗算。所以除了用锣鼓、旌旗、骑马送信、燃火、烽烟等联系外,两军相遇,还要对暗号(口令)。当军队分开有千里之远时,宜用机密信(素书)进行通信。机密信分为三种:一是改变字的通常书写或阅读方式("不成字",如传统密码学的文字替换或移位方法);二是隐写术("无形文",用含有某种化学物质的液体来书写,收信者用特殊方法使文字显现出来,如矾书);三是不把书信写在常用的纸上("非纸简"),而是写在特殊的、不引人注意的载体上(如服饰,甚至人体上等)。这些通信方式连送信的使者都不知道信中的内容,但收信人却可以接收到信息。

古埃及。公元前 2000 年人类文明刚刚形成,大约就在那个时候古埃及就拥有了密码。贵族克努姆霍特普二世的墓碑上记载了他在阿梅连希第二法老王朝供职期间所建立的功勋。上面的象形文字与我们已知的埃及象形文字有所不同,是由一位擅长书写的人对普通象形文字经过处理之后刻录的,但是具体的方法尚未可知。

古印度。公元前 300 年写成的《经济论》描述了当时特务机关的官员用密写的方式给充斥全国的密探下达任务的情形。

古希腊。大约在公元前 700 年,古希腊军队用一种叫作 Scytale 的圆木棍来进行保密通信。其使用方法是把长带子状羊皮纸缠绕在圆木棍上,然后在上面写字。解下羊皮纸后,上面只有杂乱无章的字符,只有再次以同样的方式缠绕到同样粗细的棍子上,才能看出所写的内容。

这种 Scytale 圆木棍也许是人类最早使用的文字加解密工具,据说主要是古希腊城邦中的斯巴达人(Sparta)在使用,所以又被叫作"斯巴达棒"。斯巴达棒的加密原理属于密码学中的"换位法"(Transition)加密,因为它通过改变文本中字母的阅读顺序来达到加密的目的。

2.1.1.2　古典密码中的密码体制

古典密码的加密方法一般是文字置换或者代替,使用手工变换的方式实现。古典密码系统已经初步显示出近代密码系统的雏形。在加密方法上近代密码比古典密码复杂,但变化不大。古典密码的代表密码体制主要有单表代替密码和多表代替密码。凯撒(Caesar)密码就是一种典型的单表加密密码体制;多表代替密码有 Vigenere 密码、Hill 密码等①。

1.置换密码

把明文中的字母重新排列,字母本身不变,但其位置改变了,这样的密码称为置换密码。最简单的置换密码是把明文中的字母顺序倒过来,然后截成固定长度的字母组作为密文。

如,明文:明晨 5 点发动反攻。

---

① Hill 密码,即希尔密码,由数学家 Lester Hill 1929 年在杂志 *American Mathematical Monthly* 上首次提出,其基本思想是运用线性代换将连续出现的 n 个明文字母替换为同等数目的密文字母,替换密钥是变换矩阵,只需要对加密信息做一次同样的逆变换即可实现解密。

MING CHEN WU DIAN FA DONG FAN GONG

密文:GNOGN AFGNO DAFNA IDUWN EHCGN IM

另一种方法是将明文的次序变换一下得到密文。比如横填竖取、顺着写倒过来取,类似古人的藏头诗。

例如,需要发送消息:kill john tomorrow。将发送消息横着填进 4×4 的方格内,就有如表 2-1 所示的内容。然后,我们从第一行第一列竖着取字母再连接起来,就是密文:kjtrioorlhmolnow。

表 2-1 明文表格

k	i	l	l
j	o	h	n
t	o	m	o
r	r	o	w

2. 代替密码

首先构造一个或多个密文字母表,然后用密文字母表中的字母或字母组来代替明文字母或字母组,各字母或字母组的相对位置不变,但其本身内容改变了。这样的编码方法为代替密码。代替密码通常可分为单表代替密码和多表代替密码。

(1)单表代替密码

这种密码是只使用一个密文字母表,并且用密文字母表中的一个字母来代替明文字母表中的一个字母。

典型的单表代替密码有:凯撒密码、棋盘密码、乘法密码①、仿射密码②等。

凯撒密码是公元前一世纪在高卢战争时被使用的,它将英文字母向前移动 k 位,从而生成字母替代的密表。当 k=5 时,密文字母与明文有如表 2-2 所示的对应关系。

表 2-2 凯撒密码明密文对应关系

明文	a	b	c	d	e	f	g	h	i	j	k	l	m
密文	f	g	h	i	j	k	l	m	n	o	p	q	r
明文	n	o	p	q	r	s	t	u	v	w	x	y	z
密文	s	t	u	v	w	x	y	z	a	b	c	d	e

k 就是最早的文字密钥。

当 k=5 时,密文"bjqhtrj"对应明文"welcome"

棋盘(Polybius)密码。公元前 2 世纪,一个叫 Polybius 的希腊人设计了一种将字

---

① 乘法密码是简单代替密码的一种。它需要预先知道消息元素的个数,加密的过程相当于对明文消息所组成的数组下标加密,然后用明文消息中加密后位置所对应的明文字符代替。

② 仿射密码是一种表单代换密码,使用一个简单的数学函数,将字母表中每个字母相应的值对应另一个数值,再把对应数值转换成字母即可实现加、解密。

母编码成符号对的方法,他使用了一个称为 Polybius 的校验表,这个表中包含许多后来在加密系统中非常常见的成分。Polybius 校验表由一个 5 行 5 列的网格组成,网格中包含 26 个英文字母(其中 I 和 J 在同一格中),每个字母用相应的数对表示。这种棋盘密码在古代被广泛使用。Polybius 校验表如表 2-3 所示。

表 2-3　Polybius 校验

	1	2	3	4	5
1	A	B	C	D	E
2	F	G	H	I/J	K
3	L	M	N	O	P
4	Q	R	S	T	U
5	V	W	X	Y	Z

(2)多表代替密码

1466 年末 1467 年初,利昂·巴蒂斯塔·艾伯蒂首次提出多表代替密码的概念,后来多表代替又被许多人逐步发展成当今大多数密码体制所属的一种密码类型。修道院院长约翰内斯·特里特米乌斯在 1508 年初写了一本名为《多种写法》的专讲密码学的书,使多表代替又向前跨出了一大步。此书在他去世一年半后得以出版,成为密码学发展史上第一本印刷书籍。在此之后,乔瓦尼·巴蒂斯塔·波他将艾伯蒂乱序密表与特里特米乌斯和贝拉索的见解融合在一起,形成了现代多表代替的基本概念。他还首先阐明了密码分析技术的第二个主要方式——可能字猜译法。

一个典型的多表代替密码是"不可破译"的 vigenere(维吉尼亚)密码。

法国外交官维吉尼亚 Blaisede Vigenere(1523—1596)在 1585 年写成了《论密码》一文,在该文中他综述了当时密码学的很多精华(密码分析除外)。对贝拉索密码,他采用自身密钥体制进行改进,即以一个共同约定的字母为起始密钥,以之对第一个密文解密,得到第一个明文,再以第一个明文为密钥对第二个密文解密,以此类推,如此不会重复使用密钥。然而他的自身密钥体制被后世遗忘,而他着力改进的原来的贝拉索密码却被人当作他的发明,于是贝拉索密码被称为维吉尼亚密码。

若代替表为 Vigenere 方阵

明文 a b c d e f g h i j k l m n o p q r s t u v w x y z

则密钥为

a　a b c d e f g h i j k l m n o p q r s t u v w x y z

b　b c d e f g h i j k l m n o p q r s t u v w x y z a

c　c d e f g h i j k l m n o p q r s t u v w x y z a b

d　d e f g h i j k l m n o p q r s t u v w x y z a b c

e　e f g h i j k l m n o p q r s t u v w x y z a b c d

　………

z　z a b c d e f g h i j k l m n o p q r s t u v w x y

　　Vigenere 密码的代替规则是用明文字母在 Vigenere 方阵中的列,和密钥字母在 Vigenere 方阵中的行的交点处的字母来代替该明文字母。

　　所以,如果密钥是 face,明文是 internet,那么,很容易查找到密文为 nnviwngx。

　　转轮机是 vigenere 密码的一个实现。20 世纪 20 年代,出现了转轮密码,机械转轮用线连起来完成通常的密码代替。

2.1.2　近代密码学

　　19 世纪末,无线电的发明促使密码学进入了一个变革时代。工业革命之后机械设备日益普及,使得机器可以实现更为复杂的密码变换。近代密码学的主要特征是机械密码,其发展时期主要是在第二次世界大战期间。机械密码种类繁多,比较有意义的是三种机械密码机:Enigma 密码机、紫密密码机和 M-209 密码机,其核心思想是多表代换。

2.1.2.1　Enigma 密码机

　　1918 年,德国人亚瑟·谢尔比乌斯(Arthur Scherbius)和理查德·里特(Richard Ritter)发明了一款密码机,他们向德国政府申请专利并成立公司,开始制造和售卖这款密码机。随后,该系列的密码机被改进并应用于军事中,最终被英国破译。

　　Enigma 密码机的发明是密码学发展史上的一次飞跃,密码学就此进入机械密码时代。Enigma 密码机是一个装满复杂精密元件的盒子,主要包括键盘(26 个键)、转轮(3 个)、显示灯(标注了同样字母的 26 个小灯)和反射器,其外观如图 2-1 所示。

　　Enigma 密码机是一个长周期的多表代换密码机,其核心是多表代替思想,依靠多个转轮来实现,发送方与接收方约定好 Enigma 密码机的转轮及其初始位置。每台密码机有三个转轮,每一个转轮代表了 26 个字母任意组合中的一种,对应 26 个接线端,可完成单表代替;每个转轮的输出端与其下一个相邻转轮的输入端连接。当输入一个明文字母时,信号从第 1 个转轮的输入端进入,依次经过各个相邻的转轮;信号每经过一个转轮时,该转轮会转动一个位置,当转轮转动一个周期(26 次)时,其下一个相邻转轮会转动一个位置,这样一直到最后一个转轮;信号经过最后一个转轮后,再通过反射器回来,即可得到密文。其专利设计如图 2-2 所示。

图 2-1　Enigma 密码机外观

Enigma转子的结构　　　　相邻排列的三个转子

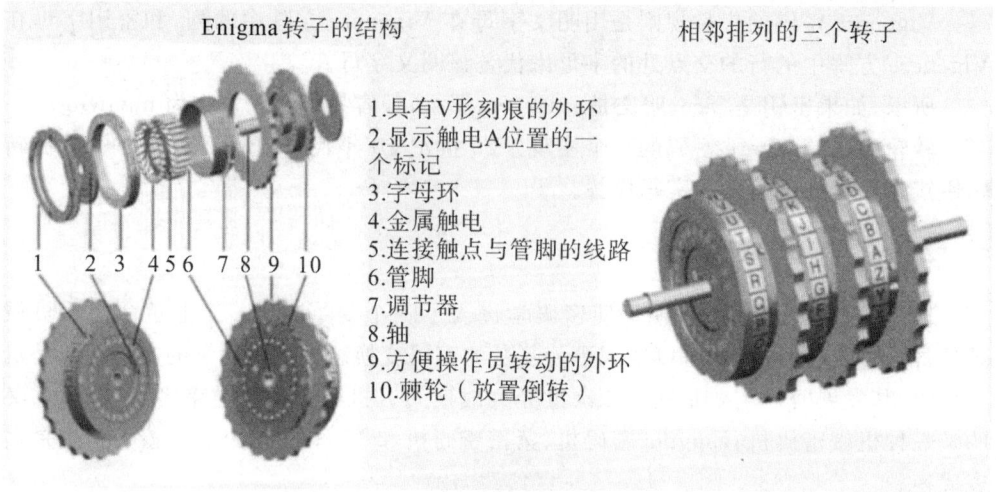

1.具有V形刻痕的外环
2.显示触电A位置的一个标记
3.字母环
4.金属触电
5.连接触点与管脚的线路
6.管脚
7.调节器
8.轴
9.方便操作员转动的外环
10.棘轮（放置倒转）

1　2　3　4 5 6　7 8　9　10

图 2-2　Enigma 密码机专利设计

2.1.2.2 紫密密码机

日本在二战期间使用的最重要的密码机就是紫密密码机。紫密密码机是将两台电动打字机(一台输入明文,一台输出密文)通过配电板连接在一起,两台打字机各有 26 个插孔,用 26 根电线连接。当明文打字机输入一个字母后,产生一个脉冲电流,通过一根电线传输给密文打字机,密文打字机中的加密盒对其进行加密之后输出。其外观如图 2-3 所示。

紫密密码机中 26 根电线的排列顺序就是一种变换。加密盒由 4 个转轮组成(一个转轮为一个线路转换器),密文的通路就有 $26 \times 26 \times 26 \times 26$ 种。

插线排序产生 26!种变换,4 个转轮产生 26^4 种变换,总变换量为 $26! \times 26^4 \approx 1.84 \times 10^{32}$。因此,紫密密码机是一个变换量为 1.84×10^{32} 的多表代替密码算法。

图 2-3　紫密密码机

2.1.2.3 M-209 密码机

瑞士密码学家鲍里斯·哈格林(Boris Hagelin)在 1934 年设计了一种密码机,称为 C-36。之后两年,哈格林将 C-36 更新改进为 C-38。1940 年,美国陆军使用 C-38 密码机作为战术级通信保密机,代号为 M-209。M-209 密码机外观如图 2-4 所示。M-209密码机不需要用电,体积较小,重量也很轻,加解密采用手工操作,加解密一个字母只需 2~4 秒,是当时最快的机械加密设备。

M-209 密码机的机械结构如图 2-5 所示。M-209 密码机采用一种周期多表代替密码算法,其密钥由 6 个圆盘的销钉(26+25+23+21+19+17=131 根)位置及 27 根杆上的凸片排列位置确定。每根销钉可能的位置有 2 种,其可能的选取方式有 2^{131} ≈2.27×10^{39} 种。每根杆上有 2 个凸片,而在 6 个有效位置上可能的排列数为 $C_6^0+C_6^1$ +C_6^2=22 种方式,每根杆可以在这 22 种方式中任意选取 1 种,可能的组合为:$H_{22}^{27}=$ $C_{27+22-1}^{27}=\dfrac{48!}{27!\times 21!}≈2.23\times10^{13}$。

因此,M-209 密码机可能的密钥选取数为:$2.72\times2.23\times10^{13}\times10^{39}=6.066$ $\times10^{52}$。

图 2-4　M-209 密码机外观

圆盘每个字母下设有销钉,右凸为有效,此处W为右凸

鼓状滚筒上某根横杆上的凸片,现设置在有效位置3上

明(密)文字母轮,字母顺序排列

鼓状滚筒及与其轴平行的27根杆

密(明)文印字轮,字母逆序排列

6个圆盘,从左至右分别刻有26、25、23、21、19、17个字母

图 2-5　M-209 密码机的机械结构

2.1.3　现代密码学

1945 年 9 月 1 日,克劳德·艾尔伍德·香农(Claude Elwood Shannon)完成了划

时代的内部报告"A Mathematical Theory of Cryptography"（密码学的数学理论）。1949 年 10 月，该报告以"Communication Theory of Secrecy Systems（保密系统的通信理论）为题在 *Bell System Technical Journal*（贝尔系统技术期刊）上正式发表。这篇论文首次将密码学和信息论联系到一起，为对称密码技术提供了数学基础，这也标志着密码学正式发展成为一门科学。

现代密码学的发展与电气技术特别是计算机信息理论和技术关系密切，已经发展为包括随机数、Hash 函数、加解密、身份认证等多个内容在内的庞大领域，相关成果为现代信息系统特别是互联网奠定了坚实的安全基础。表 2-4 给出了现代密码学的主要研究内容、对应的国际算法和中国对应的商密算法标准。

表 2-4　现代密码学主要内容

现代密码学主要内容	国际算法	中国对应商密算法	用途
对称加密体系	DES/3DES/AES	SM4/SM1	加密传输、加密存储
非对称加密体系	RSA/ECC	SM2	加密传输、数字签名、认证
哈希函数	MD5/SHA	SM3	数字签名、认证

2.1.3.1　对称密码体制

对称密码体制，又称单密钥密码体制或秘密密钥密码体制。如果一个密码体制的加密密钥和解密密钥相同，或者虽然不相同，但是由其中的任意一个可以很容易地推导出另一个，则该密码体制便称为对称密码体制。对称密码体制模型如图 2-6 所示。

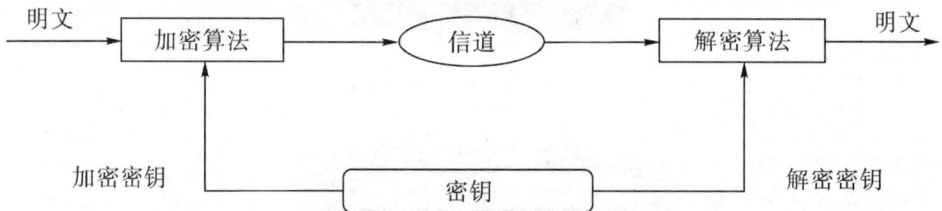

图 2-6　对称密码体制模型

对称密码体制根据对明文加密处理方式的不同而分为分组密码和流密码（也称为序列密码）。其中分组密码是先按一定长度（如 64 比特、128 比特等）对明文进行分组，以组为单位实施加/解密运算；而流密码则不进行分组，而是按位直接进行加解密运算。

对称密码体制具有如下特点：

一是加密密钥和解密密钥相同，或本质上相同；

二是密钥必须严格保密。这意味着密码通信系统的安全完全依赖于密钥的保密。通信双方的信息加密以后可以在不安全的信道上传输，但通信双方传递密钥时必须提供一个安全可靠的信道。

对称加密算法最大的弱点，是甲方必须把密钥告诉乙方，否则乙方无法解密，而保存和传递密钥，就成了最令人头疼的问题。常见对称密码算法有美国数据加密标准

（Data Encryption Standard，DES）、国际数据加密算法（International Data Encryption Algorithm，IDEA）、高级加密标准（Advanced Encryption Standard，AES）等。这几种对称加密算法都是分组加密算法。

1. DES

DES 是至今为止使用最为广泛的加密算法。1973 年 5 月 13 日美国国家标准局（National Bureau of Standards，NBS）公开征求国家密码标准方案。IBM 提交了他们研制的一种密码算法，该算法是由早期的 LUCIFER 密码改进而得的。在经过大量的公开讨论之后，该算法于 1977 年 1 月 15 日被正式批准为美国联邦信息处理标准，即 FIPS－46，同年 7 月 15 日开始生效。1994 年 1 月美国国家保密局（National Security Agency）评估决定，1998 年 12 月以后 DES 不再作为联邦加密标准。DES 对推动密码理论的发展和应用起到了重大的作用。

DES 是分组长度为 64 比特的分组密码算法，密钥长度也是 64 比特，其中每 8 比特有一位奇偶校验位，因此有效密钥长度为 56 比特。DES 算法是公开的，其安全性依赖于密钥的保密程度。DES 算法框图如图 2-7 所示。

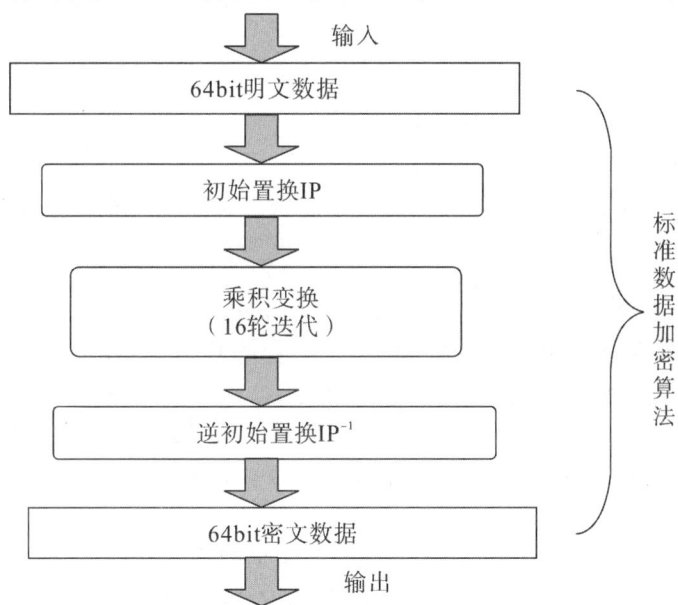

图 2-7　DES 算法

2. IDEA

国际数据加密算法（International Data Encryption Algorithm，IDEA）是最强大的加密算法之一。

瑞士联邦技术学院来学嘉（X. J. Lai）和 J. L. Massey 提出的第 1 版国际数据加密算法（International Data Encryption Algorithm，IDEA）于 1990 年公布，当时称为建议加密标准（Proposed Encryption Standard，PES）。

1991 年，在 Biham 和 Shamir 提出差分密码分析之后，设计者推出了改进算法

IPES,即改进型建议加密标准。

1992年,设计者又将 IPES 改名为 IDEA,这是同期提出的各种分组密码中一个很成功的方案,在 PGP[①] 中被采用。

IDEA 算法中明文和密文分组长度都是 64 比特,密钥长 128 比特。

3. AES

1997年4月15日,美国国家标准技术研究所发起征集高级加密标准(advanced encryption standard,AES)的活动,此次活动的目的是确定一个非保密的、可以公开技术细节的、全球免费使用的分组密码算法,以作为新的数据加密标准。

1997年9月12日,美国联邦登记处公布了正式征集 AES 候选算法的通告。对 AES 的基本要求是:比三重 DES 快、至少与三重 DES 一样安全、数据分组长度为 128 比特、密钥长度为 128/192/256 比特。

2000年10月2日,美国国家标准技术研究所宣布 Rijndael 作为新的 AES。

Rijndael 由比利时的 Joan Daemen 和 Vincent Rijmen 设计,算法原型是 Square 算法,它的设计策略是宽轨迹策略(wide trail strategy)。

AES 算法的设计考虑到的三条准则如下:

①抗所有已知的攻击;

②在多个平台上速度要快并且编码紧凑;

③设计简单。

AES 是一个迭代分组密码,其分组长度和密钥长度都可变。分组长度和密钥长度可以独立地设定为 128 比特、192 比特或者 256 比特。

2.1.3.2 非对称加密体系

1976年11月,Whitfield Diffie 和 Martin E. Hellman 在 *IEEE Transactions on Information Theory* 上发表了论文"New Directions in Cryptography"(密码学的新方向),探讨了无须传输密钥的保密通信和签名认证体系问题,开创了公钥密码学。公钥密码学的发展是整个密码学发展历史中最伟大的一次革命,也许可以说是唯一的一次革命。

1977年,美国麻省理工学院提出第一个公钥加密算法 RSA 算法,之后 ElGamal、椭圆曲线、双线性对等公钥密码相继被提出,密码学真正进入了一个新的发展时期。

一般来说,公钥密码的安全性由相应数学问题在计算机上的难解性来保证。以广为使用的 RSA 算法为例,它的安全性建立在大整数素因子分解的计算困难性上。比如对于整数 22,我们易于发现它可以分解为 2 和 11 两个素数相乘,但对于一个 500

---

① PGP,Pretty Good Privacy,优良保密协议,是一套用于消息加密、验证的应用程序,采用 IDEA 的散列算法作为加密与验证之用。PGP 加密由一系列散列、数据压缩、对称密钥加密,以及公钥加密的算法组合而成。每个步骤支持几种算法,可以选择一个使用。每个公钥均绑定唯一的用户名和/或者 E-mail 地址。

位的整数,即使采用相应算法,也要相当长时间才能完成分解。

　　随着计算能力的不断增强和因子分解算法的不断改进,特别是量子计算机的发展,公钥密码安全性也开始受到威胁。目前,研究者们开始关注量子密码、格密码等抗量子算法的密码,后量子密码等前沿密码技术逐步成为研究热点。

2.1.3.3　哈希函数

　　Hash 函数是一类确定的函数,它将任意长度的信息作为输入,输出为固定长度的比特串,该输出称为 Hash 值。这种转换是一种压缩映射,也就是说,散列值的空间通常远小于输入的空间,不同的输入可能会散列成相同的输出,但不可能从散列值来唯一地确定输入值。简单地说就是一种将任意长度的消息压缩到某一固定长度的消息摘要的函数。Hash 函数在密码学中有广泛的应用,可以验证信息的完整性、不可篡改性,在区块链系统中也获得了广泛使用。

　　非对称加密体系和哈希函数内容将在第 3 章和第 4 章作进一步介绍。

2.1.3.4　量子密码学

　　随着量子计算和量子通信的发展,量子密码学(Quantum Cryptography)受到越来越多的关注,被认为会对现有的密码学安全机制产生重大影响。

　　量子计算的概念由物理学家费曼于 1981 年提出,其基本原理是利用量子比特可以同时处于多个相干叠加态,理论上可以同时用少量量子比特来表达大量的信息,并同时进行处理,可以大大提高计算速度。量子计算目前在某些特定领域已经展现出超越经典计算的潜力,如 1994 年提出的基于量子计算的 Shor 算法,在大数因子分解上可以实现远超经典计算机的计算速度。2016 年 3 月,人类第一次以可扩展的方式,用 Shor 算法完成了对数字 15 的质因数分解。这意味着目前广泛使用的非对称加密算法,包括基于大整数分解的 RSA、基于椭圆曲线随机数的 ECC 等算法将来都有可能很容易被破解。

　　当然,现代密码学体系并不会因为量子计算的出现而崩溃。一方面,量子计算设备离实际可用的通用计算机还有较大距离,密码学家可以探索更安全的密码算法。另一方面,很多安全机制尚未发现有能够加速破解的量子算法,包括数字签名(基于 Hash)、格(Lattice)密码、基于编码的密码等。

　　量子通信可以为密钥协商提供安全机制,有望实现无条件安全的"一次性密码"。量子通信基于量子纠缠效应,两个发生纠缠的量子可以进行远距离的实时状态同步。一旦信道被窃听,通信双方都会获知该情况,丢弃此次传输的泄露信息。该性质十分适合进行大量的密钥分发,如 1984 年提出的 BB84 协议,结合量子通道和公开信道,可以实现安全的密钥分发。

2.2 密码学基础知识

密码学(Cryptography)来源于希腊语 Kryptós(隐藏的,秘密的)和 Gráphein(书写),是在被称为敌手的第三方存在的情况下进行安全通信的实践和研究。

早期的密码学研究如何秘密地传送消息,而现在的密码学从最基本的消息机密性延伸到消息完整性检测、发送方/接收方身份认证、数字签名以及访问控制等信息安全诸多领域,是信息安全的基础与核心。

2.2.1 密码学分支

密码学作为数学的一个分支,可以分为密码编码学和密码分析学两个分支。现代的密码学家通常也是理论数学家。

密码学假设窃听者完全能够截获发送者和接收者之间的通信。密码编码学主要研究对信息进行编码,实现信息的隐蔽,主要目的是保持明文(或者是密钥)的秘密并防止窃听者(对手、攻击者、截取者、入侵者、敌人等)知晓。而密码分析学主要研究加密消息的破译或消息的伪造,是在不知道密钥的情况下,恢复明文的科学。成功的密码分析可以恢复消息的明文或者密钥。与此同时,密码分析也可以检验出密码体制的弱点,并最终恢复明文或者密钥。

密码分析学是研究复原保密信息或求解加密算法与密钥的学科。1883 年,荷兰密码学家 A. Kerckhoffs 提出密码设计规则,并根据攻击者可获取的信息量的不同,将密码分析方法分为以下四类:

1. 唯密文攻击(Ciphertext-Only Attack)

密码分析者有一些消息的密文,这些消息都用相同的加密算法进行加密。密码分析者的任务就是恢复尽可能多的明文,或者最好能推算出加密消息的密钥,以便可采用相同的密钥破解其他被加密的消息。

2. 已知明文攻击(Known-Plaintext Attack)

密码分析者不仅可以得到一些消息的密文,而且也知道这些消息的明文,分析者的任务就是用加密信息推出用来加密的密钥或导出一个算法,此算法可以对用相同密钥加密的任何新消息进行解密。

3. 选定明文攻击(Chosen-Plaintext Attack)

分析者不仅可以得到一些消息的密文和相应的明文,而且还可以选择被加密的明文。这比已知明文攻击更加有效,因为密码分析者能选择特定的明文信息进行加密,那些信息可能产生更多关于密钥的信息。分析者的任务就是推导出用来加密消息的密钥或导出一个算法,此算法可以对用相同密钥加密的任何新消息进行解密。

4. 选择密文攻击(Chosen-Ciphertext Attack)

密码分析者能选择不同的被加密的密文,并可得到对应的解密的明文。如密码分析者访问一个防篡改的自动解密盒,密码分析者的任务就是推导出密钥。

2.2.2　密码学相关术语

图 2-8 是 Shannon 保密系统模型。在典型的 Shannon 保密系统模型中,相关的密码学术语包括明文、密文、密钥(加密密钥与解密密钥)、加密、解密、加密算法、解密算法、加密系统。其中

X——明文(plain-text),作为加密输入的原始信息;

Y——密文(cipher-text),对明文变换的结果;

E——加密(encrypt),对需要保密的消息进行编码的过程,是一组含有参数的变换;

D——解密(decrypt),将密文恢复出明文的过程,是加密的逆变换;

Z(K)——密钥(key),是参与加密解密变换的参数。

加密算法——对明文进行加密时采取的一组规则或变化。

解密算法——对密文进行解密时采用的一组规则或变化。

加密算法和解密算法通常在一对密钥控制下进行,分别称为加密密钥和解密密钥。

密码系统——一个密码系统(或称密码体制或密码)由加解密算法以及所有可能的明文、密文和密钥(分别称为明文空间、密文空间和密钥空间)组成。

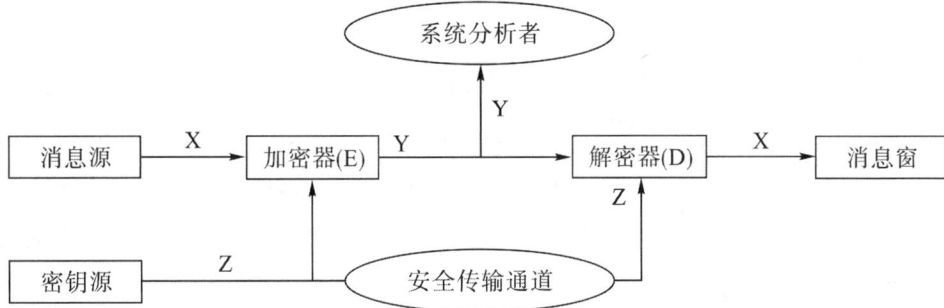

图 2-8　Shannon 保密系统模型

2.2.3　密码体制分类

根据不同的分类标准,会产生不同的密码体制分类结果。

2.2.3.1　按操作方式分类

这里的操作方式主要是指明文变换成密文的方法,可分为代替密码、换位密码。

代替密码又称替换密码,是将明文中的每一个字符替换成密文中的另一个字符。接收者对密文做反向替换就可以恢复出明文。

换位密码又称置换密码,加密过程中明文字母本身不改变,但顺序被打乱了。

2.2.3.2 按照对明文的处理方法分类

按照对明文的处理方法可以分为流密码(Stream Cipher)和分组密码。流密码是对明文按字符逐位加密;分组密码是将明文信息进行分组后逐组加密。流密码也称为序列密码。

2.2.3.3 按照使用密钥的数量分类

密钥一般可以分为对称密钥(单密钥)、公开密钥(双密钥),从密钥使用数量上看,密码系统分为单密钥系统和双密钥系统。

单密钥系统又称为对称密码系统或秘密密钥系统,其加密密钥和解密密钥或者相同或者实质上等同,即从一个密钥可以得出另一个。单密钥密码系统的加密、解密过程如图 2-9 所示。

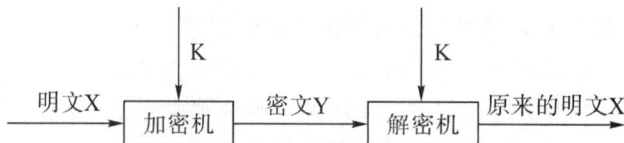

图 2-9 单密钥密码系统的加密、解密过程

双密钥系统又称为非对称密码系统或公开密钥系统。双密钥系统有两个密钥,一个是公开的,用 K1 表示,谁都可以使用;另一个是私人密钥,用 K2 表示。双密钥密码系统的加密、解密过程如图 2-10 所示。

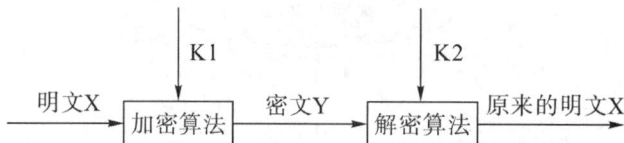

图 2-10 双密钥密码系统的加密、解密过程

双密钥系统的主要特点是将加密和解密密钥分开,即用公开的密钥 K1 加密消息,发送给持有相应私人密钥 K2 的人,只有持有私人密钥 K2 的人才能解密;而用私人密钥 K2 加密的消息,任何人都可以用公开的密钥 K1 解密,此时说明消息来自持有私人密钥 K2 的人。前者可以实现公共网络的保密通信,后者则可以实现对消息进行数字签名。

安全的密码体制应该满足以下几个要求。

①非法截收者很难从密文推断出明文;

②加密和解密算法应该相当简便,而且适用于所有密钥空间;

③密码的保密强度只依赖于密钥;

④合法接收者能够检验和证实消息的完整性和真实性;

⑤消息的发送者无法否认其所发出的消息,同时也不能伪造别人的合法消息;

⑥必要时可由仲裁机构进行公断。

好的密码体制应该满足以下两个条件:

①在已知明文和密钥的情况下,根据加密算法计算密文是容易的;在已知密文和解密密钥的情况下,计算明文是容易的。

②在不知道解密密钥的情况下,无法从密文计算出明文,或者从密文计算出明文的代价超出了信息本身的价值。

2.2.4　加密基本原理

无论是用手工完成加解密运算的古典密码体制,还是用机械完成的近代密码体制,或是采用计算机软件方式或电子电路的硬件方式实现的现代密码体制,其加解密基本原理都是一致的,都是基于对明文信息的替代或置换,或者是通过两者的结合运用完成的。

替代(substitution cipher):有系统地将一组字母换成其他字母或符号。

例如"help me"变成"ifmqnf"(每个字母用下一个字母取代)。

置换(Transposition cipher):不改变字母,将字母顺序重新排列。

例如"help me"变成"ehplem"(两两调换位置)。

2.2.5　密码系统模型

一个密码通信系统可如图 2-11 所示。

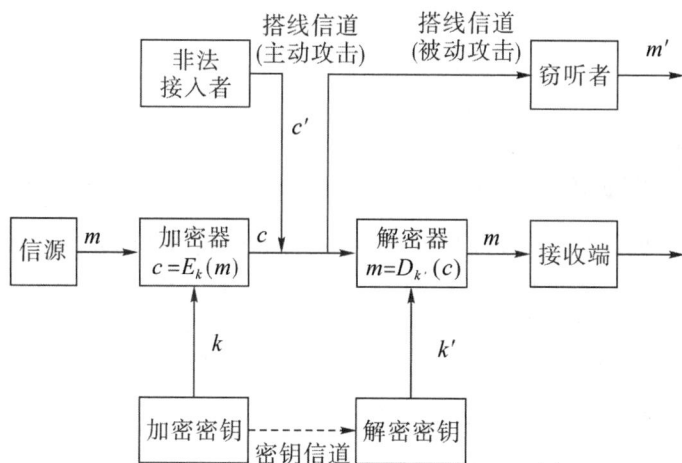

图 2-11　密码通信系统模型

在密码通信系统中,待加密的信息称为明文(m),已被加密的信息称为密文(c),仅有收、发双方知道的信息称为密钥。

在密钥控制下,由明文变到密文的过程叫加密,其逆过程叫解密或脱密。

在密码系统中,除合法用户外,还有非法的截收者,他们试图通过各种办法窃取机密(被动攻击)或篡改消息(主动攻击)。

对于给定的明文 m 和密钥 k,加密变换 E_k 将明文变为密文 $c=f(m,k)=E_k(m)$,在接收端,利用解密密钥 k'(有时 $k=k'$)完成解密操作,将密文 c 恢复成原来的明文 m

$=D_{k'}(c)$。

衡量一个保密系统的安全性有两种基本方法：一种是计算安全性，又称实际保密性；另一种是无条件安全，又称完善保密性。

2.2.5.1 计算安全性(Computational Security)

如果利用最好的算法(已知的或未知的)破译一个密码系统需要至少 N(某一确定的、很大的数)次运算，就称该系统为计算上安全的系统。

2.2.5.2 无条件安全(Unconditionally Secure)

不论提供的密文有多少，密文中所包含的信息都不足以唯一地确定其对应的明文，具有无限计算资源(诸如时间、空间、资金和设备等)的密码分析者也无法破译某个密码系统。

任何密码系统的应用都需要在安全性和运算效率之间做出平衡，密码算法只要达到计算安全要求就具备了实用条件，并不需要实现理论上的绝对安全。

1945 年，美国数学家克劳德·艾尔伍德·香农在其发表的《密码学的数学原理》中，严格证明了一次性密码本或者称为"纳姆密码"(Vernam)[1]具有无条件安全性。但这种绝对安全的加密方式在实际操作中需要消耗大量资源，不具备大规模使用的可行性。

2.3 密码技术基础

2.3.1 密钥长度

密钥长度是指设置的密钥的位数。密钥长度对密码系统的安全性非常重要，一般来说，密钥长度越长，攻击者攻击系统的难度就越大，同时系统的开销也越大。

决定密钥长度需要考虑的因素包括数据的价值、数据的安全期和攻击者拥有的资源。

2.3.1.1 对称密码系统的密钥长度

对称密码系统的安全性是算法强度和密钥长度的函数。

假设算法具有足够的强度，除了用穷举攻击[2]的方式试探所有可能的密钥外没有更好的方法可以攻击该密码系统，现在来计算一次穷举攻击的复杂程度。

---

[1] Vernam 密码是美国电话电报公司 Gilbert Vernam 在 1917 年为电报通信设计的一种非常方便的密码，它在近代计算机和通信系统设计中得到了广泛应用。密钥随机产生，每个密钥只用一次，密钥与密文一同发送，也可以通信双方持有相同的记录密钥的密钥本。

[2] 穷举攻击，亦称"暴力破解"，指对密钥进行逐个推算，直到找出真正的密钥为止的一种攻击方式。理论上可破解任何一种密码，问题在于如何缩短破解时间。

密码通信中关于穷举攻击效率的多数讨论都集中在 DES 算法上。

1977 年，Whitfield Diffie 和 Martin Hellman 假设了一种专用于攻击 DES 的机器，这台机器由 100 万个芯片组成，每秒能测试 100 万个密钥，这样它就可以在 20 个小时内测试 2^{56} 个密钥，如果制造出来用于破译 64 比特密钥的算法，它可在 214 天内尝试所有的密钥。

决定穷举攻击所用时间的参数包括需测试的密钥量和每次测试的速度。出于分析目的，通常假定不同算法的测试时间是相同的。实际上，测试一种算法的速度有可能比另一种算法的速度快两到三倍甚至十倍，但由于我们正在寻找的密钥长度比测试算法的难度大百万倍之多，所以算法测试速度上小小的差异可以忽略。

攻击还要考虑的另外一个问题就是成本。若攻击者想要不择手段地破译一个密钥，必须要付出相应的成本。因此估计一下密钥的最小"价值"是很有必要的。

在试图破译一个有经济价值的密钥之前，要确定这个经济价值到底有多大。举一个极端例子，如果一个加密的消息本身价值不大，那么用一台价值 1000 万美元的破译机来寻找密钥在经济上就毫无意义。另一方面，如果明文消息值 1 亿美元，那么造 1 台破译机破译此信息就是值得的。

2.3.1.2　公钥密码系统的密钥长度

公钥密码基本是基于单向陷门函数[①]而设计的。当前主流的公钥加密算法 RSA 就是基于分解一个大数的难度，这个大数一般是两个大素数的乘积。如图 2-12 所示，当这个大数很小时，可以很容易被分解。但当这个大数特别大时，单纯依靠人的计算能力就远远不够了。

21分解质因数是多少呀？

3和7，这也太简单了！

16877463465991433
分解质因数是多少呀？

你是在为难我胖虎！

图 2-12　分解一个数的简单图例

---

①　单向陷门函数包含两个基本特征：一是单向性，二是存在陷门。所谓单向性，也称不可逆性，即对于一个函数 $y = f(x)$，若已知 x 要计算出 y 很容易，但是已知 y 要计算出 $x = f^{-1}(y)$ 则很困难。所谓陷门，也被称为后门，对单向函数，若存在一个 z 使得知道 z 就可以很容易地计算出 $x = f^{-1}(y)$，而不知道 z 就无法计算出 $x = f^{-1}(y)$，则称函数 $y = f(x)$ 为单向陷门函数，而 z 称为陷门。

公钥加密算法也会受到穷举攻击的威胁,只不过方式不同。比如,破译 RSA 的出发点并不是穷举所有的密钥进行测试,而是试图分解那个大数。如果设置的大数太小,那么就会像图 2-12 中的 21 一样无任何安全性可言;如果所取的数足够大,基于目前对数学的理解,就会非常安全。

选择公开密钥长度时,必须考虑需要达到的安全性和密钥的生命周期,以及当前因子分解的发展水平。

表 2-5 给出了不同年份对个人、公司和政府的 RSA 系统密钥长度的推荐值。

表 2-5　RSA 系统公开密钥长度的推荐值(位)

年度	对于个人	对于公司	对于政府
1995	768	1280	1536
2000	1024	1280	1536
2005	1280	1536	2048
2010	1280	1536	2048
2015	1536	2048	2048

2.3.1.3　对称密码系统和非对称密码系统密钥长度安全性分析比较

一个系统往往是其最薄弱处容易被攻击。如果同时使用对称密码算法和非对称密码算法设计一个密码系统,那么需要仔细分析每一种算法的密钥长度的安全性,要确保它们被不同方式攻击时有同样的难度。

表 2-6 给出了假设攻击难度相同情况下的对称密码算法和非对称密码算法的密钥长度建议值。如果对称密码算法的密钥长度必须达到 112 位才能保证系统安全,那么对应的非对称密码算法的密钥长度就应该达到 1792 位。

表 2-6　对称密码系统密钥长度和对应攻击难度下的非对称密码系统密钥长度

对称密码系统密钥长度	非对称密码系统密钥长度
56 位	384 位
64 位	512 位
80 位	768 位
112 位	1792 位
128 位	2304 位

2.3.1.4　密钥到底应该有多少位?

密钥到底应该有多少位,这个答案并不固定,需要视数据的价值、数据需要的安全期,以及攻击者的资源等情况而定。

从数据价值方面来看,一个顾客清单或许值 10000 元,一个公司的广告和市场数据可以值 1000 万元,但一个银行取款系统的主密钥价值可能超过亿元。

从数据需要的安全期来看,商品贸易世界里的保密可能只需要几分钟,而相关的产品信息或许需要保密一两年。

表 2-7 给出了对称密码算法中确保不同类型信息安全所需要的最小密钥长度。

表 2-7　对称密码算法中确保不同类型信息安全的最小密钥长度

信息类型	安全期	最小密钥长度
战场军事信息	数分钟/小时	56~64 位
产品发布、银行最新利率	数天/每周	64 位
长期商业计划	数年	64 位
贸易秘密	数十年	112 位
氢弹秘密	>40 年	128 位
间谍身份	>50 年	128 位
个人隐私	>50 年	128 位
外交隐私	>65 年	至少 128 位
美国普查数据	>100 年	至少 128 位

2.3.2　密钥管理

信息系统中,密钥具有至关重要的地位和作用。安全可靠、迅速高效地分配密钥、管理密钥一直是密码学中的重要问题。

密钥管理的目的是维持系统中各主体间的密钥关系,以抵御各种可能的威胁,如密钥的泄露、秘密密钥或公开密钥的身份真实性丧失、未经授权使用等。

从使用角度,密钥通常被分为以下四类。

1. 基本密钥(Base Key)

基本密钥又称初始密钥(Primary Key)或用户密钥(User Key),是用户选定或由系统分配给用户的,可在较长时间内由一对用户专用的密钥。

2. 会话密钥(Session Key)

会话密钥,即两个通信终端用户在一次通话或交换数据时使用的密钥。用于加密文件时,称为文件密钥;用于加密数据时,称为数据加密密钥。

3. 密钥加密密钥(Key Encrypting Key)

密钥加密密钥是用来加密会话密钥的密钥,又称辅助(二级)密钥(Secondary Key)或密钥传送密钥(Key Transport Key)。

4. 主密钥(Host Master Key)

主密钥是指对密钥加密密钥进行加密的密钥。

密钥管理是一项综合性的技术,涉及密钥的生成、分发、存储、销毁等一系列过程,涵盖了密钥的整个生存周期。

2.3.2.1　密钥生成

系统的安全性依赖于密钥。如果使用一个弱密钥,那么整个系统都将是不安全的。如果能直接破译密钥生成算法或直接找到密钥,就不需要试图去破译加密系统了。一般来说,密钥长度越长,对应的密钥空间就越大,攻击者使用穷举猜测密码的难度就越大。

选择密钥时,要避免使用弱密钥,而选择使用随机密钥。人们通常会选择如"Anne"的弱密钥,而不是选择如"＊1/23?"的密钥,因为前者更容易记忆,尽管后者作为密钥,强度也远远不够。

聪明的穷举攻击者首先尝试最可能的密钥,如用户的姓名、简写字母、账户和其他有关的个人信息等,即所谓"字典攻击"。此外,有特殊含义的密钥往往比其他密钥的安全性差。在选用密钥时务必进行密钥强度测试,一旦发现密钥是弱密钥,就应立即替换。

随机密钥是指那些由自动处理设备生成的随机的比特串。如果密钥为 64 位比特,每一个可能的 64 位比特密钥必须具有相等的可能性。

ANSI X9.17 规定了一种密钥产生方法,它并不产生容易记忆的密钥,更适合在一个系统中产生会话密钥或伪随机数。用来产生密钥的加密算法是三重 DES[①],比较容易实现。

设 $E_K(X)$ 表示密钥 K 对 X 进行三重 DES 加密。K 是密钥发生器保留的一个特殊密钥。V_0 是一个秘密的 64 位种子,T 是一个时间标记。为产生随机密钥 R_i,计算:

$$R_i = E_K(E_K(T_i) \oplus V_i)$$

为产生 V_{i+1},计算:

$$V_{i+1} = E_K(E_K(T_i) \oplus R_i)$$

为把 R_i 转换为 DES 密钥,简单地调整每一个字节第 8 位奇偶性就可以。如果需要 64 位密钥,按上述计算即可;如果需要 128 位密钥,则在产生一对密钥后,再将它们串接起来。

2.3.2.2　密钥分发

采用对称加密算法进行保密通信,需要通信双方共享同一密钥。通常是系统中的一个成员先选择一个秘密密钥,然后将它传送给另一个成员。X9.17 标准(见图 2-13)描述了两种密钥:密钥加密密钥和数据密钥。密钥加密密钥加密其他需要分发的密钥;而数据密钥只对信息流进行加密。密钥加密密钥一般通过手工分发。

---

① 三重 DES 相当于对数据分组应用三次 DES 加密算法。由于计算机运算能力增强,原版 DES 密码的密钥长度变得容易被暴力破解,三重 DES 即是通过增加 DES 的密钥长度来避免类似攻击,而不是设计一种全新的分组密码算法。

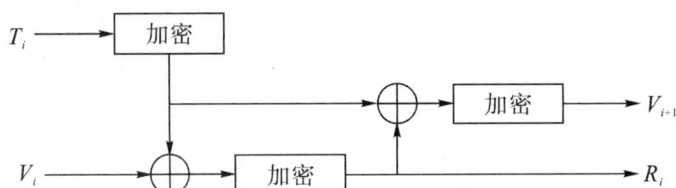

图 2-13　ANSI X9.17 密钥

为增强保密性,也可以如图 2-14 所示将密钥分成许多不同的部分然后用不同的信道发送出去。接收方从不同信道接收到密钥的不同部分之后,再按规定的方式将密钥的不同部分组合起来。

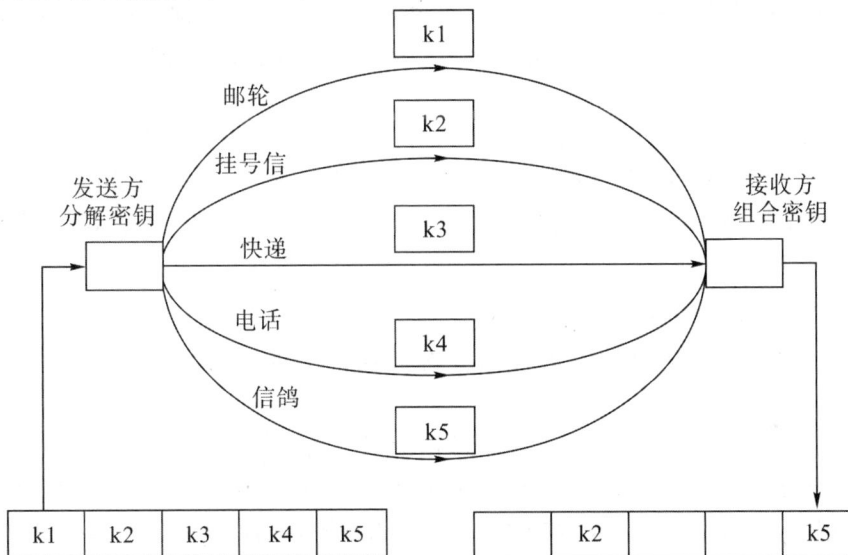

图 2-14　通过并行信道分发密钥

2.3.2.3　密钥验证

收到密钥时,如何知道是发送者本人发送的,而不是其他人伪装成发送者发送的?这就需要对接收到的密钥进行验证。例如,通过电话确认来验证。

实际使用中,还要解决密钥在传输过程中可能发生错误的问题。密钥传输时可以在密钥后面附加一些检错和纠错位,当密钥在传输中发生错误时,能很容易地被检查出来,接收端也可以验证接收的密钥是否正确。例如,发送方用密钥加密一个常量,然后把密文的前 2—4 字节与密钥一起发送,在接收端做同样的工作,如果接收端解密后的常数能与发送端常数匹配,则传输无误。也可以利用哈希函数或其他更加数学化的方式,设计更加安全的密钥验证方式。

如果接收者想知道他拥有的某个密钥是否是正确的,最简单的方法是附加一个验证分组,加密之前给明文加一个已知的标题,在接收端解密标题,并验证它的正确性。

2.3.2.4　密钥更新

当密钥需要频繁地改变时,频繁进行新的密钥分发的确是件困难的事情,一种更容易的解决办法是从旧的密钥中产生新的密钥,有时称为密钥更新。可以使用单向函数进行密钥更新。如果双方共享同一密钥,并用同一个单向函数进行操作,就会得到相同的结果。

密钥更新是可行的,但需要注意,保护旧密钥与保护新密钥同样重要。

2.3.2.5 密钥存储

比较可靠的密钥存储方式,包括将密钥储存在磁卡、ROM 芯片①或智能卡中。用户将物理识别器插入加密箱或连在计算机终端上的特殊读入装置上,然后把密钥读入系统。

也可以采用复杂一些的办法。比如把密钥分成两部分,一部分存入终端,另一部分存入 ROM 芯片,在使用时再进行合成,这样会使得密钥更加安全。美国政府的 STU-Ⅲ 保密电话使用的就是该方法。

用户还可以采用类似于密钥加密密钥的方法对难以记忆的密钥进行加密保存。

当然,还可以有更加保密的方式,例如利用数学函数等方式,将密钥嵌入数学函数中,作为函数的解。这是一种比较高级的密钥存储方式,也用于一些高等级信息系统中。

2.3.2.6 密钥备份

密钥备份可以采用密钥托管、秘密分割、秘密共享等方式。

1. 密钥托管

密钥托管要求所有用户将自己的密钥交给密钥托管中心,由密钥托管中心备份保管密钥(如锁在某个地方的保险柜里或用主密钥对它们进行加密保存),一旦用户的密钥丢失(如用户遗忘了密钥或用户发生意外),按照一定的规章制度,可从密钥托管中心索取该用户的密钥。另一种备份方案是用智能卡作为临时密钥托管。如 Alice 把密钥存入智能卡,当 Alice 不在时就把它交给 Bob,Bob 可以利用该卡进行 Alice 的工作,当 Alice 回来后,Bob 交还该卡。由于密钥存放在卡中,所以 Bob 也不知道密钥是什么。

2. 秘密分割

秘密分割是把秘密分割成许多碎片,每一片本身并不代表什么,但把这些碎片放到一块,秘密就会重现出来。

3. 秘密共享

将密钥 k 分成 n 块,每部分叫作它的"影子",知道任意 m 个或更多的块就能够计算出密钥 k,知道任意 $m-1$ 个或更少的块都不能够计算出密钥 k。秘密共享可以解

---

① ROM(Read only Memory),只读存储器。这样的存储器只能读,不能像 RAM 一样可以随时读和写。它在生产出来之后有一次写的机会,数据一旦写入则不可更改。它另外一个特点是存储器掉电后里面的数据不丢失,可以存放成百上千年。此类存储器多用来存放固件,比如计算机启动时的引导程序,手机、MP3、MP4、数码相机等电子产品的程序代码。

决两个问题,其一是若密钥的"影子"偶然或有意地被暴露,只要暴露的密钥"影子"数量小于 m,整个系统就还是安全的;其二是若原始密钥丢失或损坏,通过"影子"就可以把密钥恢复出来,保证系统中的信息还可以使用。

2.3.2.7　密钥有效期

以下几个原因,使得加密密钥不能无限期使用:密钥使用时间越长,它泄露的机会就越大;如果密钥已泄露,那么密钥使用越久,损失就越大;密钥使用越久,人们花费精力破译它的诱惑力就越大——甚至采用穷举攻击法。此外,对用同一密钥加密的多个密文进行密码分析一般相对比较容易。

不同密钥应有不同的有效期。数据密钥的有效期主要取决于数据的价值和给定时间里加密数据的数量。价值越高、数据传送频率越大,密钥更换的频率应越高。一般情况下加密密钥的密钥无须频繁更换,因为它们只是偶尔地用作密钥交换,所以加密密钥的密钥要么被记忆下来,要么保存在一个安全地点,丢失该密钥就丢失了所有的文件加密密钥。

公钥密码体制中私钥的有效期也应视应用的不同而有所不同。用作数字签名和身份识别的私钥必须持续数年(甚至终身),用作抛掷硬币协议的私钥在协议完成之后就应该立即销毁。即使期望密钥的安全性持续终身,也需要考虑每两年更换一次密钥。旧密钥仍需保密,以防用户需要验证从前的签名。但是新密钥将用作新文件签名,可以减少密码分析者所能攻击的签名文件数目。

2.3.2.8　密钥销毁

如果密钥必须替换,那么旧密钥就必须销毁,以防止通过使用旧密钥解密得到原来经过加密的消息。

如果被销毁的密钥是写在纸上的,那么这张纸必须被粉碎或烧掉;如果密钥是存储在 ERPROM[①] 中,那么这枚 ERPROM 必须要多次重写,以保证原有内容不可能通过软件或系统被恢复出来。

2.3.2.9　密钥管理与 PKI

公钥基础设施 PKI(Public Key Infrastructure)是一个利用公钥加密技术为密钥和证书管理设计的组件、功能子系统、操作规程的集合,它的主要任务是管理密钥和证书,为网络用户建立安全通信信任机制。

一般情况下,PKI 至少包括如下核心组件:

CA(Certification Authority)。CA 负责证书的颁发和吊销(Revoke),接收来自 RA 的请求,是 PKI 系统最核心的部分,主要完成对证书信息的维护。

RA(Registration Authority)。RA 对用户身份进行验证,校验数据合法性,负责

---

① 　ERPROM(Erasable Programmable ROM),可擦除可编程芯片,可重复擦除和写入,解决了只读存储器芯片只能写入一次的弊端。

登记用户信息。RA 在核验用户身份之后,会将用户信息发送给 CA。

证书数据库。证书数据库用于存放证书,通常采用 X.500 系列标准格式,可以配合 LDAP①目录服务管理用户信息。

常见的操作流程为,用户提供身份和认证信息等,通过 RA 登记申请证书,CA 审核后完成证书的生产,颁发给用户。用户如果需要撤销证书则需要再次向 CA 发出申请。

1.数字证书

数字证书是一个包含用户身份信息、用户公钥信息、证书认证中心(CA)签署数字签名的文件。

数字证书是各类终端实体和最终用户在网上进行信息交流及商业活动的身份证明,在电子交易的各个环节,交易的各方都需要验证对方数字证书的有效性,从而解决相互间的信任问题。

2.CA

CA,Certificate Authentication,是具备权威性的数字证书签发机构。

CA 作为 PKI 的核心部分,主要由注册服务器组、证书申请受理和审核机构、认证中心服务器三者组成。

注册服务器可为客户提供 24×7 不间断的注册申请受理服务。客户在网上填写相应的证书申请表并提出证书申请。

证书申请受理和审核机构负责证书申请的受理和审核。

认证中心服务器是数字证书生成、发放的运行实体,同时提供发放证书的管理、证书废止列表(CRL)的生成和处理等服务。

3.CA 可以实现的功能

①接收验证最终用户数字证书的申请;
②确定是否接受最终用户数字证书的申请和审批;
③向申请者颁发或拒绝颁发数字证书;
④接收和处理最终用户数字证书的更新;
⑤接受最终用户数字证书的查询和撤销;
⑥产生和发布 CRL(证书废止列表);
⑦数字证书归档;
⑧密钥归档;
⑨历史数据归档。

---

① LDAP,Lightweight Directory Access Protocol,是基于 X.500 标准的轻量目录访问协议且可以根据需要定制。与 X.500 不同,LDAP 支持 TCP/IP。

2.3.3　密码算法

2.3.3.1　算法选择

选择使用哪种密码算法是一个安全系统设计者必须要考虑的问题。当开始设计系统并选择密码算法时,通常有以下几种可能选择。

①选择一个公开的密码算法。相信一个公开的密码算法已经受到许多分析者的攻击,如果还没有人破解它,说明它有很好的安全性。

②相信制造商。相信一个很有名的制造商不会用他们的名誉冒险出售其有密码缺陷算法的设备。

③相信私人顾问。相信一个公正的,很有名望的顾问对市场上算法的评估。

④相信政府。相信政府是最值得信赖的,它不会欺骗人民。

⑤写自己的算法。相信自己编写的密码算法有足够的强度,不次于其他人或机构的算法,并且除了自己,不信任任何人。

2.3.3.2　对称密码算法和非对称密码算法

非对称密码与对称密码是两类不同的算法,它们分别用于解决不同的安全问题。对称密码运算速度极快并且对选择密文攻击不敏感,适合用于加密数据;非对称密码在密钥分配和构建网络协议方面具有优势。除了这两类算法,还有其他一些典型密码算法。

2.3.3.3　通信信道加密

加密可以在开放系统互联(Open Systems Interconnect,OSI)模型[①]中链路层以上的任何层进行。表 2-8 给出了 OSI 开放系统互连模型。如果在链路层加密,则被称为链路加密(link-by-link encryption)。此时通过链路连接的任何数据都要被加密。如果在较高层实施加密操作,就被称为端-端加密(end-to-end encryption)。此时,若在发送端加密数据,则只在最后的接收端对数据进行解密。

---

① 1977 年国际标准化组织(International Organization for Standardization,ISO)专门设立了一个委员会,提出了异种机系统互联的标准框架,即开放系统互联参考模型(OSI /RM)。该模型把网络通信机制分为 7 层,分别是物理层、数据链路层、网络层、传输层、会话层、表示层和应用层,其中 1 至 4 层是低层,与数据移动密切相关;5 至 7 层是高层,包含应用程序级的数据。每一层负责一项具体工作,然后把数据传送到下一层。目前网络系统普遍采用的是 TCP/IP 网络协议。

表 2-8　OSI 开放系统互连模型

层数	层	说明
7	应用层	最高层。用户、软件、网络终端进行信息交换
6	表示层	将两个应用不同数据格式的系统信息转化为能共同理解的格式
5	会话层	依靠底层的通信功能来进行数据的有效传递
4	传输层	两通信节点之间数据传输控制,操作如数据重发、数据错误修复
3	网络层	规定了网络连接的建立、维持和拆除的协议。如路由和寻址
2	数据链路层	规定了在介质上传输的数据位的排列和组织。如数据校验和帧结构
1	物理层	规定了通信介质的物理特性。如电气特性和信号交换的解释

1.链路加密

链路层建立在物理层之上,规定了介质上传输的数据位的排列和组织。链路加密是指对通过链路层的所有数据进行节点到节点间的加密,如图 2-15 所示,任何信息在由节点 1 到节点 2 的发送过程中,先在节点 1 的链路层被加密,然后在节点 2 的链路层被解密。同一个信息在从节点 2 到节点 3 的发送过程中,信息先在节点 2 的链路层被重新加密,到节点 3 的链路层再重新解密。即节点 1 和节点 2 的链路层共享同一个密钥,节点 2 和节点 3 的链路层共享一个密钥。链路加密可以用于任何类型的数据,包括上层各种应用数据、路由信息、协议信息等,也包括发送端与接收端之间的任何智能交换或存储节点。

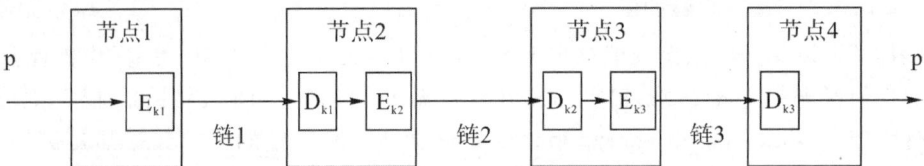

图 2-15　链路加密

链路加密具有以下优点:

①易操作,对用户透明,即在通过链路传送之前所有数据都被加密;

②每一次链接只需要一组密钥;

③路由信息被加密,可提供安全的通信序列;

④加密是在线的。

链路加密的缺点在于数据容易在中间节点被暴露。

2.端—端加密

另一种处理方式是将加密设备放在网络层和传输层之间,如图 2-16 所示,加密设备根据下三层的协议理解数据,并且只加密传输层的数据单元。这些加密的数据单元与未加密的路由信息重新结合,然后送到下一层进行传输。

在图 2-16 中,被加密传输的数据在节点 1 的传输层被加密,之后封装相应的路由信息,经过节点 1 的网络层、链路层,最后由节点 1 的物理层以物理信号发送出去。被加密的数据连同路由信息等内容在节点 2 和节点 3 都经过物理层、链路层和网络层的解析之后被转发,到达节点 4 的物理层,再经过节点 4 的链路层和网络层,最后在节点 4 的传输层被解密。

端—端加密避免了链路加密出现的问题。在端—端加密数据传输过程中,数据一直保持加密状态,直到到达最终目的地才被解密。

端—端加密的主要问题是路由信息未被加密。一个优秀的密码分析者可以据此知道谁和谁在通信,何时通信以及通信时长。其次是密钥管理困难,因为每个用户必须确保他与其他人有共同的密钥。

图 2-16　端—端加密

端—端加密优点主要在于保密级别更高。

端—端加密的缺点:

①需要更复杂的密钥管理系统。如果系统有 n 个节点,在对称密钥情况下,至少需要 $n\times(n-1)/2$ 种不同的密钥,每个节点要至少维护 $n-1$ 种密钥。

②流量分析是可能的,因为路由信息未被加密。

3. 链路加密与端—端加密的结合

链路加密与端—端加密的结合,尽管昂贵,却是一种有效的网络安全方法。

加密每个物理链路使得对路由信息的分析成为不可能,而端—端加密减少了网络节点中未加密数据处理带来的威胁。表 2-9 给出了链路加密与端—端加密的比较。

两种方案的密钥管理可以完全分开,网络管理人员可以只关心链路层,而用户只负责相应的端—端加密。

表 2-9　链路加密与端—端加密的比较

	链路加密	端—端加密
主机内部安全性	发送主机内部消息暴露	发送主机内部消息被加密
	交换节点消息被加密	交换节点消息暴露
用户的作用	发送主机使用	发送过程使用
	对用户不可见	用户应用加密
	主机保持加密	用户必须选择算法
	对所有用户提供便利	用户选择加密
	可以硬件完成	软件更易完成
	消息全部被加密或全部不加密	对每一条信息用户可选择加密或者不加密
有关实现	每一主机对需要一个密钥	每一用户对需要一个密钥
	每一台主机需要加密硬件或软件	每一个用户需要加密硬件或软件
	提供节点验证	提供用户验证

4.用于存储的加密数据

加密密钥与加密消息具有同样的价值。用于通信的密钥,理想情况下仅存在通信维持时间,而数据存储的密钥则需要保密数十年。

对于硬盘驱动器加密,有两种方法,分别是文件级和驱动器级。文件级加密是指每一个文件被单独加密,驱动器级加密是指在用户的逻辑驱动器上,对所有的数据加密。

当对一个大的硬盘驱动器进行加密时,可以用一个单独的密钥对所有数据进行加密。但这给分析者提供了大量用于分析的密文,同时用户不能只解密查看驱动器的一部分成为不可能。或者,可以用不同的密钥对各个文件进行加密,但这要求用户去记住每个文件的密钥。

解决办法是使用独立的密钥对每一个文件进行加密,然后用一个每个用户都知道的密钥加密这些密钥。每个用户只需要记住一个密钥,不同的用户可以有一个用他们的密钥加密的文件加密密钥子集。使用主密钥对每一个文件加密密钥加密。这会更加安全,因为文件加密密钥是随机的,并对字典攻击不敏感。

5.硬件加密与软件加密

(1)硬件加密

加密算法及产品以硬件形式体现。将加密/解密盒子嵌入通信线路中,然后对所有通过的数据进行加密。

硬件是商业和军事应用的主要选择。首先是运算速度快,其次是具有一定的安全性,最后是易于安装。

一般情况下,有三类基本的加密硬件,分别是自带加密模块(可完成一些如银行口令确认和密钥管理等功能)、用于通信电路的专用加密盒以及可插入计算机的插卡。

(2)软件加密

任何加密算法都可以用软件来实现。

软件实现的缺点,一是运算速度慢,二是运算开销大,三是易被干扰。

软件实现也具有相应的优点,包括软件具有灵活性和可移植性、易使用、易升级等特点。

软件加密程序适用于大多数操作系统,也可用于保护个人文件,但用户通常需要手动执行加密和解密操作。

用软件执行加解密时,密钥自身的安全很重要,密钥不应当存储在磁盘上的任何地方。

2.3.3.6 压缩、编码与加密

数据压缩算法与加密算法的结合,具有重要的现实意义。因为大部分信息都具有一定程度的信息冗余,如果密码分析依靠明文中的冗余,那么经过压缩的数据将使文件在加密之前就减少了信息冗余。同时加密也是一个耗时的过程,在加密之前压缩文件可以提高整个文件加密处理的速度。但在恢复明文时,如果文件被压缩过,在解密

之后还需要对文件进行解压缩操作。

图 2-17 给出了带有压缩和差错控制的加解密过程。首先压缩拟加密的数据,之后对压缩后的数据执行加密操作,再之后加入差错控制措施。在接收端接收到相应数据之后,首先要对接收到的数据进行差错检测,如果存在传输错误,则需要重新传输。如果没有传输错误,则再执行解密操作,解密之后还要执行解压缩操作。

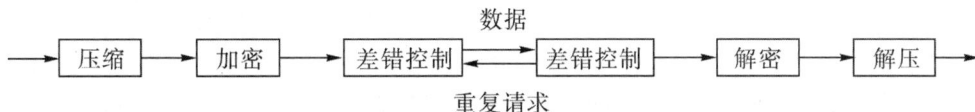

数据

$$\text{压缩} \rightarrow \text{加密} \rightarrow \text{差错控制} \leftarrow \text{差错控制} \rightarrow \text{解密} \rightarrow \text{解压}$$

重复请求

图 2-17　带有压缩和差错控制的加解密过程

2.3.3.7　销毁信息

计算机删除一个文件时,该文件并没有被真正地删除,删除的是磁盘索引文件(一种可告诉机器磁盘上的数据在哪里的文件)中的入口。

虚拟内存意味着计算机可随时将内存读、写到磁盘。即使你从未保存过明文,计算机也可能会自动保存。

为彻底清除某个文件,必须对磁盘上文件的所有位置进行物理写覆盖。

写覆盖就是将不涉及安全的数据写到以前曾存放敏感数据的存储位置。根据美国国防部(United States Department of Defense,DOD)要求,先用一种格式进行写覆盖,然后用该格式的补码,最后用另一种格式。如先用 0011 0101,接着用 1100 1010,再接着用 1001 0111。写覆盖的次数根据存储介质而定,有时依赖信息的敏感程度,有时依赖不同的规定要求。

在没有用不涉及安全的数据写覆盖之前,彻底清除就没有完成。

2.4　密码学研究现状和进展

2016 年,张焕国、韩文报等学者在《中国科学》发表的《网络空间安全综述》,概述了密码学和网络安全领域的研究现状、存在的问题和研究热点。

2.4.1　密码算法的研究现状

2.4.1.1　序列密码(流密码)

20 世纪初,代数攻击的出现给基于 LFSR[①] 设计的流密码算法带来巨大威胁,

---

①　LFSR,linear feedback shift register,线性反馈移位寄存器。给定前一状态的输出,将该输出的线性函数再用作输入。移位寄存器是产生信号和序列的常用设备,分为线性和非线性两大类。现代数字电子技术的发展已使密钥序列可以方便地利用以移位寄存器为基础的电路来产生。LFSR 被广泛用于流密码中的密钥序列生成。

2003 年结束的 NESSIE 计划竟然没有一个流密码通过安全性评估被选为标准。由于流密码可通过分组密码工作模式的调整得到,以 Shamir 为代表的很多学者提出应该全面检讨是否还有必要再单独设计流密码。

但流密码领域的学者普遍认为,软件上可以快速实现的流密码,或在硬件上实现只需要很少资源的流密码依然具有实用价值。于是,欧盟 ECRYPT 项目在 2004 年发起了称为 eSTREAM 的流密码设计竞赛,最终选出了 4 个软件可快速实现的流密码:HC-128、Rabbit、Salsa20、SOSEMANUK,以及 3 个对硬件资源要求低的流密码算法:Grain v1、MICKEY v2、Trivium。eSTREAM 计划大大促进了流密码设计与分析的发展。

在设计方面,新的研究动向有二:一是开始出现非线性乱源设计;二是分组密码的设计思想逐步融入流密码设计。在分析方面也取得了一些新进展,出现了针对 LFSR 的快速相关攻击、区分攻击、高阶差分攻击以及立方攻击等。

我国学者在流密码理论研究及设计方面成果颇丰,如由我国学者设计的祖冲之密码在 2011 年入选为 LTE 国际标准。

2.4.1.2 分组密码

20 世纪 70 年代,美国国家标准局 NBS 发布数据加密标准 DES。

随着网络的发展和计算能力的提高,DES 密钥长度过短的劣势逐渐暴露出来。在 1999 年的 RSA 竞赛中,Distributed. net 组织利用 10 万台普通计算机协同,在 1 天之内通过穷举搜索获得了 DES 密钥。

为取代 DES,美国国家标准技术研究所发起了征集高级加密标准 AES 的竞赛,经过三轮筛选,从初始 15 个候选算法中确定 Rijndael 算法作为 AES。

AES 可以抵抗包括差分攻击、线性攻击等已知的各种攻击手段,且在软硬件实现速度、内存要求方面都具有很好的性质。AES 发布后,理论研究的重点转为对现有密码结构安全性分析,并取得了一系列重要的成果。

分组密码研究中一个值得注意的新方向是在现实应用中有广泛需求的轻量级密码得到了快速发展。比如 PRESENT、LBlock、PRINCE、PRIDE、Simplified AES,以及针对这些新轻量级算法的一系列分析工作。

2.4.1.3 公钥密码(非对称密码)

自 1976 年 Diffie 与 Hellman 提出公钥密码概念以来,提出了许多公钥密码体制,目前应用最为广泛的包括 RSA 密码、ElGamal 密码和椭圆曲线密码。

公钥密码的密钥证书管理比较复杂,为了简化密钥管理,Shamir 提出了基于身份的公钥密码,Boneh 和 Franklin 基于双线性配对技术构造了实用的方案。随后,很多优秀的基于身份的方案陆续被提出,出现了新型的公钥密码体制,如无证书加密、广播加密、属性加密、谓词加密,及函数加密等。其中属性加密、谓词加密、函数加密等已成为解决云计算环境下数据安全及隐私保护问题的重要技术手段。

shor 量子算法的提出,使得传统的基于大整数分解和离散对数问题的公钥密码安全受到巨大的威胁,人们急需研究一种能够抵抗量子计算攻击的公钥密码。能够抵抗量子计算机攻击的密码称为抗量子计算密码。

目前认为抗量子计算密码主要有 3 类:基于物理学的量子密码、基于生物学的 DNA 密码和基于数学的抗量子计算密码。基于数学的抗量子计算密码目前主要有:多变量密码体制、纠错码密码体制、格公钥密码体制和基于 Hash 函数的签名体制。

2.4.1.4　Hash 函数

Hash 函数是一个将任意长度的消息映射成固定长度消息的函数,带密钥的 Hash 函数也称为 MAC。

Hash 函数和 MAC 可用于认证和数字签名,具有非常重要的实际应用,如 2012 年的火焰病毒就是因为攻击者获得了 Windows 系统升级程序使用的 Hash 算法的碰撞,从而可以对自身代码进行数字签名,使杀毒软件认为病毒拥有合法数字证书,从而绕过杀毒软件的查杀。

我国学者王小云在 MD5、SHA-1 等 Hash 函数攻击方面取得突破性进展,2007 年美国国家标准技术研究所启动了 SHA-3 计划,在全球范围内征集新的 Hash 标准,最终 Keccak 算法被选为 SHA-3 算法。

SHA-3 计划促进了 Hash 函数和 MAC 的快速发展,涌现了 HAIFA、SPONGE、宽管道、双管道等多种新的结构和设计方法,同时其分析方法也取得了新的进展。

近年来,在 Hash 函数和 MAC 设计方面,实用同态 MAC 也是一个值得注意的新方向。

2.4.1.5　认证加密

认证加密是近年来新兴的研究领域,目标是利用单一密码同时提供机密性、完整性与认证功能。

认证加密方案可通过分组密码的 OCB、GCM 模式来构造,但其存在一定的效率瓶颈。

2013 年,美国国家标准技术研究所启动了 CAESAR 竞赛,掀起了直接构造完整的认证加密方案的热潮。许多认证加密方案被提出,如 ALE、FIDES、AEZ 等,但密码学界对这个新兴领域的安全问题认识尚不完全透彻,出现了不少安全问题。

认证加密方案的研究将成为未来几年里最受关注的研究方向之一。

2.4.2　密码协议研究现状及进展

密码协议是指两方或者更多方,为完成某种信息系统安全功能而执行的一系列规定步骤。由于面向应用,密码协议涵盖的范围非常广泛,既包括了身份认证、密钥交换、秘密共享、数字签名、零知识证明、多方安全计算等基本工具,也包括电子选举、电子投票等复杂功能。

2.4.2.1　秘密共享

秘密共享的概念最早由 Shamir 和 Blakley 分别提出,目的是希望将一个秘密分解后交给多人掌管,只有在秘密持有人达到设定人数时,秘密才能被恢复。Shamir 使用了 Lagrange 插值法来实现秘密共享,Blakley 使用多维空间中的点来构造秘密共享。秘密共享协议一直在不断发展,又出现了线性秘密共享及近年来的函数秘密共享。

目前,秘密共享已经成为构造更复杂密码协议的基本工具。

2.4.2.2 零知识证明

零知识证明是指证明者向验证者证明他知道某个秘密的同时,又不泄露关于该秘密的任何信息的一种方法。这一概念最早由 Goldwasser 等人于 1985 年提出,通过证明者和验证者之间的一系列交互来实现。随后,Santis 等人解决了不需要交互的零知识证明问题。Deng 解决了零知识证明中的双重可重置猜想问题。Zhao 等实现了公钥环境下的并发零知识协议。

零知识证明是各类安全协议的基础,已经被广泛用于身份认证、电子投票等协议的设计中。近年来,又有一些新的模型和方法被用在特定应用领域(如区块链)的零知识证明中。

2.4.2.3 安全多方计算

安全多方计算是一个由多方参与的分布式计算协议,每个参与方分别提供输入信息参与计算,并获得计算结果,但在计算过程中和计算结束后,却无法获得其他参与方的输入信息。

安全多方计算最初由姚氏百万富翁问题引出,由两方参与计算,后推广成为多方计算。

安全多方计算使用秘密共享、零知识、比特承诺、不经意传输等基础工具,构造出了电子选举协议、电子拍卖协议等应用协议,并且在门限签名、数据库查询与数据挖掘、隐私保护中有着重要应用。

早在 1997 年,Goldwasser 就对安全多方计算进行了比较全面的总结,近年来,安全多方计算理论依然在快速发展,如新出现的黑盒安全多方计算、计算过程可中止的安全多方计算,及非交互式安全多方计算等。

各种新型网络及应用的出现,也推动了包括外包计算、可验证存储在内的新的应用协议的出现。

随着云计算、物联网、车载网、互联网＋、智慧城市、区块链等得到了更为广泛的应用,密码协议设计及分析方法的研究也必将获得新的发展。

2.4.3 密码实现安全研究现状及进展

密码算法分数学形态、软件形态和硬件形态,通常说"密码算法是安全的"是指密码算法在数学上是安全的。

但密码算法的应用必须以软件或硬件的形态实现,而数学上的安全并不能保证算法的软硬件实现上的安全。

2.4.3.1　侧信道攻击

侧信道攻击是一种利用与密码实现有关的物理特性来获取运算中暴露的秘密参数,以减少理论分析所需计算工作的密码分析方法。1996 年,Kocher 首次提出了侧信道攻击方法,利用测量密码算法执行时间的方法成功分析了 RSA 和 DES 算法。随后,差错、能量、辐射、噪声、电压等更多物理特性被用于侧信道分析技术中。

我国的谷大武、周永彬、唐明等人在侧信道攻击研究方面也取得了优异的成果。为抵抗侧信道攻击,研究人员提出了指令顺序随机化、加入噪声、掩码、随机延迟等方法,但都无法完全抵抗越来越复杂的各种侧信道攻击。

2008 年,Petite 等人提出,在设计算法时就需要考虑信道泄露信息情况下算法的安全性,并设计了一个简洁的流密码算法,Dziembowski 与 Pietrzak 进一步提出了抗泄露密码这一概念,将可能泄露的信道信息抽象为数学上的泄露函数。这就把物理实现上存在的问题重新归纳为数学问题。在这种模型下设计出的算法自然可以避免实现时可能遇到的安全问题。

近年来出现的不同应用目标下的抗泄露密码算法,已经成为密码学领域一项新的重要研究方向。Yu 等人在该方向做出了很好的工作。另一方面,在很多应用场景中攻击者可以侵入系统并获取密码系统的密钥,这种攻击称为白盒攻击。一种抵抗白盒攻击的方法称为白盒实现,它是将密钥做成查询表分发到整个网络结构中,使得每个块看起来独立于密钥,攻击者无法从中直接获得密钥数据。尽管有一些白盒实现已经被提出,但同时也出现了相应的攻击方法,目前为止,还未有公认的安全高效的白盒密码实现。

2013 年密码混淆技术取得重大进展,基于密码混淆技术的白盒密码被提出,但其效率成为瓶颈。混淆技术将可能成为保证密钥和密码算法代码安全的一种方法。

2.4.3.2　密钥管理技术

密钥是密码系统中最重要的资源,对密码系统最有效的攻击是直接获取密钥。密钥管理的目标是保证密钥全生命周期的安全,包括密钥的产生、分配、存储、使用、备份/恢复、更新、撤销和销毁等环节的安全。

密钥一般需要随机生成,弱的随机数发生器将直接导致密码系统安全性降低。2013 年斯诺登曝出,美国国家安全局设计了带陷门的伪随机数生成算法,并通过美国国家标准技术研究所确立为标准,之后买通了 RSA 公司,将该算法作为 Bsafe 安全软件中的默认随机数生成算法,从而对全世界进行信息控制。此外,通过对网络上大量使用的 RSA 密码算法的模数进行大量扫描再两两求取公因子,研究人员得到了诸多 RSA 密码系统的私钥从而对系统进行破解,这主要是因为使用随机数发生器生成 RSA 私钥时,不同系统 RSA 私钥之间发生了碰撞。

密钥通常由随机数发生器生成,包括真随机数发生器和伪随机数发生器两类。真随机数发生器通过物理环境的随机因素来产生随机性,近年来研究热点集中在高速真随机数发生器的设计、安全分析及熵估计理论方面。伪随机数发生器是由随机种子通过确定性算法扩展得到随机性。无论是真随机数发生器还是伪随机数发生器,使用之前都必须进行安全性分析和检测。

随着目前嵌入式设备、可穿戴设备的广泛应用,如何保护这些设备中的私钥成为关键问题。物理不可克隆技术提供了密钥生成及存储保护的一体化解决方案。该技术利用物理芯片本身的结构指纹,在每次需要密钥运算时,结合一个密钥生成算法临时提取私钥,保证断电后无法通过异物入侵的手段直接读取密钥。目前出现了诸多低成本高可靠的物理不可克隆技术设计,但其安全性分析和安全应用还需进一步研究。

目前通信网络模型下的密钥管理技术已较为成熟,包括层次化的密钥结构、标准化的密钥协商协议、采用硬件或加密方式存储密钥、采用秘密共享或密钥托管方式存储或恢复密钥。公钥密码的密钥管理技术 PKI 也已经成熟。但是,密钥管理技术与具体应用紧密相关,必须针对具体应用才能设计出合理的密钥管理方案。云计算、物联网、大数据、区块链等新的应用环境给密钥管理提出更多新需求和新挑战,研究这些新兴应用下的密钥管理技术成为重要的研究方向。

2.4.4 密码学研究热点领域

主要研究热点包括抗量子计算密码、格密码、全同态密码、程序混淆密码、属性及函数密码、密码设计与分析自动化等。

2.4.4.1 抗量子计算密码

抗量子计算密码主要有 3 类:基于物理学的量子密码、基于生物学的 DNA 密码和基于数学的抗量子计算密码。

在量子密码中最成熟的是量子密钥分配,其安全性基于量子力学基本原理,可提供无条件安全的密钥分配。我国在这一领域的研究和应用处于国际前列。

量子密码不是只有量子密钥分配,还有量子分组密码和量子公钥密码,但是后者受量子计算复杂性理论的限制,尚不成熟,需要投入更多的研究。由于 DNA 密码不是基于计算的,所以它具有抵抗量子计算机攻击的能力。我国学者提出了 DNA 对称和公钥密码方案,但是目前的 DNA 密码主要基于实验技术,缺少理论基础,设计和应用都不够成熟,需要进一步深入研究。

基于数学的抗量子计算密码目前主要有:多变量密码体制、纠错码密码体制、格公钥密码体制和基于 Hash 函数的签名体制。其中格密码和多变量密码的研究比较多。研究表明,目前许多多变量密码方案是不安全的,设计出安全高效的多变量密码是困难的。格密码兼具安全性和效率优势,被认为是目前最有前途的抗量子计算密码体制。

量子密码中目前最成熟的是量子密钥分配(QKD)协议。迄今人们已经提出了基于不同物理原理、传输介质和编码方式的多种 QKD 协议,包括 BB84 协议、B92 协议、EPR 协议、差分相位协议(DPS)、相干单向协议(COW)、连续变量协议、反直觉协议等,其中 BB84 协议的安全性得到公认。尽管 QKD 协议具有理论上的绝对安全,但由于现实中器件是非理想的,目前 QKD 协议的研究热点逐步转向与实际系统结合的安全性研究,包括测量设备无关 QKD 协议、半设备无关 QKD 协议、完全设备无关 QKD 协议等。

除了量子密钥分配,还有量子加密、签名、认证等其他密码,但这些密码尚不成熟,亟待进一步深入研究。

2.4.4.2 格公钥密码

格困难问题具有最坏情形与平均情形困难性相等的特性,被普遍认为抗量子计算攻击。目前,格困难问题已被用来构造标准 CPA、CCA-安全公钥加密体制、基于身份的加密体制、数字签名体制、密钥协商协议、盲传输协议、Hash 函数等。理想格的引入使得基于格的密码体制开始日趋实用。

尽管如此,由于格问题的具体困难性并不完全明晰,相较 RSA、ECC 等公钥密码体制,对格公钥密码进行安全性评估以及较为精确的参数选择更加困难,在这些方面还需要进一步研究。

2.4.4.3 全同态密码

全同态加密允许在未知密钥的情况下,对密文进行任意操作,其所得的值解密后等于对相应明文进行相同操作后所得的值。由于其特殊的"同态"性质,因此在云计算等环境中具有非常重要的应用。

全同态加密思想早在 1978 年就由 Rivest 等提出,但第一个全同态加密方案直到 2009 年才由 Gentry 提出。之后涌现出了大量全同态加密的设计,目前效率最高的全同态加密方案的构造都主要基于理想格上的 LWE 问题。在美国国防部高级研究计划局实施的"密文可编程"项目支持下,全同态加密在快速实现上出现重大突破,计算效率相对原有 Gentry 方案提升了 56 个数量级,密钥量也从 GB 降低到 MB 量级。尽管取得了如此大的成绩,但其效率离大规模实际应用仍有一定的距离。另外,如何提高同态密码的安全性,也是一个值得研究的方向。

2.4.4.4 程序混淆密码

程序混淆密码在保留程序功能性的同时使得程序是"不可识别"的,其最初主要通过一些启发式方法得以实现。

2001 年 Barak 等人首次对程序混淆给出了严格的密码学定义并进行了系统研究。自 2013 年 Grag 等人在通用不可区分混淆的构造上取得重大突破以来,研究人员以程序混淆为工具成功构造了可否认加密、标准模型下可证安全的全域 Hash 方案,解决了诸多密码学困难问题,同时也出现了新的通用混淆设计方法,但其构造与安全性规约都十分复杂,效率较低。当前,由于构造程序混淆的基本工具——多线性映射相继被攻击,因而有必要对程序混淆密码的安全性进行重新审视。

2.4.4.5 属性及函数密码

属性加密的密文和密钥都与一组属性相关,加密者可以指定接收者的属性,使得产生的密文只能由属性满足加密策略的用户解密,具有一对多的加解密模式。

函数加密为属性加密的推广,加密者不但能够决定用户能否解密数据,还能够决定用户能够解密什么形式(函数)的数据。由于可实现灵活的细粒度访问控制,属性加密和函数加密成为当前大数据和云存储环境中加密数据访问控制的重要工具,并成为密码学领域的研究热点。

2.4.4.6 密码设计与分析自动化

安全强度高是对密码的基本要求。然而高安全强度密码的设计却是十分复杂困难的,如何设计出高安全强度的密码和使密码设计自动化是人们长期追求的目标。

研究者利用智能计算设计密码函数,为密码函数的设计自动化迈出了重要的一步,然后将密码学与智能计算结合起来,借鉴生物进化的思想,提出了演化密码的概念,并提出了利用演化密码实现密码设计和密码分析自动化的方法。

近年来,量子智能算法逐渐出现。我国学者利用量子智能算法设计密码函数,在多指标优化方面取得了显著效果。密码是一个复杂系统,密码设计和分析自动化绝非易事。在社会信息化的今天,应当让计算机在密码设计与分析中发挥更大的作用。

参考文献

[1] 周敏超,顾思远,陈濛澈.密码学发展史:课件[EB/OL].(2015-03)[2020-07-01].http://www.doc88.com/p-0813277562403.html.

[2] 冯运波,杨义先.密码学的发展与演变[J].信息网络安全,2001(7):48-50.

[3] 成超.密码发展史之古典密码[N/OL].(2020-04-12)[2020-09-08].http://www.cnhubei.com/xwzt/2020/gymmf/kp/202004/t4252101.shtml.

[4] 邓勇进.古典密码学[J].硅谷,2011(7):14.

[5] 白廷国.古典密码学初探[J].齐齐哈尔高等师范专科学校学报,2005(1):114-116.

[6] 密码百科.密码历史之近代密码[EB/OL].(2020-07-02)[2020-09-12].https://so.html5.qq.com/page/real/search_news? docid=70000021_8465efdb3d460014.

[7] RICHARD S.经典密码学与现代密码学[M].叶阮健,曹英,张长富,译.北京:清华大学出版社,2005.

[8] 信歌飞扬,东进技术信息安全.轻轻松松学密码之二:现代密码学[EB/OL].(2020-05-11)[2020-10-10].https://mp.weixin.qq.com/s/OwZi8KFAkVCUegPxSV624Q.

[9] 李晖,邵帅.对称密码学及其应用[M].北京:北京邮电大学出版社,2009.

[10] 祝德红.IDEA 密码体制的安全性分析[D].昆明:昆明理工大学,2011.

[11] DIFFIE W, HELLMAN M E. New directions in cryptography[J]. IEEE Transactions on information Theory,1976,22(6):644-654.

[12] 王竹,欧长海,田夫笔耕.量子计算与密码学[EB/OL].(2017-09-01)[2020-

11-01]. https://www.sohu.com/a/168890458_653604.

[13] 李子臣. 密码学——基础理论与应用[M]. 北京:电子工业出版社,2019.

[14] 胡向东,魏琴芳. 应用密码学[M]. 北京:电子工业出版社,2006.

[15] 郑东,赵庆兰,张应辉. 密码学综述[J]. 西安邮电大学学报,2013,18(6):1-10.

[16] 吴世忠,祝世雄,张文政,等. 应用密码学:协议、算法与 C 源程序[M].2 版. 北京:机械工业出版社,2014.

[17] 张焕国,韩文报,来学嘉,林东岱,马建峰,李建华. 网络空间安全综述[J]. 中国科学:信息科学,2016,46(2):125-164.

[18] ZHANG H G,FENG X T,QIN Z P,et al. Evolutionary cryptosystems and evolutionary design for DES,[J]. China Inst Commun,2002,23:57-64.

第3章　非对称密码及其在区块链中的应用

区块链系统通常包括数据层、网络层、共识层、激励层、合约层和应用层,数据层封装了底层数据区块以及相关的数据加密和时间戳算法,其中非对称密码算法是数据层的核心技术。

非对称密码也称为公钥密码。公钥密码系统有两个密钥,一个公开的密钥作为加密密钥,也称为公钥,对应的不公开的密钥作为解密密钥,也称为私钥。两个密钥存在对应关系,采用公钥加密后,只能由相应的私钥解密。在区块链系统中,非对称密码算法应用较多的是 ECC(Elliptic Curve Cryptography,椭圆曲线算法),用于保障数据交互的安全以及确认数据的完整性和不可抵赖性。

本章首先介绍非对称密码体制的相关内容,然后阐述非对称密码在区块链中的应用。

3.1　非对称密码体制

密码体制指实现加密和解密的密码方案,一般分为对称密码体制和非对称密码体制。

1949 年香农发表了《保密系统的信息理论》,为对称密码系统建立了理论基础,带来了加密传输基于密钥安全而不是基于加密算法安全的理论和技术变革。这是密码学发展的里程碑性事件,开启了现代密码学时代。

非对称密码学是现代密码学最重要的进展之一。非对称密码可以在不直接传递密钥的情况下,完成密文的解密。加密和解密可以使用不同的规则,只要这两种规则之间存在某种对应关系即可,系统的安全性既不依赖算法的保密,也不用直接传递密钥。基于这种思想,出现了一系列非对称密码算法。

3.1.1　非对称密码体制

3.1.1.1　非对称密码体制起源与特点

1.非对称密码体制起源

非对称密码体制,又称双密钥密码体制或公开密钥密码体制。如果一个密码体制的加密/解密操作分别使用两个不同的密钥,并且在计算上难以由加密密钥推导出解密密钥,则该密码体制称为非对称密码体制。

公开密钥思想于 1976 年由当时在美国斯坦福大学的迪菲(Diffie)和赫尔曼
(Hellman)两人首先提出。迪菲和赫尔曼在 1976 年发表的"密码学的新方向"奠定了
公共密码交换系统的基础,并被广泛应用于今天的网络通信中。2015 年,计算机界最
负盛名的奖项,有"计算机界诺贝尔奖"之称的图灵奖颁给了惠特菲尔德·迪菲与马丁
·赫尔曼。

公钥密码的提出是有文字记载几千年以来密码领域第一次真正革命性的进步,其
根本区别是加密密钥和解密密钥分离,这样,任何一个用户就可以将自己设计的加密
密钥和算法公之于众,而只保密解密密钥。任何人利用这个加密密钥和算法向该用户
发送的加密信息,该用户均可以将其解密还原。公开密钥密码的优点是不需要经由安
全渠道传递密钥,大大简化了密钥管理。

公钥算法基于数学函数,而不像对称加密算法那样是基于二进制模式的简单操
作。更为重要的是公钥密码系统是非对称的,它使用两个单独的密钥。与此相比,传
统的对称密码只使用一个密钥。使用两个密钥对于保密性、密钥分发和认证都产生了
深远的影响。

2. 非对称密码体制特点

非对称密码体制具有以下特点:

一是加密密钥和解密密钥不同,并且由加密密钥计算上难以推导解密密钥;

二是有一个密钥是公开的,即公钥,而另一个密钥是保密的,即私钥。非对称密码
体制的安全性基于经过深入研究的数学难题,即要找到一个单向陷门函数,从而实现
加密密钥和解密密钥不同而且难以互推。

非对称密码体系引入了一对不同的密钥。这虽然增加了密钥量,但由于私钥由个
人保管,而公钥可以向任何人公开,这就很好地解决了密钥的分发和管理问题,并且它
还能够实现数字签名。

常用的非对称密码算法有 RSA 和 ECC。

需要注意的是,传统密码算法中使用的密钥被特别地称为密钥。用于非对称(公
钥)密码的两个密钥被称为公钥和私钥。私钥总是保密的,但为了避免与传统密码混
淆,仍然被称为私钥而不是密钥。

3.1.1.2　非对称密码理论基础

一般理解密码学就是保护信息传递的机密性,但这仅仅是当今密码学极其丰富主
题的一个方面。对信息发送与接收人的真实身份的验证、对所发出/接收信息在事后
的不可抵赖以及保证数据的完整性也是现代密码学研究的内容。

非对称密钥密码体制在这两个问题上都给出了出色的解答,并正在继续产生许多
新的思想和解决方案。迄今为止的非对称密码体系中,RSA 系统无疑是最著名、使用
最广泛的。

1. 非对称密码方案组成

非对称密码方案由以下 5 个部分组成：

①明文。算法的输入，它是可读的消息或数据。

②加密算法。加密算法对明文进行各种形式的变换。

③公钥和私钥。如果一个密钥用于加密，则另一个密钥就用于解密。用于加密的称为公钥，用于解密的称为私钥。

④密文。算法的输出，取决于明文和密钥。对于给定的消息，两个不同的密钥将产生两个不同的密文。

⑤解密算法。该算法接收密文和匹配的密钥，生成原始的明文。

顾名思义，密钥对中的公钥是公开的，是供其他人使用的，而私钥只有自己知道。公钥密码算法使用其中一个密钥，也就是公钥进行加密，使用另一个密钥也就是私钥进行解密。

2. 非对称密码方案基本流程

基本步骤如下：

①每个用户都生成一对密钥用来对消息进行加密和解密。

②每个用户把两个密钥中的一个放在公共寄存器或其他可访问的文件里，这个密钥便是公钥，另一个密钥自己保存。如图 3-1(a)所示，每个用户都收藏别人的公钥。

③如果 Bob 希望给 Alice 发送私人消息，则使用 Alice 的公钥加密消息。

④当 Alice 收到这条消息，她用自己的私钥进行解密。因为只有 Alice 知道自己的私钥，其他收到消息的人无法解密消息。

用这种方法，任何参与者都可以获得其他人的公钥。私钥由每一个参与者在本地产生，不需要分发。只要能够保护好自己的私钥，以后的通信就会安全。在任何时候，用户都能够改变私钥且发布相应的新的公钥代替旧的公钥。

3. 非对称密码体制必须满足的基本要求

记 E 和 D 分别为加、解密变换，m 为明文，M 为明文空间，c 是密文，C 是密文空间。非对称密码体制必须满足以下基本要求：

①正确性。$\forall m \in M$，有 $D(E(m))=m$。

②实现 E 和 D 的有效性。存在(低次)多项式时间算法实现加、解密。

③安全性。从已知的加密变换，求得解密变换 D 或与 D 等效的 D'，使得 $\forall m \in M' \subset M$，有 $D'(E(m))=m$ 在计算上是不可行的。其中 M' 是一个足够大的子集。

④可行性。任何用户要构造一对加、解密密钥是容易的，比如能适用某种概率多项式时间算法来实现。

⑤可交换性。$C=M$，$\forall m \in M$，有 $E(D(m))=m$。其中的可交换性并不是每一个公钥体制所必备的。如果一个公钥体制满足可交换性，那么它就可以用作数字签名。其使用过程如图 3-1(b)所示。

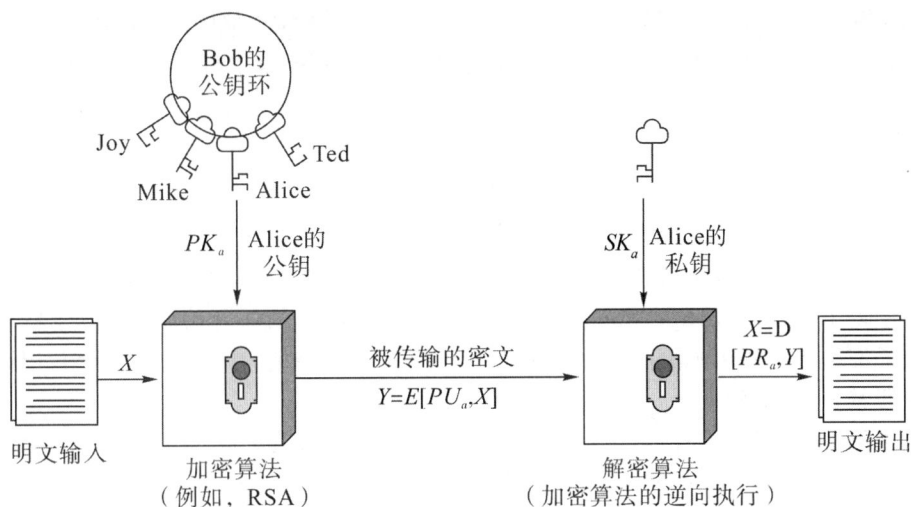

（a）加密

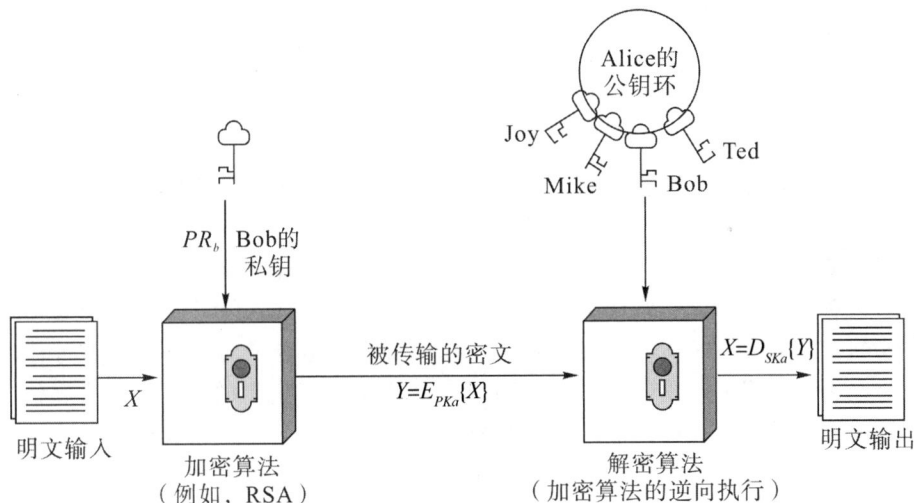

（b）数字签名

图 3-1　公钥密码

3.1.1.3　基于证书的公钥分发机制

在非对称密码体系中，密钥是成对生成的，每对密钥由一个公钥和一个私钥组成。在实际应用中，私钥由拥有者自己保存，而公钥则需要公布于众。为了使基于公钥体系的业务（如电子商务等）能够广泛应用，一个关键的基础性问题就是公钥的分发与管理。

公钥本身并没有什么标记，仅从公钥本身不能判别公钥的主人是谁。在很小的范围内，比如仅有 A 和 B 这样的两人小集体，他们之间相互信任，交换公钥，在互联网上通讯不会存在问题。但这个集体范围再稍微扩大一点，也许彼此信任也不成问题，但从法律角度讲这种信任就是有问题的了。如果这个集体范围再扩大一点，信任就成了一个大问题。

一般情况下互联网的用户群不会是几个人互相信任的小集体。从法律角度讲,互联网用户群体彼此都不能轻易信任,所以公钥加密体系采取了另一个办法,将公钥和公钥的拥有者身份联系在一起,再请一个大家都信得过的有信誉的公正权威机构确认,并加上这个权威机构的签名。这就形成了证书。

由于证书上有权威机构的签字,所以大家都认为证书上的内容是可信任的;又由于证书上有拥有者的身份信息,别人就很容易地知道公钥的主人是谁。

刚才提及的权威机构就是电子签证机关,即 CA。CA(Certificate Authority)也拥有一个证书(内含公钥),当然,它也有自己的私钥,所以它有签字的能力。网上用户通过验证 CA 的签名从而信任 CA,任何人都可以得到 CA 的证书和 CA 的公钥,用以验证它所签发的证书。

如果用户想得到一份属于自己的证书,他应先向 CA 提出申请。在 CA 判明申请者的身份后,CA 将用户公钥与其身份信息绑在一起,并为之签名后,便形成证书发给申请者。

如果一个用户想鉴别另一个证书的真伪,他就用 CA 的公钥对那个证书上的签名进行验证,一旦验证通过,该证书就被认为是有效的。如前所述,CA 签名实际上是用 CA 私钥对用户身份和公钥信息加密的过程,签字验证的过程伴随着使用 CA 公钥解密的过程。

CA 除了签发证书之外,它的另一个重要作用是证书和密钥的管理。

由此可见,证书就是用户在网上的个人电子身份证,同日常生活中使用的个人身份证作用一样。CA 相当于网上公安局,专门发放和验证身份证的真伪。

公钥密码方案的优点就在于,也许你并不认识某一实体,但只要你的服务器认为该实体的 CA 是可靠的,就可以进行安全通信,而这正是电子商务一类的业务应用所需要的。例如信用卡购物,服务方可根据客户 CA 的发行机构的可靠程度实施信用授权。目前国内外尚没有可以被广泛信赖的 CA。美国 Natescape 公司的产品支持公用密钥,Natescape 公司也把自己设为 CA,但由外国公司充当 CA,在军事、政务、商务等领域是一件不可想象的事情。

3.1.2　对称与非对称加密体制特性对比

对称与非对称加密体制具有不一样的特性,其体制特性对比如表 3-1 所示。

表 3-1　对称与非对称加密体制特性对比

特征	对称密码体制	非对称密码体制
密钥的数目	单一密钥	一对密钥
密钥种类	密钥是秘密的	一个私有、一个公开
密钥管理	不好管理	需要数字证书及可靠第三方
运算速度	非常快	慢
用途	大量数据加密	少量数据加密或数字签名

对称密码体制的优点主要在于计算开销小、运算速度快、密钥短。但其使用有很多局限。首先存在着通信双方要确保密钥安全交换的问题；其次，如果某一方有几个通信关系，则需要维护几个专用密钥；最后，由于对称加密系统仅能用于对数据进行加解密处理，确保数据的机密性，所以难以用于对使用者和数据来源进行数字签名。

非对称密码体制的优势，一是不存在对称密钥密码体制中的密钥分配和保存问题，对于具有 n 个用户的通信网络，仅需要 $2n$ 个密钥；二是非对称密钥密码体制通过数字签名解决了用户身份认证和信息认证问题。由于非对称密码体制基于复杂的数学难题产生，其缺点主要是算法复杂，运行速度慢并且占用资源高，不适应于对大规模数据的加解密运算。

非对称密码方案较对称密码方案处理速度慢，因此，通常把非对称密码技术与对称密码技术结合起来实现最佳性能，即用非对称密码在通信双方之间传送对称密钥，而用对称密码对实际传输的数据实施加密和解密操作。

关于非对称密码有以下几种常见误解。

第一种误解是，非对称密码比对称密码更抗密码分析。实际上，任何加密方案的安全性取决于：①密钥长度；②攻破密码所需的计算量。从抗密码分析的角度，不能认为对称密码优于公钥密码，也不能认为公钥密码优于对称密码。

第二种误解是认为非对称密码是一种通用技术，对称密码过时了。相反，由于当前非对称密码方案的计算开销太大，对称密码被淘汰似乎不太可能。

最后一种误解认为，对称密码中通信方与密钥分配中心的会话是很麻烦的事情，而用公钥密码实现的密钥分配非常简单。事实上，公钥密码也需要某种形式的协议，该协议包含一个中心代理，所以与对称密码相比，公钥密码所需的操作并不简单或者高效。

3.2　典型非对称密码算法

1976 年提出的非对称密钥密码体制不同于传统的对称密钥密码体制，它要求密钥成对出现，一个为加密密钥(e)，另一个为解密密钥(d)，且不可能从其中一个推导出另一个。自 1976 年以来，已经提出了很多种非对称密钥密码算法，其中许多是不安全的，一些认为是安全的算法又有许多是不实用的，它们要么是密钥太大，要么密文扩展十分严重。多数密码算法的安全是基于一些数学难题，专家们认为这些难题在短期内不可能得到解决，其中一些问题(如因子分解问题)至今已有数千年的历史了。

在这些安全实用的算法中，有些适用于密钥分配，有些可作为加密算法，还有些仅能用于数字签名。多数算法需要大数运算，实现速度慢，不能用于快速数据加密。

密码学领域中典型的非对称算法有 Diffie-Hellman 算法[1]、背包算法[2]、ElGamal 算法[3]、RSA、ECC 等。区块链系统多使用 ECC 及其变种,RSA 是到目前为止被研究得最充分的非对称密码算法。本节将重点对 RSA、ECC 算法进行分析和讨论。

3.2.1　RSA 算法

1978 年,出现了非对称密钥密码的具体实施方案,即 RSA 方案。RSA 是由罗纳德·李维斯特(Ron Rivest)、阿迪·萨莫尔(Adi Shamir)和伦纳德·阿德曼(Leonard Adleman)一起提出的,RSA(Rivest-Shamir-Adleman)就是他们三人姓氏开头字母拼在一起组成的。RSA 从提出到现在已经过了四十年,经历了各种攻击考验,逐渐为人们所接受,被普遍认为是目前最优秀的非对称密钥密码方案之一。

最初的 RSA 算法公钥方案是在 1977 年由 Ron Rivest、Adi Shamir 和 Len Adleman 在麻省理工学院提出的,并且于 1978 年首次发表。RSA 方案从那时起便占据了绝对的统治地位,成为最被广泛接受和使用的通用非对称密钥密码方案。

RSA 算法设计的最初理念与目标是使互联网安全可靠,旨在解决 DES 算法应用中需要利用公开信道传输分发秘密密钥的难题。RSA 算法不但很好地解决了这个难题,还可以利用 RSA 来完成对电文的数字签名以对抗对电文的否认与抵赖,同时还可以利用数字签名较容易地发现攻击者对电文的非法篡改,以保护数据信息的完整性。

RSA 使用两个密钥,密钥长度从 40 位到 2048 位可变,加密时也可把明文分成块,块的大小可变,但不能超过密钥的长度。RSA 算法把每一块明文转化为与密钥长度相同的密文块,密钥越长,加密效果越好,但加密解密的开销也就越大,所以要在安全与性能之间折中考虑。RSA 的一个比较知名的应用是 SSL[4],在美国和加拿大 SSL 用 128 位 RSA 算法,由于出口限制,在其他国家和地区(包括中国)通用的则是 40 位版本。目前为止,很多加密系统都采用了 RSA 算法,比如 PGP 加密系统。

---

[1]　Diffie-Hellman 算法是 Whitfield Diffie 和 Martin Hellman 于 1976 年公布的一种密钥一致性算法。Diffie-Hellman 是一种建立密钥的方法,而不是加密方法,然而,它所产生的密钥可用于加密、密钥管理或任何其他加密方式。基于 Diffie-Hellman 密钥交换算法的论文,开启了公钥密码学的先河。

[2]　Ralph Merkle 和 Martin Hellman 开发了第一个非对称密码算法——背包算法。背包算法只能用于加密。背包问题(Knapsack problem)是一种组合优化的 NP 完全问题,问题可以描述为:给定一组物品,每种物品都有自己的重量和价格,在限定的总重量内,如何选择才能使得物品的总价格最高。相似问题经常出现在商业、组合数学、计算复杂性理论、密码学和应用数学等领域中。

[3]　ElGamal 加密算法是基于迪菲－赫尔曼密钥交换的非对称加密算法,由 ElGamal 在 1985 年提出。ElGamal 加密系统通常应用在混合加密系统中,例如,用对称加密体制加密消息,然后用 ElGamal 加密算法传递密钥。

[4]　SSL,Secure Sockets Layer,安全套接层协议,是为网络通信提供安全及数据完整性的一种安全协议。SSL 在传输层对网络连接进行加密。

3.2.1.1　算法原理

RSA 是分组密码,对于某个 n,它的明文和密文是 0 至 $n-1$ 之间的整数,其算法原理如下:

①选择两个大素数 p 和 q,计算出 $n=qp$,n 称为 RSA 算法的模数。p,q 必须保密,一般要求 p,q 为安全素数,n 的长度大于 1024bit,这主要是因为 RSA 算法的安全性依赖于大数问题因子分解。

②计算 n 的欧拉数。

$\varphi(n)=(p-1)(q-1)$

$\varphi(n)$ 定义为不超过 n 并与 n 互质的数的个数。

③随机选择加密密钥 e,从 $[1,\varphi(n)]$ 中选择一个与 $\varphi(n)$ 互质的数 e 作为公开的加密密钥。

④利用 Euclid 算法[①]计算解密密钥 d,满足 $de\equiv 1\bmod(\varphi(n))$。其中 n 和 d 也要互质。数 e 和 n 是公钥,d 是私钥。两个素数 p 和 q 不再需要,但不可让任何人知道。

由以上步骤得到所需的公开密钥和秘密密钥:

公开密钥(即加密密钥)$PK=(e,n)$

秘密密钥(即解密密钥)$SK=(d,n)$

RSA 算法加密解密过程如图 3-2 所示。

①加密信息 m(二进制表示)时,首先把 m 分成等长数据块 $m_1,m_2,\cdots,m_i$,块长 s,其中 $2^s\leqslant n$,s 尽可能得大。

②对应的密文是:$c_i\equiv m_i^e(\bmod\ n)$　　　(a)

③解密时作如下计算:$m_i\equiv c_i^d(\bmod\ n)$　　(b)

RSA 可用于数字签名,方案是用(b)式签名,(a)式验证。

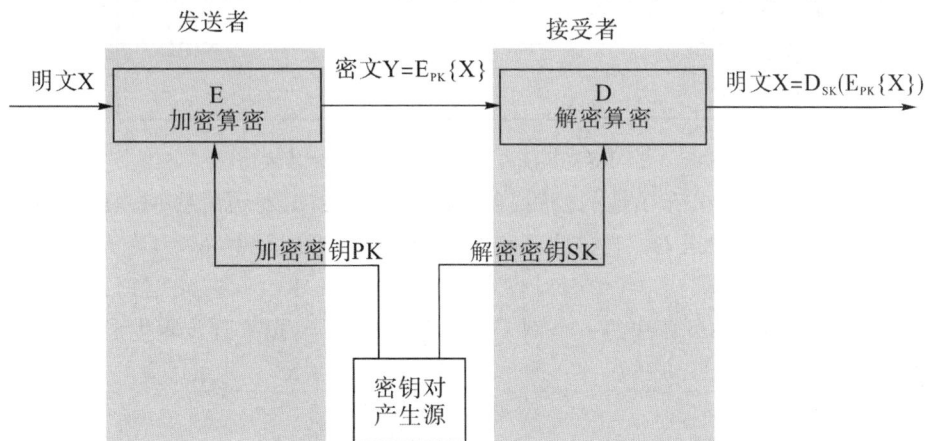

图 3-2　RSA 算法加解密

① 欧几里得算法,又称作"辗转相除法"。记 $\gcd(a,b)$ 表示非负整数 a,b 的最大公因数,那么不妨设 $a>b$,$\gcd(a,b)=\gcd(b,a\%b)$

对于某一明文块和密文块,加密和解密有如下的形式:

$$C = M^e \bmod n$$

$$M = C^d \bmod n = (M^e)^d \bmod n = M^{ed} \bmod n$$

发送方和接收方都必须知道 n 和 e 的值,并且只有接收者知道 d 的值。RSA 非对称密钥密码算法的公钥 $PK = \{e, n\}$,私钥 $SK = \{d, n\}$。为使该算法能够用于公钥加密,它必须满足下列要求:

① 可以找到 e、d、n 的值,使得对所有的 $M < n, M^{ed} \bmod n = M$ 成立。

② 对所有满足 $M < n$ 的值,计算 M^e 和 C^d 相对容易。

③ 给定 e 和 n,不可能推出 d。

前两个要求很容易得到满足。当 e 和 n 取很大的值时,第三个要求也能够得到满足。

图 3-3 总结了 RSA 算法密钥生成以及加密解密的计算方法。

生成密钥	
选择 p、q	p 和 q 都是素数,且 $p \neq q$
计算 $\varphi(n) = (p-1)(q-1)$	
选择证书 e	$\gcd(\varphi(n), e) = 1; 1 < e < \varphi(n)$
计算 d	$de \bmod \varphi(n) = 1$
公钥	$PK = \{e, n\}$
私钥	$SK = \{d, n\}$
加密	
明文	$M < n$
密文	$C = M^e \pmod{n}$
解密	
密文	C
明文	$M = C^d \pmod{n}$

图 3-3　RSA 算法密钥生成及加解密计算方法

假设用户 A 已经公布了他的公钥,且用户 B 希望给 A 发送消息 M。那么 B 计算 $C = M^e \pmod{n}$ 并且发送 C。当接收到密文时,用户 A 通过计算 $M = C^d \pmod{n}$ 解密密文。

图 3-4 给出了 RSA 算法的一个例子。对于这个例子,按下列步骤生成密钥:

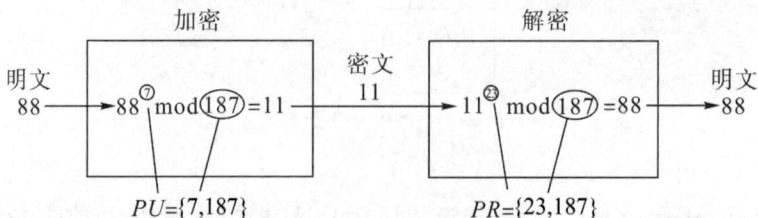

图 3-4　RSA 算法的例子

①选择两个素数：$p=17$ 和 $q=11$。

②计算 $n=pq=17\times11=187$。

③计算 $\varphi(n)=(p-1)(q-1)=16\times10=160$。

④选择 e，使得 e 与 $\varphi(n)=160$ 互素且小于 $\varphi(n)$；选择 $e=7$。

⑤计算 d，使得 $de\bmod 160=1$ 且 $d<160$。正确的值是 $d=23$，这是因为 $23\times7=161=10\times16+1$。

这样就得到公钥 $PK=\{7,187\}$，私钥 $SK=\{23,187\}$。

下面说明输入明文 $M=88$ 时密钥的使用情况。

对于加密，需要计算 $C=88^7\bmod 187$。利用模运算的性质，计算如下：

$88^7\bmod 187=[(88^4\bmod 187)\times(88^2\bmod 187)\times(88^1\bmod 187)]\bmod 187$

$88^1\bmod 187=88$

$88^2\bmod 187=7744\bmod 187=77$

$88^4\bmod 187=59969536\bmod 187=132$

$88^7\bmod 187=(88\times77\times132)\bmod 187=89432\bmod 187=11$。

对于解密，计算 $M=11^{23}\bmod 187$

$M=11^{23}\bmod 187$

$=[(11^1\bmod 187)\times(11^2\bmod 187)\times(11^4\bmod 187)\times(11^8\bmod 187)\times(11^8\bmod 187)]\bmod 187$

$11^1\bmod 187=11$

$11^2\bmod 187=121$

$11^4\bmod 187=14641\bmod 187=55$

$11^8\bmod 187=214358881\bmod 187=33$

$M=11^{23}\bmod 187=(11\times121\times55\times33\times33)\bmod 187=79720245\bmod 187=88$

3.2.1.2　算法的安全性

RSA 体制的安全性是基于大数的因子分解问题。大数的因子分解在数学上是一个难解问题，即无法从公钥参数中计算出素数因子（大于 100 个十进制位）p 和 q，于是无法计算出 $\varphi(n)=(p-1)(q-1)$，也就无法计算出私钥 d，从而保证非法者不能对密文进行解密。

RSA 的安全性依赖于大数分解困难，即从一个密钥密文推断出明文的难度等同于分解两个大素数的积。显然，分解 n 是最常遇到的攻击方法。在算法中要求 p 和 q 均大于 100 位十进制数，这样的话 n 至少是 200 位十进制数。

目前人们已能分解 140 多位的十进制数的大素数。最新纪录是 129 位十进制数已经通过分布计算被成功分解。200 位十进制数的因数分解，目前估计在亿次计算机上要进行 55 万年。

有两种可能的方法可以用来攻击 RSA 算法。

第一种方法是蛮力攻击，也就是穷举攻击，试遍所有可能的私钥。所以 e 和 d 的位数越大,算法越安全。然而,因为密钥的生成和加密/解密所需的运算都比较复杂,所以密钥越大,系统运行得越慢。

第二种方法是分解 n 为两个素数。由于大数 n 具有很大的素因子,因式分解问题非常困难,但是它已经不如以前那么困难了。发生在 1977 年的著名事件恰好反映了这种情况。RSA 的三名创始人挑战"Scientific American"的读者,让读者去破译他们发表在 Martin Gardner 的"Mathematical Games"专栏中的密文,每翻译出来一句明文,他们就提供 100 美元的奖励。他们预计在大约 4×10^{16} 年之内都不可能有人破译出明文。然而 1994 年 4 月,Internet 上的一个工作组使用了 1600 多台计算机仅仅工作了 8 个月便获得了该奖项。该挑战使用的公钥长度(n 的大小)为 129 位的十进制数字,也就是大约 428 位的二进制数字。这样的结果并没有使 RSA 失效,它只是意味着必须使用更长的密钥。目前 1024 比特(大约 300 位的十进制数)的密钥对于几乎所有的应用都可以认为强度已经足够了。

3.2.2　ECC 算法

椭圆加密算法(ECC)是 Koblitz 和 Miller 两人在 1985 年提出的,其数学基础是利用椭圆曲线上的有理点构成 Abel 加法群上椭圆离散对数的计算困难性。非对称密码体制根据其所依据的难题一般被分为三类,大整数分解问题、离散对数问题和椭圆曲线,有时也把椭圆曲线类归为离散对数类。区块链主要使用了非对称加密中的 ECC 椭圆曲线算法。

3.2.2.1　ECC 算法理论基础

1.椭圆曲线示意图

满足 ECC 的椭圆曲线方程有着如下形式:

$$y^2 = x^3 + ax + b,且\ 4a^3 + 27b^2 \neq 0$$

椭圆曲线是满足该方程的所有点的集合,且曲线上的每个点都是非奇异(或光滑)的。所谓"非奇异"或"光滑"的,在数学中是指曲线上任意一点的偏导数不能同时为 0,也可理解为满足该方程的任意一点都存在切线。

椭圆曲线的形状并不是椭圆的,只是因为椭圆曲线的描述方程类似于计算一个椭圆周长的方程,故得名。

椭圆曲线的形状如图 3-5 所示。

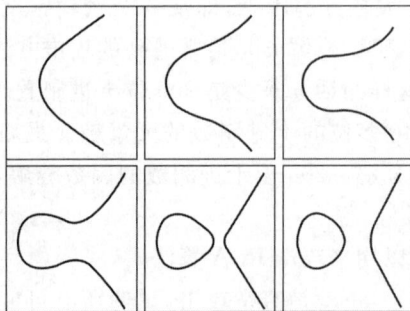

图3-5　椭圆曲线示意($b=1,a$ 从 2 到 -3)

2. 椭圆曲线的分类

①实数域上的椭圆曲线。对于固定的实数 a,b,满足方程 $y^2=x^3+ax+b$ 的所有点的集合,外加一个零点和无穷远点 O。其中 x 和 y 在实数域上取值。

②有限域 $GF(p)$ 上的椭圆曲线。对于固定的 a,b,满足方程 $y^2=x^3+ax+b(\bmod\ p)$ 的所有点的集合,外加一个零点和无穷远点 O。其中 a,b,x,y 是在有限域 $GF(p)$ 上取值,p 是素数。

③有限域 $GF(2^m)$ 上的椭圆曲线。对于固定的实数 a,b,满足方程 $y^2+xy=x^3+ax^2+b$ 的所有点的集合,外加一个零点和无穷远点 O。其中 a,b,x,y 是在有限域 $GF(2^m)$ 上取值,域上的元素是 m 位的二进制数字串。

3. Abel 群

只要非负整数 a 和 b 满足 $4a^3+27b^2(\bmod\ p)\neq0$,那么 $Ep(a,b)$ 表示模 p 的椭圆群,这个群中的元素和一个称为无穷远点的 O 共同组成椭圆群——Abel(阿贝尔)群。

阿贝尔群是抽象代数的基本概念之一,是一种代数结构,由一个集合以及一个二元运算所组成。如果一个集合或者运算是群的话,就必须满足以下条件(+表示二元运算):

①封闭性(closure)。如果 a 和 b 是群中的元素,那么 $a+b$ 也一定是群的元素。

②结合律(associativity)。$(a+b)+c=a+(b+c)$。

③存在一个单位元(identity element)0,0 与任意元素运算不改变其值的元素,即 $a+0=0+a=a$。

④每个元素都存在一个逆元(inverse)。设 a 的逆元为 a^{-1},那么 $a+a^{-1}=0$。

⑤交换律(commutativity),即 $a+b=b+a$。

3.2.2.2　椭圆曲线上的加法

上面我们看到了椭圆曲线的图像,但椭圆曲线上点与点之间好像没有什么联系。我们能不能建立一个类似于在实数轴上的加法的运算法则呢?

近世代数引入了群、环、域的概念,使得代数运算达到了高度的统一。比如数学家总结了普通加法的主要特征,提出了加群(也叫交换群,或 Abel 群)。在加群的眼中,实数的加法和椭圆曲线上的加法没有什么区别。

取椭圆曲线上任意两点 P、Q(若 P、Q 两点重合,则做 P 点的切线)做直线交于椭圆曲线的另一点 R',过 R' 做 y 轴的平行线交于 R。我们规定 $P+Q=R$。(如图 3-6 所示)

这里的"+"不是实数中普通的加法,而是从普通加法中抽象出来的加法,具备普通加法的一些性质,但具体的运算法则显然与普通加法不同。

根据这个法则,可以知道椭圆曲线无穷远点 O 与椭圆曲线上一点 P 的连线交于 P',过 P' 作 y 轴的平行线交于 P,所以有无穷远点 $O+P=P$。这样,无穷远点 O 的作用与普通加法中零的作用相当($0+2=2$),我们把无穷远点 O 称为零元。同时我们把 P' 称为 P 的负元(简称负 P;记作 $-P$)。参见图 3-7。

无穷远点$O\infty$

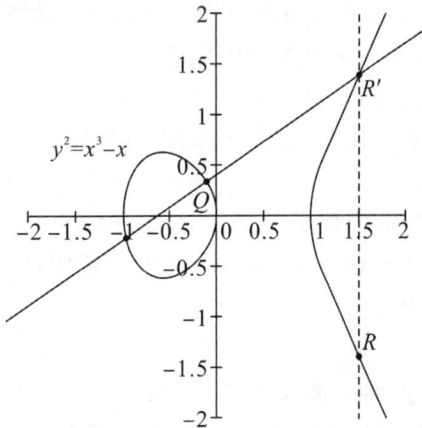

图 3-6　椭圆曲线运算法则图例 1

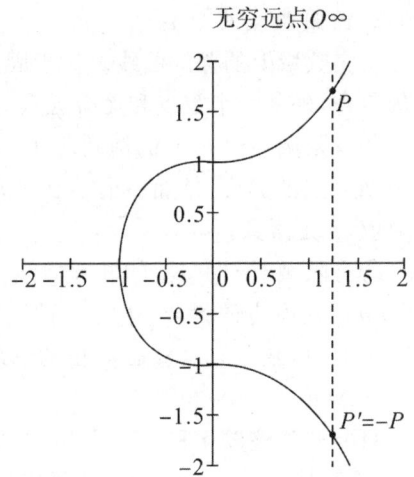

图 3-7　椭圆曲线运算法则图例 2

根据这个法则,可以得到如下结论:如果椭圆曲线上的三个点 A、B、C,处于同一条直线上,那么它们的和等于零元,即 $A+B+C=O$

k 个相同的点 P 相加,我们记作 kP。如图 3-8 所示,有 $P+P+P=2P+P=3P$。

需要注意的是,根据所提供的图像可能会给大家产生一种错觉,即椭圆曲线是关于 X 轴对称的。事实上,椭圆曲线并不一定关于 X 轴对称,图 3-9 中的 $y^2-xy=x^3+1$就不是关于 X 轴对称的。

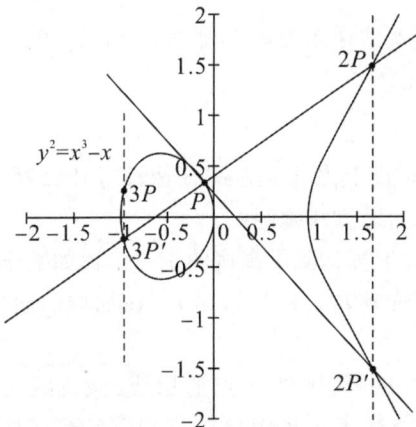

图 3-8　椭圆曲线运算法则图例 3

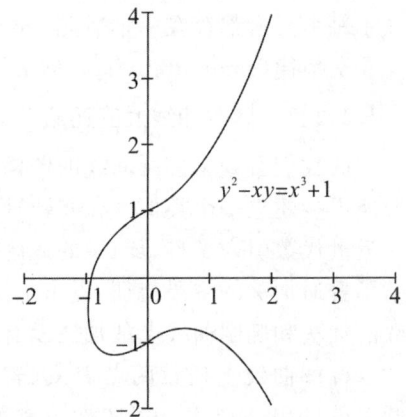

图 3-9　$y^2-xy=x^3+1$

3.2.2.3　密码学中的椭圆曲线

上面对椭圆曲线作了初步介绍,但上面讲到的椭圆曲线是连续的,并不适合用于加密运算。为便于计算机计算和使用,我们需要把椭圆曲线变成离散的点。为此需要把定义在实数上的连续的椭圆曲线上的点改为定义到有限域上(顾名思义,有限域是一种只有有限个元素组成的域)。

域中的元素同有理数一样,有自己的加法、乘法、除法、单位元(1)、零元(0),并满足交换率、分配率。我们给出一个有限域 F_p，这个域只有有限个元素。

①F_p 中只有 p（p 为素数）个元素 $0,1,2,\cdots,p-2,p-1$。

②F_p 的加法（$a+b$）法则是 $a+b\equiv c\bmod p$。

③F_p 的乘法（$a\times b$）法则是 $a\times b\equiv c\bmod p$。

④F_p 的除法（$a\div b$）法则是 $a/b\equiv c\bmod p$；即 $a\times b^{-1}\equiv c\bmod p$；（$b^{-1}$ 也是一个 0 到 $p-1$ 之间的整数，但满足 $b\times b^{-1}\equiv1\bmod p$）。

⑤F_p 的单位元是 1，零元是 0。

并不是所有的椭圆曲线都适合加密。$y^2=x^3+ax+b$ 是一类可以用来加密的椭圆曲线，也是最为简单的一类。

我们把 $y^2=x^3+ax+b$ 这条曲线定义在 F_p 上。选择两个满足下列条件的小于 p（p 为素数）的非负整数 a,b

$$4a^3+27b^2\neq0\bmod p$$

则满足下列方程的所有点 (x,y)，再加上无穷远点 O，构成一条椭圆曲线。

$$y^2=x^3+ax+b\bmod p$$

其中 x,y 属于 0 到 $p-1$ 间的整数，并将这条椭圆曲线记为 $E_p(a,b)$。

$y^2=x^3+x+1(\bmod23)$ 的图像，如图 3-10 所示。

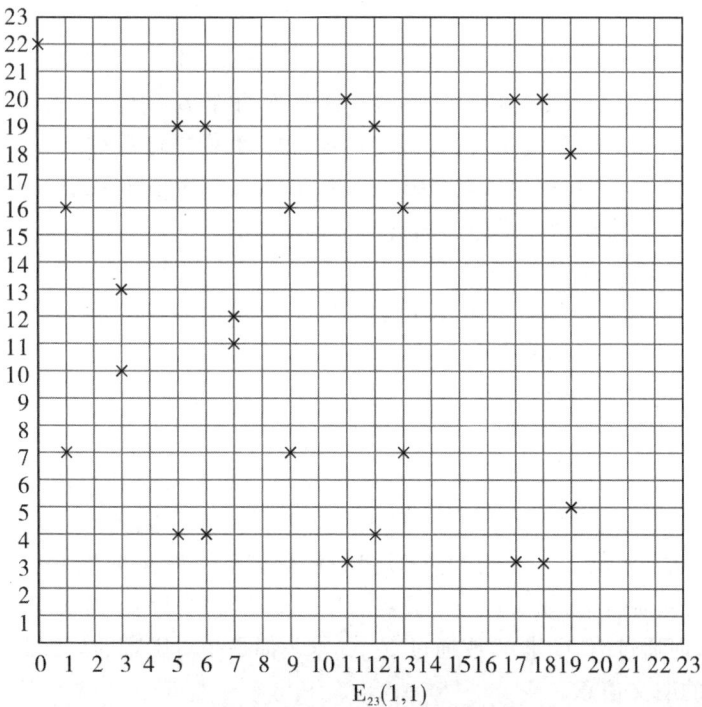

图 3-10　$y^2=x^3+x+1(\bmod23)$ 的图像

由图 3-10，可以看到，椭圆曲线在此已经不再连续，而是成了一个个离散的点。

椭圆曲线在不同的数域中会呈现出不同的样子,但其本质仍是一条椭圆曲线。

F_p 上的椭圆曲线同样有加法,但已经不能直观地给出几何意义的解释了。不过,加法法则和实数域上的差不多。

①无穷远点 O 是零元,有 $O+O=O,O+P=P$;

②$P(x,y)$ 的负元是 $(x,-y)$,有 $P+(-P)=O$;

③$P(x_1,y_1),Q(x_2,y_2)$ 和 $R(x_3,y_3)$ 有如下关系:

$$x_3 \equiv k^2 - x_1 - x_2 \pmod{p}$$
$$y_3 \equiv k(x_1 - x_3) - y_1 \pmod{p}$$

其中若 $P=Q$,则 $k=(3x^2+a)/2y_1$;

若 $P \neq Q$,则 $k=(y_2-y_1)/(x_2-x_1)$。

最后,我们看一下椭圆曲线上的点的阶。

如果椭圆曲线上一点 P,存在最小的正整数 n,使得数乘 $nP=O$,则将 n 称为 P 的阶,若 n 不存在,我们说 P 是无限阶的。

事实上,在有限域上定义的椭圆曲线上所有的点的阶 n 都是存在的。

3.2.2.4 椭圆曲线上简单的加密/解密

公钥算法总是要基于一个数学上的难题。RSA 依据的难题是给定两个素数 p、q 很容易相乘得到 n,而对 n 进行因式分解却相对困难。那椭圆曲线上有什么难题呢?

考虑如下等式:

$K=kG$,其中 K、G 为 $E_p(a,b)$ 上的点,k 为小于 $n(n$ 是点 G 的阶)的整数。

不难发现,给定 k 和 G,根据加法法则,计算 K 很容易;但给定 K 和 G,求 k 就相对困难了。这就是椭圆曲线加密算法采用的难题。我们把点 G 称为基点(base point),$k(k<n,n$ 为基点 G 的阶)称为私有密钥(privte key),K 称为公开密钥(public key)。

下面是一个利用椭圆曲线进行加密通信的过程:

①用户 A 选定一条椭圆曲线 $E_p(a,b)$,并取椭圆曲线上一点,作为基点 G。

②用户 A 选择一个私有密钥 k,并生成公开密钥 $K=kG$。

③用户 A 将 $E_p(a,b)$ 和点 K、G 传给用户 B。

④用户 B 接到信息后,将待传输的明文编码到 $E_p(a,b)$ 上一点 M,并产生一个随机整数 $r(r<n)$。

⑤用户 B 计算点 $C_1=M+rK$;$C_2=rG$。用户 B 将 C_1、C_2 传给用户 A。

⑥用户 A 接到信息后,计算 C_1-kC_2,结果就是点 M。因为 $C_1-kC_2=M+rK-k(rG)=M+rK-r(kG)=M$,再对点 M 进行解码就可以得到明文。

在这个加密通信中,如果有一个偷窥者 H,如图 3-11 所示,他只能看到 $E_p(a,b)$、K、G、C_1、C_2,而通过 K、G 求 k,或通过 C_2、G 求 r 都是相对困难的。因此,H 无法得到 A、B 间传送的明文信息。

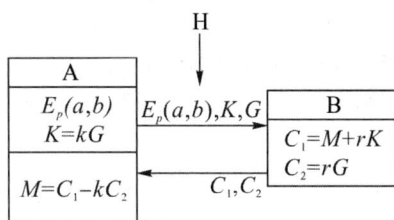

图 3-11　椭圆曲线加密通信

密码学中,描述一条 F_p 上的椭圆曲线,常用到六个参量:

$T=(p,a,b,G,n,h)$。其中 p、a、b 用来确定一条椭圆曲线,G 为基点,n 为点 G 的阶,h 是椭圆曲线上所有点的个数 m 与 n 相除的整数部分。这几个参量取值的选择,直接影响了加密的安全性。参量值一般要求满足以下几个条件:

①p 当然越大越安全,但越大,计算速度会变慢,200 位左右可以满足一般安全要求;

②$p\neq n\times h$;

③$pt\neq 1(\bmod\ n)$,$1\leqslant t<20$;

④$4a^3+27b^2\neq 0(\bmod\ p)$;

⑤n 为素数;

⑥$h\leqslant 4$。

3.2.2.5　椭圆曲线密码的安全性

椭圆曲线密码的安全性依赖于求解椭圆曲线离散对数问题的困难性,即已知椭圆曲线上的点 P 和 kP 计算 k 的困难程度。

美国国家标准与技术研究所给出了表 3-2 的一个对比,在取得相同等级的安全性能时,RSA 和 ECC 两个算法所需的密钥位数。可以看到,与 RSA 相比,ECC 可以用小得多的密钥取得与 RSA 相同的安全性。另外,在密钥大小相等时,ECC 与 RSA 所需要的计算量相当。因此,在安全性相当的情况下,使用 ECC 比使用 RSA 具有计算上的优势,两者都可以用于加解密、密钥交换和数字签名。

表 3-2　ECC 和 RSA 具有同等安全性的密钥长度比较

RSA 密钥长度(位)	ECC 密钥长度(位)
1024	160
2048	224
3072	256
7680	384
15360	521

3.2.2.6　椭圆曲线在软件注册保护领域的应用

如果将非对称密码算法用于软件注册保护,破解者就很难通过跟踪验证算法得到注册机。$F_p(a,b)$ 椭圆曲线可以用于软件注册保护,其使用方法如下。

软件发布者按如下方法制作注册机：(也可称为签名过程)

①选择一条椭圆曲线 $E_p(a,b)$ 和基点 G；

②选择私有密钥 $k(k<n,n$ 为 G 的阶)，利用基点 G 计算公开密钥 $K=kG$；

③产生一个随机整数 $r(r<n)$，计算点 $R=rG$；

④将用户名和点 R 的坐标值 x,y 作为参数，计算 SHA(Secure Hash Algorithm 安全散列算法，类似于 MD5)值，即 $Hash=SHA(username,x,y)$；

⑤计算 $sn\equiv r-Hash\times k(\bmod n)$；

⑥将 sn 和 $Hash$ 作为用户名 username 的序列号。

软件验证过程如下：(软件中存有椭圆曲线 $E_p(a,b)$ 和基点 G，公开密钥 K)

①从用户输入的序列号中，提取 sn 以及 $Hash$。

②计算点 $R\equiv sn\times G+Hash\times K(\bmod p)$。如果 sn、$Hash$ 正确，其值等于软件作者签名过程中点 $R(x,y)$ 的坐标，因为

$$sn\equiv r-Hash\times k(\bmod n)$$

所以

$$sn\times G+Hash\times K$$
$$=(r-Hash\times k)\times G+Hash\times K$$
$$=rG-Hash\times kG+Hash\times K$$
$$=rG-Hash\times K+Hash\times K$$
$$=rG=R$$

③将用户名和点 R 的坐标值 x,y 作为参数，计算 $H=SHA(username,x,y)$。

④如果 $H=Hash$ 则注册成功；如果 $H\neq Hash$，则注册失败。

简单对比一下两个过程：

软件发布者签名用到了椭圆曲线 $E_p(a,b)$，基点 G，私有密钥 k，及随机数 r。

软件验证用到了椭圆曲线 $E_p(a,b)$，基点 G，公开密钥 K。

破解者要想制作注册机，只能通过软件中的 $E_p(a,b)$，点 G，公开密钥 K，并利用 $K=kG$ 这个关系获得 k 后才可以，而求 k 是很困难的。

3.2.2.7 SM2 椭圆曲线公钥密码算法

椭圆曲线公钥密码基的的椭圆曲线具有如下的性质。

——有限域上椭圆曲线在点加运算下构成有限交换群，其阶与基域的阶相近；

——类似于有限域乘法群中的乘幂运算，椭圆曲线多倍点运算构成一个单向函数。

在多倍点运算中，已知多倍点与基点，求解倍数的问题称为椭圆曲线离散对数问题。对于一般椭圆曲线的离散对数问题，目前只存在指数级计算复杂度的求解方法。与大数分解问题及有限域上离散对数问题相比，椭圆曲线离散对数问题的求解难度要大得多。因此，在相同安全程度要求下，椭圆曲线密码较其他公钥密码所需的密钥规模要小得多。

国密算法是指国家密码局认定的国产商用密码算法，在商业领域目前主要使用公开的 SM2、SM3、SM4 三类算法，分别是非对称算法、哈希算法和对称算法。

　　SM2 算法是我国国家密码管理局于 2010 年 12 月 17 日发布的一种椭圆曲线公钥密码算法,完全由我国自主设计,包括 SM2－1 椭圆曲线数字签名算法,SM2－2 椭圆曲线密钥交换协议,SM2－3 椭圆曲线公钥加密算法,分别用于实现数字签名、密钥协商和数据加密等功能。SM2 算法与 RSA 算法不同的是,SM2 算法是基于椭圆曲线上点群离散对数难题,相对于 RSA 算法,256 位的 SM2 密码强度已经比 2048 位的 RSA 密码强度要高。比原链(BTM)的智能合约就是支持 SM2 算法的区块链。

　　SM2 算法采用了 ECC 椭圆曲线密码机制,但在签名、密钥交换等环节又不同于椭圆曲线数字签名算法 ECDSA(Elliptic Curve Digital Signature Algorithm)、椭圆曲线迪菲－赫尔曼密钥交换 ECDH(Elliptic Curve Diffie-Hellman key Exchange)等国际标准,而是采取了更为安全的机制。另外,SM2 推荐了一条 256 位的曲线作为标准曲线。相较于 ECC－256 算法,SM2 算法在解密正确性判断、明文编码问题、对待加密数据长度的限制及加密计算等方面具有更高的效率。在实际应用中,SM2 算法具有速度快、损耗低的特点,比 ECC－256 算法更具有优势。

　　SM2 算法针对素域 F_p 和 F_{2^m} 上的椭圆曲线,分别规定了这两类域的表示和运算,以及域上的椭圆曲线的点的表示、运算和多倍点计算算法,也规定了编程语言中的数据转换,包括整数和字节串、字节串和比特串、域元素和比特串、域元素和整数、点和字节串之间的数据转换规则。

　　SM2 算法详细说明了有限域上椭圆曲线的参数生成以及验证。SM2 椭圆曲线的参数包括有限域的选取、椭圆曲线方程参数、椭圆曲线群基点的选取等,给出了选取的标准以便于验证,并给出了椭圆曲线上密钥对的生成和公钥的验证。SM2 非对称密码算法中用户的密钥对为 (s, sP),其中 s 为用户的私钥,sP 为用户的公钥,基于离散对数问题从 sP 难以得到 s,并针对素域和二元扩域给出了密钥对生成细节和验证方式。

　　SM2 算法加解密流程如图 3-12 所示。

　　SM2 签名过程如下:

　　首先设待签名的文件为 C,Z_A 为用户 A 的可辨别标识、部分椭圆曲线的系统参数以及用户 A 公钥的杂凑值,h 是余因子。

　　要获得秘密文件 C 的数字签名 (r, s),分发者 A 要完成以下运算:

　　①置 $\bar{C} = Z_A \parallel C$;

　　②计算 $e = H_v(\bar{C})$,将 e 的数据类型转换为整型;

　　③随机数发生器要产生随机数 $K \in [1, n-1]$;

　　④计算椭圆曲线上的点 $(x_1, y_1) = [k]G$,将 x_1 的数据类型转换为整数;

　　⑤计算 $r = (e + x_1) \bmod n$,若 $r = 0$ 或 $r + k = 0$,则返回③;

　　⑥计算 $s = ((1 + d_A)^{-1} \cdot (k - r \cdot d_A)) \bmod n$,若 $s = 0$,则返回③;

　　⑦将 r, s 的数据类型转换为字节串,消息 C 的签名为 (r, s)。

　　SM2 签名验证过程如下:

　　要获得秘密文件 的数字签名 (r, s),分发者 A 要完成以下运算

　　①设置 $\bar{C} = Z_A || C$;

②计算 $e=H_v(\overline{C})$，将 e 的数据类型转换为整型；

③计算 $t=(r+s)(\bmod\ n)$；

④计算椭圆曲线上的点 $(x_1,y_1)=[s]G+[t]P_A$；

⑤计算 $R=(e+x_1)(\bmod\ n)$；

⑥如果 $r,s\in[1,n-1]$ 且 $R=r$，则签名正确。

区块链的共识效率取决于开发者选取的共识算法，共识过程最关键的步骤是 P2P 节点对新区块交易的校验，主要操作为验证交易的签名是否合法。与普通的区块链架构采用 ECC-256＋SHA-256 椭圆曲线密码算法实现交易签名验签不同，采用更安全高效的国密 SM2＋SM3 算法在占用内存更少的情况下，可以拥有更快的签名验签速度，能够提高共识效率。

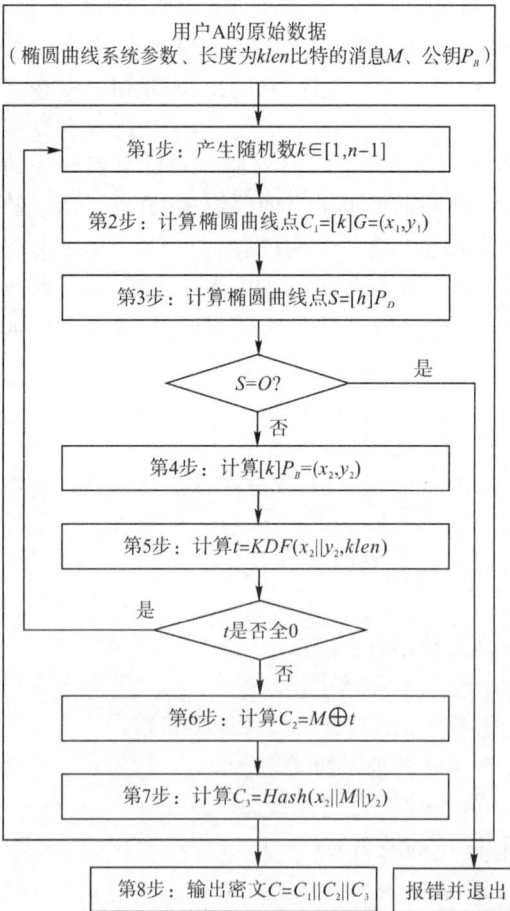

图 1　加密算法流程

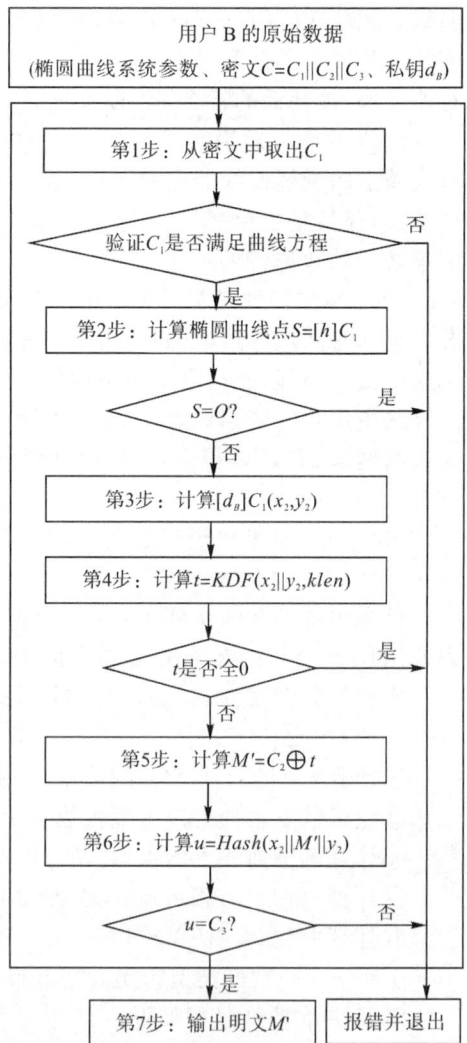

用户A的原始数据
（椭圆曲线系统参数、长度为klen比特的消息M、公钥P_B）

第1步：产生随机数$k\in[1,n-1]$

第2步：计算椭圆曲线点$C_1=[k]G=(x_1,y_1)$

第3步：计算椭圆曲线点$S=[h]P_D$

$S=O$? 是

否

第4步：计算$[k]P_B=(x_2,y_2)$

第5步：计算$t=KDF(x_2||y_2,klen)$

t是否全0 是

否

第6步：计算$C_2=M\oplus t$

第7步：计算$C_3=Hash(x_1||M||y_2)$

第8步：输出密文$C=C_1||C_2||C_3$　　报错并退出

图 2　解密算法流程

用户 B 的原始数据
（椭圆曲线系统参数、密文$C=C_1||C_2||C_3$、私钥d_B）

第1步：从密文中取出C_1

验证C_1是否满足曲线方程 否

是

第2步：计算椭圆曲线点$S=[h]C_1$

$S=O$? 是

否

第3步：计算$[d_B]C_1(x_2,y_2)$

第4步：计算$t=KDF(x_2||y_2,klen)$

t是否全0 是

否

第5步：计算$M'=C_2\oplus t$

第6步：计算$u=Hash(x_2||M'||y_2)$

$u=C_3$? 否

是

第7步：输出明文M'　　报错并退出

图 3-12　SM2 算法加解密流程

3.2.3　RSA 和 ECC 算法优缺点比较

第六届国际密码学会议推荐了两种非对称密码系统的加密算法,分别是基于大整数因子分解问题的 RSA 算法和基于椭圆曲线上离散对数计算问题的 ECC 算法。

RSA 的优势是密钥长度可以增加到任意长度。RSA 运算方式使得如果签名内容较短,会很容易被修改为攻击者想要的内容,所以一般还需要将签名内容进行一次哈希运算,并填充至和私钥差不多的长度。此外,随着计算能力的增长,为防止被破解,RSA 密钥长度也需要不断增加,目前认为安全的密钥长度是 2048 位。同时 RSA 的密钥生成需要两个质数的组合,因此寻找更长私钥的计算速度也更慢。

RSA 算法的特点之一是数学原理简单,在工程应用中易于实现,但其单位比特安全强度相对较低。目前国际上公认的对 RSA 最有效的攻击方法是一般数域筛(General Number Field Sieve,GNFS)方法[①],其破译或求解难度是亚指数级的。

ECC 是利用在有限域上的椭圆曲线的离散对数问题来加密或签名的。椭圆曲线的密钥与 RSA 不同,有效范围会受椭圆曲线参数的限制,因此 ECC 不能像 RSA 一样可以通过增加私钥长度来提高安全性。对于安全性不够的曲线,必须修改椭圆曲线的参数,不如 RSA 灵活。

ECC 算法数学理论深奥,过程复杂,在工程应用中比较难于实现,但它的单位安全强度高。国际上公认的对 ECC 最有效的攻击方法是 Pollard Rho 方法[②],其破译或求解难度基本上是指数级的。

综上,和 RSA 算法相比,椭圆曲线的优势在于:

①计算量小、处理速度快。私钥可以选取有效范围内的任意数,私钥的生成速度远快于 RSA 算法的私钥生成速度。

②安全性能更高。相同密钥长度的椭圆曲线安全性能高很多,因此达到相同安全等级需要的椭圆曲线密钥的长度远小于 RSA 的密钥长度,比如 160 位 ECC 私钥与 1024 位 RSA 私钥有着相同的安全强度。

③存储空间占用小。ECC 的密钥规模比 RSA 要小得多,所占用的存储空间相对较小,对存储受限的区块链系统来说,椭圆曲线更适用。

3.2.4　HotStuff

HotStuff 是在 PBFT 上进行改进的拜占庭容错模型,同样在 $3f+1$ 个节点上,允许 f 个拜占庭节点和 f 个故障节点。HotStuff 将两阶段提交优化为三阶段提交,成功解决视图切换的时间复杂度问题,将 PBFT 的网状通信拓扑变成了星形通信网络拓扑,每次通信都依靠主节点,该算法被用于 Facebook 的 Libra 联盟区块链项目。

---

① 一般数域筛法是已知效率最高的分解整数的算法,用于解决 IFP 和 DLP 问题,应用于信息安全方面加密算法的破解。

② Pollard Rho 方法针对整数的分解,是将整数拆成质数乘积的形式。

HotStuff 将 BFT 的时间复杂度由 $O(N^2)$ 降低为 $O(N)$。HotStuff 提出了一个三阶段投票的 BFT 类共识协议,该协议实现了安全性(safety)、活性(liveness)、响应性(responsiveness)等特性。通过在投票过程中引入门限签名实现了 $O(N)$ 的消息验证复杂度。HotStuff 基于 View 的共识协议,View 表示一个共识单元,共识过程是由一个接一个的 View 组成。在一个 View 中,存在一个确定 Leader 来主导共识协议,并经过三阶段投票达成共识,然后切换到下一个 View 继续进行共识。假如遇到异常状况,某个 View 超时未能达成共识,也是切换到下一个 View 继续进行共识。

Basic HotStuff 基础版本的共识协议,一个区块的确认需要三阶段投票达成后再进入下一个区块的共识。pipeline hotStuff 是流水线的共识协议,提高了共识的效率。

(1)名词解释

BFT:全称是 Byzantine Fault Tolerance,表示系统可以容纳任意类型的错误,包括宕机、作恶等等。

SMR:全称是 State Machine Replication,一个状态机系统,系统的每个节点都有着相同的状态副本。

BFT SMR protocol:用来保证 SMR 中的各个正常节点都按照相同的顺序执行命令的一套协议。

View:表示一个共识单元,共识过程是由一个接一个的 View 组成的,每个 View 中都有一个 ViewNumber 表示,每个 ViewNumber 对应一个 Leader。

QC(quorum certificate):表示一个被 $(n-f)$ 个节点签名确认的数据包及 ViewNumber。比如,对某个区块的 $(n-f)$ 个投票集合。

PrepareQC:对于某个 Prepare 消息,Leader 收集齐 $(n-f)$ 个节点签名所生成的证据(聚合签名或者是消息集合),可以视为第一轮投票达成的证据。

LockedQC:对于某个 Precommit 消息,Leader 收集齐 $(n-f)$ 个节点签名所生成的证据(聚合签名或者是消息集合),可以视为第二轮投票达成的证据。

(2)副本状态机

副本状态机(SMR,State Machine Replication)指的是状态机由多个副本组成,在执行命令时,各个副本上的状态通过共识达成一致。假如各个副本的初始状态是一致的,那么通过共识机制使得输入命令的顺序达成全局一致,就可以实现各个副本上状态的一致。

在 SMR 中,存在一个 Leader 节点发送 Proposal,然后各个节点参与投票并达成共识。系统输入为 tx,网络节点负责将这些 tx,打包成一个 block,每个 block 都包含其父 block 的哈希索引。如图 3-13 所示。

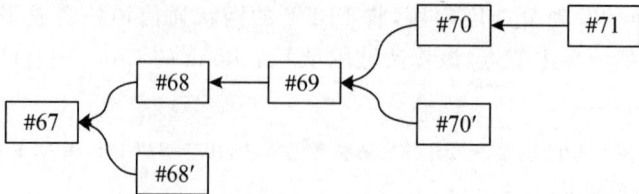

图 3-13　区块树示例

（3）网络假设

在实际的分布式系统中，由于网络延时、分区等因素，系统不是同步的系统。

在异步的网络系统，由 FLP 原理可知，各个节点不可能达成共识，因此对于分布式系统的分析，一般是基于部分同步假设的。

①同步（synchrony）：正常节点发出的消息，在已知的时间间隔内可以送达目标节点，即最大消息延迟确定。

②异步（asynchrony）：正常节点发出消息，在一个时间间隔内可以送达目标节点，但是该时间间隔未知，即最大消息延迟未知。

③部分同步（partially synchrony）：系统存在一个不确定的 GST（global stable time）和一个 Δ，使得在 GST 结束后的 Δ 时间内，系统处于一个同步状态。

（4）basic HotStuff 三阶段流程

basic HotStuff 三阶段流程如图 3-14 所示。

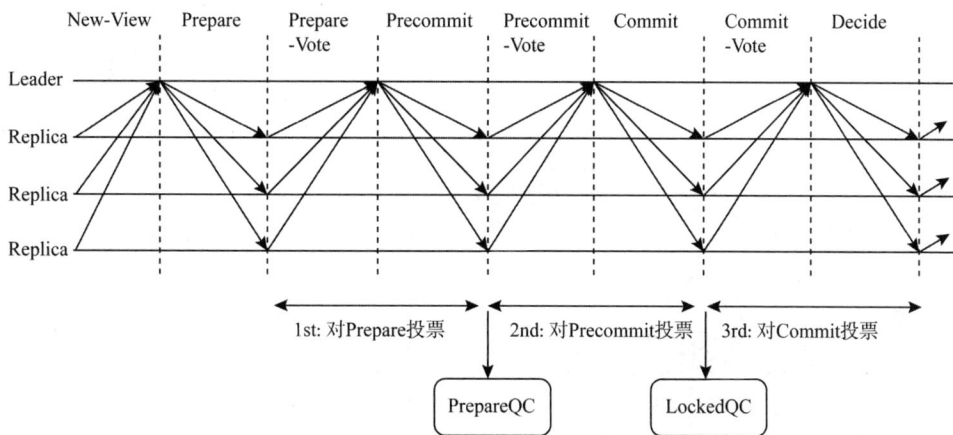

图 3-14　HotStuff 协议流程

①Prepare 阶段。每个 View 开始时，新的 Leader 收集由 $(n-f)$ 个副本节点发送的 New-View 消息，每个 New-View 消息中包含了发送节点上高度最高的 PrepareQC（如果没有则设为空）。

PrepareQC 可以看作是对于某个区块 $(n-f)$ 个节点的投票集合，共识过程中第一轮投票达成的证据。

Leader 从收到的 New-View 消息中，选取高度最高的 PreparedQC 作为 HighQC。因为 HighQC 是 ViewNumber 最大的，所以不会有比它更高的区块得到确认，该区块所在的分支是安全的。

图 3-15 是 Leader 节点本地的区块树，♯71 是 Leader 节点收到的 HighQC，那么阴影所表示的分支就是一个安全分支，基于该分支创建新的区块不会产生冲突。

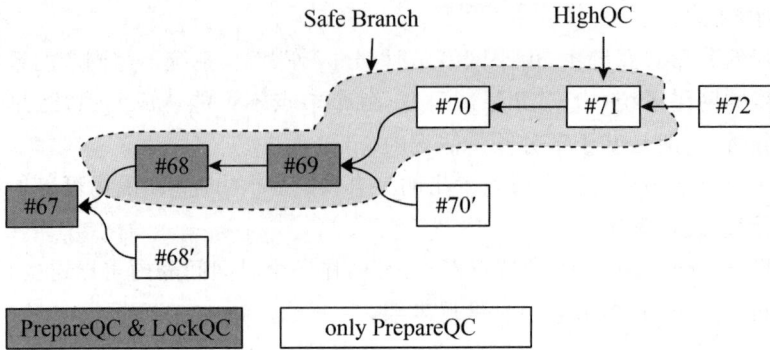

图 3-15　Leader 节点本地的区块树示例

Leader 节点会在 HighQC 所在的安全分支来创建一个新的区块,并广播 Proposal,Proposal 中包含了新的区块和 HighQC,其中 HighQC 作为 Proposal 的安全性验证。如图 3-16 所示。

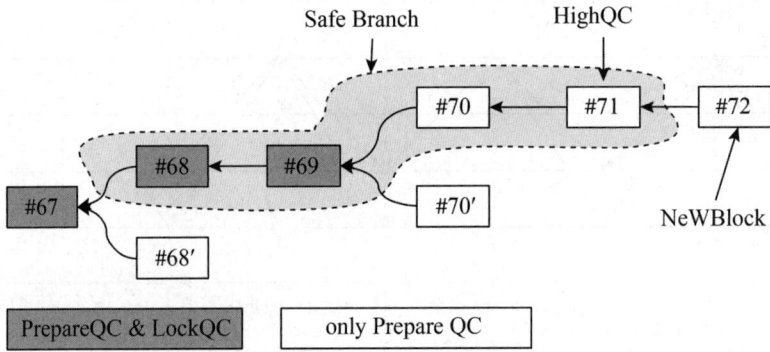

图 3-16　Leader 节点在安全分支中创建一个新的区块

其他节点(Replica)一旦收到当前 View 对应 Leader 的 Proposal 消息,Replica 会根据会 SafeNode-redicate 规则检查 Proposal 是否合法。如果 Proposal 合法,Replica 会向 Leader 发送一个 Prepare-ote(根据自己私钥份额对 Proposal 的签名)。

Replica 对于 Proposal 的验证遵循如下的规则:

1) Proposal 消息中的区块是从本机 LockQC 的区块扩展产生(即 m.block 是 lockQC.block 的子孙区块)。如图 3-17 所示。

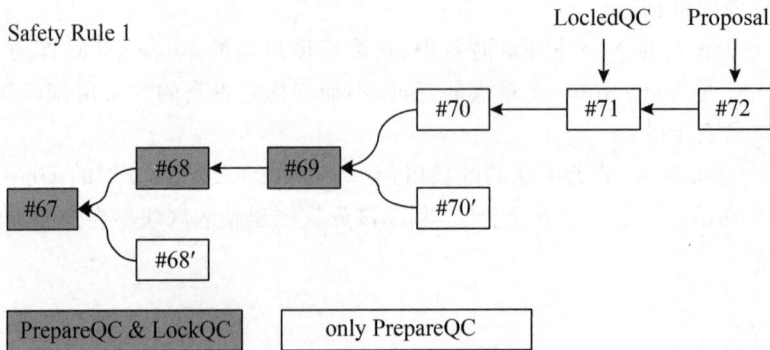

图 3-17　Replica 对于 Proposal 的验证规则 1

2) 为了保证活性(Liveness),除了上一条之外,当 Proposal. HighQC 高于本地 LockQC 中的 ViewNumber 时也会接收该 Proposal。如图 3-18 所示。

Safety 判断规则对比的是 LockQC,而不是第一轮投票的结果,所以即使在上一轮针对 A 投了 prepare 票,假如 A 没有 Commit,那么下一轮依然可以对 A′投票,所以说第一轮投票可以反悔。

②Precommit 阶段。Leader 发出 Proposal 消息以后,等待$(n-f)$个节点对于该 Proposal 的签名,集齐签名后会将这些签名组合成一个新的签名,以生成 PrepareQC 保存在本地,然后将其放入 Precommit 消息中广播给 Replica 节点。

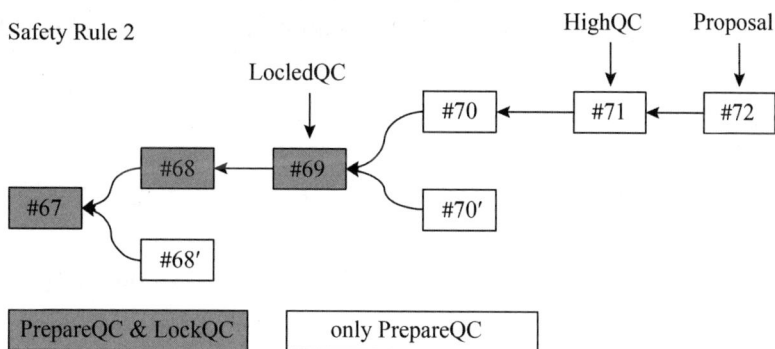

图 3-18　Replica 对于 Proposal 的验证规则 2

PrepareQC 可以表明有$(n-f)$个节点对相应的 Proposal 进行了签名确认。

```
digraph prepare {
    rankdir=LR;


    Leader -> Replica1 [label="PRECOMMIT"]
    Leader -> Replica2
    Leader -> Replica3
    Leader -> Replica4
}
```

● 在 PBFT、Tendermint 中,签名(投票)消息是节点间相互广播,各个节点都要做投票收集工作,所以对于每轮投票,Replica 都需要至少验证$(n-f)$个签名。

● 在 HotStuff 中引入了阈值签名方案,Replica 利用各自的私钥份额签名,由 Leader 收集签名,Replica 只需要将签名消息发送给 Leader 就可以。Leader 将 Replica 的签名组装后,广播给 Replica。这样 HotStuff 的一轮投票每个 Replica 只需要验证一次签名。

● 在 HotStuff 中,一轮投票的过程,是通过 Replica 与 Leader 的交互来完成:

1)Replica 收到 Proposal,对其签名后,发送给 Leader。

2)Leader 集齐签名(投票)后,将签名(投票)组装,广播 Precommit 消息。

3)Replica 收到 Precommit,验证其中签名,验证通过则表示第一轮投票成功。

LibraBFT 是基于 HotStuff 的共识协议,但是并没有采用 HotStuff 中的阈值签名方案,当 Replica 收到 Precommit 消息时,会对其签名,然后回复给 leader。

③Commit 阶段。Commit 阶段与 Precommit 阶段类似,也是 Leader 先收集($n-f$)个 Precommit-Vote,然后将其组合为 Precommit-QC,并将其放在 Commit 消息中广播。

当 Leader 收到当前 Proposal 的($n-f$)个 Precommit-Vote 时,会将这些投票组合成 Precommit-QC,然后将其放入 Commit 消息中广播。

当 Replica 收到 Commit 消息时,会对其签名 Commit-Vote,然后回复给 Leader。更为重要的是,在此时,Replica 锁定在 PrecommitQC 上,将本地的 lockQC 更新成收到的 PrecommitQC。

● 从 Replica 发出 Precommit-Vote 到 Leader 集齐消息并发出 Commit 消息,这个过程相当于 PBFT、Tendermint 中的第二轮投票。

● Replica 收到了 Commit 消息,验证成功后,表示第二轮投票已达成。此时 Replica 回复给 Leader,并且保存 PrecommitQC 到 LockedQC。

④Decide 阶段。当 Leader 收到了($n-f$)个 Commit-Vote 投票,将它们组合成 CommitQC,广播 Decide 消息。

Replica 收到 Decide 消息中的 CommitQC 后,认为当前 Proposal 是一个确定的消息,然后执行已经确定的分支上的 tx。Viewnumber 加 1,开始新的阶段。

3.3　同态加密

同态加密(Homomorphic Encryption, HE):原来在明文的运算操作,经过同态加密后在密文上同样可以进行。

半同态加密(Partial Homomorphic Encryption, PHE):只支持某些特定的运算法则 f。PHE 的优点是原理简单、易实现;缺点是仅支持一种运算(加法或乘法)。

层次同态加密(Liveled HE,LHE):一般支持有限次数的加密算法。LHE 的优点是同时支持加法和乘法,并且因为出现时间比 PHE 晚,所以技术更加成熟、一般效率比 FHE 要高很多、和 PHE 效率接近或高于 PHE;缺点是支持的计算次数有限。

全同态加密(Fully Homomorphic Encryption, FHE):支持无限次的任意运算法则 f,FHE 有以下类别:基于理想格的 FHE 方案、基于 LWE/RLWE 的 FHE 方案等等。FHE 的优点是支持的算子多并且运算次数没有限制;缺点是效率很低,目前还无法支撑大规模的计算。

第一个满足加法和乘法同态的同态加密算法直到 2009 年才由 Craig Gentry 提出。目前来说,全同态加密算法性能较差,应用较少。比较常用的是半同态加密算法,实现方式有 RSA(乘法同态)、Paillier(加法同态)、Elgamal(乘法同态)等。

3.3.1　Paillier 加法同态算法

Paillier 算法是一种公钥加密算法,由法国数学家 Paillier 于 1999 年提出。与传统的 RSA 加密算法不同,Paillier 算法不需要求解大素数因子,因此可以避免 RSA 算法中因为素数难以找到而导致加密弱化的问题。Paillier 算法主要用于保护加密数据的隐私,尤其适合于云计算等场景下的安全计算。

Paillier 算法的安全性基于离散对数问题(discrete logarithm problem)和费马小定理(Fermat's little theorem),它已经被广泛应用于数据隐私保护、数字版权保护、云计算安全等领域。虽然 Paillier 算法有一些缺点,例如加密和解密效率相对较低,但在实际应用中,Paillier 算法仍然是一种非常有效的公钥加密算法。

密钥生成:

(1)随机选择两个质数 p 和 q,尽可能地保证 p 和 q 的长度接近;

(2)计算 $N = pq$ 和 $\lambda = \mathrm{lcm}(p-1, q-1)$,其中 lcm 表示最小公倍数;

(3)随机选择 $g \in Z \times N^2$,满足 $\gcd(L(g^\lambda \bmod N^2), N) = 1$(一般取 $g = n+1$),其中 Z 表示整数,下标表示该整数集合里有多少个元素;$L(x) = \dfrac{x-1}{N}$,$\mu = (L(g^\lambda \bmod N^2))^{-1} \bmod N$;

(4)公钥为 (N, g);

(5)私钥为 (λ, μ)。

加密过程:

对于任意明文消息 $m \in Z_N$,任意选择一随机数 $r \in Z_N^*$,计算得到密文 c:$c = E(m) = g^m r^N \bmod N^2$。

解密过程:

$$m = D(c) = \frac{L(c^\lambda \bmod N^2)}{L(g^\lambda \bmod N^2)} \bmod N = L(c^\lambda \bmod N^2) \times \mu \bmod N$$

加法同态的性质:

对于 $m_1, m_2 \in Z_N$ 和任意 $r_1, r_2 \in Z_N^*$,对应密文 $C_1 = E[m_1, r_1]$,$C_2 = E[m_2, r_2]$ 满足:

$$C_1 \cdot C_2 = E[m_1, r_1] \cdot E[m_2, r_2] = g^{m_1+m_2} \cdot (r_1 \cdot r_2)^N \bmod N^2$$

解密后得到

$$D[c_1 \cdot c_2] = D[E[m_1, r_1] \cdot E[m_2, r_2] \bmod N^2] = m_1 + m_2 \bmod N$$

算法理论:

卡迈克尔定理(Carmichael's theorem):如果两个整数 a 和 n 互质,那么有 $a^{\lambda(n)} \equiv 1 \bmod n$。

二项式定理:$n \in N^*$,$(a+b)^n = \sum\limits_{r=0}^{n} C_n^r a^{n-r} b^r = C_n^0 a^n + C_n^1 a^{n-1} b + \cdots + C_n^r a^{n-r} b^r + \cdots + C_n^n b^n$,当 $a = 1, b = n, n = x$ 时可以化成下面的形式

$$(1+n)^x = 1 + nx + \frac{x(x-1)n^2}{2!} + \cdots$$

$$(1+n)^x \equiv 1 + nx \pmod{n^2}$$

令 $y = (1+n)^x \bmod n^2$，可以化简为 $x \equiv \frac{y-1}{n} \bmod n^2$，再令 $L(u) = \frac{u-1}{n}$，则 $L((1+n)^x \bmod n^2) \equiv L(y) \equiv \frac{y-1}{n} \pmod{n} \equiv x \pmod{n}$，即 $L((1+n)^x \bmod n^2) \equiv x \pmod{n}$。

由上式结论不难知道：$\mu = \lambda^{-1}(g = n+1)$，此外还有 $r^{\lambda n} \bmod N^2 = 1$

$$E(m_1, r_1) = c_1 = g^{m1} \cdot r_1^n \bmod n^2$$
$$E(m_2, r_2) = c_2 = g^{m2} \cdot r_2^n \bmod n^2$$
$$c_1 \cdot c_2 = g^{m_1+m_2} \cdot (r_1 \cdot r_2)^n \bmod n^2$$
$$D(c_1 \cdot c_2) \equiv L(g^{\lambda(m_1+m_2)} \cdot (r_1 \cdot r_2)^{\lambda n} \bmod n^2) \cdot \mu \bmod n$$
$$\equiv \lambda(m_1 + m_2) \cdot \mu \pmod{n}$$
$$\equiv m_1 + m_2 \pmod{n}$$

其中 $(r_1, r_2)^{\lambda n} \equiv 1 \pmod{n^2}$（根据 Carmichael's theorem）。

3.3.2 ElGamal 乘法同态算法

ElGamal 算法由 Taher ElGamal 在 1985 年提出，是基于离散对数问题设计的公钥加密算法。ElGamal 算法可以广泛应用于安全计算、隐私保护、云计算等领域。由于其具有同态性质，可以对加密数据进行乘法计算而不需暴露明文，因此可以有效保护数据隐私。与传统加密算法相比，乘法同态 ElGamal 算法提供了更高的安全性，并支持更广泛的应用场景。

密钥生成：

(1)随机选择大素数 p，且要求 $p-1$ 有大素数因子；再选择一个模 p 的本原元 α；

(2)从 $\{1,2,3,\cdots,p-1\}$ 中随机选择一个数 d；

(3)计算 $\beta = \alpha^d \bmod p$；

(4)公钥为 (p, β, α)，私钥为 d。

加密算法：

(1)从 $\{1,2,3,\cdots,p-1\}$ 中选择一个随机数 k，令 m 为明文；

(2)计算密文 $C_1 = \alpha^k \bmod p$；

(3)计算密文 $C_2 = m \times \beta^k \bmod p$；

(4)传输密文 (C_1, C_2)。

解密算法：

(1)计算明文 $m = C_2 (C_1^d)^{-1} \bmod p$；

(2)$(C_1^d)^{-1}$ 为求 $C_1^d \bmod p$ 的逆元。

加解密正确性证明：

$$m = C_2 (C_1^d)^{-1} \bmod p$$
$$= m \times \beta^k \times (\alpha^{kd})^{-1} \bmod p$$
$$= m \times \beta^k \times (\beta^k)^{-1} \bmod p (因为 \beta = \alpha^d \bmod p)$$
$$= m$$

3.3.3　BGV 方案

BGV(Boneh-Goh-Nissim)是一种基于整数环的同态加密方案,能够支持对加密数据执行加法和乘法运算,且可以直接输出加密结果从而保障数据的机密性。BGV方案的主要特点是采用了基于整数环的加密方法,可以实现多项式求值,支持多重同态操作,允许在同一密文上进行多次计算,实现对多层保密的数据进行计算和查询。

(1)对于 LWE 类型的密文:

公开参数:明文模数 t,密文模数 q,向量维度 n,取私钥为 $s \in \mathbb{Z}_q^n$,对于明文 $m \in \mathbb{Z}_t$,选取 $a \in \mathbb{Z}_q^n$,$b = a, s + m + te \bmod q$,$e$ 是从高斯分布中选取的整数。令密文 $c = (b, a)$ 则解密为先计算 $\mu = b - a, s = m + te \bmod q$ 然后计算 $m = [\mu]_t = m$。这里 $<\cdot>$ 为内积操作,对于 $a = (a_0, \cdots, a_{n-1})$,$s = (s_0, \cdots, s_{n-1})$ 来说,$a \cdot s = a_0 s_0 + a_1 s_1 + \cdots + a_{n-1} s_{n-1} \in \mathbb{Z}$。$[\mu]_t$ 其实等价于 $\mu \bmod t$。

(2)对于 RLWE 类型的密文:

公开参数:明文模数 t,多项式空间 $\mathscr{R} = \mathbb{Z}[X]/X^n + 1$ 以及系数模 q 的多项式空间 $\mathscr{R}_q = \mathbb{Z}_q[X]/X^n + 1$,取私钥为 $s \in \mathscr{R}_q$,对于明文 $m \in R_t$:选取 $a \in \mathscr{R}_q$,$b = as + m + te \in \mathscr{R}_q$,$e$ 是一个系数满足高斯分布的多项式。令密文为 $c = (b, a)$ 则解密为先计算 $\mu = b - as = m + te \in \mathscr{R}_q$,然后计算 $m = [\mu]_t \in \mathscr{R}_t$。

这里可以看到 RLWE 类型的密文相对于 LWE 类型的密文来说的优势在于,一个 LWE 的密文的长度是 $n+1$,对应的明文是 $\mathbb{Z}_t$ 内的,相当于有效信息只有 1 个,利用率为 $\frac{1}{n+1}$;而 RLWE 的密文长度是 $2n$,对应的明文是 $\mathscr{R}_t$ 内的,有效信息最多 n 个,利用率为 $\frac{1}{2}$。

3.3.4　BFV 全同态方案

BFV(Brakerski-Fan-Vercauteren)全同态加密方案可以实现任意次加法和限制次数的乘法运算。该方案是由 Zvika Brakerski、Craig Gentry 和 Vinod Vaikuntanathan 在 2012 年提出的。BFV 全同态方案平衡了同态加密方案中加密强度与计算能力之间的矛盾,具有较高的安全等级,可以同时实现数据的保密性和计算可行性。该方案的主要特点有:

多项式环:BFV 方案采用多项式环作为基本结构,支持对多项式的同态加密运算。

压缩技术:BFV 方案使用了压缩技术将多项式系数进行压缩编码,降低密文存储与传输开销,从而提高了效率。

　　模合成技术:BFV 方案使用模合成技术实现了多层加密,增强了安全性。

　　BFV 方案的基本操作包括密钥生成、加密、解密和同态操作。其中,同态加法可以通过将密文相加来实现,而同态乘法则需要进行一系列计算,包括模合成、扩展和旋转操作等多个步骤,通过这些步骤来实现密文的乘法运算。BFV 全同态方案的优点在于可以实现对密文的任意次数加法和有限次数乘法运算。但同时也存在一些问题,例如解密效率较低、密文长度较长等。因此,在实际应用中需要根据具体情况进行权衡,选择适合的加密方案。

　　该方案中,明文和密文具有相同的多项式模空间,但有不同的系数模空间,密文的系数模 q 应该远大于明文的系数模 t。

　　(1)公私钥生成

　　公私钥的形式也是多项式和形式,对于 FV 同态算法,需要先生成私钥,再根据私钥生成公钥。

　　私钥:生成 s,s 为多项式,例如可以是 $s=x^{15}+x^8+x^2+x+1$。注意,s 应该是一个系数为 $-1,0,1$ 的多项式。

　　公钥:从密文空间选取随机多项式 a(系数模为 q),用域生成公钥,并且选取一个足够小的噪声 e,用于掩盖 a;公钥形式为 $pk=\{[-as+e]_q,a\}$。

　　不难看出,接收方无法通过 pk_1 来推出 s,因此有效地保证了隐私。

　　(2)加密过程

　　加密过程利用公钥 $pk=\{[-as+e]_q,a\}$ 来进行加密。

　　对于消息 m,同时构建三个随机量:e_1,e_2,u,前两个 e 为噪音,u 和 s 类似,为系数 $-1,0,1$ 类似的多项式。

　　加密的形式为:$ct=\left(\left[pk_0u+e_1+\dfrac{qm}{t}\right]_q,[pk_1u+e_2]_q\right)$

　　注意,m 的系数模空间应该为 t,乘以系数 $\dfrac{q}{m}$,将其强行提升到了模空间 q 下;可以考虑,此时,对于 m 的最小系数,应该大于等于 $\dfrac{q}{m}$,最大的系数应该小于 q。

　　(3)解密过程

　　对于私钥持有方,拿到 $ct=\left(\left[pk_0u+e_1+\dfrac{qm}{t}\right]_q,[pk_1u+e_2]_q\right)$ 后需要进行解密;但是如果将其展开,带入公钥,则有以下形式:

$$ct=\left(\left[e_1+eu+aus+\frac{qm}{t}\right]_q,[au+e]_q\right)$$

　　可以看到,对第一项存有以下元素:噪声 eu,e_1,之所以为噪声是因为两者足够小;密文 $\dfrac{qm}{t}$ 含有前置系数乘的密文;掩码 aus,由于在选取的时候,a 选自于密文空间,系数模为 q,无法忽略作为噪声,此项必须要在解密过程中消去。因此,对于解密过程,实际为利用私钥做:$ct_1s+ct_0=\left[\dfrac{qm}{t}+e_1+eu+e_2s\right]_q$;此时,如果对于该结果乘以

$\dfrac{t}{q}$ 将 m 缩放回原有的 t 空间,则可以得到正确结果;同时,对噪声项也进行该操作,可以让其很小,在四舍五入的过程中直接忽略,得到正确的消息;总体解密形式为 m' $=\left[\dfrac{t}{q}[c\,t_9+c\,t_1s]_q\right]_t$

（4）加法同态计算

同态运算本质上就是利用密文形式进行加和,对噪音进行处理的过程;例如对于两个密文形式的 a,b 则有下述的密文形式:

$$a=\left(\left[p\,k_0u_1+e_1+\frac{q\,m_1}{t}\right]_q,[p\,k_1u_1+e_2]_q\right)$$

$$b=\left(\left[p\,k_0u_2+e_3+\frac{q\,m_2}{t}\right]_q,[p\,k_1u_2+e_4]_q\right)$$

如果进行传统的同态计算,则有:

$$c=a+b=\left(\left[p\,k_0(u_1+u_2)+e_1+e_3+\frac{q\,(m_1+m_2)}{t}\right]_q,[p\,k_1(u_1+u_2)+e_2+e_4]_q\right)$$

$$=\left(\left[p\,k_0(u_1+u_2)+e_5+\frac{q\,(m_1+m_2)}{t}\right]_q,[p\,k_1u_3+e_6]_q\right)$$

所以看到,实际加法后的形式和原密文形式类似,直接进行解密即可。

（5）乘法同态计算

乘法同态的思路和加法同态类似,但是对于密文表现形式,不可能通过简单叠加来实现;对于上述的解密形式,两个密文的表现形式可以表现为如下:

$$[a_0+a_1s^1]_q=\frac{q}{t\,m_1}+n_1$$

$$[b_0+b_1s^1]_q=\frac{q}{t\,m_2}+n_2$$

不妨用左右相乘:

$$[a_0+a_1s^1]_q[b_0+b_1s^1]_q=(\frac{q}{t\,m_1}+n_1)(\frac{q}{t\,m_2}+n_2)$$

此时可以观察到,右边就是我们想要的最终形式,即除了噪声和所需信息外,没有任何含 u 的掩码。

展开左边:

$[a_0+a_1s^1]_q[b_0+b_1s^1]_q=[a_0b_0+(a_0b_1+a_1b_0)s^1+a_1b_1s^2]_q=[c_0+c_1s+c_2s^2]_q$

可以看到,类似于一个关于 s 的多项式;所以,如果已知 c_0,c_1,c_2,解密方就可以通过 s 来解密。

$$c_0=\left[\frac{t}{q(a_0b_0)}\right]_q$$

$$c_1=\left[\frac{t}{q(a_0b_1+a_1b_0)}\right]_q$$

$$c_2=\left[\frac{t}{q(a_1b_1)}\right]_q$$

因此可以得知,新的密文形式为 $ct=(c_0,c_1,c_2)$,按照上述的项逐项 x 相乘即可。

3.4 广播加密协议

为提高多用户环境下数据安全共享的效率,Fiat 和 Naor 在 1993 年提出广播加密(Broadcast Encryption)的概念,支持一个密文被多个用户解密。在广播加密中,数据发送者首先选择一组接收者,然后利用这一组接收者的公钥集合对数据进行加密,并通过公开信道传输密文。只有公钥属于集合里的用户(即授权用户)才能正确解密并获得明文数据,非授权用户即使合谋也不能得到加密数据的内容。这些优点使得广播加密具有重要的实用价值,在付费电视、云计算、物联网等领域得到广泛应用。

3.4.1 一种基于公钥的广播加密方案

基于公钥的广播加密方案是一种用于向多个接收者发送加密消息的加密技术。这个方案优点是可以快速地将加密消息分发到大量接收者。而且,由于只有持有相应私钥的接收方才能解密消息,因此加密消息安全性也得到了保障。

Boneh、Gentry、Waters 在 2005 年提出一个基于双线性对的公钥广播加密方案,这是第一个具有短密文短私钥的公钥广播加密方案(BGW),该方案不但具有接收者无状态,抗合谋攻击的安全特性,而且加密钥是可以完全公开的。同时 BGW1 仅需常数量的信息量和接收者私钥;BGW2 在折中增加一定的通信信息量下进一步降低了系统公钥的大小。下面介绍 BGW1:

(1)建立(λ,n)

给定一个安全参数 λ,接收者集合大小 n。输出(PK,DK,MK,F)。$F=(p,g,G,G_T,e(\cdot,\cdot))$ 是一个双线性构造,其中 $|p|=\lambda$,$e:G\times G\to G_T$ 是一个双线性映射,g 是 G 的生成元,阶为 p。$PK=(g,g_1,\cdots,g_ng_{n+2},\cdots,g_{2n},v\in G^{2n+2})$ 是系统公钥。其中 $g_i=g^a\in G$。$v=g^\gamma$,$\gamma\xleftarrow{R}Z_p$。$DK=(d_1,d_2,\cdots,d_n)$。$d_i=g_i^\gamma\in G$,$(i=1,2,\cdots,n)$。其中 d_i 是接收者 i 的解密私钥,由中心秘密分发给接收者 i。

$MK=(\gamma,\alpha)$ 是由密钥分发中心随机生成的主密钥,对接收者和广播中心保密。

(2)加密(PK,R)

给定加密公钥 PK 和接收者用户集合 S。输出(Hdr,SK),其中 $Hdr=(C_0,C_1)$,$C_0=g^t$,$C_1=(v\cdot\prod_{j\in S}g_{n+1-j})^t$,$t\leftarrow Z_p$,协商的会话密钥为 $SK=e(g_{n+1},g)^t$。

(3)解密(S,i,d_i,Hdr,PK)

输入信息头 Hdr,一些公钥信息和接收者自己的解密私钥 d_i,可以计算出 $K=e(g_i,C_1)/e(d_i\cdot\prod_{j\in S,j\neq i}g_{n+1-j+i},C_0)$。可以验证在解密计算中得到的 K 就是加密过程中所产生的共同密钥。

正确性验证如下:

$$K=e(g_i,C_1)/e\left(d_i\cdot\prod_{j\in S,j\neq i}g_{n+1-j+i},C_0\right)$$

$$= e(g_i, g_{n+1-i}^t) \cdot e(g_i, (v \cdot \prod_{j \in S, j \neq i} g_{n+1-j})^t) / e(v^t \cdot \prod_{j \in S, j \neq i} g_{n+1-j+i}, g^t)$$

$$= e(g_{n+1}, g)^t$$

3.4.2　一种基于分层身份的广播加密方案

基于分层身份的广播加密方案是一种用于保护广播消息安全性的方案。它使用了分层身份认证系统,并将密钥和访问控制策略与用户的身份相关联。优点是可以实现灵活的访问控制和广播加密。通过分层的身份结构,可以细粒度地控制用户对广播消息的访问权限。同时,使用单独的密钥生成中心来生成和分发密钥,可以确保密钥的安全性。一般包括以下组成部分:

(1)分层身份系统

方案中采用了分层身份系统来管理用户的身份。每个用户都被分配一个唯一的身份标识,由多个层级组成。

(2)密钥生成与分发

在方案中,有一个可信的密钥生成中心负责生成和分发密钥。该中心根据用户的身份标识和访问权限生成对应的加密密钥。

(3)访问控制策略

每条广播消息都会附带一个访问控制策略,规定了允许访问该消息的合法用户范围。该策略通常使用基于身份标识的规则来描述。

(4)加密和解密过程

发送者通过使用接收者的身份标识进行消息的加密。接收者利用自身的私钥和密钥生成中心提供的信息来解密收到的消息。

(5)权限管理

用户可以根据自己的需要请求更新访问控制策略或者获取更高级别的身份标识,以便获得更多的访问权限。

厦门大学陈莉萍利用 Cash 等人提出格上的格基派生技术结合 GSW 方案,提出了一个基于分层身份的广播全同态加密方案,由六个算法构成 $\varepsilon = \{Setup, Extract, Derive, Enc, Eval, Dec\}$。方案中参数实例化:$\lambda$ 为安全参数,L 为乘法同态运算的最大深度,l 为允许的接收者的最大规模,d 为分层身份结构的最大深度,模数 $q = q(\lambda, l, d, L) > 3$,$n = n(\lambda, l, d, L)$,$m = m(\lambda, l, d, L) \geqslant 5n\log q$,$l = \log_2 q + 1$,$N = N(k, d, m) = l \cdot ((k+1)m+1)$,误差分布 $\chi = D_{\mathbb{Z}, \alpha q}$,$\alpha q > 2\sqrt{n}$ 且满足 $(N+1)^L \alpha \cdot [m \cdot \sqrt{2(k+1)n\log q} \cdot \omega(\sqrt{\log(2+l)m}) + 1] \leqslant \frac{1}{8}$。具体实现如下:

(1)$Setup(\lambda, l, d, L)$

①运行算法 $TrapGen(n, m, q)$,生成矩阵 $\boldsymbol{A}_0 \in Z_q^{n \times m}$ 以及格 $\Lambda^{\perp}(\boldsymbol{A}_0)$ 一个基 S_0,其中 $\boldsymbol{A}_0$ 分布与 $Z_q^{n \times m}$ 的均匀分布统计上不可区分且 $||S_0|| \leqslant \widetilde{L_0}$;

②选择哈希函数 $H: \{0,1\}^* \to Z_q^{n \times m}$ 以及随机向量 $u \leftarrow Z_q^n$;

③输出系统公钥 $mpk = (A_0, u, d, H)$,系统主私钥 $msk = S_0$。

(2)$Extract(msk,id)$

若 $t=|id|>d$，则停止输出；否则

①对于用户 $id=[l_1,\cdots,l_t]$，计算 $A_{id}=A_0||\bar{A}_{id}\in Z_q^{n\times 2m}$，其中 $\bar{A}_{id}=H(id)=H(l_1,\cdots,l_t)\in Z_q^{n\times m}$；

②运行格基采样算法 $S_{id}\leftarrow SampleBasis(A_{id},S_0,S=\{1\},L)$；

③输出 $sk_{id}=S_{id}$。

(3)$Derive(S_{id},id'=id||\bar{id})$

与密钥抽取算法类似，通过 ExtBasis 和 SampleD 生成的 id 更底层的 id' 的私钥 $sk_{id'}$

(4)$Enc(S,mpk)$

①设置接收者集合 $S=\{id_1,\cdots,id_k\}$，计算每个 $A_{id_i}=H(id_i)$，生成接收者关联矩阵 $\boldsymbol{A}_s=[\boldsymbol{A}_0||\boldsymbol{A}_{id_1}||\ldots||\boldsymbol{A}_{id_k}]\in Z_q^{n\times((k+1)m)}$，定义一个分类 lab_s 记录 A_s 与身份 $\{id_1,\cdots,id_k\}$ 的顺序；

②令 $\bar{\boldsymbol{A}}_s=u||\boldsymbol{A}_s\in Z_q^{n\times((k+1)m)}$；

③随机选择向量 $r\leftarrow Z_q^n$，设置 $c_s\leftarrow Noisy_\chi(r\cdot\bar{\boldsymbol{A}}_s)\in Z_q^{(k+1)m+1}$ 上述的过程进行 N 次得到一个矩阵 $\bar{C}_s\in Z_q^{N\times((k+1)m+1)}$，明文 $\mu\in\{0,1\}$，密文是 $C_s=Flatten(\mu\cdot I_N+BitDecomp(\bar{C}_s))$，输出 (C_s,lab_s)。

(5)$NAND(C_1,C_2)$

输出 $Flatten(I_N-C_1\cdot C_2)$。

(6)$Dec(sk_{id},S,C)$

①当接收者 $id\in S$，则进行下一步，否则停止；

②通过 lab_s 信息对所有 $id_i\in S$，计算出 $A_{id_i}=H(id_i)$，逐步恢复出 A_s；

③利用私钥 $sk_{id}=S_{id}$ 运行原象采样生成算法 $GenSamplePre(A_s,S_{id},u,s)$，输出 $e\in\Lambda_u^\perp(A_s)$ 且概率分布与高斯分布 $D_{\Lambda_u^\perp(A_s),s}$ 统计上不可区分。令 $s=(1,-e)\in Z_q^{(k+1)m+1}$，则满足 $\bar{A}_s\cdot s=0\bmod q$；

④令 $v=Powersof2(s)$，选取第 $l-2$ 个分量 $v_{l-2}\in\left(\frac{q}{4},\frac{q}{2}\right]$，记密文的第 $l-2$ 行为 $C_{s,l-2}$，计算 $x_{l-2}\leftarrow<C_{s,l-2},v>$，输出 $\mu=[x_{l-2}/v_{l-2}]$。

3.4.3　一种基于 SM2 的广播加密方案

邹菁琳等提出一种基于 SM2 签名的无证书广播加密方法，可解决现有基于 SM2 签名的无证书密钥生成方法中签名步骤与 SM2 不一致的问题。算法步骤如下：

(1)Setup(初始化)

KGC 产生随机数 $d_c\in Z_n^*$ 作为主私钥，并计算主公钥 $P_{pub}=[d_c^{-1}-1]G$。

(2)秘密值设置

①用户 A 随机选取自己的 ID，并随即选取 $x_A\in Z_n^*$，将 x_A 作为自己的秘密值，在计

算该秘密值对应的公钥$P_{A1}=x_A G$；

②用户将 ID 和公钥P_{A1}发送给 KGC。

（3）部分私钥提取

①KGC 选取随机数$k\in Z_n^*$，并计算$K=kG=(x_1,y_1)$；

②计算$e=H(ID||P_{A1}||K)$、$r=r_x+e$、$s=d_C(k+r)-r \bmod n$、$P_{A2}=(r_x+s)G$；

③KGC 将s,P_{A2},K发送给用户 A。

（4）私钥设置

用户 A 将自己的私钥设置为$S_A=<x_A,s>$。

（5）公钥设置

用户 A 公钥设置为$PK_A=<K,P_{A1},P_{A2}>$。

（6）加密

①给定消息m，t个接收者的标识ID_i和公钥$PK_i=<K_i,P_{i1},P_{i2}>$；

②发送者用户 A 随机选取$b\in Z_n^*$计算$B=bG$；

③对每个接收者i计算$e_i=H(ID_i||P_{i1}||K_i)$，$N_i=b(e_iG+P_{i1}+P_{i2})$
$z_i=H(B||N_i)$其中$i=\{1,2,\cdots t\}$；

④随机选取$w\in Z_p^*$计算

$$f(x)=\prod_{i=1}^{t}(x-z_i)+w(\bmod p)=x^t+c_{t-1}x^{t-1}+\cdots+c_1x+c_0,c_i\in Z_n^*；$$

⑤计算$a=H(B||w)$，计算密文$\gamma=E_a(m)$，计算哈希$V=H(c,m,w,B,\gamma)$，输出密文$<c,B,\gamma,V>$其中$c=\{c_0,c_1,\cdots,c_{t-1}\}$。

（7）解密

①给定密文$<c,B,\gamma,V>$，接收者的私钥$S_i=<x_i,s>$；

②计算$e_i=H(ID_i||P_{i1}||K_i)$；

③计算$r=r_x+e_i$；

④计算$N'_i=(r+s+x_i)B$，$z'_i=H(B||N'_i)$，$w'=f(z'_i)$，$a'=H(B||w')$
消息$m'=D_a(\lambda)$；

⑤计算$V'=H(c,m',w',B,\gamma)$；

⑥判断$V'=V$ 是否成立，若成立，则解密成功，m'为合法消息；反之消息无效。

3.4.4　一种基于 SM9 的高效标识广播加密方案

赖建昌、黄欣沂、何德彪根据 SM9 标识加密算法的特点，提出一个基于 SM9 商用密码的标识广播加密方案。方案的设计只给出了密钥封装，即解密的结果是一个会话密钥，提出的方案最大化保留了 SM9 标识加密算法的结构，用户私钥生成算法与 SM9 中用户私钥生成算法相同，有助于与现有使用 SM9 的信息系统有效融合。方案中密文和用户私钥长度都是固定常数，与接收者数量无关。密文由三个元素组成，而用户私钥只包含一个群元素。与 SM9 标识加密（密钥封装）算法相比，密文只增加了一个群元素。

(1)系统初始化,给定安全参数 λ 和加密算法中允许最大接收者的数量 m,首先选择一个双线性群 $BP=(G_1,G_2,G_T,e,T)N$,其中 G_1 和 G_2 的生成元分别为 P_1 和 P_2。选择随机数 $\alpha\in\{1,N-1\}$,密码哈希函数 $H_1:\{0,1\}\to Z_N$,密钥派生函数 $KDF:\{0,1\}\to klen$。其中,$klen$ 为封装会话密钥的长度。计算群 G_1 中的元素 $P_{pub}=(\alpha P_1,a^2P_1,\alpha^3P_1,\cdots,\alpha^mP_1)$,计算群 G_2 中的元素 $\mu=a^2P_2$,计算群 G_T 中的元素 $g=e(P_1,P_2)^a)$。接着选择用一个字节表示的加密私钥生成函数识别符 hid。设系统的主公钥为 $mpk=(\mu,g,P_1,P_{pub},H_1,hid,KDF)$,系统主私钥为 $msk=(\alpha,P_2)$。

(2)给定用户的标识 ID,首先在有限域 F_N 上计算 $t_1=H_1(ID\|hid,N)+\alpha$ 若 $t_1=0$,则需重新产生主公钥,计算和公开主公钥,并更新已有接收者的解密私钥;否则计算 $t_2=\alpha\cdot t_1^{-1}$,然后计算 $sk_{ID}=t_2\cdot P_2$,把 sk_{ID} 作为用户的解密私钥。

(3)为了封装比特长度为 $klen$ 的密钥给用户集合 $S=(ID_1,ID_2,\cdots,ID_n)$,选取随机数 $r\in\{1,N-1\}$,计算 $C_1=-r\cdot u,w=g^r,C_2=r\cdot\prod_{i=1}^n(H_1(ID_i\|hid,N)+\alpha)\cdot P_1,K=KDF(C_1\|C_2\|W\|S,klen)$。

输出 (K,C_1,C_2),其中 K 是被封装的会话密钥,(C_1,C_2) 为封装密文。根据算法描述 r,ID_i,hid 都是已知的,$C_2=r\cdot\prod_{i=1}^n(H_1(ID_i\|hid,N)+\alpha)\cdot P_1=r\cdot\sum_{j=0}^n z_i(\alpha^iP_1)$,其中 z_i 是可计算的多项式系数。又因为对任意 $i\in[1,m]$,a^iP_1 属于系统主公钥,因此 C_2 是可计算的。

(4)假设接收者的标识为 ID_i,收到封装密文 (C_1,C_2) 后,计算

$$w'=(e(f_i(\alpha)\cdot P_1,C_1)\cdot e(C_2,sk_{ID_i})\frac{1}{\prod_{j=1,j\neq i}^n H_1(ID_jhid,N)})$$

其中

$$f_i(\alpha)=\frac{1}{\alpha}\cdot(\prod_{j=1,j\neq i}^n H_1(ID_jhid,N)+\alpha)-\prod_{j=1,j\neq i}^n H_1(ID_jhid,N)$$

并计算 $K'=KDF(C_1\|C_2\|w'\|S,klen)$,接收者最后输出 K'。

3.5 非对称加密算法在区块链中的应用

区块链技术的开发和应用,加密技术是关键。一旦加密方法遭到破解,区块链的数据安全将受到挑战,区块链的不可篡改性将不复存在。

非对称加密算法在区块链中的应用场景主要是地址的生成和数字签名。在比特币系统中,公私钥的生成、比特币地址的生成是由非对称加密算法来保证的,比特币的转移也是通过非对称加密算法实现的。

3.5.1　比特币系统中交易地址和公私钥生成

比特币系统通过调用操作系统底层的随机数生成器生成 256 位随机数作为私钥。比特币私钥总量大,极难通过遍历全部私钥空间来获得存有比特币的私钥,因而从密码学计算复杂性角度来说是安全的。

比特币系统通过非对称密码生成私钥和地址的过程如图 3-19 所示。为便于识别,256 位二进制形式的比特币私钥通过 SHA256 哈希算法和 Base58[①]转换,形成 50 个字符长且易识别和书写的私钥提供给用户。比特币的公钥是由 256 位随机数私钥经过 Secp256k1[②] 椭圆曲线算法生成 65 字符长度的随机数。该公钥可用于产生比特币交易时使用的地址,其生成过程是首先将该公钥进行 SHA256 和 RIPEMD160[③] 双哈希运算生成 20 字符长度的摘要结果(即 Hash160 的结果),再经过 SHA256 哈希算法和 Base58 转换形成 33 字符长度的比特币地址。公钥生成过程是不可逆的,即不能通过公钥反推出私钥。

比特币系统中用户的公钥和私钥通常保存在比特币钱包文件中,其中私钥最为重要,丢失私钥就意味着丢失了对应地址的全部比特币资产。

现有的比特币和区块链系统中,根据实际应用需求已经衍生出多私钥加密技术,以满足多重签名等更为灵活和复杂的场景。

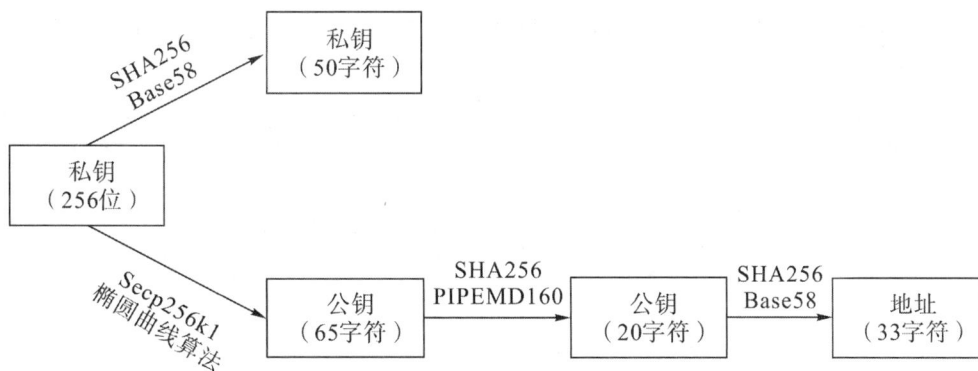

图 3-19　比特币系统通过非对称密码生成私钥和地址

---

①　Base58 编码的作用是将不可视字符可视化(ASCII 化)。Base58 编码去掉了几个看起来会产生歧义的字符,如 0 (零)、O (大写字母 O)、I (大写的字母 i)、l (小写的字母 L)和几个影响双击选择的字符,如/,+,结果字符集正好有 58 个字符(包括 9 个数字,24 个大写字母,25 个小写字母)。

②　Secp256k1 为基于 Fp 有限域上的椭圆曲线,其特殊构造使得其优化后的实现比其他曲线性能可以提高 30%。

③　RIPEMD(RACE 原始完整性校验讯息摘要)是一种加密哈希函数,是鲁汶大学 Hans Dobbertin,Antoon Bosselaers 和 Bart Prenee 组成的 COSIC 研究小组在 1996 年发布的。RIPEMD160 是在原始版 RIPEMD 基础上改进的 160 位版本,而且是 RIPEMD 系列中最常见的版本。

3.5.2 数字签名场景

数字签名场景则是由发送者 A 采用自己的私钥加密信息后发送给 B,B 使用 A 的公钥对信息解密,从而可以确保信息是由 A 发送的。

什么是数字签名? 数字签名就是用于验证数字和数据真实性和完整性的加密机制。数字签名使用非对称密码,意味着可以通过使用公钥与任何人共享信息。类似在纸质合同上进行签名以确认合同内容和证明身份,数字签名既可以证实某数字内容的完整性,又可以确认其来源,也就是不可抵赖性。

一个典型的消息签名和验证的场景如图 3-20 所示。Alice 通过通信信道发给 Bob 一个文件(一份信息),Bob 如何获知所收到的文件即为 Alice 发出的原始版本呢? Alice 可以先对文件内容做个数字摘要,然后用自己的私钥对摘要进行加密(签名),之后同时将文件和签名都发给 Bob。Bob 收到文件和签名后,用 Alice 的公钥来解密签名,得到数字摘要,再与对文件进行摘要后的结果进行比对。如果一致,则说明该文件确实是 Alice 发过来的(因为别人无法拥有 Alice 的私钥),并且文件内容没有被修改过(摘要结果一致)。

数字签名的主要过程是:
①系统初始化,生成数字签名所需的参数;
②发送方利用自己的私钥对消息进行签名;
③发送方将消息原文和作为原文附件的数字签名同时传给消息接收方;
④接收方利用发送方的公钥对签名进行解密;
⑤接收方将解密后获得的消息与消息原文进行对比,如果二者一致,那么表示消息在传输中没有受到过破坏或者篡改,反之不然。

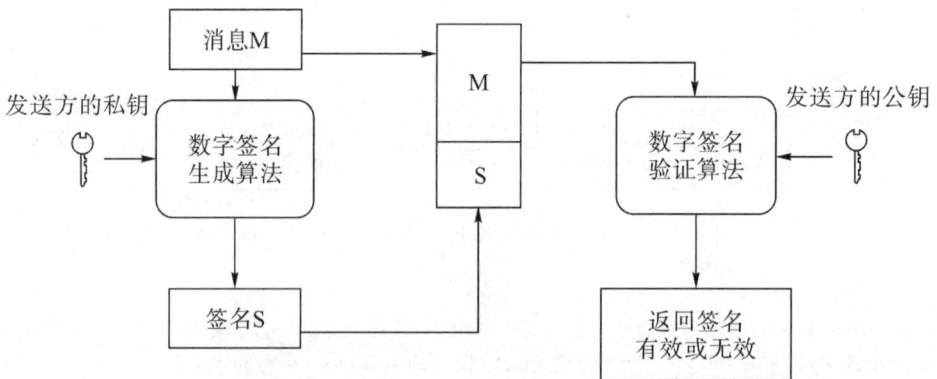

图 3-20 消息签名和验证的基本过程

在区块链系统中,数字签名涉及公钥、私钥和钱包等工具,具有的作用如下:
一是防伪造。数字签名是由私密的持有者自己签署,而其他人无法伪造。
二是防篡改。数字签名与原始文件或摘要一起发送给接收者,一旦信息被篡改,接收者可通过计算摘要和验证签名来判断该文件无效,从而保证了文件的完整性。
三是保密性高。手写签字的文件一旦丢失,文件信息极有可能被泄露,但数字签名可以加密要签名的消息,在网络传输中,可以将报文用接收方的公钥加密,以保证信息机密性。

四是身份确认。在数字签名中客户的公钥是其身份的标志,当使用私钥签名时,如果接收方或验证方用其公钥进行验证并获通过,那么可以肯定,签名人就是拥有私钥的那个人,因为私钥只有签名人知道。

在比特币系统中,每个用户都有一对密钥(公钥和私钥),比特币系统使用用户的公钥经过转换作为交易账户的地址。

图 3-21 给出了比特币系统中一次交易的签名流程。用户 U_0 发起交易,要将比特币支付给用户 U_1,这个过程在比特币系统中是如何实现的呢?

①首先,用户 U_0 写好交易信息:data(明文,例如用户 U_0 转账 100 元给用户 U_1);

②用户 U_0 使用哈希算法对交易信息进行计算,得出 $H=hash(data)$,然后再使用自己的私钥对 H 签名,即 $S(H)$,目的是防止交易信息被篡改;

③基于区块链网络,系统将签名 $S(H)$ 和交易信息 data 传递给用户 U_1;

④用户 U_1 使用用户 U_0 的公钥解密 $S(H)$,就得到了交易信息的哈希值 H;

⑤用户 U_1 使用哈希算法计算交易信息 data,得出 $H_2=hash(data)$;

⑥对比上面 2 个哈希值,如果 $H=H_2$,则交易合法,说明用户 U_0 在发起交易的时候确实拥有真实的私钥,有权发起自己账户的交易;

⑦网络中每一个节点都可以参与上述交易步骤的验证。

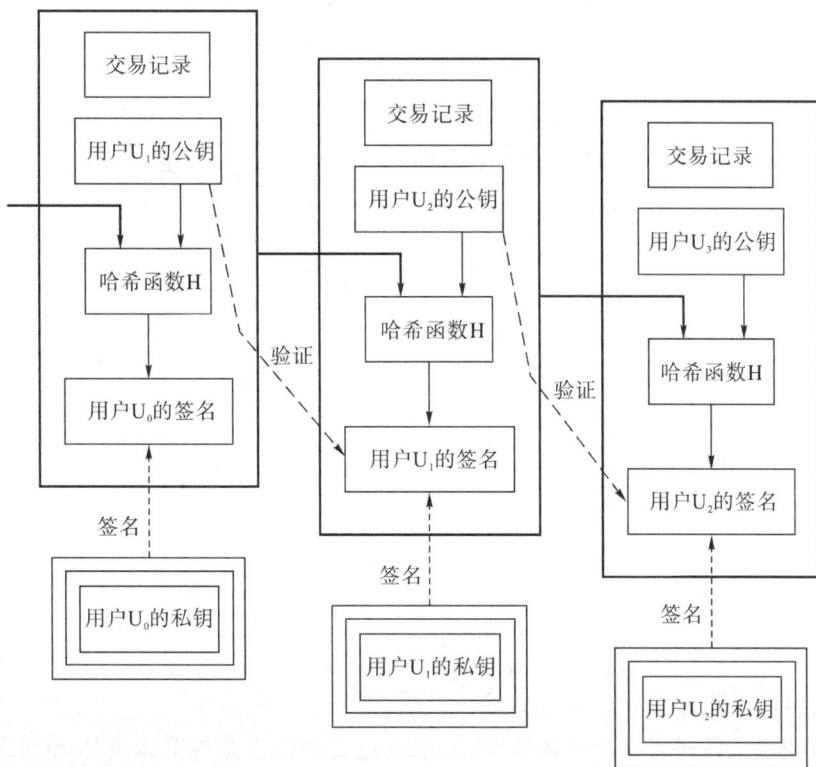

图 3-21 比特币系统中一次交易的签名流程

这个示例就是比特币系统中一次交易的签名流程,即将哈希算法与非对称密码算法结合在一起,用于比特币交易的数字签名。

3.5.3 典型数字签名算法在区块链中的应用

本节以 ECDSA 签名算法和 EdDSA 签名算法为例,进一步说明非对称加密算法在区块链中的应用。

3.5.3.1 ECDSA 签名算法及其在区块链中的应用

1. ECDSA 签名算法

椭圆曲线数字签名算法 ECDSA 是使用椭圆曲线密码 ECC 对数字签名算法 DSA 的模拟。1992 年,Scott 和 Vanstone 为了响应美国国家标准与技术研究所对数字签名标准 DSS 的要求而提出了 ECDSA 椭圆曲线数字签名算法。ECDSA 于 1998 年作为 ISO 标准被采纳,在 1999 年作为 ANSI 标准被采纳,并于 2000 年成为 IEEE 和 FIPS 标准。包含 ECDSA 的其他一些标准亦在 ISO 的考虑之中。

与普通的离散对数问题和大数分解问题不同,椭圆曲线离散对数问题没有亚指数时间的解决方法,因此椭圆曲线密码的单位比特强度要高于其他公钥体制。该体制数学描述如下:

设 p 是一个素数或 2 的幂次方,E 是定义在 F_p 上的椭圆曲线。设 α 是 E 上阶数为 q 的一个点,使得在 $<\alpha>$ 上的离散对数问题是难处理的。定义

$$K=\{(p,q,E,\alpha,a,\beta)\,|\,\beta=a\alpha\}$$

其中 $1\leqslant a\leqslant q-1$,值 p,q,e 和 α 为公钥,a 为私钥。

对于 (p,q,E,α,a,β) 和一个秘密的随机数 $k(1\leqslant k\leqslant q-1)$,定义

$$Sig_{sk}(m,k)=(r,s)$$

其中

$$k\alpha=(u,v)$$
$$r\equiv u \bmod q$$
$$s\equiv k^{-1}(h(m)+ar) \bmod q$$

这里 Hash 函数采用 SHA-1(如果 $r=0$ 或 $s=0$,则应该为 k 另选一个随机数)。对于 m 的签名 $r,s\in Z_q^*$,验证是通过下面的计算完成的。

$$w\equiv s^{-1} \bmod q$$
$$i\equiv wh(m) \bmod q$$
$$j\equiv wr(m) \bmod q$$
$$(u,v)=i\alpha+j\beta$$
$$Verify_{pk}(m,(r\parallel s))=true\Leftrightarrow u \bmod q\equiv r$$

2. ECDSA 在区块链中的应用

在区块链系统进行交易的环节中,一个很重要的信息是签名。例如,张三给李四付款,当张三准备好这笔交易之后,需要将交易信息发给全网所有节点,而其他人看到

这笔交易的时候,他们需要去认证这笔交易是否是由张三发起的。这个环节就使用到了数字签名技术。

以比特币系统为例,交易的具体流程如图 3-22 所示。

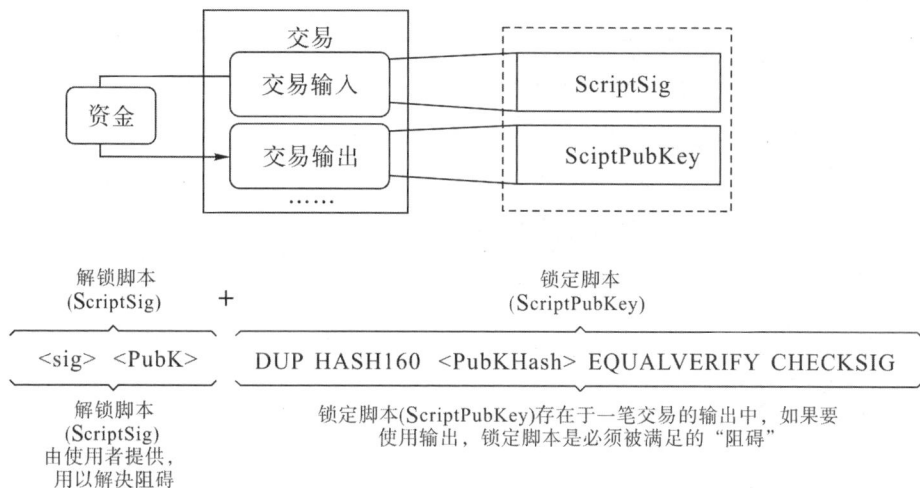

图 3-22 比特币交易流程

交易模块分为交易输入和交易输出,一笔交易由多个输入或者多个输出组成。图 3-22 右边虚线方框里面的 ScriptSig 是一个脚本签名,这个字段属于交易输入,ScriptPubKey 属于交易输出。脚本包含一些数据和操作码来支持这个脚本语言的运行。

ScriptSig 和 ScriptPubKey 可以直观地解释为解锁脚本和锁定脚本。

如果付款人要花费之前已有的资金,也就是要花费一个未花费的交易输出,那么他需要在另一笔交易里面构造一笔交易输入,在这个交易输入里面会设置签名字段和公钥,以此证明他有资格花费未花费的交易输出。这种情况叫作解锁脚本,即把之前已有的资金打开进行使用。

这个过程中,解锁脚本有两个字段数据,<sig>和<PubK>,这两个字段分别代表签名和公钥。两者由使用者提供。

锁定脚本里面也有一些字段和操作码,DUP 是复制操作码;HASH160 是哈希操作码;<PubKHash>是字段;EQUALVERIFY 是验证操作码;CHECKSIG 也是验证操作码。其整体流程是:执行复制→进行哈希→执行字段→验证是否相等→校验签名是否正确。在验证签名的环节,系统就会调用 ECDSA 里面的验签算法。

图 3-23 给出了脚本语言堆栈处理过程。如图 3-23 所示,这里会将两个脚本语言进行堆栈处理,即所有字段和操作码全部罗列在右边,解锁脚本有 2 个,锁定脚本有 5 个。

第一步,将第一个字段<sig>解锁,置于堆栈的底部;

第二步,向右移动一格,将<PubK>解锁推送至堆栈顶部,置于<sig>的上面;

第三步,DUP 是复制操作码,它会将刚刚解锁脚本里面的<PubK>(公钥)进行复制,此时会有两个<PubK>,结果被推送至堆栈顶部;

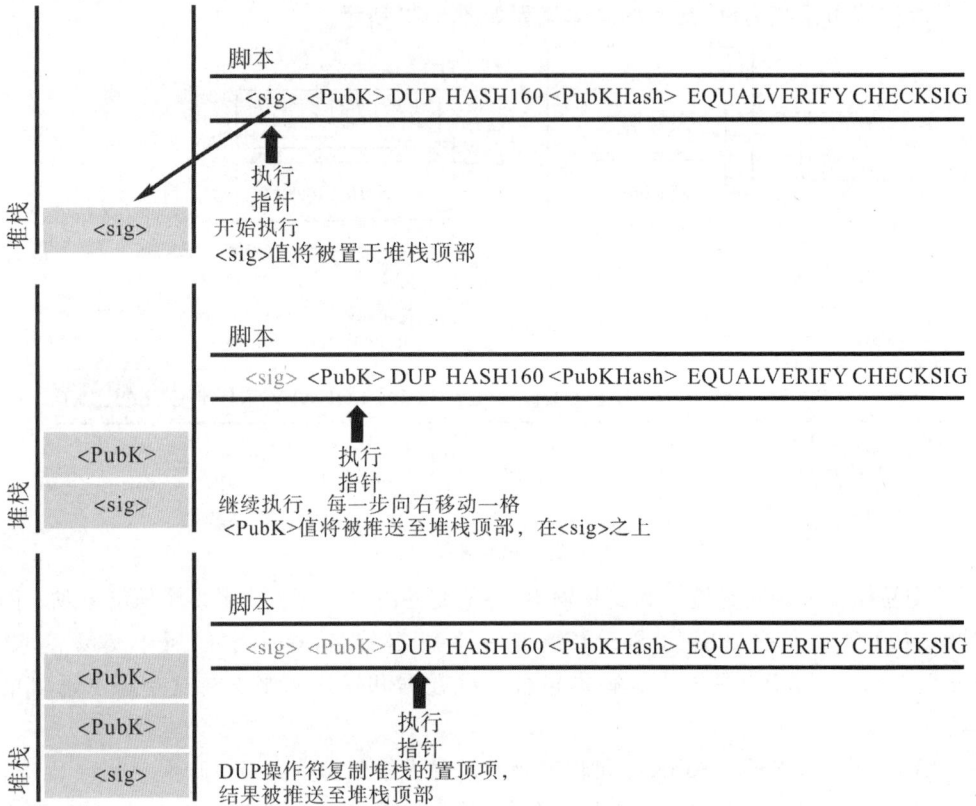

图 3-23　脚本语言堆栈处理过程(1)

第四步,HASH160 将复制的公钥进行哈希运算,使之变成<PubKHash>(公钥哈希);

第五步,EQUALVERIFY 操作码将 PubKHash 和用户的 PubKHash 进行对比,如果一致,则都被移除,然后继续执行(这里是为了对公钥进行认证,来表明公钥或者地址是否相同);

如果第五步匹配的话,继续执行第六步——验证签名,这里就用到了 ECDSA,也是交易中很关键的一步。

在图 3-24 中会看到,在执行最后一个操作码的时候,堆栈里面有两个字段。此时 CHECKSIG 操作码会核查签名<sig>是否与公钥的<sig>匹配,如果匹配,则会在顶部显示 TRUE。

如果返回值是 TRUE 的话,此时发送者也表明了其对要发送的比特币有所有权和使用权。

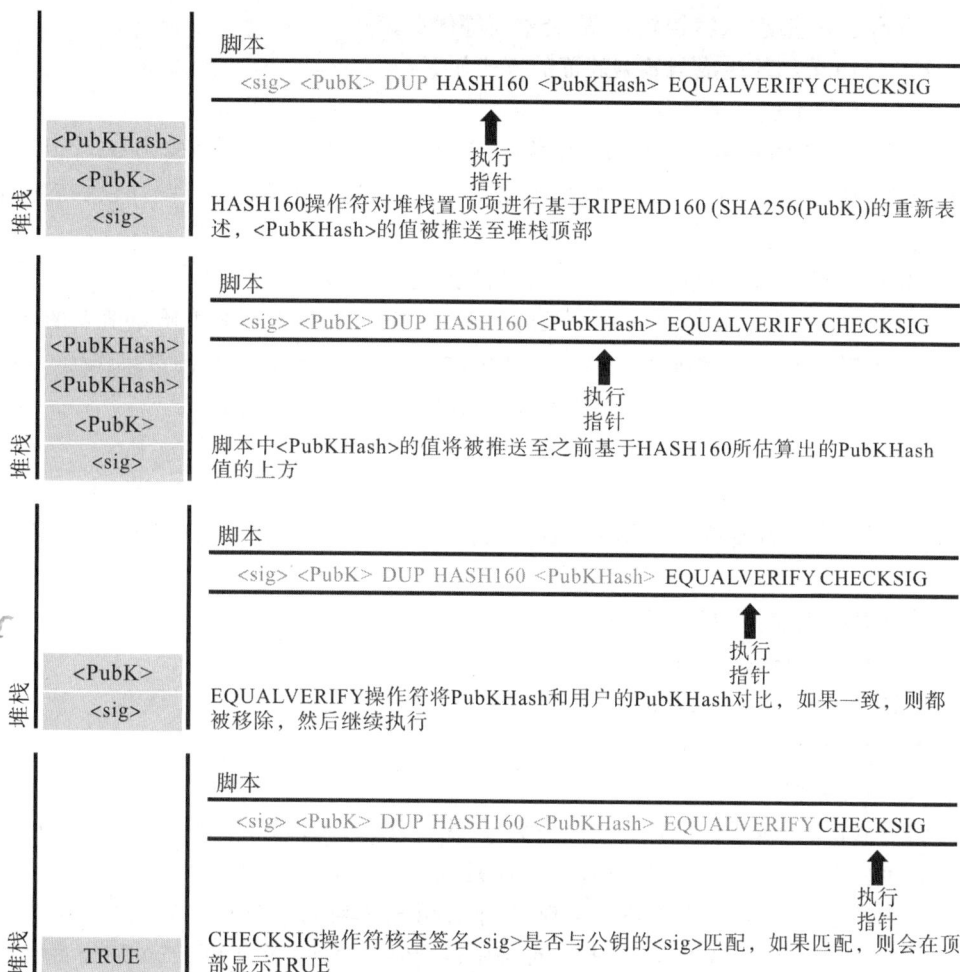

堆栈

| <PubKHash> |
| <PubK> |
| <sig> |

脚本

<sig> <PubK> DUP HASH160 <PubKHash> EQUALVERIFY CHECKSIG

执行
指针

HASH160操作符对堆栈顶项进行基于RIPEMD160 (SHA256(PubK))的重新表述，<PubKHash>的值被推送至堆栈顶部

堆栈

| <PubKHash> |
| <PubKHash> |
| <PubK> |
| <sig> |

脚本

<sig> <PubK> DUP HASH160 <PubKHash> EQUALVERIFY CHECKSIG

执行
指针

脚本中<PubKHash>的值将被推送至之前基于HASH160所估算出的PubKHash值的上方

堆栈

| <PubK> |
| <sig> |

脚本

<sig> <PubK> DUP HASH160 <PubKHash> EQUALVERIFY CHECKSIG

执行
指针

EQUALVERIFY操作符将PubKHash和用户的PubKHash对比，如果一致，则都被移除，然后继续执行

堆栈

| TRUE |

脚本

<sig> <PubK> DUP HASH160 <PubKHash> EQUALVERIFY CHECKSIG

执行
指针

CHECKSIG操作符核查签名<sig>是否与公钥的<sig>匹配，如果匹配，则会在顶部显示TRUE

图 3-24　脚本语言堆栈处理过程(2)

以上就是椭圆曲线数字签名 ECDSA 在区块链中的主要应用环节和场景。

3.5.3.2　EdDSA 签名算法及其在区块链中的应用

1. EdDSA 签名算法

在 ECC 算法基础上构建的数字签名算法被称为 ECDSA 算法,经过美国国家标准与技术研究所批准的曲线有多条,例如 secp256r1、secp256k1 等,但现有的 ECC 算法中的曲线被指存在后门。

EdDSA 签名算法由 Schnorr 签名发展变化而来。EdDSA 从某种意义上来说也属于椭圆曲线密码学,不同的是它采用扭曲爱德华兹曲线(Twisted Edwards Curves)作为椭圆曲线,同时采用的签名机制也不同于 ECDSA 算法。由曲线和参数的选择不同又可以划分为 Ed25519 和 Ed448 等算法,它们分别是基于 curve25519 和 curve448 等曲线。其中 Ed25519 算法使用较多,由著名密码学家 Daniel J. Bernstein 等人设计实现,采用的曲线参数完全公开,并说明了参数选取的意义,保证曲线中并未内置后门,它具有运算速度快、密钥较短、安全性高等优点。

Ed25519 公私钥生成与签名验证的方式如下:

(1)公私钥生成

设 Ed25519 的私钥 k 长度为 b 比特(一般选择 b 为 256);选取生成元 G;l 为生成元 G 的阶;使用输出长度为 $2b$ 比特的哈希函数(一般选择为 SHA-512);M 为待签名的消息。

①随机选取一个长度为 b 比特的二进制数作为私钥 k。

②对 k 进行哈希计算,产生一个长度为 $2b$ 比特的值 $h=H(k)$,取哈希值 h 的前 b 比特(二进制表示),并置 h_0、h_1、h_2、h_{b-1} 为 0,置 h_{b-2} 为 1,将置位后的结果作为 x,用于产生公钥 A;后 b 比特的值作为随机数 y,用作签名流程的计算。

③计算 $A=xG$,A 即为公钥。

(2)签名流程

进行签名时,需要持有私钥 k,执行上述公私钥生成算法后得到公钥 A 与随机数 y。

①计算随机数 $r=H(y,M)$;

②计算随机点 $R=rG$;

③计算签名 $s=(r+H(R,A,M)x) \bmod l$;

其中得到的 (R,s) 便是数字签名。

(3)验证流程

进行验证时,验证者只需要知道公钥 A、签名 (R,s) 和消息 M 即可验证签名过程是否正确。即计算 $sG=R+H(R,A,M)A$ 是否成立。

观察整个签名过程,我们不难发现,一个私钥 k,当对同一个消息 M 进行签名时 R 与 s 都是固定的,所以说 EdDSA 是一种确定性的签名算法,不像 ECDSA 那样每次签名都根据选取的随机数的变化而不同,所以 EdDSA 的安全性也就不再依赖于随机数生成器。

2. EdDSA 在区块链中的应用

Ed25519 系列曲线自 2006 年发表以来,在学术界外无人问津,直至 2013 年爱德华·斯诺登曝光棱镜计划后,该算法突然大火,大量软件如 OpenSSH 都迅速增加了对 Ed25519 系列的支持。美国国家标准与技术研究所选定的椭圆曲线可能迟早要退出历史舞台,而 Ed25519 则有可能是大势所趋。

与目前广泛使用的椭圆曲线相比,Ed25519 曲线算法各参数的选择直截了当,非常明确,没有任何可疑之处。而且 Ed25519 系列椭圆曲线经过特别设计,尽可能将出错的概率降到了最低,可以说是在实践上最安全的加密算法,且理论安全性极高,等价于 RSA 的 3000 比特密钥的安全性。

同时 Ed25519 系列曲线也是目前最快的椭圆曲线加密算法。前文中演示过的 Ed25519 公私钥生成、签名和验证的性能都极高,一个 4 核 2.4GHz 的 Westmere

CPU,每秒可以验证 71000 个签名,性能远超美国国家标准与技术研究所推荐的系列椭圆曲线算法,且该签名过程不依赖随机数生成器,不依赖哈希函数的防碰撞性,没有时间通道攻击的问题,并且签名(64 字节)和公钥(32 字节)都很小。

相比之下,基于椭圆曲线 secp256k1 的 ECDSA 由于在 Bitcoin 中的部署,逐渐成为区块链项目中默认的签名机制。然而在 Bitcoin 诞生的初期,工程项目中更多采用基于椭圆曲线 secp256r1 的 ECDSA 签名机制。Bitcoin 系统最终采纳 secp256k1 的真正原因已不可知,我们只能进行揣测,也许是 secp256r1 曲线中可能埋藏由美国国家安全局引入的算法后门,也许是非常适合 secp256k1 支持的自同态映射能够加速签名验证过程。但是仍需指出,在区块链场景中应用基于 secp256k1 的 ECDSA 存在诸多方面的挑战,稍有不慎就可能在区块链网络中引发安全问题,甚至导致数字货币资产的损失。

因此,为规避诸多安全问题,以及获得更高的性能,中国领先的超融合架构产品与企业云解决方案提供商 SmartX 在开发的过程当中几经考量后决定抛弃 secp256k1 而采用安全性和性能表现更好的 Ed25519。

除此之外,著名的匿名货币 monero(门罗币),首个使用零知识证明机制的区块链系统 Zcash,基于区块链网络的支付系统 Stellar,致力于提供一个高速、注重隐私、用于主权身份认证的分布式公共账本的 Evernym,基于区块链的分布式云存储平台 Sia 等系统与平台,均使用了 EdDSA25519 算法进行数字签名。

3.5.4   传统非对称密钥的局限与分布式密钥的进步

3.5.4.1   非对称加密技术是构建区块链应用的基石

区块链系统作为一种新的技术架构体系,能够有效解决传统中心化系统所具有的数据不透明、运行效率低、协同性差等问题。

非对称密码技术是区块链系统中最核心的底层技术之一,是构成区块链应用并促进其发展的基石。

非对称密码技术可以用于用户标识、操作权限校验,还用于数字资产地址的生成、资产所有权的标识和数字资产的流转。即基于非对称密码技术的数字签名可以构建公私钥对以标识用户身份;可以基于公钥生成加密资产地址,以公私钥对检验资产所有权;可以用私钥操作签名,用公钥校验用户的操作权限;还可以用接收方公钥对传输数据加密,接收方用私钥解密并读取数据。

区块链中的"人""财""权"和"数据"都依靠非对称加密技术来标识,相应的职能和权限也需要依靠非对称加密技术来保障和实现,因此可以说,非对称加密技术是构建区块链应用并促进其发展的基石。

3.5.4.2   传统的非对称加密技术无法有效实现对分布式和去中心化系统的支持

分布式和去中心化信任是区块链系统的重要特征,这些特征保障了区块链系统在多方参与的环境下能降低信任门槛,达到更高的系统效率。但非对称加密本身的设计和实现却是中心化的,无法有效实现对分布式和去中心化系统的支持。

目前区块链系统使用的非对称加密算法,从私钥到公钥的计算使用的都是中心化的算法,公私钥对的生成都需要基于完整的私钥,即私钥和公钥之间的关系是 1 对 1 的,而无法有效实现 N 对 1 的关系。

因此,非对称加密技术不能有效支持同一事务在多方参与下的业务协同,不能对区块链中的"人""财""权"和"数据"实现原生的分布式管理。

目前对资产所有权的分布式管理、对资产的有效锁定和托管,基本都是在位于 Level 2[①] 的应用层基于多重签名和智能合约编程实现,对操作权限的审批也需要通过合约来实现。但这两种方式并非所有的区块链都支持,或者支持能力有限。例如 BTC 不支持智能合约,在多重签名上最多只支持 5 个多重签名和 3/5 的门限;而 ETH 不支持多重签名,需要编写智能合约来实现类似的功能。另一个方面,从安全角度,在上层完成的功能实现除了需要考虑自身业务逻辑的完备性,还需要考虑来自系统底层的攻击,系统底层的漏洞也会给上层应用的安全带来更大的影响。

目前市场上主要的数字资产托管供应商是 Bitgo。Bitgo 等机构均采用多重签名技术托管用户资产。多重签名相比传统的单密钥,无论是在技术上还是在管理手段上都强化了受托管资产的安全,因此多重签名成为很多加密货币托管机构的标准做法。

但多重签名技术使用不当同样容易导致重大损失。如 Parity 多重签名钱包实现中的一个代码错误,导致恶意攻击者窃取了价值约 3000 万美元的以太币,这成为迄今为止最大的钱包黑客攻击事件。此后黑客再次获得了钱包使用权并冻结了价值 3 亿美元的以太坊,一些客户损失的数字资产价值高达 30 万美元。

3.5.4.3 安全多方计算为分布式密钥技术提供了理论基础

基于 SMPC(Secure Multi-Party Computation)安全多方计算的密码学突破开始引领密钥管理的发展。SMPC 是一种分布式协议,允许各参与方在不泄露自身隐私信息的前提下,通过既定逻辑共同计算出一个结果。相较多重签名,SMPC 和门限签名方案具有更强的优势。

首先,SMPC 不存在单点故障。与多重签名类似,在 SMPC 的解决方案中私钥不会在一个地方创建或保存,安全多方计算方案可有效保护密钥免受犯罪分子以及内部人的攻击,可防止任何人窃取数字资产。

其次,SMPC 解决方案与密码签名算法无关。并不是所有的密码签名算法和数字货币都支持多重签名。支持多重签名的密码签名算法彼此之间的实现方式也截然不同,这就需要对每一类密码签名算法都单独开发对应的多重签名算法。此外,也并非所有钱包系统都支持通过多重签名方式进行智能合约转账。通过多重签名智能合约

① Level 2 层通常指合约层与应用层。

转移资金,会引起各种问题,并有可能与某些交易所管理规则发生冲突。而 SMPC 的实现与密码签名算法无关,可以在大多数区块链使用的标准化密码签名算法上工作,包括 ECDSA 和 EdDSA,这使得在不同区块链系统实现 SMPC 成为可能。

最后,SMPC 可以进行学术验证和实际实施。虽然 SMPC 只在最近才开始被应用到加密货币钱包中,但自 20 世纪 80 年代初以来,它就一直是学术研究的宠儿,接受了广泛的同行评议。SMPC 的实现适用于所有密码签名算法,并可以针对其实现的不足进行修复。但多重签名方案却不具备这种优势,每种协议都要求钱包系统提供商提供不同的代码实现,任务烦琐,审查范围大,难以实现形式化证明。

3.5.4.4　基于安全多方计算的分布式密钥技术可以实现对分布式系统的原生支持

如果将中心化的非对称密码算法,基于安全多方计算改造为分布式的非对称密码算法,即本文所称的分布式密钥技术,将现有一个用户生成完整私钥改造为由多个节点独立生成各自私钥分片,将现有的中心化计算过程改造为分布式的计算过程,将 1 个私钥与 1 个公钥的对应关系改造为 1 组私钥集合与 1 个公钥的对应关系,那么原来基于单一私钥的公钥生成、签名、验签以及数据加解密等过程就都可以改造为在 1 组私钥的基础上完成公钥生成、签名、验签和数据加解密的过程,资产托管、审批等原来全部位于 Level 2,由智能合约完成的业务就可以通过调用位于 Level 1[①] 的底层分布式密钥部件实现,并且这样的分布式密钥部件的功能是原子性的,具有同等的密码安全强度。图 3-25 给出了现有非对称密码与分布式密钥加解密对比。

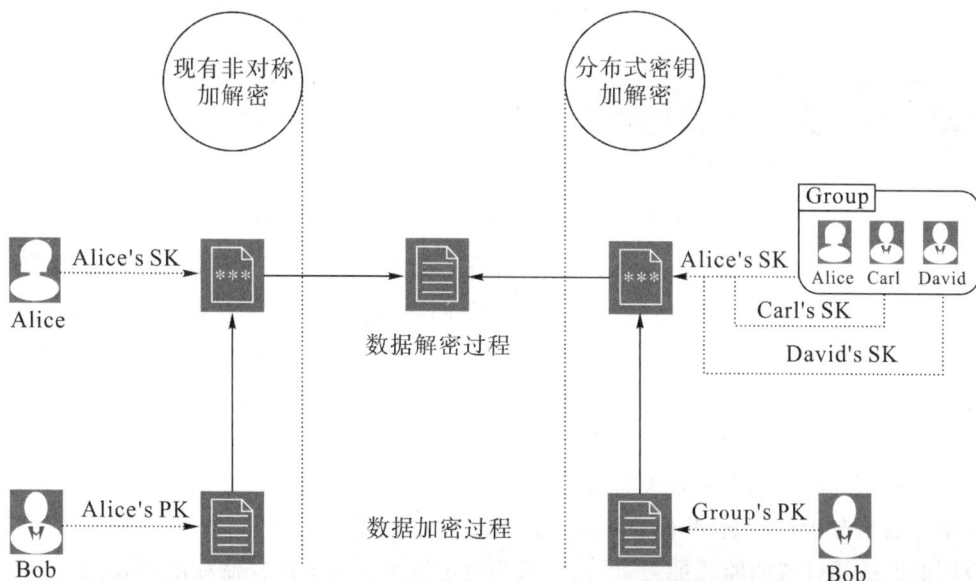

图 3-25　现有非对称密码与分布式非密钥加解密对比

---

① Level 1 层通常包括数据层、网络层、共识层、激励层。

分布式密钥技术与基于秘密分享技术生成私钥分片的方案存在本质上的不同。秘密分享的方案是先生成完整的私钥,再对私钥进行拆分,形成若干个私钥分片交给多方分别保存。由于出现过完整私钥,无论是技术上还是管理上都难以保证完整的私钥没有泄露过。而分布式密钥方式直接由各个参与者独立生成各自的私钥分片,在整个过程中没有出现过完整私钥,也不存在参与者之间传递和分享各自生成的私钥分片,因此也就不存在泄露完整私钥的问题。

通过以上对现有中心化方式下的非对称密码算法进行的分布式背景下的改造,可以实现基于区块链以及其他分布式应用对"人""财""权"和"数据"的原生的分布式支持,从而可以实现更加丰富的上层分布式应用。

在分布式密钥技术基础上,配合跨链互操作方案,还可以实现对来自不同区块链系统或者传统信息化系统中"人"、"财"、"权"和"数据"的远程管理,如图 3-26 所示,从而构建起一种立足于分布式密钥算法的跨链方案。

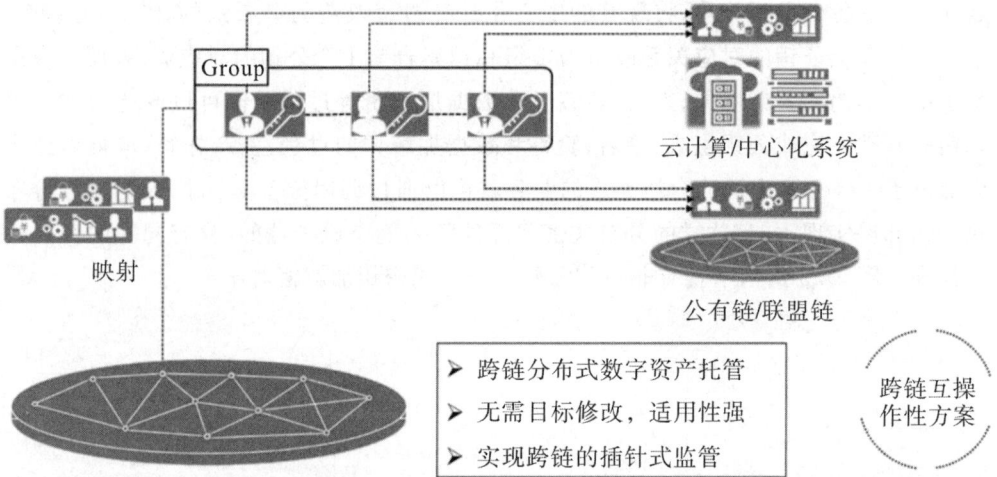

图 3-26　分布式密钥技术可以实现对不同系统的远程管理

3.3.4.5　非对称密码技术的分布式实现是推动区块链技术与应用治理的实质性突破

在现有的区块链系统以及信息化系统中,私钥就是用户在系统中的通行证,即使在异常情况下也没有人可以对其行为施加影响。在这种情况下,我们只能依靠 KYC (Know Your Customers,即充分了解你的客户),依靠对数据进行分析以发现异常,并且依赖于异常情况下的事后处置。

这种情况的出现主要是因为缺少合适、有效的监管工具和监管手段。在现有数据采集和数据分析基础上,我们应该赋予区块链应用以事前的审批能力,对外部区块链应用的跨链插针式的监管能力,以及在某些特定情况下对资产控制权的接管能力。而这些能力需要依赖于非对称密码算法的分布式实现的突破。通过分布式身份管理协议实现对"人"的分布式管理,通过分布式资产管理协议实现对"财"的分布式管理,通过分布式权限管理协议实现对"权"的分布式管理,通过分布式数据管理协议实现对

"数据"的管理,以及基于分布式密钥的跨链实现方案共同构建区块链所需的监管能力。

因此,非对称密码技术的分布式实现是推动区块链技术与应用治理实现实质性结合,是推动区块链产业发展与推广的必要的技术基础。

参考文献

[1] 邵奇峰,金澈清,张召,等.区块链技术:架构及进展[J].计算机学报,2018,41(5):969-988.

[2] 廖峻隆.基于区块链机制的安全和效率研究[D].兰州:兰州理工大学,2019.

[3] 李燕,马海英,王占君.区块链关键技术的研究进展[J].计算机工程与应用,2019,55(20):13-23+100.

[4] 袁勇,王飞跃.区块链技术发展现状与展望[J].自动化学报,2016,42(4):481-494.

[5] SHANNON C E. Communication theory of secrecy system[J]. Bell System Technical Journal,1949,28(4):656-715.

[6] DIFFIE W, HELLMAN M E. New directions in cryptography[J]. IEEE Transactions on information Theory,1976,22(6):644-654.

[7] 包伟.对称密码体制与非对称密码体制比较与分析[J].硅谷,2014,7(10):138-139.

[8] 胡向东,魏琴芳,胡蓉.应用密码学[M].4 版.北京:电子工业出版社,2019.

[9] 段晓萍,李燕华.非对称密码体制 RSA 的原理与实现[J].内蒙古农业大学学报(自然科学版),2009,30(1):304-309.

[10] 黄健.RSA 公钥加密体制的安全性分析与改进[J].计算机与网络,2016,42(1):70-73.

[11] 王锦.RSA 加密算法的研究[D].呼和浩特:内蒙古大学,2006.

[12] MobTech 科技派.椭圆曲线加密算法原理解析(ECC)[EB/OL].(2019-05-19)[2020-11-20].https://mp.weixin.qq.com/s/Oh2SJBz9Zu27JPEERt6W0Q.

[13] 张鹏.ECC 椭圆曲线加密算法在软件认证中的应用[D].太原:太原理工大学,2010.

[14] 卢开澄.计算机密码学[M].北京:清华大学出版社,1998.

[15] 王张宜,杨寒涛,张焕国.椭圆曲线密码的安全性分析[J].计算机工程,2002.28:161-163.

[16] 段刚.加密与解密[M].北京:电子工业出版社,2003.

[17] 吴世忠,祝世雄,张文政.应用密码学[M].北京:机械工业出版社,2000.

[18] 夏冰加密软件技术博客.加密算法在区块链中的意义[EB/OL].(2019-05-05)[2020-12-10].https://www.jiamisoft.com/blog/24601-eccrsa.html.

[19] 凌清.比特币的技术原理与经济学分析[D].上海:复旦大学,2014.

[20] 张帅,周睿.区块链科普系列 1——非对称加密[EB/OL].(2018-01-10) [2020-12-10].https://mp.weixin.qq.com/s/E05uCpF8CqN8sJYA6BpaeQ.

[21] 宋颖杰.非对称加密技术[J].信息网络安全,2004(1):48-49.

[22] 李俊芳,崔建双.椭圆曲线加密算法及实例分析[J].网络安全技术与应用, 2004(11):52-53+51.

[23] 石润华.椭圆曲线密码算法及应用研究[D].南宁:广西大学,2004.

[24] Xparallellines.区块链深度学习系列|椭圆曲线数字签名(ECDSA)的应用 [EB/OL].(2020-09-08)[2020-12-16].https://www.8btc.com/media/648249.

[25] 汪潇潇,程鸿芳.浅析椭圆曲线数字签名的研究与发展[J].科技风,2020 (34):90-91.

[26] 搬砖魁首.密码学系列-椭圆曲线 ECC-ED25519[EB/OL].(2020-03-02) [2020-12-16].https://blog.csdn.net/wcc19840827/article/details/104621378.

[27] Tiannian Du.数字签名机制-ED25519[EB/OL].(2018-12-28)[2021-01-05]. https://master--eager-lamarr-59a89f.netlify.app/2018/12/28/cryptography/ed25519/.

[28] 密钥管家课题组.如何通过分布式密钥技术实现有效监管?[EB/OL].(2020-02-07)[2021-01-17].https://mp.weixin.qq.com/s/RAfBpaRJ9aJn44hWIJ9l3A.

[29] 密钥管家课题组.安全多方计算在数字资产托管中的价值[EB/OL].(2020-02-19)[2021-01-17].https://mp.weixin.qq.com/s/KXul_SMfkGMUegnoVgOw8Q.

[30] PAILLIER P. Public-key cryptosystems based on composite degree residuosity classes[C]//International conference on the theory and applications of cryptographic techniques. Berlin, Heidelberg:Springer Berlin Heidelberg, 1999: 223-238.

[31] ElGAMAL T. A public key cryptosystem and a signature scheme based on discrete logarithms[J]. IEEE transactions on information theory, 1985, 31(4): 469-472.

[32] FLAT A, NAOR M. Broadcast encryption//Proceedings of the 13th Annual International Cryptology Conference(CRYPTO 1993). Santa Barbara, USA, 1994:480-491.

[33] BONEH D, GENTRY C, WATERS B. Collusion resistant broadcast encryption with short ciphertexts and private keys [C]//Annual international cryptology conference. Berlin, Heidelberg:Springer Berlin Heidelberg, 2005: 258-275.

[34] CASH D, HOFHEINZ D, KILTZ E, et al. Bonsai trees, or how to delegate a lattice basis[J]. Journal of cryptology, 2012, 25:601-639.

[35] 赖建昌,黄欣沂,何德彪.一种基于商密 SM9 的高效标识广播加密方案[J]. 计算机学报,2021,44(5):897-907.

第4章 哈希函数及其在区块链中的应用

哈希函数对区块链系统安全具有重要作用。为了减少哈希值发生碰撞的可能性，要么提高哈希函数内部操作的复杂性，要么提高哈希函数的输出长度，两者都是为了提高攻击者的攻击成本，从而实现实际安全性。

4.1 哈希函数概述

4.1.1 哈希函数的起源与发展

4.1.1.1 哈希函数的起源和发展

Hash 的概念最初起源于 1956 年，Dumey 用它来解决符号表问题（Symbol Table Question），使得数据表的插入、删除、查询操作可以在平均常数时间内完成。

MD 散列算法是在 20 世纪 90 年代初由 MIT Laboratory For Computer Science 和 RSA Data Security Inc 的 Ron. Rivest 设计的，MD 代表消息摘要 Message-Digest，MD2(1989)、MD4(1990) 和 MD5(1991) 都产生一个 128 位的消息摘要。

最初的哈希算法标准之一是 MD5，它被广泛地应用于文件完整性验证（校验和），不论输入如何，都会输出一个固定的 128 位的字符串，并且它使用高效的多轮单向操作（one-way operations across several rounds）来计算确定性输出。

SHA 系列算法是美国国家标准与技术研究所根据 Rivest 设计的 MD4 和 MD5 开发的，美国国家安全局将 SHA 作为美国政府标准。SHA(Secure Hash Algorithm) 表示安全散列算法。

美国国家安全局一直都是哈希算法标准方面的先驱，他们最早提出安全哈希算法，也就是 SHA-1，这个算法输出的是 160 位固定长度的字符串。

然而，SHA-1 仅仅在 MD5 的基础上提高了输出的长度，单向操作的数量以及单向操作的复杂性未作任何根本性改进。

为提高和改善哈希函数的安全性，2006 年，美国国家标准与技术研究所发起了寻找一个与 SHA2 从根本上不同的哈希函数的活动。由此，SHA3 就诞生了，它被称为 KECCAK。

虽然名字看上去差不多，但 SHA3 与之前的算法完全不同。SHA3 拥有海绵结构（Sponge Construct）机制，这种结构使用随机的排列组合来吸收和输出数据，同时还能为未来输入值提供随机源。SHA3 也在 2015 年成为了美国国家标准与技术研究所的标准算法。

此外,SHA3 并不是美国国家标准与技术研究所在 2006 年发起的那场竞赛中唯一的突破。虽然 SHA3 最终获胜,但一个叫作 BLAKE 的算法紧随其后位居第二,而BLAKE2b 是在那次竞赛之后被高度升级优化过的一个版本。由于在保持高度安全性的同时拥有极高的效率(跟 KECCAK256 相比),这个算法也经历了较为彻底的测试,在一个现代 CPU 上计算 BLAKE2b 实际上比 KECCAK 要快 3 倍。

4.1.1.2　典型区块链系统使用的哈希函数

当哈希算法被集成到区块链协议中的时候,比特币系统选择了 SHA256 算法,而以太坊选择了改良版的 SHA3(KECCAK256)作为 PoW 的共识算法基础。

在区块链 PoW 协议中选择哈希函数的重要标准就是计算哈希值的效率。

比特币 SHA256 算法可以通过制造诸如 ASICs 矿机之类的专门硬件来进一步提高运算执行效率,这表现在 ASICs 于矿池中的广泛使用。这种硬件设备的广泛使用使得协议越来越趋向于中心化计算,也就是说,PoW 鼓励高效的计算群体聚合成更大的群体(矿池)从而提高我们所说的哈希算力,也就是一个机器在固定的时间间隔内能够计算的哈希数量。

比特币系统为了缓解长度扩展(length-extension)攻击,在算法中连续使用了 2次 SHA256 算法。以太坊选择了改良后的 SHA3,也就是 KECCAK256。以太坊的PoW 算法在硬件设计上存在较大的难度,这在一定程度上避免了在以太坊系统中ASICs 矿机的使用。

4.1.1.3　哈希算法的未来

虽然理论上存在无限数量的可能的冲突,但哈希算法设计的安全目标是让任何人更难以找到具有相同输出值的两个或多个输入值,从而使得哈希值发生碰撞的可能性尽可能地小。

哈希函数在量子计算面前安全吗?

目前哈希函数的安全性分析均采用经典计算数学的方法,无法评估其对抗量子计算攻击的能力。随着量子信息技术的不断发展,量子计算技术的研究也在不断进步,哈希函数量子碰撞的研究也在持续推进,因此也有抗量子攻击的哈希函数设计研究。目前来说,哈希函数可以经受当前量子计算的挑战。

4.1.2　哈希函数理论基础

4.1.2.1　哈希函数概念

哈希函数(Hash Function),又称单向散列函数、杂凑函数,其思想是接收一段明文,然后以一种不可逆的方式将它转换成一段密文。

哈希函数是一类数学函数,可以在有限合理的时间内,将任意长度的消息压缩为固定长度的输出值,并且是不可逆的。其输出值称为哈希值,也称为散列值、信息摘要。

以哈希函数为基础构造的哈希算法,在现代密码学中扮演着重要的角色。哈希函数可用于数字签名、消息的完整性检测、消息起源的认证检测等,同时也构成多种密码体制和协议的安全保障。

4.1.2.2　哈希函数特征

哈希函数是将任意长度的消息 M 映射成固定长度哈希值 h(设长度为 m)的函数 H。其数学表达式如下所示:

$$h = H(M)$$

哈希函数要具有单向性,则必须满足如下特性:

给定 M,很容易计算 h;

给定 h,根据 $H(M) = h$ 反推 M 很难;

给定 M,要找到另一消息 M',并满足 $H(M) = H(M')$ 很难。

Hash 函数是一类数学函数,具有以下三个特性:

①Hash 函数的输入可以为任意长度字符串;

②Hash 函数产生固定大小的输出(比如 256 位的输出);

③Hash 函数能进行有效的计算,且计算时间合理,对 n 位的字符串,其 Hash 函数计算的复杂度为 $O(n)$。

此外,要使得 Hash 函数达到密码安全,又需要 Hash 函数具有以下附加特性:碰撞阻力大、隐秘性强、解题友好。

①碰撞阻力(Collision-Resistance)大。对于函数 $H(x)$,若 $H(x) = H(y)$,且 $x \neq y$,那么 x 和 y 就碰撞了。碰撞阻力就是找不到这样一个 y,使 $y \neq x$,但是 $H(x) = H(y)$。这种情况我们就说 Hash 函数 $H(x)$ 具有碰撞阻力。

具有碰撞阻力并不能说明真的找不到这样一个 y。只要可能的输入足够多,早晚会找到这样一个 y,只是时间问题。对于一个 256 位输出的 Hash 函数来说,最坏的情况是进行 $2^{256} + 1$ 次 Hash 函数计算,平均次数为 2^{128} 次。如果一台电脑每秒计算 10000 个 Hash 值,计算 2^{128} 个 Hash 值需要花费约 10^{27} 年。

我们日常在下载软件或资料的时候,会发现有些注重安全的网站会负责地放上信息摘要(Message Digest),这个信息摘要就是 Hash 函数计算的输出值。软件或资料下载到本地,用同一个 Hash 函数如 MD5 计算此文件生成的输出值即摘要,和网站提供的摘要对比,如一致则说明文件的传输过程完整可靠,文件没有损坏或被篡改。这就是对碰撞阻力特性的重要应用。

②隐秘性(Hiding)强。对于函数 $f(data) = key$ 输入任意长度的 data 数据,经过 Hash 算法处理后输出一个定长的数据 key,同时这个过程不可逆,无法由 key 逆推出 data。如果过程不可逆,data 就没人能猜出来,即具有隐秘性。隐秘性的好处在于只有持有 data 的人才能使用这个独一无二的 key。

③解题友好(Puzzle-Friendliness)。如果对于任意 n 位输出值 y，假设 k 的分布比较随机，如果无法在比 $2n$ 小很多的时间内找到 $H(k \parallel x)=y$ 中的 x 值，那么 Hash 函数解题友好。

例如一个搜索谜题，已知 Hash 函数 H，题目 ID，目标集合 Y，求满足 $H(ID \parallel x) \in Y$ 的 x。

目标集合 Y 的值越多解题就越容易，题目 ID 与目标集合 Y 共同决定了解上述数学问题的难度。因为题目 ID 与目标集合 Y 的范围都可人为控制，这样就可控制找到 x 的难度。这也就是区块链系统控制 PoW 挖矿难度的数学原理。

4.1.2.3 哈希函数实现的功能

一个优秀的 Hash 算法具备如下特性。

①正向快速。给定明文和 Hash 算法，在多项式时间和有限资源内能计算得到 Hash 值。

②逆向困难。给定(若干)Hash 值，在多项式时间内很难或基本不可能逆推出明文。

③输入敏感。原始输入信息发生任何改变，新产生的 Hash 值都会出现很大不同。

④冲突避免。很难找到两段内容不同的明文，使得它们的 Hash 值一致(发生碰撞)。

下面，看一个输入敏感的例子，如图 4-1 所示。

图 4-1　哈希值完全改变的情况

图 4-1 中，仅仅将输入的"hello"改为"Hello"，单词的首字母从小写改变为大写，输出的哈希值就已经完全改变了。这说明 MD5 哈希函数的输入敏感度非常高!

4.1.2.4 哈希函数的工作模式

在实际应用中，Hash 函数是基于压缩函数进行计算的。如图 4-2 所示，给定任意长度的消息，Hash 函数均输出长度为 m 的哈希值。压缩函数的输入为:

①对应的消息分组;

②压缩函数上一级计算输出。

压缩函数的输入值为前面分组的压缩函数的输出值和当前对应的消息分组,最后一个分组的压缩函数的输出值即为整个消息的哈希值。

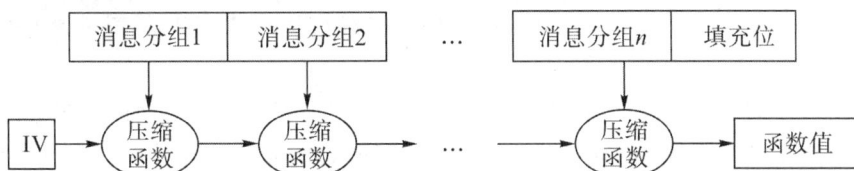

图 4-2　哈希函数的工作模式

4.1.3　哈希函数的安全性

碰撞是哈希函数中极其重要的概念。可能的碰撞发生情况直接体现着哈希函数的安全性。

所谓碰撞是指两个不同的消息在同一个哈希函数作用下,具有相同的哈希值。哈希函数的"抗碰撞性"是指在现有的计算资源(包括时间、空间、资金等)约束下,找到一个碰撞在计算上是不可行的。

"抗碰撞性"有时候也称为"冲突避免"。"抗碰撞性"分为"弱抗碰撞性"和"强抗碰撞性"。如果在给定明文前提下,无法找到与之碰撞的其他明文,则算法具有"弱抗碰撞性";如果无法找到任意两个发生 Hash 碰撞的明文,则称算法具有"强抗碰撞性"。

4.1.3.1　哈希函数的三个分类

给定一个 Hash 函数 h,y 为一个消息摘要,寻找出 x 使得 $y=h(x)$ 的问题称为原像问题。若要找出 x 使得 $y=h(x)$ 在计算上不可行,则称此 Hash 函数为单向的。

如果有两个消息 m_1,m_2,$m_1 \neq m_2$,使得 $h(m_1)=h(m_2)$,则称这两个消息 m_1 和 m_2 为碰撞(collision)的消息。

给定 Hash 函数 h 和任意给定的消息 m,寻找一个 m',$m' \neq m$,使得 $h(m')=h(m)$ 的问题称为第二原像问题。使得 $h(m')=h(m)$ 在计算上不可行,则称 h 为弱无碰撞的 Hash 函数(weak collision-free Hash function)。

给定一个 Hash 函数 h,寻找任意一对消息 m_1,m_2,$m_1 \neq m_2$,使得 $h(m_1)=h(m_2)$ 的问题称为碰撞问题。使得 $h(m_1)=h(m_2)$ 在计算上不可行,则称 h 为强无碰撞的 Hash 函数(strong collision-free Hash function)。

4.1.3.2　哈希函数安全标准的比较

由上述定义可以看出,弱无碰撞的 Hash 函数是在给定消息 m 的情况下,考察与这个特定消息 m 的无碰撞情况。而强无碰撞的 Hash 函数是考察输入集中任意两个元素的无碰撞性。因此,如果一个 Hash 函数是强无碰撞的,则该函数一定是弱无碰撞的。

如果一个 Hash 函数是强无碰撞的,则该函数一定是单向的。也就是说,强无碰撞性不仅包含了弱无碰撞性,也包含了单向性。

强无碰撞的 Hash 函数比弱无碰撞的 Hash 函数的安全性要强。因为弱无碰撞的 Hash 函数不能保证找不到一对消息 $m_1, m_2, m_1 \neq m_2$，使得 $h(m_1) = h(m_2)$。也许有消息 $m_1, m_2, m_1 \neq m_2$，使得 $h(m_1) = h(m_2)$，然而，对随机选择的消息 m，要故意地选择另一个消息 $m', m \neq m'$，使得 $h(m') = h(m)$ 在计算上是不可行的。

值得注意的是，弱无碰撞的 Hash 函数随着重复使用次数的增加，其安全性会逐渐降低。这是因为用同一个弱无碰撞的 Hash 函数，Hash 的消息越多，找到一个消息的 Hash 值等于先前消息的 Hash 值的机会就越大，从而系统的总体安全性降低。强无碰撞的 Hash 函数不会因其重复使用而降低安全性。

利用离散对数问题、因子分解问题、背包问题等一些难求解问题可以构造出许多 Hash 函数，用这种方法构造出来的 Hash 函数的安全性自然依赖于解这些问题的困难性。但用这些方法构造 Hash 函数仅是一种理论上安全的 Hash 函数，在实际中，因为计算速度问题，这种方法构造的 Hash 函数往往不被采用。

4.2 典型哈希算法

目前主要的 Hash 函数有 MD 和 SHA 系列算法。具体分类如图 4-3 所示。

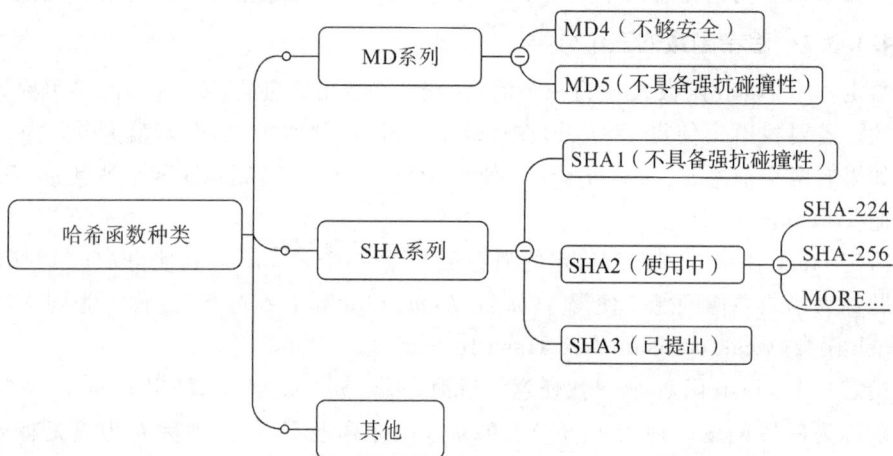

图 4-3　主要哈希函数种类

MD4(RFC 1320)是 Ronald L. Rivest 在 1990 年设计的，MD 是 Message Digest 的缩写，其输出为 128 位。MD4 已被证明不够安全。

MD5(RFC 1321)是 Rivest 于 1991 年对 MD4 的改进版本，它对输入仍以 512 位进行分组，其输出是 128 位。MD5 比 MD4 安全，但过程更加复杂，计算速度要慢一点。MD5 已被证明不具备"强抗碰撞性"。

SHA(Secure Hash Algorithm)并非一个算法，而是一个 Hash 函数族。美国国家标准与技术研究所于 1993 年发布了其首个实现。

SHA-1 算法在 1995 年面世,它的输出为长度为 160 位的 Hash 值,抗穷举性更好。SHA-1 设计时模仿了 MD4 算法,采用了类似原理。SHA-1 已被证明不具备"强抗碰撞性"。

美国国家标准与技术研究所还设计出了 SHA-224、SHA-256、SHA-384 和 SHA-512 算法(统称为 SHA-2),跟 SHA-1 算法原理类似。

SHA-3 相关算法也已被提出。

目前,MD5 和 SHA-1 已经被破解,一般推荐至少使用 SHA2-256 或更安全的算法。

4.2.1　MD5 算法

MD5(单向散列算法)的全称是 Message-Digest Algorithm 5(信息－摘要算法),经 MD2、MD3 和 MD4 发展而来。

4.2.1.1　MD5 算法功能和用途

MD5 算法功能如下。

①输入任意长度的信息,经过处理,输出为 128 位的信息(数字指纹);

②不同的输入得到不同的输出(唯一性);

③根据 128 位的输出结果不可能反推出输入的信息(不可逆)。

MD5 算法具有防止被篡改、防止直接看到明文、防止抵赖等用途。

①防止被篡改。如发送一个电子文档,发送前先计算得到 MD5 的输出结果 a,在对方收到电子文档后,对方也计算得到一个 MD5 的输出结果 b。如果 a 与 b 相同,就代表文件发送中途未被篡改。再比如提供文件或下载资料,为了防止不法分子在文件或资料中添加木马,可以在网站上公布由文件或资料得到的 MD5 输出结果。此外在数字取证领域,也可以利用 MD5 算法防止数字证据在分析或者传输过程中被篡改也可以利用 MD5 算法。

②防止直接看到明文。现在很多网站在用数据库存储用户密码的时候都是存储用户密码的 MD5 值,这样就算不法分子得到了数据库的用户密码的 MD5 值,也无法知道用户的密码。比如在 UNIX 系统中用户的密码就是以 MD5(或其他类似的算法)经加密后存储在文件系统中。当用户登录的时候,系统把用户输入的密码计算成 MD5 值,然后再去和保存在文件系统中的 MD5 值进行比较,进而确定输入的密码是否正确。通过这样的步骤,系统在并不知道用户密码的情况下就可以确定用户登录系统的合法性。这不但可以避免用户的密码被具有系统管理员权限的超级用户知道,而且还在一定程度上增加了密码被破解的难度。

③防止抵赖(数字签名)。例如 A 写了一个文件,认证机构对此文件用 MD5 算法产生摘要信息并做好记录。若以后 A 说这文件不是他写的,权威机构只需对此文件重新产生摘要信息,然后跟记录在册的摘要信息进行比对,相同的话,就证明是 A 写的了。这也可以算是"数字签名"的一种。

4.2.1.2 MD5 算法过程

MD5 以 512 位分组来处理输入的信息,且每一分组又被划分为 16 个 32 位子分组。经过一系列处理后,算法的输出由 4 个 32 位分组组成,将这 4 个 32 位分组级联后就生成了 128 位的散列值。

第一步,填充。如果输入信息的位长度对 512 求余的结果不等于 448,就需要填充使得信息位长度对 512 求余的结果等于 448。填充的方法是填充一个"1"和 n 个"0"。填充完后,信息的长度就为 $N\times512+448(\text{bit})$。

第二步,记录信息长度。用 64 位来存储填充前信息长度。这 64 位加在第一步操作结果的后面,这样信息长度就变为 $N\times512+448+64=(N+1)\times512$ 位。这是不是意味着 MD5 原文的长度不能大于 2^{64} 位?根据 RFC-1321[1],如果原始文件位数大于这个数值,那就只能对 2^{64} 取模,将余数内容填进 64 位。

第三步,装入标准的幻数(四个整数)。标准的幻数(物理顺序)是 $A=(01234567)_{16},B=(89ABCDEF)_{16},C=(FEDCBA98)_{16},D=(76543210)_{16}$。如果在程序中定义,由于二进制数字表示顺序原因,这四个标准幻数是 $A=0x76452301L$,$B=0xEFCDAB89L,C=0x98BADCFEL,D=0x10325476L$。

第四步,四轮循环运算。循环的次数是分组的个数$(N+1)$。

①将每一 512 位分组分成 16 个小组,每个小组 32 位(4 个字节);

②定义四个线性函数:

$$F(X,Y,Z)=(X\&Y)|((\sim X)\&Z)$$
$$G(X,Y,Z)=(X\&Z)|(Y\&(\sim Z))$$
$$H(X,Y,Z)=X\char94 Y\char94 Z$$
$$I(X,Y,Z)=Y\char94(X|(\sim Z))$$

"&"是逻辑与运算,"|"是逻辑或运算,"∼"是逻辑非运算,"∧"是异或运算。

③设 M_j 表示消息的第 j 个子分组(从 0 到 15),$<<<s$ 表示循环左移 s 位,定义以下 4 种操作:

$$FF(a,b,c,d,M_j,s,t_i),表示 a=b+((a+F(b,c,d)+M_j+t_i)<<<s)$$
$$GG(a,b,c,d,M_j,s,t_i),表示 a=b+((a+G(b,c,d)+M_j+t_i)<<<s)$$
$$HH(a,b,c,d,M_j,s,t_i),表示 a=b+((a+H(b,c,d)+M_j+t_i)<<<s)$$
$$II(a,b,c,d,M_j,s,t_i),表示 a=b+((a+I(b,c,d)+M_j+t_i)<<<s)$$

常数 t_i 是 $4294967296\times abs(\sin(i))$ 的整数部分,i 取值从 1 到 64,单位是弧度。(4294967296 等于 2 的 32 次方)。

---

[1] "In the unlikely event that b is greater than 2^64, then only the low-order 64 bits of b are used." 即如果 b(明文)大于 2^64,则仅使用 b 的低阶 64 位。

④四轮运算

第一轮

$$a=FF(a,b,c,d,M_0,7,0xd76aa478)$$
$$b=FF(d,a,b,c,M_1,12,0xe8c7b756)$$
$$c=FF(c,d,a,b,M_2,17,0x242070db)$$
$$d=FF(b,c,d,a,M_3,22,0xc1bdceee)$$
$$a=FF(a,b,c,d,M_4,7,0xf57c0faf)$$
$$b=FF(d,a,b,c,M_5,12,0x4787c62a)$$
$$c=FF(c,d,a,b,M_6,17,0x8a8304613)$$
$$d=FF(b,c,d,a,M_7,22,0xfd469501)$$
$$a=FF(a,b,c,d,M_8,7,0x698098d8)$$
$$b=FF(d,a,b,c,M_9,12,0x8b44f7af)$$
$$c=FF(c,d,a,b,M_{10},17,0xffff5bb1)$$
$$d=FF(b,c,d,a,M_{11},22,0x895cd7be)$$
$$a=FF(a,b,c,d,M_{12},7,0x6b901122)$$
$$b=FF(d,a,b,c,M_{13},12,0xfd987193)$$
$$c=FF(c,d,a,b,M_{14},17,0xa679438e)$$
$$d=FF(b,c,d,a,M_{15},22,0x49b40821)$$

第二轮

$$a=GG(a,b,c,d,M_1,5,0xf61e2562)$$
$$b=GG(d,a,b,c,M_6,9,0xc040b340)$$
$$c=GG(c,d,a,b,M_{11},14,0x265e5a51)$$
$$d=GG(b,c,d,a,M_0,20,0xe9b6c7aa)$$
$$a=GG(a,b,c,d,M_5,5,0xd62f105d)$$
$$b=GG(d,a,b,c,M_{10},9,0x02441453)$$
$$c=GG(c,d,a,b,M_{15},14,0xd8a1e681)$$
$$d=GG(b,c,d,a,M_4,20,0xe7d3fbc8)$$
$$a=GG(a,b,c,d,M_9,5,0x21e1cde6)$$
$$b=GG(d,a,b,c,M_{14},9,0xc33707d6)$$
$$c=GG(c,d,a,b,M_3,14,0xf4d50d87)$$
$$d=GG(b,c,d,a,M_8,20,0x455a14ed)$$
$$a=GG(a,b,c,d,M_{13},5,0xa9e3e905)$$
$$b=GG(d,a,b,c,M_2,9,0xfcefa3f8)$$
$$c=GG(c,d,a,b,M_7,14,0x676f02d9)$$
$$d=GG(b,c,d,a,M_{12},20,0x8d2a4c8a)$$

第三轮

$$a = HH(a,b,c,d,M_5,4,0xfffa3942)$$
$$b = HH(d,a,b,c,M_8,11,0x8771f681)$$
$$c = HH(c,d,a,b,M_{11},16,0x6d9d6122)$$
$$d = HH(b,c,d,a,M_{14},23,0xfde5380c)$$
$$a = HH(a,b,c,d,M_1,4,0xa4beea44)$$
$$b = HH(d,a,b,c,M_4,11,0x4bdecfa9)$$
$$c = HH(c,d,a,b,M_7,16,0xf6bb4b60)$$
$$d = HH(b,c,d,a,M_{10},23,0xbebfbc70)$$
$$a = HH(a,b,c,d,M_{13},4,0x289b7ec6)$$
$$b = HH(d,a,b,c,M_0,11,0xeaa127fa)$$
$$c = HH(c,d,a,b,M_3,16,0xd4ef3085)$$
$$d = HH(b,c,d,a,M_6,23,0x04881d05)$$
$$a = HH(a,b,c,d,M_9,4,0xd9d4d039)$$
$$b = HH(d,a,b,c,M_{12},11,0xe6db99e5)$$
$$c = HH(c,d,a,b,M_{15},16,0x1fa27cf8)$$
$$d = HH(b,c,d,a,M_2,23,0xc4ac5665)$$

第四轮

$$a = II(a,b,c,d,M_0,6,0xf4292244)$$
$$b = II(d,a,b,c,M_7,10,0x432aff97)$$
$$c = II(c,d,a,b,M_{14},15,0xab9423a7)$$
$$d = II(b,c,d,a,M_5,21,0xfc93a039)$$
$$a = II(a,b,c,d,M_{12},6,0x655b59c3)$$
$$b = II(d,a,b,c,M_3,10,0x8f0ccc92)$$
$$c = II(c,d,a,b,M_{10},15,0xffeff47d)$$
$$d = II(b,c,d,a,M_1,21,0x85845dd1)$$
$$a = II(a,b,c,d,M_8,6,0x6fa87e4f)$$
$$b = II(d,a,b,c,M_{15},10,0xfe2ce6e0)$$
$$c = II(c,d,a,b,M_6,15,0xa3014314)$$
$$d = II(b,c,d,a,M_{13},21,0x4e0811a1)$$
$$a = II(a,b,c,d,M_4,6,0xf7537e82)$$
$$b = II(d,a,b,c,M_{11},10,0xbd3af235)$$
$$c = II(c,d,a,b,M_2,15,0x2ad7d2bb)$$
$$d = II(b,c,d,a,M_9,21,0xeb86d391)$$

⑤每轮循环后,将 A,B,C,D 分别加上 a,b,c,d,然后进入下一循环。

4.2.1.3　MD5 使用上的安全问题

虽然 MD5 暴力破解的时间是一般人无法接受的,但把用户的密码 MD5 处理后再存储到数据库,其实是很不安全的。因为用户的密码比较短,而且很多用户的密码都使用生日、手机号码、身份证号码、电话号码,或者常用的一些吉利的数字,或者某个英文单词。如果把常用的密码先 MD5 处理,把数据存储起来,然后再跟用户输入密码的 MD5 结果匹配,这时就极有可能恢复出明文。

4.2.2　SHA-1 算法

1993 年美国国家标准技术研究所公布了安全散列算法 SHA-0 标准,1995 年 4 月 17 日公布的修改版本称之为 SHA-1。SHA-1 在设计方面很大程度上模仿了 MD5,但它对任意长度的消息均生成 160 位的消息摘要,而 MD5 仅仅生成 128 位的摘要,因此其抗穷举搜索能力更强。SHA-1 有 5 个参与运算的 32 位寄存器,消息分组和填充方式与 MD5 相同,主循环也同样是 4 轮,但每轮要进行 20 次操作,包含非线性运算、移位和加法运算。其中的非线性函数、加法常数和循环左移操作的设计与 MD5 存在区别。

SHA-1 曾经在许多安全协议中被广为使用,包括 TLS 和 SSL、PGP、SSH、S/MIME、IPsec 和 HTTPS,并且 SHA-1 曾被视为是 MD5 的后继者。

SHA-1 也在很多软件中得到了广泛使用,很多软件签名认证都使用了 SHA-1。但随着计算机计算能力的提升,SHA-1 被破解的速度也越来越快了。

4.2.2.1　SHA-1 与 MD5 的差异

SHA-1 对任意长度明文的预处理和 MD5 的过程是一样的,即预处理完后的明文长度是 512 位的整数倍,但 SHA-1 生成 160 位的报文摘要。SHA-1 算法简单而且紧凑,容易在计算机上实现。

表 4-1 列出了对 MD5 及 SHA-1 的比较差异之处。下面根据各项特性,简要说明其不同之处。

表 4-1　MD5 与 SHA-1 的比较

比较内容	MD5	SHA-1
摘要长度	128 位	160 位
运算步骤数	64	80
基本逻辑函数数目	4	4
常数数目[①]	64	4

①安全性。SHA-1 所产生的摘要比 MD5 长 32 位。若两种散列函数在结构上没

---

① 　MD5 的常数是前面提到的 t_i,SHA-1 的常数是后面提到的 k_t。

区块链中的密码技术(第二版)

有任何差异的话,SHA-1 要比 MD5 更安全。

②速度。两种方法都以 32 位处理器为基础处理单元,但 SHA-1 的运算步骤比 MD5 多了 16 步,而且 SHA-1 记录单元的长度比 MD5 多了 32 位,因此若以硬件来实现 SHA-1,其速度大约比 MD5 慢 25%。

③简易性。两种方法都相当简单,在实现上不需要很复杂的程序或是大量存储空间,但总体上来讲,SHA-1 对每一步骤的操作描述都比 MD5 简单。

4.2.2.2 SHA-1 哈希算法流程

对于任意长度的明文,SHA-1 的明文分组过程与 MD5 相类似,首先需要扩充明文,使明文总长度为 448(mod512)位。在明文后添加位的方法也与 MD5 相同,第一个添加位是"1",其余都是"0"。然后将真正明文的长度(没有添加位以前的明文长度)以 64 位表示,附加于前面已添加过位的明文后,此时的明文长度正好是 512 位的倍数。与 MD5 不同的是 SHA-1 的原始报文长度不能超过 2^{64} 位,另外 SHA-1 的明文从低位开始填充。

经过添加位数处理的明文,其长度正好为 512 位的整数倍,然后按 512 位的长度进行分组(block),可以划分成 L 份明文分组,我们用 $Y_0,Y_1,\cdots,Y_{L-1}$ 表示这些明文分组。对于每一个明文分组,都要反复处理,这些操作与 MD5 是相同的。

对于 512 位的明文分组,SHA-1 将其再分成 16 份子明文分组(sub-block),每份子明文分组为 32 位,我们使用 $M_k(k=0,1,\cdots\cdots15)$ 来表示这 16 份子明文分组。之后还要将这 16 份子明文分组扩充到 80 份子明文分组,我们记为 $W_k(k=0,1,\cdots79)$,扩充的方法如下。

$W_t=M_t$,当 $0\leqslant t\leqslant15$

$W_t=(W_{t-3}\oplus W_{t-8}\oplus W_{t-14}\oplus W_{t-16})<<<1$,当 $16\leqslant t\leqslant79$

SHA-1 有 4 轮运算,每一轮包括 20 个步骤,一共 80 步,最后产生 160 位输出摘要,这 160 位摘要存放在 5 个 32 位的链接变量中,分别标记为 A、B、C、D、E。这 5 个链接变量的初始值以 16 进制位表示如下。

$A=0x67452301$

$B=0xEFCDAB89$

$C=0x98BADCFE$

$D=0x10325476$

$E=0xC3D2E1F0$

当第 1 轮运算中的第 1 步开始处理时,A、B、C、D、E 五个链接变量中的值先赋值到另外 5 个记录单元 A'、B'、C'、D'、E' 中。这 5 个值将保留,用于在第 4 轮的最后一个步骤完成之后与链接变量 A、B、C、D、E 进行求和操作。

SHA-1 的 4 轮运算,共 80 个步骤,均使用如下操作程序:

$A,B,C,D,E\leftarrow[(A<<<5)+f_t(B,C,D)+E+W_t+K_t],A,(B<<<30),C,D$

其中 $f_t(B,C,D)$ 为逻辑运算,W_t 为子明文分组,K_t 为固定常数。这个操作程序的意义为:

①将 $[(A<<<5)+f_t(B,C,D)+E+W_t+K_t]$ 的结果赋值给链接变量 A；

②将链接变量 A 初始值赋值给链接变量 B；

③将链接变量 B 初始值循环左移 30 位赋值给链接变量 C；

④将链接变量 C 初始值赋值给链接变量 D；

⑤将链接变量 D 初始值赋值给链接变量 E。

SHA-1 规定 4 轮 $f_t(B,C,D)$ 运算的逻辑函数如表 4-2 所示。

表 4-2　SHA-1 的逻辑函数 $f_t(B,C,D)$ 定义

轮	步骤	函数定义
1	$0\leqslant t\leqslant 19$	$(B\&C)\,|\,((\sim B)\&D)$
2	$20\leqslant t\leqslant 39$	$B\oplus C\oplus D$
3	$40\leqslant t\leqslant 59$	$(B\&C)\,|\,(B\&D)\,|\,(C\&D)$
4	$60\leqslant t\leqslant 79$	$B\oplus C\oplus D$

在操作程序中需要使用固定常数 $k_t(t=0,1,2,\cdots,79)$，k_t 的取值如表 4-3 所示。

表 4-3　SHA-1 的常数 k_t 取值表

轮	步骤	函数定义	轮	步骤	函数定义
1	$0\leqslant t\leqslant 19$	$0x5A827999$	3	$40\leqslant t\leqslant 59$	$0x8F188CDC$
2	$20\leqslant t\leqslant 39$	$0x6ED9EBA1$	4	$60\leqslant t\leqslant 79$	$0xCA62C1D6$

举一个例子来说明 SHA-1 哈希算法中的每一步是怎样进行的。比起 MD5 算法，SHA-1 相对简单。

假设 $W_1=0x12345678$，此时链接变量的值分别为 $A=0x67452301$、$B=0xEFCDAB89$、$C=0x98BADCFE$、$D=0x10325476$、$E=0xC3D2E1F0$，那么第 1 轮第 1 步的运算过程如下。

①将链接变量 A 循环左移 5 位，得到的结果为：$0xE8A4602C$。

②将 B、C、D 经过相应的逻辑函数运算，得到

$(B\&C)\,|\,((\sim B)\&D)=$

$(0xEFCDAB89\&X98BADCFE)\,|\,((\sim 0xEFCDAB89)\&0x10325476)=0x98BADCFE$

③将第①步，第②步的结果与 E，W_1 和 k_1 相加得：

$0xE8A4602C+0x98BADCFE+0xC3D2E1F0+0x12345678+0x5A827999$

$=0xB1E8EF2B$

④将 B 循环左移 30 位得：$(B<<<30)=0x7BF36AE2$。

⑤将第 3 步结果赋值给 A，A（这里是指 A 的原始值）赋值给 B，步骤 4 的结果赋值给 C，C 的原始值赋值给 D，D 的原始值赋值给 E。

⑥最后得到第 1 轮第 1 步的结果：

$A=0xB1E8EF2B$

$B=0x67452301$

$C=0x7BF36AE2$

$D=0x98BADCFE$

$E=0x10325476$

按照这种方法,将 80 个步骤进行完毕。

第四轮最后一个步骤的 A、B、C、D、E 输出,将分别与记录单元 A'、B'、C'、D'、E' 中的数值求和运算。其结果将作为输入成为下一个 512 位明文分组的链接变量 A、B、C、D、E。当最后一个明文分组计算完成以后,A、B、C、D、E 中的数据就是最后散列函数值。

4.2.3　SHA-2 算法

2002 年,美国国家标准与技术研究所推出 SHA-2 系列 Hash 算法,其输出长度可取 224 位、256 位、384 位、512 位,分别对应 SHA-224、SHA-256、SHA-384、SHA-512。比特币系统采用的是 SHA-256。它还包含另外两个算法:SHA-512/224、SHA-512/256。SHA-2 系列 Hash 算法比之前的 Hash 算法具有更强的安全强度和更灵活的输出长度,其中 SHA-256 是常用的算法。下面对前四种算法进行简单描述。

4.2.3.1　SHA-256 算法

SHA-256 算法的输入是最大长度小于 2^{64} 位的消息,输出是 256 位的消息摘要,输入消息以 512 位的分组为单位进行处理。

①消息的填充。添加一个"1"和若干个"0"使其长度模 512 与 448 同余。在消息后附加 64 位的长度块,其值为填充前消息的长度,从而产生长度为 512 整数倍的消息分组,填充后消息的长度最多为 2^{64} 位。

②初始化链接变量。链接变量的中间结果和最终结果存储于 256 位的缓冲区中,缓冲区用 8 个 32 位的寄存器 A,B,C,D,E,F,G,H 表示,输出仍放在缓冲区以代替旧的 A,B,C,D,E,F,G,H。首先要对链接变量进行初始化,初始链接变量存储于 8 个寄存器 A,B,C,D,E,F,G,H 中:

$$A=H_0=0x6a09e667$$

$$B=H_1=0xbb67ae85$$

$$C=H_2=0x3c6ef372$$

$$D=H_3=0xa54ff53a$$

$$E=H_4=0x510e527f$$

$$F=H_5=0x9b05688c$$

$$G=H_6=0x1f83d0ab$$

$$H=H_7=0x5be0cd19$$

初始链接变量取自前 8 个素数(2、3、5、7、11、13、17、19)的平方根的小数部分二进制表示的前 32 位。

③处理主循环模块。消息块以 512 位分组为单位进行处理，每一组都要进行 64 步循环操作（如图 4-4 所示）。每一轮的输入均为当前处理的消息分组和得到的上一轮输出的 256 位缓冲区 A,B,C,D,E,F,G,H 的值。每一步均采用了不同的消息字和常数。

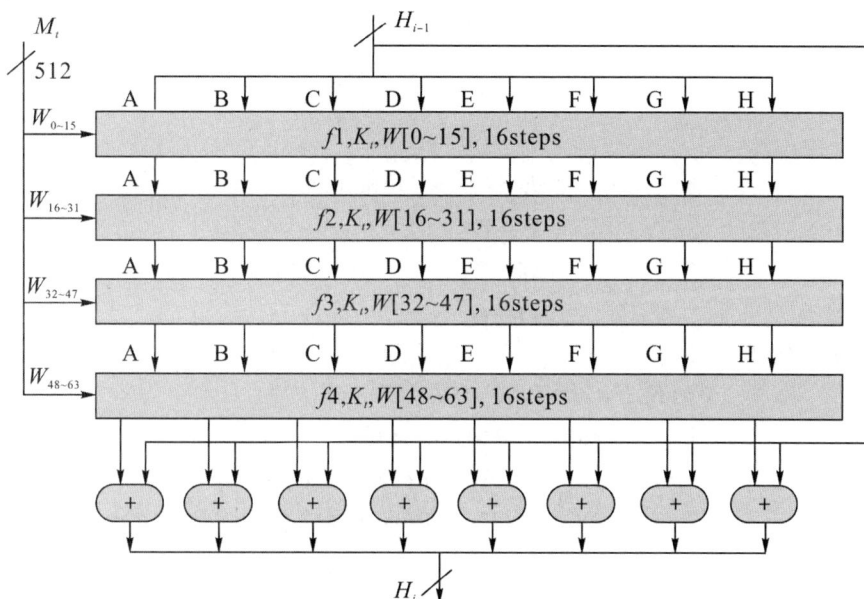

图 4-4　SHA-256 的压缩函数

④得出最终的 Hash 值。所有 512 位的消息块分组都处理完以后，最后一个分组处理后得到的结果即为最终输出的 256 位的消息摘要。

步函数是 SHA-256 中最为重要的函数，也是 SHA-256 中最关键的部件。其运算过程如图 4-5 所示。

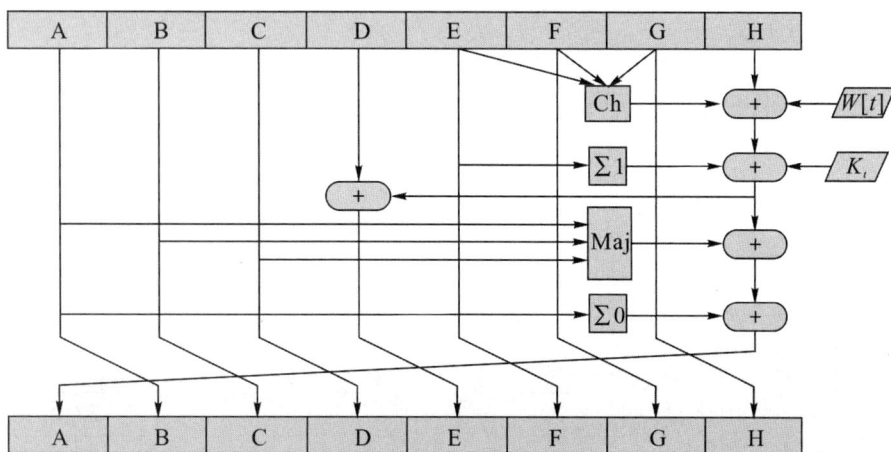

图 4-5　SHA-256 的步函数

每一步都会生成两个临时变量，即 T_1、T_2：

$$T_1 = (\textstyle\sum_1(E) + Ch(E,F,G) + H + W_t + K_t) \bmod 2^{32}$$
$$T_2 = (\textstyle\sum_0(A) + Maj(A,B,C)) \bmod 2^{32}$$

根据 T_1、T_2 的值,对寄存器 A,E 进行更新。A,B,C,E,F,G 的输入值则依次赋值给 B,C,D,F,G,H。

$$A = (T_1 + T_2) \bmod 2^{32}$$
$$B = A$$
$$C = B$$
$$D = C$$
$$E = (D + T_1) \bmod 2^{32}$$
$$F = E$$
$$G = F$$
$$H = G$$

其中,t 是步数,$0 \leqslant t \leqslant 63$。

$$Ch(E,F,G) = (E \cdot F) \oplus (\bar{E} \cdot G)$$
$$Maj(A,B,C) = (A \cdot B) \oplus (A \cdot C) \oplus (B \cdot C)$$
$$\textstyle\sum_0(A) = ROTR^2(A) \oplus ROTR^{13}(A) \oplus ROTR^{22}(A)$$
$$\textstyle\sum_1(E) = ROTR^6(E) \oplus ROTR^{11}(E) \oplus ROTR^{25}(E)$$

$ROTR^n(x)$ 表示对 32 位的变量 x 循环右移 n 位。

K_t 是取前 64 个素数$(2,3,5,7,\cdots)$立方根的小数部分,将其转换为二进制,然后取这 64 个数的前 64 位作为 K_t,其作用是提供了 64 位随机串集合以消除输入数据里的任何规则性。

对于每个输入分组导出的消息分组 W_t,前 16 个消息字 $W_t(0 \leqslant t \leqslant 15)$直接按照消息输入分组对应的 16 个 32 位字,其他的则按照如下公式来计算得出:

$$W_t = W_{t-16} + \sigma_0(W_{t-15}) + W_{t-7} + \sigma_1(W_{t-2}), 16 \leqslant t \leqslant 63$$

可参看图 4-6。

其中:

$$\sigma_0(x) = ROTR^7(x) \oplus ROTR^{18}(x) \oplus SHR^3(x)$$
$$\sigma_1(x) = ROTR^{17}(x) \oplus ROTR^{19}(x) \oplus SHR^{10}(x)$$

式中,$SHR^n(x)$ 表示对 32 位的变量 x 右移 n 位。

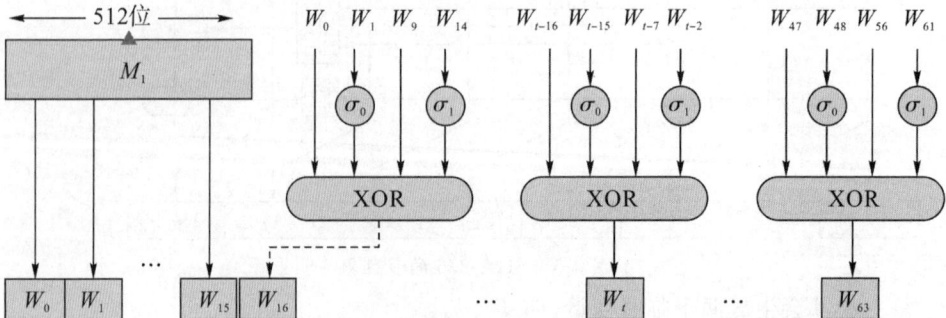

图 4-6 SHA-256 的 64 个消息字的生成过程

4.2.3.2　SHA-512 算法

SHA-512 是 SHA-2 中安全性能较高的算法,主要由明文填充、消息扩展函数变换和随机数变换等环节组成,初始值和中间计算结果由 8 个 64 位的移位寄存器组成。该算法允许输入的最大长度是 2^{128} 位,并产生一个 512 位的消息摘要。具体参数为:消息摘要长度为 512 位;消息长度小于 2^{128} 位;消息块大小为 1024 位;消息字大小为 64 位;步骤数为 80 步。图 4-7 显示了处理消息、输出消息摘要的整个过程。该过程的具体步骤如下。

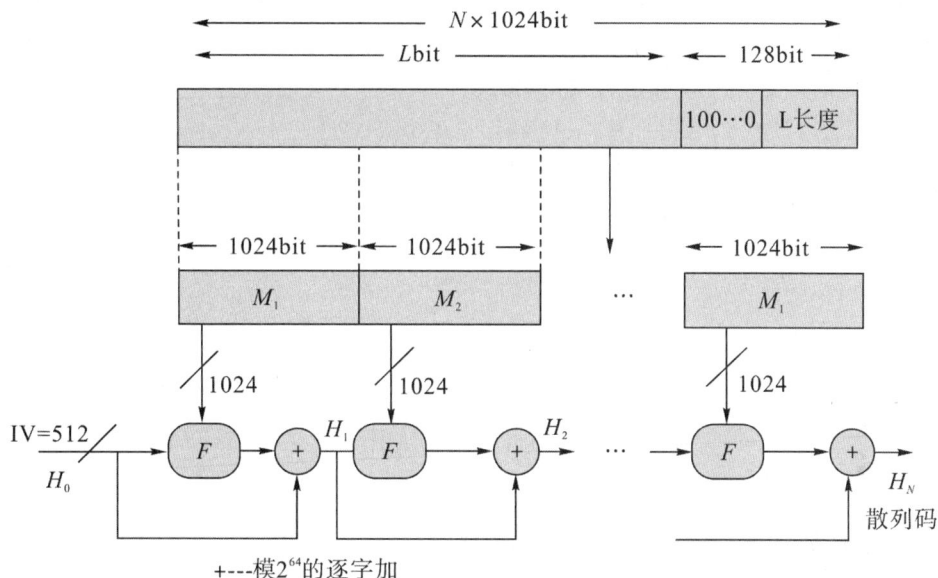

图 4-7　SHA-512 的整体结构

①消息填充。填充一个"1"和若干个"0",使其长度模 1024 与 896 同余,填充位数为 0-1023,填充前消息的长度以一个 128 位的字段附加到填充消息的后面,其值为填充前消息的长度。

②链接变量初始化。链接变量的中间结果和最终结果都存储于 512 位的缓冲区中,缓冲区用 8 个 64 位的寄存器 A,B,C,D,E,F,G,H 表示,初始链接变量也存储于 8 个寄存器 A,B,C,D,E,F,G,H 中,其值为:

$$A=0x6a09e667f3bcc908$$
$$B=0xbb67ae8584caa73b$$
$$C=0x3c6ef372fe94f82b$$
$$D=0xa54ff53a5f1d36f1$$
$$E=0x510e527fade682d1$$
$$F=0x9b05688c2b3e6c1f$$
$$G=0x1f83d9abfb41bd6b$$
$$H=0x5be0cd19137e2179$$

初始链接变量采用 big-endian 方式存储,即字的最高有效字节存储于低地址位置。初始链接变量取自前 8 个素数的平方根的小数部分以二进制表示的前 64 位。

③主循环操作。以 1024 位分组为单位对消息进行处理,要进行 80 步循环操作。每一次迭代都把 512 位缓冲区的值 A,B,C,D,E,F,G,H 作为输入,其值取自上一次迭代压缩的计算结果,每一步计算均采用了不同的消息字和常数。

④计算最终的 Hash 值。消息的所有 N 个 1024 位分组都处理完毕之后,第 N 次迭代压缩输出的 512 位链接变量即为最终的 Hash 值。

步函数是 SHA-512 中最关键的部件,其运算过程类似 SHA-256。每一步的计算方程如下所示,B,C,D,F,G,H 的更新值分别是 A,B,C,E,F,G 的输入状态值,同时生成两个临时变量用于更新 A,E 寄存器。

$$T_1 = (\sum\nolimits_1(E) + Ch(E,F,G) + H + W_t + K_t) \bmod 2^{64}$$
$$T_2 = (\sum\nolimits_0(A) + Maj(A,B,C)) \bmod 2^{64}$$
$$A = (T_1 + T_2) \bmod 2^{64}$$
$$B = A$$
$$C = B$$
$$D = C$$
$$E = (D + T_1) \bmod 2^{64}$$
$$F = E$$
$$G = F$$
$$H = G$$

其中,t 是步数,$0 \leqslant t \leqslant 79$。

$$Ch(E,F,G) = (E \cdot F) \oplus (\bar{E} \cdot G)$$
$$Maj(A,B,C) = (A \cdot B) \oplus (A \cdot C) \oplus (B \cdot C)$$
$$\sum\nolimits_0(A) = ROTR^{28}(A) \oplus ROTR^{34}(A) \oplus ROTR^{39}(A)$$
$$\sum\nolimits_1(E) = ROTR^{14}(E) \oplus ROTR^{18}(E) \oplus ROTR^{41}(E)$$

对 80 步操作中的每一步 t,使用一个 64 位的消息字 W_t,其值由当前被处理的 1024 位消息分组 M_i 导出,导出方法如图 4-8 所示。前 16 个消息字 $W_t(0 \leqslant t \leqslant 15)$ 分别对应消息输入分组之后的 16 个 32 位字,其他的则按照如下公式计算得出:

$$W_t = W_{t-16} + \sigma_0(W_{t-15}) + W_{t-7} + \sigma_1(W_{t-2}), 16 \leqslant t \leqslant 79$$

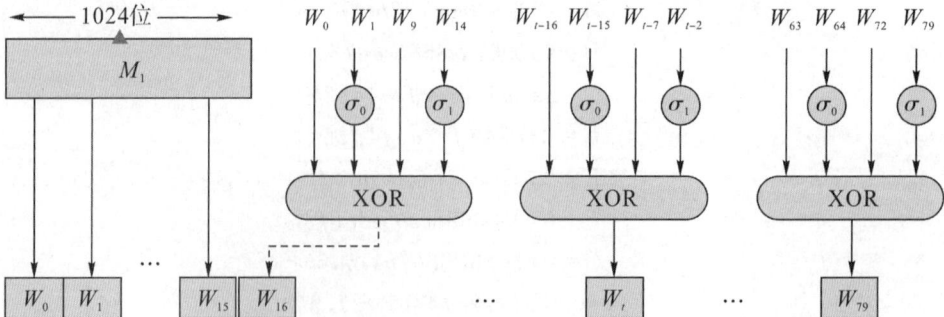

图 4-8　SHA-512 的 80 个消息字生成的过程

其中，

$$\sigma_0(x)=ROTR^1(x)\oplus ROTR^8(x)\oplus SHR^7(x)$$

$$\sigma_1(x)=ROTR^{19}(x)\oplus ROTR^{61}(x)\oplus SHR^6(x)$$

式中，$ROTR^n(x)$ 表示对 64 位的变量 x 循环右移 n 位，$SHR^n(x)$ 表示对 64 位的变量 x 右移 n 位。

从图 4-8 可以看出，在前 16 步处理中，W_t 的值等于消息分组中相对应的 64 位字，而余下的 64 步操作中，其值是由前面的 4 个值计算得到的，4 个值中的两个要进行移位和循环移位操作。

K_t 的获取方法是取前 80 个素数（2,3,5,7,……）立方根的小数部分，将其转换为二进制，然后取这 80 个数的前 64 位作为 K_t，其作用是提供了 64 位随机串集合以消除输入数据里的任何规则性。

4.2.3.3　SHA-224 与 SHA-384

1995 年，美国国家标准与技术研究所公布了新的安全散列算法 SHA-1，该算法替代了 1993 年颁布的 Hash 函数标准算法 SHA；2001 年，为了满足更高的安全等级，美国国家标准与技术研究所又颁布了 3 个新的 Hash 函数，即 SHA-256、SHA-384 和 SHA-512，Hash 值的长度分别为 256 位、384 位和 512 位；2004 年，又增加了 SHA-224。5 种 Hash 函数一起作为安全哈希函数标准。

SHA-256 和 SHA-512 是很新的 Hash 函数，前者定义一个字为 32 位，后者定义一个字为 64 位。实际上二者的结构是相同的，只是在循环运行的次数、使用常数上有所差异。SHA-224 及 SHA-384 则是前述两种 Hash 函数的截短型，它们利用不同的初始值做计算。

SHA-224 的输入消息长度跟 SHA-256 相同，也要小于 2^{64} 位，其分组的大小也是 512 位，其处理流程跟 SHA-256 也基本一致，但是存在如下两个不同的地方。

SHA-224 的消息摘要取自 A,B,C,D,E,F,G 共 7 个寄存器的 32 位字，而 SHA-256 的消息摘要取自 A,B,C,D,E,F,G,H 共 8 个寄存器的 32 位字。

SHA-224 的初始链接变量与 SHA-256 的初始链接变量不同，它采用高端格式存储，但其初始链接变量的获取方法是取前第 9 至 16 个素数（23、29、31、37、41、43、47、53）的平方根的小数部分以二进制表示的第二个 32 位，SHA-224 的初始链接变量如下：

$$A=0xc1059ed8$$
$$B=0x367cd507$$
$$C=0x3070dd17$$
$$D=0xf70e5939$$
$$E=0xffc00b31$$
$$F=0x68581511$$
$$G=0x64f98fa7$$
$$H=0xbefa4fa4$$

SHA-224 的详细计算步骤与 SHA-256 一致。

SHA-384 的输入消息长度跟 SHA-512 相同,也是小于 2^{128} 位,而且其分组的大小也是 1024 位,处理流程跟 SHA-512 也基本一致,但是也有如下两处不同的地方。

①SHA-384 的 384 位的消息摘要取自 A,B,C,D,E,F 共 6 个 64 位字,而 SHA-512 的消息摘要取自 A,B,C,D,E,F,G,H 共 8 个 64 位字。

②SHA-384 的初始链接变量与 SHA-512 的初始链接变量不同,它也采用高端格式存储,但其初始链接变量的获取方法是取前 9 至 16 个素数(23、29、31、37、41、43、47、53)的平方根的小数部分以二进制表示的前 64 位,SHA-384 的初始链接变量如下:

$$A=0xcbbb9d5dc1059ed8$$
$$B=0x629a292a367cd507$$
$$C=0x9159015a3070dd17$$
$$D=0x152fecd8f70e5939$$
$$E=0x67332667ffc00b31$$
$$F=0x8eb44a8768581511$$
$$G=0xdb0c2e0d64f98fa7$$
$$H=0x47b5481dbefa4fa4$$

SHA-384 的详细计算步骤与 SHA-512 的相同。

4.2.4 SHA-3 算法

由于 MD5、SHA 系列的 Hash 函数受到了碰撞攻击,美国国家标准与技术研究所在 2005 年 10 月 31 日到 11 月 1 日和 2006 年 8 月 24 日至 25 日举办了两次 Hash 函数研讨会,评估了 Hash 函数当时的使用状况,征求了公众对新的 Hash 函数的意见。经过讨论之后,2007 年 11 月,美国国家标准与技术研究所决定通过公开竞赛,以高级加密标准 AES 的开发过程为范例开发新的 Hash 函数,新的 Hash 算法被命名为 SHA-3,用于扩充包含 SHA-2 算法在内的 FIPS 180-3[①] 中的安全 Hash 标准。截至 2008 年 10 月 31 日,有 64 个算法提交到美国国家标准与技术研究所。2008 年 12 月 10 日,美国国家标准与技术研究所宣布在这 64 个算法中有 51 个算法满足对候选算法提出的可接受的最低标准,确定为第一轮的候选,并开始进行 SHA-3 的第一轮竞选。提交的第一轮候选算法被公布在 www. nist. gov/hash-competition,用于公众评审。到 2009 年 7 月 24 日,第一轮候选算法中剩下 14 个候选算法进入到第二轮竞选。

美国国家标准与技术研究所于 2010 年 8 月 23 日至 24 日在加州大学圣塔芭芭拉分校举行第二次 SHA-3 候选会议。在 2010 年 12 月 9 日,美国国家标准与技术研究所宣布 5 个候选算法进入到第三轮,也就是最后一轮的竞选,这 5 个候选算法分别是:BLAKE、Grstl、JH、Keccak 和 Skein。其中,BLAKE 使用 HAIFA 迭代框架,在压缩

---

① FIPS 是美国联邦信息处理标准。180 系列是安全哈希函数标准,目前已经发展到 180-4。

函数中加入盐和计数器,内部结构是局部宽管道结构;Grstl 和 JH 采用宽管道 MD 结构,能抵抗一般的通用攻击;Keccak 使用 Sponge 函数;Skein 既可以使用迭代结构,也可以使用树结构。美国国家标准与技术研究所在 2012 年评选出最终算法并产生了新的 Hash 标准。Keccak 算法由于其较强的安全性和软硬件实现性能,最终被选为新一代的标准 Hash 算法,并被命名为 SHA-3。

SHA-3 算法整体采用 Sponge 结构,分为吸收和榨取两个阶段。SHA-3 的核心置换 f 作用在 $5 \times 5 \times 64$ 的三维矩阵上。整个 f 共有 24 轮,每轮包括 5 个环节 θ、ρ、π、χ、τ。算法的 5 个环节分别作用于三维矩阵的不同维度之上。θ 环节是作用在列上的线性运算;ρ 环节是作用在每一道上的线性运算,将每一道上的 64 比特进行循环移位操作;π 环节是将每道上的元素整体移到另一道上的线性运算;χ 环节是作用在每一行上的非线性运算,相当于将每一行上的 5 比特替换为另一个 5 比特;τ 环节是加常数环节。

目前,公开文献对 SHA-3 算法的安全性分析主要从以下几个方面展开。

①对 SHA-3 算法的碰撞攻击、原像攻击和第二原像攻击。

②对 SHA-3 算法核心置换的分析,这类分析主要针对算法置换与随机置换的区分来展开。

③对 SHA-3 算法的差分特性进行评估,主要研究的是 SHA-3 置换的高概率差分链,并构筑差分区分器。

Keccak 算法的立体加密思想和海绵结构,使 SHA-3 优于 SHA-2。Sponge 函数可建立从任意长度输入到任意长度输出的映射。

4.2.5　SM3 Hash 算法

SM3 算法是由中国国家密码管理局在 2010 年发布的一种杂凑函数算法标准。该算法是我国自主设计的密码杂凑算法,适用于商用密码应用中的数字签名和消息认证码的生成与验证以及随机数的生成。SM3 算法的输出长度为 256 比特,从输出长度来看,SM3 算法的安全性要高于 MD5 算法和 SHA-1 算法。它采用了分组密码结构,并具有强抗碰撞性和强抗前像性。相对于 SHA-256 等哈希函数,SM3 在硬件实现时具有较高速度和低功耗,可以在嵌入式设备上使用。SM3 能够支持多种输入类型和输出格式,并且易于与其他密码算法组合使用,包括国际标准的 PKI 和 SM2 算法。

SM3 算法如下:

(1)常量与函数定义

①$X \lll b$ 表示 X 循环左移 b 位;

②初始化 $\mathrm{IV} = [0x7380166f, 0x4914b2b9, 0x172442d7, 0xda8a0600, 0xa96f30bc, 0x163138aa, 0xe38dee4d, 0xb0fb0e4e]$;

③$T_j = \begin{cases} 0x79cc4519 & if\ 0 \leqslant j < 16 \\ 0x7a879d8a & if\ 16 \leqslant j < 64 \end{cases}$;

$$④FF_j(X,Y,Z)=\begin{cases}X\oplus Y\oplus Z \, if \, 0\leqslant j<16\\(X\wedge Y)\vee(X\wedge Z)\vee(Y\wedge Z)if \, 16\leqslant j<64\end{cases};$$

$$⑤GG_j(X,Y,Z)=\begin{cases}X\oplus Y\oplus Z \, if \, 0\leqslant j<16\\(X\wedge Y)\vee((\rightarrow X)\wedge Z)if \, 16\leqslant j<64\end{cases};$$

⑥$P_0(X)=X\oplus(X\lll9)\oplus(X\lll17)$；

⑦$P_1(X)=X\oplus(X\lll15)\oplus(X\lll23)$。

(2)填充

使填充后的数据的长度是 512 的整数倍。先在数据尾部加一个 1；然后把原始数据的长度用 64 比特表示，放在最后面；1 和表示原始数据长度的 64 比特之间空余 k 比特位全部填充 0，k 为满足 $1+1+k\equiv448 \bmod 512$ 的最小非负整数。

(3)消息扩展、迭代压缩处理

将位填充后的消息 M 按位长度 512 划分为块 $M^1, M^2, \cdots, M(n), n=\text{len}(M)/512$，将块 $M(i)$ 按位长度 32 划分为单词 $M_0^i, M_1^i, \cdots, M_{16}^i$；首先进行消息扩展，以下是消息扩展的伪代码：

```
for i=0 to n
    for j=0 to 68
        if j<16:W_j=M_j^(i)
        else:
            W_j=P_1(W_{j-16}⊕W_{j-9}⊕(W_{j-3}⋘15))⊕(W_{j-13}⋘7)⊕W_{j-6}
        end
end
```

消息扩展后，可以对每一个数据块进行迭代压缩处理最后输出值，算法流程如图 4-9 所示，其伪代码如下：

```
初始化:
H_0^0,H_1^0,H_2^0,H_3^0,H_4^0,H_5^0,H_6^0,H_7^0=IV[0],IV[1],IV[2],IV[3],IV[4],IV[5],IV[6],IV[7]
        a,b,c,d,e,f,g,? =H_0^i,H_1^i,H_2^i,H_3^i,H_4^i,H_5^i,H_6^i,H_7^i
for j=0 to 64:
    W'_j=W_j⊕W_{j+4}
    s1=((a⋘12)+e+T_j⋘j)⋘7
    s2=s1⊕(a⋘12)
    t1=FF_j(a,b,c)+d+s2+W'_j
    t2=GG_j(e,f,g)+h+s1+W_j
    d=c;c=b⋘9;b=a;a=t1;⋘=g;g=f⋘19;f=e;e=P_0(t2)
end
res=[H_0^i⊕a,H_1^i⊕b,H_2^i⊕c,H_3^i⊕d,H_4^i⊕e,H_5^i⊕f,H_6^i⊕g,H_7^i⊕h]
return res
```

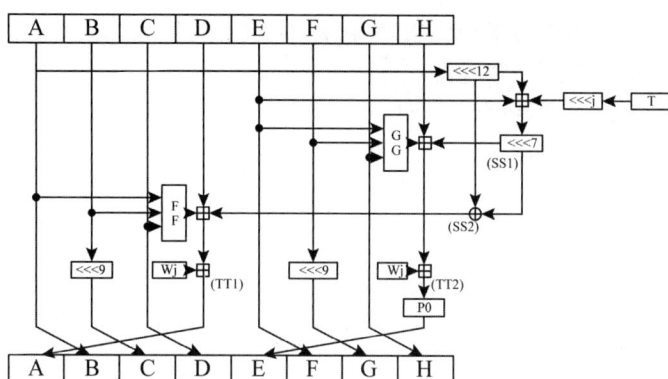

图 4-9　SM3 基本压缩函数示意图

SM3 在国产自主的链上已有应用。Ultrain 区块链的主要密码模块由国密算法支持,除了 SM2 椭圆曲线外,还应用了 SM3、SM4。其中 SM2 中 h 值的计算在 secp256k1 中,h 就是消息的散列值,而在 SM2 中,计算 h 值更复杂,需要分两步计算:①通过 SM3 算法计算出 Z＝SM3(ENTL||ID||a||b||xG||yG||xA||yA)。②使用 Z 和待签名的消息,通过 SM3 算出杂凑值 h,h＝SM3(Z||M)。

另外,智度股份是一家专注于云计算、大数据和人工智能等领域的科技公司。其区块链技术智链 2.0 采用了国产加密算法 SM3 作为哈希函数,用来对数据进行加密和验证。在智链 2.0 中采用 SM3 算法对数据进行 Hash 计算,可以提高数据传输和存储的安全性。由于 SM3 具有高强度的哈希运算以及不可逆的特点,在数据传输过程中防止了数据被篡改,同时也保证了数据隐私性。

4.3　哈希算法在区块链中的应用

哈希函数在密码学中有着广泛的应用背景,例如数据保护。将数据的内容和数据的哈希值一起发送,接收者对接收到的数据进行哈希运算,对比即可知道数据是否被篡改。再比如,网站在进行用户登录时,可以在数据库里存储用户密码的哈希值,与用户输入的密码的哈希值进行比对来验证身份,好处是如果数据库泄露,黑客也不能通过这些哈希值来反推出用户的密码,相对来说比较安全。

Hash 函数在区块链系统中也得到了广泛应用。区块链通过哈希算法对一个交易区块中的交易信息进行运算,并把信息压缩成由一串数字和字母组成的散列字符串。区块链的哈希值能够唯一而准确地标识一个区块,区块链中任意节点通过简单的哈希计算都可以获得这个区块的哈希值,计算出的哈希值没有变化也就意味着区块中的信息没有被篡改。哈希函数主要应用方式为通过 Hash 函数在区块链中构建区块链链表和默克尔树(Merkle Tree)。构建区块链的区块头和区块体都要应用 Hash 函数。

哈希函数在区块链中有多种应用,在比特币系统中具体有三种功能作用。

①对交易信息进行压缩和验证;

②用于工作量证明,形成共识;

③用于生成比特币钱包地址。

4.3.1 构建区块链链表

区块链是一个基于 Hash 指针构建的一个有序的,反向链接的交易块链表,也就是说在区块链中每个区块都通过 Hash 指针连接到前一个区块上。区块大致结构如图 4-10 所示。

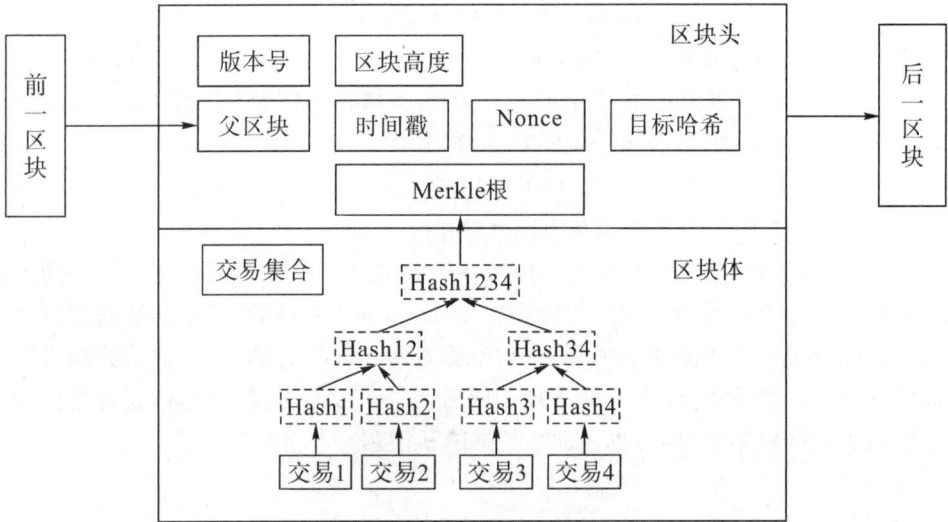

图 4-10 区块结构示意图

与普通指针不同的是,Hash 函数的值是通过数据计算出来的且指向数据所在位置,所以 Hash 函数可以告诉我们数据存储位置及数据的 Hash 值。通过 Hash 函数,我们可以很容易判断出数据是否有被篡改。

Hash 函数在区块链中极为重要。区块链的结构就是由创世区块开始,之后的每个区块通过 Hash 函数进行连接,每一个区块中都包含了前一个区块的 Hash 函数值,这样后面区块不仅可以查找到前面所有区块,也可以验证前面区块数据有没有被更改,从而保证了区块链不易篡改的特性。

4.3.2 构建 Merkle Tree

4.3.2.1 Merkle Tree 与区块链

Merkle Tree,通常也被称作 Hash Tree,顾名思义,就是存储 Hash 值的一棵树。Merkle 树的叶子是数据块(例如,文件或者文件的集合)的 Hash 值。非叶节点是其对应子节点串联字符串的 Hash 值。

Merkle Tree 在区块链中用于组织和记录存储在区块中的交易,以便高效地验证某个交易是否在区块中。Merkle Tree 的各个节点使用 Hash 指针进行构建,通过不断的递归计算节点的 Hash 值,直到最后计算出一个最终的 Hash 值。

在点对点网络中进行数据传输时,通常会从多个节点同时下载数据,而很多机器是不稳定或者不可信的。为了校验数据的完整性,更好的办法是把大的文件分割成小的数据块(例如,将文件分割为 2KB 大小的数据块),这样的好处是,如果小块数据在传输过程中损坏了,那么只要重新下载这一小块数据就行了,不用重新下载整个文件。

那么如何确定小的数据块是否损坏呢?只需为每个数据块计算 Hash 值即可。BT 下载的时候,在下载到真正数据之前,会先下载一个 Hash 列表。那么怎么确定这个 Hash 列表是正确的呢?答案是把每个小块数据的 Hash 值拼到一起,然后对这个长字符串再作一次 Hash 运算,这样就得到 Hash 列表的根 Hash(Top Hash or Root Hash),就如图 4-11 所示的情形。下载数据的时候,首先从可信的数据源得到正确的根 Hash,就可以用它来校验 Hash 列表了,然后再通过校验后的 Hash 列表来校验数据块。

总的来看,由于区块链要处理的交易信息内容量大,将每个区块内的所有数据直接以序列的方式存储将会非常低效且耗时,但是利用 Hash 函数可以对信息进行压缩和验证。使用 Merkle 树可以很快验证某笔交易是否属于某个区块。

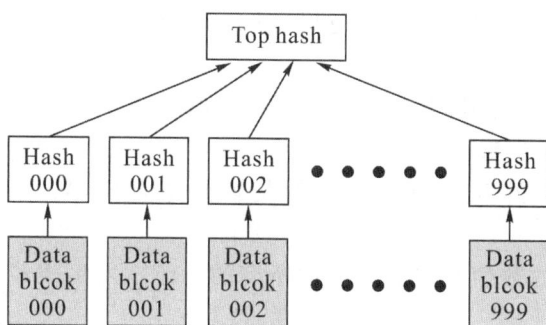

图 4-11　Hash 列表的根 Hash 值

4.3.2.2　Merkle Tree 与 Hash List

Merkle Tree 可以看作 Hash List 的泛化。Hash List 可以看作一种特殊的 Merkle Tree,即树高为 2 的多叉 Merkle Tree。

在最底层,和 Hash 列表一样,我们把数据分成小的数据块,有相应的 Hash 和它对应。但是往上走,并不是直接去运算根 Hash,而是把相邻的两个 Hash 合并成一个字符串,然后运算这个字符串的 Hash,这样每两个 Hash 就结婚生子,得到了一个子Hash。如果最底层的 Hash 总数是单数,那么到最后必然出现一个单身Hash,这种情况就直接对它进行 Hash 运算,所以也能得到它的子 Hash。继续往上推,采用同样的方式,可以得到数目更少的新一级 Hash,最终必然形成一棵倒挂的树。到了树根的这个位置,这一代就剩下一个根 Hash 了,我们把它叫作 Merkle Root。

通过 P2P 网络下载数据之前,需要先从可信源获得文件的 Merkle Tree 树根。一旦获得了树根,就可以从其他数据源获取 Merkle Tree。通过可信的树根来检查接收到的 Merkle Tree。如果 Merkle Tree 是损坏的或者虚假的,就从其他数据源获得另一个 Merkle Tree,直到获得一个与可信树根匹配的 Merkle Tree。

Merkle Tree 和 Hash List 的主要区别是,可以直接下载并立即验证 Merkle Tree 的每一个分支。因为可以将文件切分成小的数据块,这样如果有一块数据损坏,仅仅重新下载这个数据块就行了。如果文件非常大,那么 Merkle Tree 和 Hash List 都会用到,但是 Merkle Tree 可以一次下载一个分支,然后立即验证这个分支,如果分支验证通过,就可以下载数据了。而 Hash List 只有下载整个 Hash List 才能验证。

打包到一个区块的所有交易,首先将它们划分为几个部分,如图 4-10 中的交易 1 到交易 4,计算出对应的 Hash1 到 Hash4,之后两两结合进行 Hash 运算,最终得到 Hash1234 这个 Merkle Tree 的根 Hash 值。如果某一笔交易信息记录的数据有变化,那么最终算出来的 Merkle 根 Hash 值也会不一样。

那么为什么要使用这样的算法,而不是直接将所有的交易信息串成一个大块数据再算出它的 Hash 值呢? 当 Merkle Tree 中有 N 个数据时,这样的二叉树结构最多只需要 $2\times\log_2(N)$ 次计算就可以验证某个特定数据是否存在,所以 Merkle Tree 是相当高效的,如果交易的数据信息有误也可以快速定位到出错的位置。而对一个大数据块统一计算 Hash 值,一旦发现数据有误,那么所有的数据就必须全部重新传输,效率低。

Merkle Tree 是一种树,大多数是二叉树,但也可以是多叉树。但无论是几叉树,它都具有树结构的所有特点:

①Merkle Tree 的叶子节点的数值是数据集合的单元数据或者单元数据 Hash 值。

②非叶子节点的数值是根据它下面所有的叶子节点值按照 Hash 算法计算得出的。

4.3.2.3 默克尔证明

Merkle Tree 是区块链的基本组成部分。但从理论上来讲,没有 Merkle Tree 的区块链当然也是可能的,只需创建直接包含每一笔交易的巨大区块头(block header)就可以实现,但这样做会带来可扩展性方面的挑战。正是因为有了 Merkle Tree,区块链节点才可以运行在所有的计算机、笔记本、智能手机,甚至是物联网设备之上。

那么,Merkle Tree 是如何工作的呢,它又能够提供些什么价值呢?

Merkle Tree 是 Hash 大量聚集数据"块"(chunk)的一种方式,它依赖于将这些数据"块"分成较小单位(bucket)的数据块,每一个 bucket 块仅包含几个数据"块",然后对每个 bucket 单位数据块进行 Hash 运算,重复同样的过程,直至剩余的 Hash 总数变为 1,即根 Hash(Root Hash)。

以这种 Merkle Tree 方式组织起来的 Hash 运算还有什么好处呢? 答案在于,它建立起了一个快速组织和识别数据的机制,我们称之为默克尔证明(Merkle proofs)。

一个 Merkle proofs 包含了数据块、这棵 Merkle Tree 的根 Hash,以及包含了所有沿数据块到根 Hash 路径上的"分支"。这种证明可以快速验证 Hash 的过程,至少是对分支而言,应用也简单。假设有一个大数据库,而该数据库的全部内容都存储在 Merkle Tree 中,并且这棵 Merkle Tree 的根是公开并且可信的(例如,它是由足够多个受信方进行数字签名过的,或者它有很多的工作量证明),那么,假设一个用户想在数据库中进行一次键值查找,那么他就可以询问 Merkle proofs,并接收到一个正确的验证证明他收到的值。它允许一种机制,既可以验证少量的数据,例如一个 Hash,也可以验证大型的数据库(可能扩至无限)。

Merkle Proofs 最早的应用是比特币系统。比特币系统利用 Merkle Proofs 来存储每个区块的交易。这样做的好处,也就是中本聪描述到的简化支付验证(Simplified Payment Verification,SPV)的概念,一个轻客户端(Light Client)可以仅下载链的区块头,即每个区块中仅包含五个元素的 80 比特的数据块,而不是下载每一笔交易以及每一个区块。

比特币系统区块头的数据结构如下:

①上一区块头的 Hash 值;

②时间戳;

③挖矿难度值;

④工作量证明随机数(Nonce);

⑤包含该区块交易的 Merkle Tree 的根 Hash。

如果客户端想要确认一个交易的状态,它只需简单地发起一个 Merkle Proofs 请求,这个请求显示出这个特定的交易在 Merkle Trees 之中,而根在主链的一个区块头中。

4.3.2.4　以太坊的 Merkle Tree

在区块链系统中,一笔交易影响的确切性质,可以取决于此前的几笔交易,而这些交易本身则依赖于更为前面的交易,所以最终实际是验证了整个链上的每一笔交易。比特币的区块头设置尽管可以证明区块内包含的每笔交易,但是它不能进行涉及当前状态的证明(如数字资产的持有、名称注册、金融合约的状态等)。

为了解决这个问题,以太坊的 Merkle Tree 则更进了一步,每个以太坊区块头不是包括一棵 Merkle Tree,而是包含了为 3 种对象设计的 3 棵 Merkle Tree,如图4-12所示。

①交易(Transaction)树。判断某笔交易是否被包含在特定的区块中。

②收据(Receipts)树。本质上是显示每个交易影响的多块数据,如这个地址在过去 30 天中,发出 X 类型事件的所有实例。

③状态(State)树。查询账户状态,包括目前账户余额以及账户是否存在等。

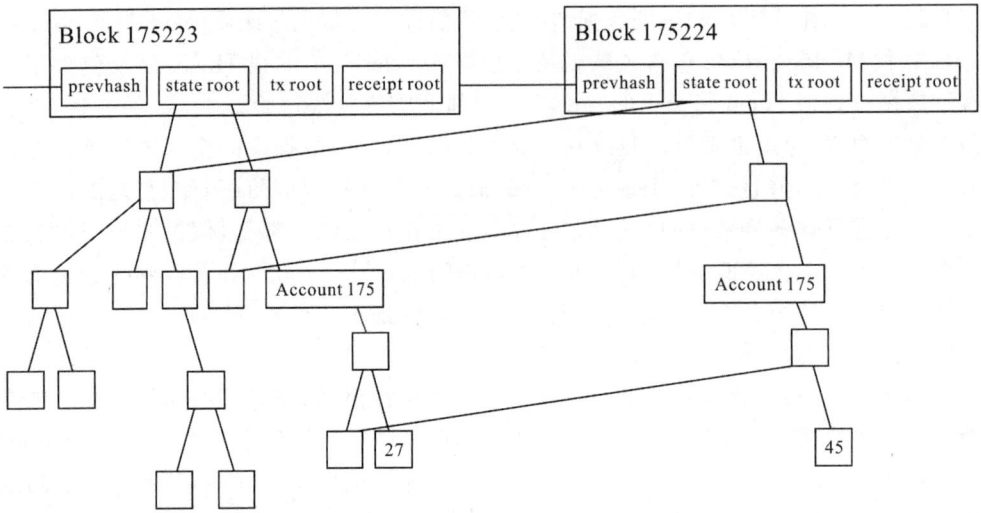

图 4-12　以太坊区块头

4.3.2.5　以太坊的 Merkle Patricia Tree

最简单的 Merkle Tree 大多数情况下都是二叉树。然而，以太坊所使用的 Merkle Tree 更为复杂，称为默克尔·帕特里夏树（Merkle Patricia Tree，MPT），如图 4-13 所示。

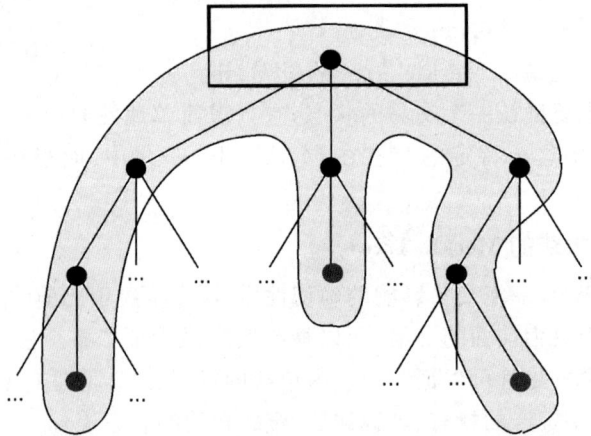

图 4-13　默克尔·帕特里夏树

Merkle Patricia Tree，简称 MPT 树，实际上是一种 Trie 前缀树，是以太坊中的一种加密认证的数据结构，可以用来存储所有的（key，value）对。Trie 又称前缀树或字典树，是一种有序多叉树。图 4-14 是一棵典型的前缀树。

（1）字典树（Trie）

图中前缀树存储了一些字符串，蓝色的是关键字，存储的字符串由关键字组成。存储了"a"，"to"，"tea"，"ted"，"ten"，"i"，"in"，"inn"。前缀树有这些特点：根节点不包含字符，其他节点各包含一个字符；关键路径节点的字符连接起来为该节点所存

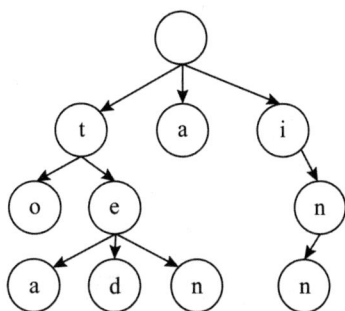

图 4-14 Trie 前缀树

储的数据;关键路径就是每个节点有一个标志位,用来标记这个节点是否作为构成数据的一部分,上图中的,t 节点和 e 节点就不是关键路径。

其优点在于插入和查询的效率都很高,都是 O(m),m 是插入或查询字符串的长度。可以对数据按照字典序排序。但其缺点是空间消耗的比较大。

Trie 树通常用于词频次统计、字符串匹配、字符串字典序排序、前缀匹配,比如一些搜索框的自动提示。

Trie 的核心思想就是用空间换时间,利用公共前缀缩小要比较的范围来达到快速查找的目的。

压缩字典树在字典树的基础之上做了一些优化,具体可以看 4-15 图:

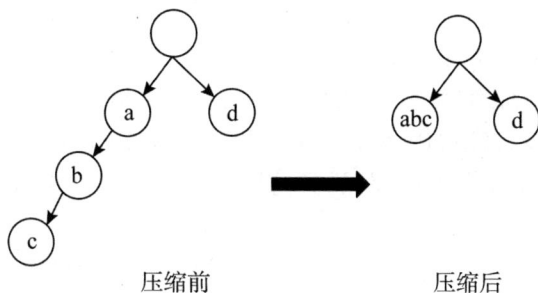

图 4-15 压缩字典树

如图 4-15 所示,压缩字典树通过合并单子节点路径优化空间效率。存储字符串 "abc" 和 "d" 时,树结构的节点数量显著减少。

(2)Merkle Patricia Tree

MPT 树结合了字典树和默克尔树的优点,在压缩字典树中根节点是空的,而 MPT 树可以在根节点保存整棵树的哈希校验和,而校验和的生成则是采用了和默克尔树生成一致的方式。以太坊采用 MPT 树来保存,交易,交易的收据以及世界状态,为了压缩整体的树高,降低操作的复杂度,以太坊又对 MPT 树进行了一些优化。将树节点分成了四种:空节点(Null Node)、叶子节点(Leaf Node)、分支节点(Branch Node)、扩展节点(Extension Node)。

通过以太坊黄皮书中很经典的一张图,来了解不同节点的具体结构和作用。

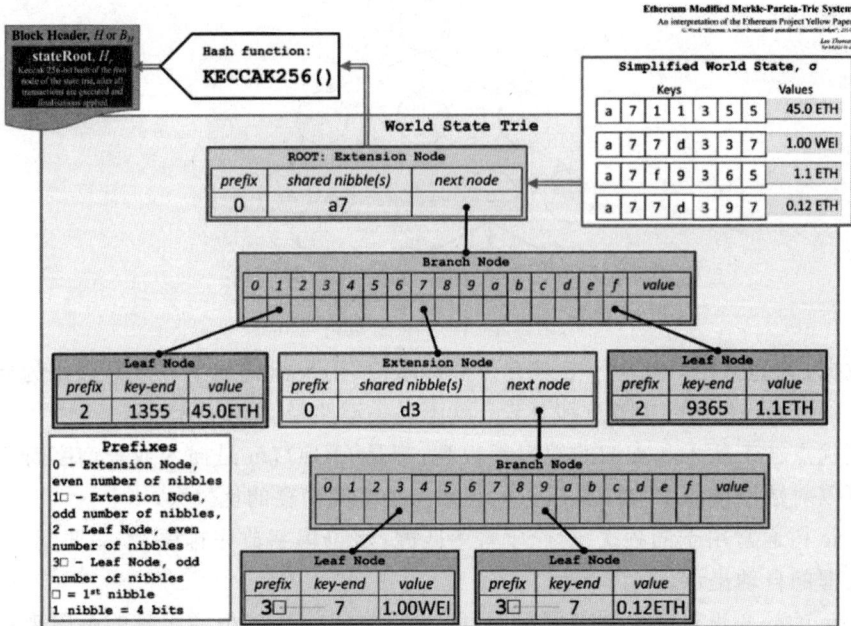

图 4-16　以太坊 MPT 树

　　可以看到有四个状态要存储在世界状态的 MPT 树中,需要存入的值是键值对的形式。自顶向下,我们首先看到的是 Keccak-256 生成的根 Hash,参考默克尔树的 Top Hash,其次看到的是绿色的扩展节点 Extension Node,其中共同前缀 Shared Nibble 是 a7,采用了压缩前缀树的方式进行了合并,接着看到蓝色的分支节点 Branch Node,其中有表示十六进制的字符和一个 value,最后的 value 是 Full Node 的数据部分,最后看到紫色的叶子节点 Leadf Node 用来存储具体的数据,它也是对路径进行了压缩。

　　在智能合约执行以后,有一部分数据是需要持久化,而一条链上有非常多的合约,每个合约又有很多的数据需要持久化,这个时候就需要用到 MPT 树。为了避免不同合约有相同的字段,合约又通过地址来进行管理,本质上也是采用 MPT 树管理合约,合约又采用 MPT 树管理自身状态。最终的数据还是以键值对的形式存储在 LevelDB 中的,MPT 树相当于提供了一个缓存,帮助我们快速找到需要的数据。

　　二叉 Merkle Tree 对于验证"清单"格式的信息而言,是非常好的数据结构。本质上来讲,它就是一系列前后相连的数据块。而对于交易树来说,它们也同样优秀,因为一旦树建立起来,花多少时间来编辑这棵树并不重要,树一旦建立了,就会永远存在。

　　而对状态树来说,情况会复杂一些。以太坊中的状态树基本上包含了一个键值映射,其中的键是地址和各种值,包括账户的声明、余额、随机数、代码以及每一个账户的存储(其中存储本身就是一棵树)。例如,摩登测试网络(The Morden Testnet)的创始状态如图 4-17 所示。

```
{
  "0000000000000000000000000000000000000001": {
    "balance": "1"
  },
  "0000000000000000000000000000000000000002": {
    "balance": "1"
  },
  "0000000000000000000000000000000000000003": {
    "balance": "1"
  },
  "0000000000000000000000000000000000000004": {
    "balance": "1"
  },
  "102e61f5d8f9bc71d0ad4a084df4e65e05ce0e1c": {
    "balance": "1606938044258990275541962092341162602522202993782792835301376"
  }
}
```

图 4-17　摩登测试网络(The Morden Testnet)的创始状态

不同于交易历史记录,状态树需要经常地进行更新,账户余额和账户的随机数 Nonce 经常会更变,更重要的是,新的账户会频繁地插入,存储的键(Key)也会经常被插入以及删除。我们需要这样的数据结构,它能在一次插入、更新、删除操作后快速计算到树根,而不需要重新计算整个树的 Hash。这种数据结构同样得包括两个非常好的第二特征:

①树的深度是有限制的。因为考虑到攻击者有可能会故意地制造一些交易,使得这棵树尽可能地深。当攻击者能够通过操纵树的深度,执行拒绝服务攻击(DoS Attack)时,数据更新就会变得极其缓慢。

②树的根只取决于数据,和其中的更新顺序无关。换个顺序进行更新,甚至重新从头计算树,也不会改变根值。

4.3.3　构建基于工作量证明的共识机制

4.3.3.1　工作量证明与哈希

由于交易数据是全网广播的,网络上任何一个节点都可以对交易打包形成区块。那么,谁制造的区块能最终被全网认可,并进入区块链呢? 比特币网络使用了 PoW (Proof of Work)工作量证明机制,以确定谁将获得最终的区块打包权。

所谓 PoW 机制,指的是在对交易打包前,网络节点必须先计算一个工作量证明函数,当这个函数得到符合条件的解之后,才能对交易打包形成区块。这个工作量证明函数,通常是某一种哈希函数,因为哈希函数具备输出值长度固定、输入和输出近似一一对应、无法逆推等特点,非常适合用于工作量证明。

比特币区块链系统使用的哈希函数是 SHA-256 函数,其工作量证明过程如下:

①节点从当前的内存池中取出一定数量的交易,对这些交易实施合法性检验后打

包,按照一定的规则生成区块,包含区块头和区块体。

②向区块头中增加一个随机数,这个随机数是由打包者指定的,并且加入这个随机数后,区块头的数据(假设用 head 表示)必须满足公式:

$$SHA256(SHA256(head))<给定的难度值$$

也就是说,对区块头数据进行两次 SHA-256 计算后,得到的数值必须小于某个给定的难度值。

③由于哈希函数值是没有规律的,因此打包者只能用穷举的方式来猜测这个随机数,将它加入区块头中进行计算,直到得到符合要求的结果。

如果计算找到了符合要求的随机数,打包者就会把这个生成的区块向全网广播。其他节点验证这个区块确实符合要求,就会把它加入区块链中。这时打包者会获得比特币奖励,也就是俗称的"挖矿",进行打包的节点又称"矿工节点"。

④如果同一时间,不同的节点同时找到了符合要求的区块,那么可能有的节点接受的是 A 区块,有的接受的是 B 区块,这样比特币区块链就出现了分支。

在出现分支后区块 A 和 B 都会后续链接新生成的区块,生成分支链。比特币遵循取最长链原则,如果在当前块的基础上又生成一个新块被称为一个确认,比特币的区块交易要在获得 6 个确认后才被最终承认。也就是说当一个分支链达到 6 个块长度后,才可以确认进入主链,其他的分支链就被剪掉。

如果有人试图更改交易信息,就必须能够快速且成功地找到后续链条的每个区块的正确的随机数,使得篡改信息后的链条成为当前最长的链条。这种情况在理论上的确有可能发生,但是在算力有限的情况下,概率比较小。这也赋予了区块链不可篡改的特性。

但我们仍然需要注意的是 SHA-256 容易导致 51%攻击。

一个节点计算哈希函数的能力(称为算力)越强,在同样时间内进行穷举计算的次数就越多,越可能先找到符合条件的随机数并生成区块。

区块链是通过哈希指针将区块相连的。如果一个攻击者想要伪造区块值,则他必须伪造其后的所有区块。但由于比特币区块链的最长链原则,他必须保证伪造区块的速度要大于全网生成区块的速度,这样他伪造的链才能被全网接受而成为主链。要达到这个目的,该节点的算力必须要超过全网 51%节点的算力,这就是通常所称的 51%攻击。

当一个节点的算力过高时,即使没有达到 51%,它仍然具有扰乱比特币区块链系统的能力。特别是随着 ASIC 矿机的出现,少数矿工节点生产大量矿机,占据了全网大部分算力。当几个大算力节点联合起来获得超过全网半数算力的时候,也就具备了控制全网的能力,这就违背了去中心化原则。因此去中心化的区块链网络逐渐被 ASIC 节点控制,就会变得更加中心化,降低系统的安全性。

4.3.3.2 工作量证明机制中不同哈希算法的特性和选择

由于比特币系统工作量证明机制存在的缺陷,许多项目开始探讨寻找具有其他特性的哈希算法,并应用到工作量证明机制中,以抵御 ASIC 化带来的攻击,防止系统安全性下降。杜江天在《区块链工作量证明机制中的哈希算法探讨》一文中对此给出了很好的总结。

1. Scrypt 算法

莱特币区块链使用了 Scrypt 算法来抵抗 ASIC 芯片。该算法是由一个著名的黑客开发的,与 SHA-256 算法相比,Scrypt 占用的内存更多,计算时间更长,并且很难进行并行计算,因此具备一定的抵御 ASIC 化的能力。

但是 Scrypt 算法并未经过严格的数学论证,其安全性存疑。

2. X11 系列的串联算法

有些社区另辟蹊径,采用多个哈希算法进行串联,即对一个数据进行多次哈希运算,每次使用的哈希函数不同,从而形成了新的算法。这样算法的复杂度大大增加,制造专用的 ASIC 芯片就会变得非常困难。

例如达世币区块链使用了 11 种加密算法(BLAKE、BMW、GROESTL、JH、Keccak、SKEIN、LUFFA、CubeHash、SHAvite、SIMD、ECHO),美其名曰 X11。在这种思路启发下,紧接着 X13、X15 这一系列算法就被人开发出来了。

这种串联算法的问题在于,只要其中一种哈希函数存在安全性问题,整个系统的安全性就会出现问题。

3. HVC 并行算法

这种算法也采用了多种哈希函数,但是与 X11 系列算法不同的是,它采用了并行处理。

首先对输入数据进行 HEFTY1 哈希运算,得到结果 HEFTY1 (head)。

然后对这个结果分别进行 SHA-256、KECCAK-512、GROESTL-512、BLAKE-512 运算,将得到的 4 个结果截取前 64 位,混合起来形成最终的 256 位哈希值。

这样并行运算的结果是克服了串行算法的弱点,大大增强了安全性,只要 5 种算法没有被全部破解,就是安全的。其中第一次进行的 HEFTY1 哈希算法非常复杂,制造相应的 ASIC 芯片很困难。

4. Ethash 算法

以太坊区块链提出了一种称为 Ethash 的算法,这种算法在计算时基本与 CPU 性能无关,但和内存大小成正比。

因此它是一种内存依赖型算法。由于 ASIC 矿机是依靠专用电路进行计算来取得优势的,如果制造时需要大量的内存,那么制造成本将极大提高,相对于显卡就不能形成压倒性优势。

5. Cryptonight 算法

Cryptonight 算法最早出现在"加密节点"区块链中,该算法因被门罗币区块链采用而名声大噪。

该算法特别针对 CPU 架构进行优化,利用了 CPU 擅长的 AES(进阶加密标准)

计算,另外在计算当前区块哈希值时必须载入前几个区块的数据。因此,它需要高速内存进行存取,这充分利用了 CPU 的 L3 级高速缓存。

这种算法下 CPU 与 GPU 计算的差距并不大,而用 ASIC 专用芯片来计算难度比较大。

4.3.4　比特币钱包用到的哈希

在比特币的交易中,如图 4-18 所示的信息是大家都能看到的信息,左上角是交易哈希,箭头连接的两个字母和数字组成的字符串是比特币地址,表明比特币在两个地址之间实现了转移。而这个地址的生成是由钱包的公钥经过哈希函数转换而成的。其中公钥是由随机数字构成的私钥通过非对称加密形成的。交易时公钥和比特币地址都需要公开发布,以便区块链系统能够验证付款交易的有效性。

3bb0fe1d26720b32433f4b0946f4996c38d545c5f6966a161926341e110bed78

1LTkCbxfb9Q7ZfyWS7Je5zHTCBZCtZZGLz　　　➡　　　134ZnmvWpGDGSwU6AnkgSEqP3kZ2cKqruh

图 4-18　比特币转账示意图

在这里哈希函数扮演的角色相当巧妙。量子计算机可以很容易从非对称密码的公钥反推出私钥,但是量子计算机在面对哈希算法时则难以找出拥有同一个哈希值的两个不同输入值。中本聪的这个设计使得通过这样一些操作可以让比特币有可能抵御量子计算机的威胁。

参考文献

[1] 李燕,马海英,王占君.区块链关键技术的研究进展[J].计算机工程与应用,2019,55(20):13-23+100.

[2] 梁栋.Java 加密与解密的艺术[M].2 版.北京:机械工业出版社,2013.

[3] 吴世忠,祝世雄,张文政等.应用密码学:协议、算法与 C 源程序[M].2 版.北京;机械工业出版社,2014.

[4] MD5 解密教程[EB/OL].(2020-01-23)[2021-02-01].https://www.renrendoc.com/p-44010324.html.

[5] 刘飞.Hash 函数研究与设计[D].南京:南京航空航天大学,2012.

[6] 王泽,曹莉莎.散列算法 MD5 和 SHA-1 的比较[J].电脑知识与技术,2016,12(11):246-247+249.

[7] 张振权,罗新民,齐春.数字签名算法 MD5 和 SHA-1 的比较及其 AVR 优化实现[J].网络安全技术与应用,2005(7):64-67.

[8] 王海涛.SHA-3 标准 Keccak 算法的安全性分析与实现[D].西安:西安电子科技大学,2017.

[9] 王淦,张文英.SHA-3 的安全性分析[J].计算机应用研究,2016,33(3):851-

854＋865.

[10] 王淦. Hash 函数新标准 SHA-3 分析研究[D]. 济南:山东师范大学,2015.

[11] 申延召. SM3 密码杂凑算法分析[D]. 上海:东华大学,2013.

[12] 凌清. 比特币的技术原理与经济学分析[D]. 上海:复旦大学,2014.

[13] 风之舞 555. Merkle Tree 学习[EB/OL]. (2016-05-27) [2021-02-01].
https://www.cnblogs.com/fengzhiwu/p/5524324.html.

[14] 梁成仁,李健勇,黄道颖,等. 基于 Merkle 树的 BT 系统 torrent 文件优化策略[J]. 计算机工程,2008,34(3):85-87.

[15] 徐梓耀,贺也平,邓灵莉. 一种保护隐私的高效远程验证机制[J]. Journal of Software,2011,22(2):339-352.

[16] HAPPYPETER. 白话 Merkle Tree[EB/OL]. (2014-05-29) [2021-01-02].
https://blog.csdn.net/jiafu1115/article/details/43954333.

[17] VITALIK BUTERIN. Merklinginethereum[EB/OL]. (2015-11-15) [2020-02-02]. https://blog.ethereum.org/2015/11/15/merkling-in-ethereum.

[18] 杜江天. 区块链工作量证明机制中的哈希算法探讨[J]. 电脑编程技巧与维护,2018(4):40-42.

[19] 杨洋. 基于 UTXO 模型的区块链交易算法的研究与实现[D]. 成都:电子科技大学,2020.

[20] 廖峻隆. 基于区块链机制的安全和效率研究[D]. 兰州:兰州理工大学,2019.

第5章　密码协议及其在区块链中的应用

5.1　密码协议概述

我们在前面章节对密码学的基础知识,尤其是非对称密码和哈希函数有了一定了解。各种密码算法和技术除了可以单独使用,发挥它们各自的作用,还可以将它们组合在一起,或将它们与其他技术组合在一起,发挥更大的作用。本章我们对密码协议进行分析和讨论。

5.1.1　密码协议定义

协议(Protocol)是一系列步骤,包括两方或多方,设计协议的目的是要完成一项任务。

这个定义说明,"一系列步骤"意味着协议是从开始到结束的一个序列,每一步必须依次执行,在前一步完成之前,后面的步骤不能够执行;"包括两方或多方"意味着完成这个协议至少是需要两方、单独一方是无法构成协议的,当然单独的一个人可以采取一系列步骤去完成一项任务(例如做一顿丰盛的晚餐),但这不是协议(必须有另外一些人参与才能构成协议,比如家里的其他人共同享用了这顿晚餐);最后,"设计协议的目的是要完成一项任务"意味着协议必须做一些事。有些事物看起来很像是协议,但若其不能完成一项任务,那也不是协议。

协议具有以下特点:

(1)协议中的每一方都必须了解协议,并且预先知晓所要完成的所有步骤。

(2)协议中的每一方都必须同意并遵循它。

(3)协议必须是清楚明晰的,每一步都必须有明确的定义,不能引起误解和歧义。

(4)协议必须是完整的,对每一种可能的情况必须规定具体的动作。

我们约定,协议安排成一系列步骤,并且协议是按照规定的步骤线性执行,除非指定它跳转到其他的步骤。每一步至少要做到下列事件中的一件,即由一方或者多方计算,或者在各方之间传递信息。

2007年中国大百科出版社出版的《中国大百科全书·军事》将密码协议(Cryptographic Protocol)定义为是使用密码学的协议,参与该协议的各方可能是友人和完全信任的人,也可能是敌人或相互完全不信任的人。密码协议包含某种密码算法,但通常协议的目的不仅仅是简单的保密性。参与协议的各方可能为了计算一个数值而需要共享他们各自的秘密部分,共同产生随机序列,确定相互的身份或者同时签署合同。在协议中使用密码的目的是防止或发现欺骗者和窃听者。

在某些协议中,参与者中的一个或几个有可能欺骗其他人,而且也有可能存在窃听者并且窃听者可能暗中破坏协议或获悉一些秘密信息。某些协议之所以会失败,是因为设计者对需求的定义不是很完备,还有一些原因是协议的设计者对协议的分析和设计不够充分。这就好比算法,证明其不安全比证明其安全要容易得多。

密码协议又称安全协议,由密码算法设计而成,在网络环境中提供各种安全服务。密码协议可能用到的算法包括:

①对称密码算法——DES、IDEA、AES、RC4;

②公钥密码算法——ECC、RSA;

③数字摘要算法——SHA、MD5;

④数字签名算法——RSA、DSA。

5.1.2　密码协议的分类

按照协议用途,可以分为以下类别:

①保密通信协议;

②密钥协商协议;

③身份鉴别协议;

④数字签名协议;

⑤秘密共享协议;

⑥盲签名协议;

⑦多方安全计算协议;

⑧匿名通信协议。

5.2　典型密码协议

5.2.1　安全多方计算

安全多方计算(Secure Mutiparty Computation,SMC)是解决在一个互不信任的多用户网络环境中,两个或多个用户能够在不泄漏各自私有输入信息时协同合作执行某项计算任务。安全多方计算在密码学中拥有相当重要的地位,是电子选举、门限签名以及电子拍卖等诸多应用得以实施的密码学基础。

安全多方计算理论由于拓展了计算和信息安全范畴,一提出就受到了众多研究者的关注,研究进展经历了理论形成、协议设计完善和应用研究等阶段,可以说发展迅猛,成绩显著。

安全多方计算最早是由华裔计算机科学家、图灵奖获得者姚期智[①]教授于1982年通过百万富翁问题提出的。该问题表述为,两个百万富翁 Alice 和 Bob 想知道他们谁更富有,但他们都不想让对方知道自己财富的任何信息,在双方都不提供真实财富信息的情况下,如何比较两个人的财富,并给出可信证明。5 年后,O. Goldreich、S. Micali 和 A. Wigderson 三位学者提出了密码学安全的可以计算任意函数的安全多方计算协议。他们证明了在被动攻击情况下,n-private 协议是存在的,在主动攻击情况下,n-resilient 协议是存在的,并展示了如何构造这些协议。

1988 年,M. Ben-Or、S. Goldwasser 和 A. Wigderson,以及 D. Chaum、C. Crepeau 和 I. Damgard 几乎同时证明了在信息论安全模型中,被动攻击情况下当串通攻击者数量 $t < n/2$、主动攻击情况下 $t < n/3$、网络非同步情况下当串通攻击者数量 $t < n/4$,任意函数都可以被安全计算。

随后,安全多方计算吸引了大量学者的注意,他们根据不同的计算模型和安全模型对安全多方计算协议做了一些有益的改进,主要体现在以下几个方面,这也是研究者们关注的焦点。

(1)设计一般意义的安全多方计算协议;

(2)对安全多方计算协议进行形式化的定义;

(3)对通用的安全多方计算协议进行裁减,将其应用于不同的实际问题;

(4)构造新的安全多方计算协议;

(5)对安全多方计算攻击者的结构进行定义。

1998 年,Gold Reich 指出用通用协议来解决安全多方计算问题中的一些特殊实例是不切实际的,对一些特殊问题需要用一些特殊方法才能达到高效。这一思想迅速促进了安全多方计算在一些特殊领域应用研究的发展。近年来很多学者已将安全多方计算技术引入传统的数据挖掘、计算几何、私有信息检索、统计分析等领域,由此产生了许多新的研究方向,如保护隐私的数据挖掘(Privacy Preserving Data Mining,PPDM)、保护隐私的计算几何(Privacy Preserving Computation Geometry,PPCG)、私有信息检索(Private Information Retrieval,PIR)、保护隐私的统计分析(Privacy Preserving Statiscal Analysis,PPSA)等。这些新的研究方向为解决一些重要的安全应用问题提供了新的技术基础。

5.2.1.1 基本概念和数学模型

考虑这样一个问题:一组参与者,他们之间互不信任,但是他们希望计算一个约定

[①] 计算机科学专家,美国国家科学院外籍院士、美国艺术与科学院外籍院士、中国科学院院士、香港科学院创院院士,2000 年获得图灵奖,是截至目前唯一获得该奖的华人学者。最先提出量子通信复杂性和分布式量子计算模式。

函数时能得到正确的结果,同时每个参与者的输入是保密的。这就是安全多方计算问题。

如果有可信第三方(Trusted Third Party,TTP),参与者只需将自己的输入秘密地发送给可信第三方,由可信第三方计算这个约定函数后,将结果广播给每个参与者,上述问题就得以解决了。但是事实上,很难让所有参与者都信任可信第三方。因此,安全多方计算的研究主要是针对无可信第三方情况下如何安全计算一个约定函数的问题。

通俗地说,安全多方计算是指在一个分布式网络中,多个用户各自持有一个秘密输入,他们希望共同完成对某个函数的计算,而要求每个用户除计算结果外均不能够得到其他用户的任何输入信息。

可以将安全多方计算简单地概括成如下数学模型。在一个分布式网络中有 n 个互不信任的参与者 $P_1,P_2,\cdots,P_n$,每个参与者 P_i 秘密输入 x_i,他们需要共同执行函数
$$F:(x_1,x_2,\cdots,x_n)\rightarrow(y_1,y_2,\cdots,y_n)$$
其中 y_i 为 P_i 得到的相应输出。在函数 F 的计算过程中,要求任意参与者 P_i 除 y_i 外,均不能得到其他参与者 $P_j(j\neq i)$ 的任何输入信息。

由于在大多数情况下 $y_1=y_2=\cdots=y_n$,因此,我们可以将函数简单表示为 $F:(x_1,x_2,\cdots,x_n)\rightarrow y$。

安全多方计算技术框架如图 5-1 所示。

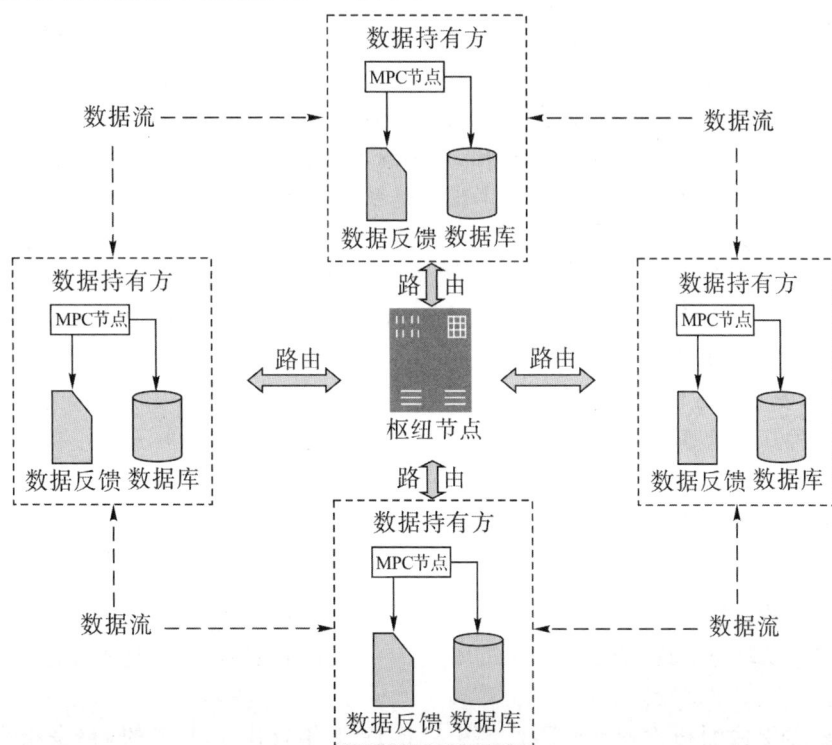

图 5-1　安全多方计算技术框架

各个 MPC 节点地位相同,可以发起协同计算任务,也可以选择参与其他方发起的计算任务。路由寻址和计算逻辑传输由枢纽节点控制,寻找相关数据同时传输计算逻辑。各个 MPC 节点根据计算逻辑,在本地数据库完成数据提取、计算,并将计算结果路由到指定节点,从而多方节点完成协同计算任务,输出唯一性结果。整个过程各方数据全部在本地,并不提供给其他节点,在保证数据隐私的情况下,将计算结果反馈到整个计算任务系统,从而各方得到正确的数据反馈。

5.2.1.2 安全多方计算理论的特点

安全多方计算理论主要研究参与者的隐私信息保护问题,它与传统的密码学有着紧密的联系,但又不等同。同时,安全多方计算也不同于传统的分布式计算,有其独有的特点。

1.安全多方计算是许多密码协议的基础

从广义上讲,多方参与的密码协议是安全多方计算的一个特例。这些密码协议可以看成是一组参与者之间存在着各种各样的信任关系(最弱的信任关系就是互不信任),他们通过交互或者非交互操作来完成某一任务(计算约定函数)。这些密码协议的不同之处在于协议的计算函数不一样,如电子拍卖是计算出所有参与者输入的最大值或最小值,而门限签名是计算出一个正确签名。

2.安全多方计算不同于传统的密码学

密码学研究的是在不安全的通道上提供安全通信的问题。一般来说,一个加密系统由某一信道上通信双方共同组成,此信道可能被攻击者(窃听者)窃听,通信双方希望交换信息,并且信息尽可能不被窃听者知道。因此,加密机制就是将信息进行变换,在信息传送过程中防止信息的篡改和泄漏,目的是系统内部阻止系统外部的攻击。

而安全多方计算研究的是系统内部各参与方在协作计算时如何对各自的隐私数据进行保护,也就是说安全多方计算考虑的是系统内部各参与方之间的安全性问题。

3.安全多方计算也不同于传统的分布式计算

分布式计算在计算过程中必须有一个领导者(Leader)来协调各用户的计算进程,当系统崩溃时首要的工作也是选举 Leader。而安全多方计算过程中各参与方的地位是平等的,不存在任何有特权的参与方或第三方。

因此,安全多方计算拓展了传统的分布式计算以及信息安全的范畴,为网络计算提供了一种新的计算模式,也为数据保护建立了一种安全策略,并开辟了信息安全新的应用领域。

5.2.1.3 安全多方计算理论的基础协议

1.不经意传输协议

不经意传输协议(Oblivious Transfer Protocol,OTP)是 SMC 的一个极其重要的基础协议。从理论上说,一般模型下的安全多方计算问题均可以通过不经意传输协议来求解。

不经意传输的概念是 M. Rabin 等人于 1981 年首次提出来的,它是指发送方 Alice 仅有一个秘密输入 m,并希望以 50% 的概率让接收方 Bob 获得 m,然而 Bob 不希望 Alice 知道他是否得到了秘密 m。随后产生了很多不经意传输协议的变种,如 S. Even 等人于 1985 年提出二选一不经意传输、G. Brassar 等人于 1987 年推广为多选一不经意传输。

2. 秘密比较协议

秘密数据比较是安全多方计算的一个基本操作,它是指计算双方各输入一个数值,他们希望在不向对方泄露自己数据的前提下比较这两个数的大小,当这两个数不相等时,双方都不能够知道对方数据的任何信息。该问题在设计高效的安全多方计算协议中起着关键作用。

目前有两类秘密比较协议,第一类秘密比较协议是判定两个数据是否相等,若不相等则双方均无法知道对方的任何数据信息,另一类秘密比较协议能判定出两个输入的大小关系。

3. 置换协议

安全多方置换问题可以描述为,Alice 有一个私密向量 $X=(x_1,x_2,\cdots,x_n)$,Bob 有一个私密置换函数和私密向量 $R=(r_1,r_2,\cdots,r_n)$,Alice 需要获得 $(X+R)$,同时要求 Alice 不能获得任何 r_i 的信息,Bob 也不能获得任何 x_i 的信息。

4. 点积协议

点积问题可以描述为,Alice 有一个私密向量 $X=(x_1,x_2,\cdots,x_n)$,Bob 有另一个私密向量 $Y=(y_1,y_2,\cdots y_n)$,Alice 需要获得 $u=X\cdot Y+v=\sum x_iy_i+v$,这里 v 仅是 Bob 知道的随机数,同时要求 Alice 不能获得 $X\cdot Y$ 的值和任何 y_i 的信息,Bob 也不能获得 u 的值和任何 x_i 的信息。

5.2.1.4　安全多方计算的应用领域

目前安全多方计算主要应用在电子选举、门限签名、电子拍卖、联合数据查询和私有信息安全查询等方面。

1. 电子选举

电子选举协议是安全多方计算的典型应用,也得到了研究者们的广泛重视。将一个安全多方计算协议具体应用到电子选举工作中,设计出的电子选举协议需满足以下几个功能:计票的完整性、投票过程的鲁棒性、选票内容的保密性、不可复用性和可证实性。

2. 门限签名

门限签名是最为人所熟知的安全多方计算的例子。关于门限签名的文献很多,目前也比较成熟。应用安全多方计算理论的门限签名能够很好地解决主密钥的保管问题。使用门限签名方案有两个好处,一是主密钥不是放在一个地方,而是被分散在一群服务器中,即使其中某些服务器被攻破,也不会泄露完整的主密钥;二是即使某些服务器受到攻击,不能履行相关任务,只要被攻破的服务器数量在门限数量以内,其他服务器仍可以继续履行其原来的任务,保持系统正常运行。

3. 电子拍卖

安全多方计算理论的成熟使得网上拍卖成为现实。电子拍卖是电子商务中非常活跃的一个领域,大部分电子拍卖方案都是采用可验证秘密共享协议(Verifiable Secret Sharing,VSS)或使用其思想。电子拍卖协议应该具有一些基本性质,包括协议的灵活性、保密性、鲁棒性、可验证性。

4.联合数据查询

多学科交叉协同使得资源跨学科跨部门共享成为必需。但各个数据库所有者又都会避免资源共享时泄露自身的保密数据。安全多方计算在理论上可以解决上述问题,即在不同数据库资源共享时,多个数据库可以看成多个用户联合起来进行数据查询。

5.私有信息安全查询

在数据库查询中,如果能够保证用户方仅得到查询结果,但不了解数据库其他记录的信息,同时,拥有数据库的一方也不知道用户方要查询哪一条记录,这样的查询被称为安全查询。

6.安全多方计算与区块链的结合

区块链系统需要各个节点对交易以及链的状态进行验证计算从而达成共识,这就要求链上的数据是非加密并且能够共享的,例如交易金额、交易双方账户地址等敏感信息。这些信息不仅包括了个人交易隐私数据,还包括金融和供应链中的各种数据。严格来讲,比特币和以太坊并不是匿名系统,虽然不需要用户现实世界的真实身份,但是公钥代表了用户的身份,属于一个代指或者化名,这种代指或化名还是可能通过交易实现对身份的归集和关联的。在比特币和以太坊中,用户使用同一个公钥或者一批公钥进行交易,可以通过对账户、余额、合约等公开信息的关联性分析,获得用户真实身份等隐私信息。真正的匿名应该是无关联性的化名,即其他人无法将用户与系统中的任何行为进行关联。

5.2.2 拜占庭将军问题

区块链是一个分布式账本系统,参与者通过点对点网络连接,所有消息都通过广播的形式来发送。区块链系统存在两种角色,普通节点和记账节点。普通节点使用系统来进行转账、交易等操作,并接受账本中的数据;记账节点负责向全网提供记账服务,并维护全局账本。在区块链中,不同节点为了达成数据一致而按照同一套逻辑处理数据。但有时候,区块链节点可能为了自身利益而发送错误的信息,也有可能因为网络中断而无法传递接收信息,这就会使得区块链网络中的节点得到的结果不一致,从而破坏系统一致性。拜占庭将军问题被认为是在分布式系统中达成共识的最难解的问题之一,而与之对应的拜占庭容错共识算法是区块链网络的基础建设原则之一。

5.2.2.1 问题描述

1982年,图灵奖获得者莱斯利·兰伯特(Leslie Lamport)发表了一篇重要的论文《拜占庭将军问题》("The Byzantine Generals Problem"),由此展开了长达几十年关于在分布式系统中有节点被故意破坏的情况下如何达成共识的讨论。随着区块链的出现和发展,这种讨论愈演愈烈。

1. 两个将军问题

首先来看一个比较简单的例子，姑且就称之为"两个将军问题"。

如图 5-2 所示，有两支军队 A1 和 A2 一起攻打一座城市，他们各自由一名将军领导。两支军队各自占领城市附近两个不同的山谷。两军之间隔着一个山谷，双方之间唯一的通信方式就是派遣信使来往于三个山谷。不幸的是，中间山谷已被城市保卫军 B 占领，也就意味着信使在通过山谷时可能会被捕。

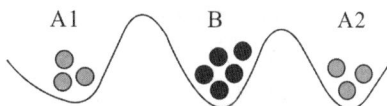

图 5-2　将军问题图例

现在两支军队要协商进攻城市的时间，因为只有两支军队一起进攻才能获得战斗的胜利。因此他们就必须协商一个时间点来发起进攻，并同意就在那时发动攻击。那么，两位将军能就何时进攻达成一致吗？

我们来展开分析这个过程。

①A1 将军写了封进攻信"我们两支军队凌晨四点一起发动总攻"，并将信交给信使。信使将信带出去后，A1 将军根本不知道信使是被捕了还是已将信送达。因此，A1 将军会犹豫是否发动进攻，除非收到了 A2 将军的确认回信。

②假设信使通过了山谷，将信交给了 A2 将军，A2 将军写了封回信"我同意在凌晨四点发动总攻"，他将回信交给信使之后，A2 将军也不知道信使是否成功将回信交给了 A1 将军。因此，A2 将军也会犹豫是否发动进攻，除非收到 A1 将军的确认回信。

③假设信使又成功地通过了封锁，将 A2 将军的确认进攻回信交给了 A1 将军。为了让 A2 将军放心，A1 将军还得给 A2 将军写封信"我已经收到了你的确认，我们会取得胜利的。"但是，如果这次信使被捕了呢？是否 A2 将军还得给 A1 将军发信"我确认我已经收到了你的确认消息"？

……

于是，你会发现两位将军陷入了僵局，如图 5-3 所示，因为他们不能确认信使是否将信息传递给了对方。因此，这个问题是无解的。

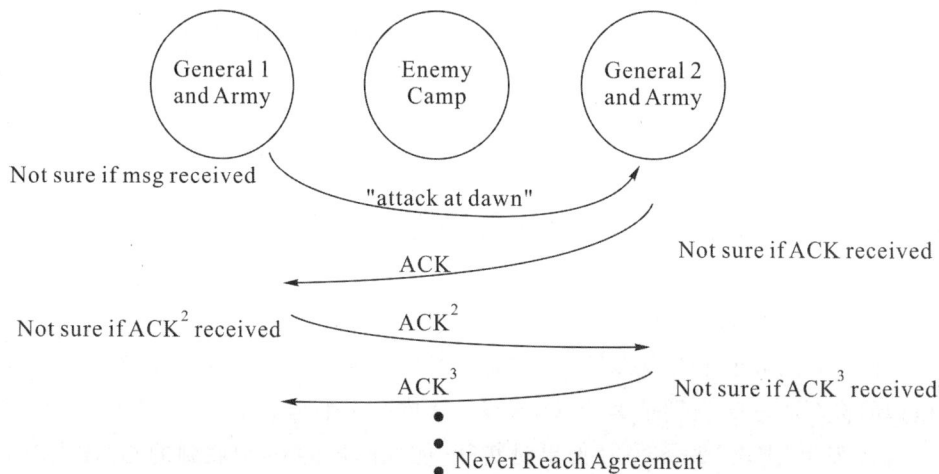

图 5-3　无限次重试

无限次重试,永远不可能达成共识。

2.拜占庭将军问题

拜占庭将军问题要比两个将军问题复杂得多。莱斯利·兰伯特在他的论文里是这么描述这个问题的。

9位拜占庭将军分别率领一支军队要共同围困一座城市,因为这座城市很坚固,如果不协调统一将军们的行动策略,造成部分军队进攻、部分军队撤退,就会造成围困失败,因此各位将军必须通过投票来达成一致策略,要么一起进攻,要么一起撤退。

因为各位将军分别占据城市一角,他们只能通过信使互相联系。在协调过程中每位将军都将自己投票"进攻"还是"撤退"的消息通过信使分别通知其他所有将军,这样一来每位将军根据自己的投票和其他将军送过来的投票,就可以知道投票结果,从而决定是进攻还是撤退。

而问题的复杂性在于,将军中可能出现叛徒,他们不仅可以投票给出错误的决策,还可能会选择性地发送投票。假设9位将军中有1名叛徒,8位忠诚的将军中出现了4人投"进攻",4人投"撤退",这时叛徒可能故意给4名投"进攻"的将军投"进攻",而给另外4名投"撤退"的将军投"撤退"。这样在4名投"进攻"的将军看来,投票是5人投"进攻",从而发动进攻;而另外4名将军看来是5人投"撤退",从而撤退。这样,一致性就遭到了破坏。

还有一种情况,因为将军之间需要通过信使交流,即便所有的将军都是忠诚的,派出去的信使也可能被敌军截杀,甚至被间谍替换,也就是说将军之间进行交流的信息通道是不能保证可靠性的。所以在没有收到对应将军消息的时候,将军们会默认投一个票,例如"进攻"。

以上是拜占庭将军问题的简单描述。如果将军们在有叛徒存在的情况下仍然达成了一致,我们就称达到了"拜占庭容错"。

那么这个问题和我们在网络中多台计算机之间达成共识有什么关系呢?其实我们可以把将军看作是计算机,信使就是网络。信使被截杀代表着网络不可达,而将军叛变则代表着程序出错。

5.2.2.2 拜占庭将军问题分析

拜占庭将军问题有解吗?答案是有的,但有个前提,那就是叛徒的数量不能大于等于1/3。

这个值是怎么算出来的呢?

我们可以用最小化模型来探讨。共识的基础是少数要服从多数,那么我们设最小化模型的将军数是3,分别是A、B、C,假设3人中有1个是叛徒。

当A发出"进攻"命令时,B如果是叛徒,他可能告诉C,他收到的是"撤退"的命令。这时C收到一个"进攻",一个"撤退",于是C无法判断真假。

如果 A 是叛徒，他告诉 B"进攻"，告诉 C"撤退"。当 C 告诉 B，他收到了"撤退"命令时，B 由于收到了 A"进攻"的命令，而无法与 C 保持一致。

由于上述原因，如果有 1 个是叛徒，即叛徒数等于 1/3，拜占庭问题不可解。

拜占庭将军问题解决方法主要有以下几种。

1. 口头协定方法

所谓口头协定，就是将军们使用信使传递口头信息，要满足以下三个条件：

①被发送的消息能够被信使正确传递；

②接受者知道消息是哪个将军发出的；

③能够知道谁没有发送消息。

也就是说，信道可信，消息来源可知。消息传递一般的步骤如下：

步骤 1：每位将军都给其他将军传递口信；

步骤 2：每位将军将自己收到的口信分别转给其他将军；

步骤 3：每位将军根据收到的口信做出决策。

这样每轮下来，每个将军都会收到 $N-1$（N 是将军数）条消息，相当于每个将军都知道了其他将军手里的投票。如果有一半以上的将军说"进攻"，那么就可以进攻，即便是有叛徒，只要听大部分人的，也可以保证达成一致。

但是口头协定有个很大的弊端，就是不知道消息的上一个来源是哪个将军发出来的，就算将军中间有叛徒，也不知道谁是叛徒。

2. 书面协定方法

不同于口头协定，将军之间的通信使用书信，并且在书信上都要签上国王发给将军们的印章。相比于口头协定，又多了两个隐含条件：

①将军使用印章对书信签名，签名确定将军身份，不可伪造，篡改签名可被发现；

②任何将军都可以验证签名的有效性。

书面协定的本质就是引入了"签名系统"，这使得所有消息都可追本溯源。只要采用了书面协定，忠诚的将军就可以达到一致。在这种方式下，将军们按照以下方式发送消息：

步骤 1：每位将军分别给其他将军发送书信，并在书信后附上自己的签名；

步骤 2：其他将军收到书信后，附上自己的签名后再发给所有其他将军；

步骤 3：每位将军根据自己收到的书信进行决断。

书面协定貌似完美解决了拜占庭将军问题，但实际上这个解决方案是建立在诸多限制条件下的。在现实的去中心化的分布式系统中，我们可能会遇到各种各样的问题。例如：

①没有考虑信使传递消息的时延问题；

②真正可信的签名体系很难实现，也很难避免签名造假；

③将军们的印章是国王颁发的，难以褪去中心化机构的影响。

另外,如果每个将军都向其他将军派遣信使表达自己的观点,那么一轮信息交流需要 90 次的信使往来。而且每个将军的观点都可能不一致,在异步通信模式下,几乎很难达成一致。而且让所有将军都相信中心化的国王签发的印章的真实性,实际上也违反了整个问题的前提,那就是将军们互相不信任,即便是有国王的存在。

3. 基于区块链的方法

以上两种解决办法或多或少都存在瑕疵,并不能完美地解决问题。那么有没有一种趋近完美的解决方案呢?

拜占庭将军问题之所以难解,一个重要的原因就是在任意时间,系统中可能会存在多个提案,也就是问题描述中的每个将军都可以给出自己的意见。这样一来,很难在一个时刻对结果进行一致性确认。中本聪创新性地引入了 PoW 共识算法,解决了两个困难。

一是限制一段时间内提案的个数,只有拥有对应权限的节点(将军)可以发起提案。在比特币系统里,是通过哈希函数的计算竞赛分配权限的,谁第一个计算出对应的答案,谁才有权发起提案。

二是由强一致性放宽至最终一致性。对一次提案的结果不需要全部的节点马上跟进,只需要在节点能搜寻到的网络中的所有链条中选取最长的链条进行后续拓展就可以。

同时,区块链技术使用非对称加密算法对节点间的消息传递提供签名技术支持,每个节点(将军)都有属于自己的密钥(公钥、私钥),唯一标识节点身份。使用非对称加密算法传递消息,能够保证消息传递的私密性,而且消息签名不可抵赖,不可篡改。

使用公钥加密数据,使用公钥对应的私钥进行解密;使用私钥进行签名的消息,只需要使用私钥对应的公钥验证签名即可。比如,A 将军想要给 B 将军发送消息,那么只需要使用 B 将军的公钥加密消息,B 将军收到消息后使用自己的私钥解密消息即可。而如果 A 将军想申明自己的身份,只需要对消息使用自己的私钥进行签名即可,B 将军收到消息后就可以使用 A 将军的公钥验证消息的来源。这样就将一个不信任的网络变成了信任网络。

有人认为区块链系统中的 PoW 算法浪费了大量的电力资源、GPU 资源等,是不可取的做法。但实际上,区块链是通过使用 PoW 共识算法来保证系统的去中心化,成就了可信网络。达成信任这一目标不管以何种方式完成,成本永远不可能为零。而在以比特币为代表的区块链网络中,电力资源、GPU 资源就是达成信任需要付出的成本。

在区块链这样的分布式网络中,我们还是以将军为例:

①每位将军都保留一份历史消息账本;

②因为每份消息都是进行过签名的,所以如果有背叛的将军,我们很容易就能找出来;

③在一轮共识的流程里,即便有消息不一致,但是只要背叛将军个数不超过 1/3,这一轮共识就能达成。

这里,我们可以很清楚地看到区块链和拜占庭将军问题的共性所在,都是决定由谁发起消息(提案),以及如何在去中心化的分布式系统中达成一致的问题。

区块链系统摒弃了口头协定与书面协定的诸多限定,使用非对称加密算法、PoW 共识算法,构建了一套去中心化的分布式系统中大家都遵守的协议,几乎可以说是至善至美地解决了拜占庭将军问题,同时也为未来的世界提供了无限的可能性。

5.2.2.3　实用拜占庭容错算法 PBFT

为了解决节点故障可能造成的对系统的危害,实用拜占庭容错算法 PBFT (Practical Byzantine Fault Tolerance)采用了一种比较简捷的办法。

首先借用一个类比,PBFT 算法要求至少 4 个参与者,1 个被选举为将军,3 个作为士兵。将军接到国王向前行军 500 公里的命令。将军就会给 3 个士兵发命令向前行军 500 公里。3 个士兵收到消息后会执行命令,并汇报结果。A 士兵说我在首都以东 500 公里,B 士兵说我在首都以东 500 公里,C 士兵说我在首都以东 250 公里。将军总结 3 个士兵的汇报,发现首都以东 500 公里占多数(2 票>1 票),所以就会忽略 C 士兵的汇报结果,将军就会向国王汇报现在部队是在首都以东 500 公里了。这就是 PBFT 算法。

PBFT 算法的核心是 $n \geq 3f+1$。

n 是系统中的总节点数,f 是允许出现故障的节点数。换句话说,如果这个系统允许出现 f 个故障,那么这个系统必须包括 n 个节点,$n \geq 3f+1$,这样才能避免故障节点给整个系统运营带来损害。

我们以图 5-4 为例,分析 PBFT 算法达成一致的几个发展阶段。在图 5-4 中,存在 4 个节点,分别为节点 0、节点 1、节点 2 和节点 3,其中节点 3 为故障节点。几个阶段如下:

①从全网节点选举出一个主节点(Leader),新区块由主节点负责生成。

②Pre-Prepare。每个节点把客户端发来的交易向全网广播,主节点 0 将从网络收集到需放在新区块内的多个交易排序后存入列表,并将该列表向全网广播,扩散至节点 1、节点 2 和节点 3。

③Prepare。每个节点接收到交易列表后,根据排序模拟执行这些交易。所有交易执行完后,基于交易结果计算新区块的哈希摘要,并向全网广播,节点 1 向节点 0、节点 2 和节点 3 广播,节点 2 向节点 0、节点 1 和节点 3 广播。节点 3 因为宕机无法广播。

④Commit。如果一个节点收到 $2f$(f 为可容忍的拜占庭节点数)个其他节点发来的摘要都和自己相等,就向全网广播一条 commit 消息。

⑤Reply。如果一个节点收到 $2f+1$ 条 commit 消息,即可提交新区块及其交易到本地的区块链和状态数据库。

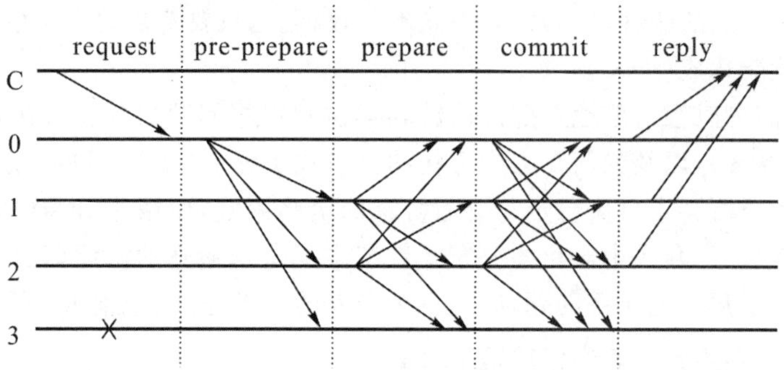

图 5-4 PBFT 算法的阶段

拜占庭容错能够容纳将近 1/3 的错误节点误差,IBM 创建的 Hyperledger 0.6 版本就使用了该算法作为共识算法(1.0 版本已弃用,使用 kafka)。

PBFT 算法机制下有一个视图(view)的概念,在一个视图里,一个是主节点,其余的是备份节点。主节点负责将来自客户端的请求排好序,然后按顺序发送给备份节点。但是主节点可能会是拜占庭的,它可能会给不同的请求编上相同的序号,或者不去分配序号,或者让相邻的序号不连续。备份节点有职责主动检查这些序号的合法性,并能通过超时(timeout)机制检测到主节点是否已经宕掉。当出现异常情况时,这些备份节点就会触发视图更换(view change)协议来选举出新的主节点。

视图是连续编号的整数。主节点由公式 $p=v \bmod |R|$ 计算得到,这里 v 是视图编号,p 是副本编号,$|R|$ 是副本集合的个数。当主节点失效的时候就需要启动视图更换(view change)过程。

1.预准备阶段

在预准备阶段,主节点分配一个序列号 n 给收到的请求,然后向所有备份节点群发预准备消息,预准备消息的格式为 $<<PRE-PREPARE,v,n,d>,m>$,这里 v 是视图编号,m 是客户端发送的请求消息,d 是请求消息 m 的摘要。

请求本身是不包含在预准备的消息里面的,这样就能使预准备消息足够小。因为预准备消息的目的是作为一种证明,确定该请求是在视图 v 中被赋予了序号 n,从而在视图变更的过程中可以追索。另外,将"请求排序协议"和"请求传输协议"解耦,有利于对消息传输的效率进行深度优化。

2.备份节点对预准备消息的态度

只有满足以下条件,各个备份节点才会接收一个预准备消息:

①请求和预准备消息的签名正确,即 d 与 m 的摘要一致。

②当前视图编号是 v。

③该备份节点从未在视图 v 中接受过序号为 n 但是与摘要 d 不同的消息 m。

④预准备消息的序号 n 必须在水线上下限 h 和 H 之间。

水线存在的意义在于防止一个失效节点使用一个很大的序号消耗序号空间。

3.进入准备阶段

如果备份节点 i 接受了预准备消息 $<<PRE-PREPARE,v,n,d>,m>$,则进入准备阶段。在准备阶段,该节点向所有副本节点发送准备消息 $<PREPARE,v,n,d,i>$,并且将预准备消息和准备消息写入自己的消息日志。如果认为预准备消息存在问题,就什么都不做。

4. 接收准备消息需要满足的条件

包括主节点在内的所有副本节点在收到准备消息之后,对消息的签名是否正确、视图编号是否一致、消息序号是否满足水线限制这 3 个条件进行验证,如果验证通过则把这个准备消息写入消息日志中。

5. 准备阶段完成的标志

副本节点 i 将(m,v,n,i)记入其消息日志,其中 m 是请求内容,预准备消息 m 在视图 v 中的编号 n,以及 $2f$ 个从不同副本节点收到的与预准备消息一致的准备消息。每个副本节点验证预准备和准备消息的一致性主要通过检查视图编号 v、消息序号 n 和摘要 d。

预准备阶段和准备阶段确保所有正常节点对同一个视图中的请求序号达成一致。

6. 进入确认阶段

当(m,v,n,i)条件为真的时候,副本 i 将 $<COMMIT,v,n,D(m),i>$ 向其他副本节点广播,于是就进入了确认阶段。每个副本接受确认消息的条件是:

① 签名正确;

② 消息的视图编号与节点的当前视图编号一致;

③ 消息的序号 n 满足水线条件,在 h 和 H 之间。

一旦确认消息的接收条件满足了,则该副本节点将确认消息写入消息日志中。

7. 接收确认消息需要满足的条件

定义确认完成 committed(m,v,n)为真的条件为,任意 $f+1$ 个正常副本节点集合中的所有副本 i 满足 prepared(m,v,n,i)为真;

本地确认完成 committed-local(m,v,n,i)为真的条件为,prepared(m,v,n,i)为真,并且 i 已经接受了 $2f+1$ 个确认(包括自身在内)与预准备消息一致。

确认与预准备消息一致的条件是具有相同的视图编号、消息序号和消息摘要。

8. 确认被接受的形式化描述

确认阶段保证了对某个正常节点 i 来说,如果 committed-local(m,v,n,i)为真,则 committed(m,v,n)也为真。这个不变式和视图变更协议保证了所有正常节点对本地确认的请求序号达成一致,即使这些请求在每个节点的确认处于不同的视图,即这个不变式保证了任何正常节点的本地确认最终会确认 $f+1$ 个更多的正常副本。

9. 终结

每个副本节点 i 在 committed-local(m,v,n,i)为真之后执行 m 的请求,并且 i 的状态反映了所有编号小于 n 的请求依次顺序执行。这就确保了所有正常节点以同样的顺序执行所有请求,也就保证了算法的正确性。在完成请求的操作之后,每个副本节点都向客户端发送回复,副本节点会把时间戳比已回复时间戳更小的请求丢弃,以保证请求只会被执行一次。

10.使用计时器的超时机制触发视图变更事件

视图变更将在主节点失效的时候仍然保证系统的活性。视图变更可以由超时(timeout)机制触发,以防止备份节点无期限地等待请求的执行。备份节点在接收到一个有效请求,但是还没有执行它时,会查看计时器是否在运行,如果没有,那么它将启动计时器;当请求被执行时就把计时器停止。如果计时器超时,将会把视图变更的消息向全网广播。

各个节点会收集视图变更信息,并发送确认给 view $v+1$ 中的主节点。新的主节点收集了视图变更和视图变更确认消息(包含自己的信息),然后选出一个 checkpoint 作为新 view 处理请求的起始状态。它会从 checkpoint 的集合中选出编号最大(假设编号为 h)的 checkpoint。接下来,主节点会从 h 开始依次选取 h 到 $h+L$(L 是高低水位之差)之间的编号 n 对应的请求在新的 view 中进行 pre-prepare,如果一个请求在上一个 view 中到达了 committed 状态,主节点就选取这个请求开始在新的 view 中进入第三阶段。但是如果选取的请求在上一 view 中并没有被 prepare,那它的编号 n 有可能是不被同意的,我们会在新的 view 中废除这样的请求。

5.2.3 (t,n)门限

门限方案解决的是密钥管理的安全问题。

Shamir 和 Blakley 于 1979 年分别独立提出了密钥共享的概念,并给出了(t,n)门限密钥共享方案。(t,n)门限密钥共享方案是把一个密钥分成若干密钥份额分给 n 个参与者保存,这些参与者中 t 个或 t 个以上的参与者所构成的子集可重构这个密钥。

Shamir 方案作为一种被广泛选用的门限方案,有以下优点:

①t 个密钥份额可以确定出整个多项式,并可计算出其他的密钥份额。

②在原有分享者的密钥份额保持不变的情况下,可以增加新的分享者。

③原有共享密钥未暴露前,通过构造常数项仍为共享密钥的具有新系数的 $t-1$ 次多项式,重新计算新一轮分享者份额,从而使原有秘密份额作废。

方案的限制:

①在密钥分发阶段,不诚实的密钥分发者可以分发无效的密钥份额给参与者。

②在密钥重构阶段,某些参与者可能提交无效的秘密份额使得无法恢复正确密钥。

③密钥分发者与参与者之间需要点对点安全通道。

为了保护密钥不使其因损坏而蒙受巨大损失,人们往往采取建立多个拷贝的方法,这在增加可靠性的同时也加大了风险。秘密共享(secret sharing)是一种可取的方案,因为它在增加可靠性的同时不加大风险,而且有助于关键行为(如签署支票、打开金库)的共同控制。秘密共享是一种份额化的密钥分配技术,其基本思想是把秘密分成许多块(称为份额 share),分别由多人掌管。必须有足够多的份额才能重建原来的秘密,并用它触发某个动作。

一类特殊的秘密共享称为(t,n)门限方案(threshold scheme)。令 $t<n$ 是正整

数,在 n 个参与者组成的集体中共享密钥 k,其中任何 t 个参与者组成的子集可以重构密钥 k,而任何小于 t 个参与者组成的子集将无法算出 k。

(t,n) 门限方案是更多普遍的共享方案的关键组成模块。(t,n) 门限方案的一种方法——Shamir 阈值方案,是由 Shamir 在 1979 年设计的,它是基于高等代数中的一些思想的自然推广。

用 K 表示密钥集,S 表示子密钥集,P 是参与者集合且 $P=\{P_i|1\leqslant i\leqslant n\}$。在 Shamir 的 (t,n) 门限体制中,分发者构造了一个次数至多为 $t-1$ 的随机多项式 $a(x)$,其常数项为密钥 k,每个参与者 P_i 得到了多项式 $a(x)$ 所确定的曲线上的一个点 $(x_i,y_i)(1\leqslant i\leqslant n)$。设 $K=Z_p$,其中 $p\geqslant n+1$ 为素数,子密钥集 $S=Z_p$,这里,密钥 k 和分配给参与者的子密钥都是 Z_p 中的元素。

(1)分发者随机选择一个 $t-1$ 次多项式 $h(x)=a_{t-1}x^{t-1}+\cdots+a_1x+a_0,a_0=k$;

(2)分发者选择 Z_p 中 n 个不同的非零元 $x_1,x_2,\cdots,x_n$,计算 $y_i=h(x_i)(1\leqslant i\leqslant n)$;

(3)D 将 (x_i,y_i) 分配给每个参与者 $P_i(1\leqslant i\leqslant n)$,值 $x_i(1\leqslant i\leqslant n)$ 是公开知道的,$y_i(1\leqslant i\leqslant n)$ 作为参与者的共享密钥。

例:设 $p=17,t=3,n=5$,并且公开的 x 坐标 $x_i=i(1\leqslant i\leqslant 5)$,$B=\{P_1,P_3,P_5\}$。设 P_1,P_3,P_5 的子密钥分别为 $y_1=8,y_3=10,y_5=11$,记多项式为

$$h(x)=a_2x^2+a_1x+a_0 \bmod 17$$

并且由计算 $h(1),h(3),h(5)$ 得到 Z_p 中三个线性方程

$$a_0+a_1+a_2=8\bmod 17$$
$$a_0+3a_1+9a_2=10\bmod 17$$
$$a_0+5a_1+8a_2=11\bmod 17$$

容易求出,此线性方程组在 Z_{17} 中的唯一解 $a_0=13,a_1=10,a_2=2$,故得到密钥 $k=a_0=13$,多项式 $h(x)=2x^2+10x+13\bmod 17$。

一般地,令 $y_{i_j}=h(x_{i_j})(1\leqslant j\leqslant t)$,$h(x)=a_{t-1}x^{t-1}+\cdots+a_1x+a_0\in Z_p$,$a_0=k$,则由参与者的子集的密钥 (x_{i_j},y_{i_j}) 可得如下方程组:

$$a_0+a_1x_{i_1}+\cdots+a_{t-1}x_{i_1}^{t-1}=y_{i_1}$$
$$a_0+a_1x_{i_2}+\cdots+a_{t-1}x_{i_2}^{t-1}=y_{i_2}$$
$$\cdots$$
$$a_0+a_1x_{i_t}+\cdots+a_{t-1}x_{i_t}^{t-1}=y_{i_t}$$

其系数矩阵 $\boldsymbol{A}$ 为范德蒙矩阵,并且 $\boldsymbol{A}$ 的行列式值

$$|\boldsymbol{A}|=\prod_{1\leqslant j\leqslant s\leqslant t}(s_{i_s}-x_{ij})\bmod p(1\leqslant j<s\leqslant t)。$$

因为每一个 x_{i_j} 的值均两两不同,所以 $|\boldsymbol{A}|\neq 0$,故上述线性方程组在 Z_p 中有唯一解 $(a_0,a_1,\cdots,a_{t-1})$。这样,从发给某 t 个参与者的子密钥 (x_{i_j},y_{i_j}) 便可确定多项式 $h(x)$ 及密钥 $k=a_0$。

$t-1$ 个参与者计算 k 的值,其结果如何? 此时,上述方程组是 t 个未知数 $t-1$ 个方程的线性方程组。假设他们以猜一个 y_0 的方法来增加方程组中方程的个数(第 t 个方程),以达到使上述方程组有解的目的。对每一个猜测的子密钥 y_0 的值,都存在

一个唯一的多项式 $h_{y_0}(x)$,满足

$$y_{i_j} = h_{y_0}(x_{i_j}), 1 \leqslant j \leqslant t-1$$

并且 $y_0 = h_{y_0}(0)$。而密钥值是 $k=a_0=h(0)$。因此,$t-1$ 个参与者合伙也不能推出密钥 k。更确切地说,任何小于等于 $t-1$ 个参与者构成的组都不能得到有关密钥 k 的任何信息。

假设已经有了上述多项式并且每个参与者都有了自己的子密钥 $y_i=h(x_i)$ $(1 \leqslant i \leqslant n)$,则每一对 (x_i, y_i) 都是"曲线"$h(x)$ 上的一个点,因为 t 个点唯一地确定多项式 $h(x)$,所以 k 可以由 t 个共享重新构出。但是,从 $t_1 < t$ 个共享就无法确定 $h(x)$ 或 k。

给定 t 个共享 y_{i_s} $(1 \leqslant s \leqslant t)$,根据拉格朗日插值公式重构的 $h(x)$ 为

$$h(x) = \sum_{s=1}^{t} y_{i_s} \prod_{j \neq s, 1 \leqslant j \leqslant t} \frac{x - x_{i_j}}{x_{i_s} - x_{i_j}} \bmod p$$

其中的运算都是 Z_p 上的运算。

一旦知道了 $h(x)$,通过 $k=h(0)$ 就易于计算出密钥 k。因为

$$k = h(0) = \sum_{s=1}^{t} y_{i_s} \prod_{j \neq s, 1 \leqslant j \leqslant t} \frac{-x_{i_j}}{x_{i_s} - x_{i_j}} \bmod p$$

若令

$$b_s = \prod_{j \neq s, 1 \leqslant j \leqslant t} \frac{-x_{i_j}}{x_{i_s} - x_{i_j}} \bmod p$$

则

$$k = h(0) = \sum_{s=1}^{t} b_s y_{i_s}$$

因为 x_i $(1 \leqslant i \leqslant n)$ 的值是公开知道的,所以可以计算出 b_s $(1 \leqslant s \leqslant t)$。

例:上述例子中参与者的子集是 $\{P_1, P_3, P_5\}$. 根据上述例子可以计算出

$$b_1 = \frac{-x_3}{x_1 - x_3} \cdot \frac{-x_5}{x_1 - x_5} \bmod 17 = 3 \times 5 \times (-2)^{-1} \times (-4)^{-1} \bmod 17 = 4$$

类似地可得 $b_3=3, b_5=11$。在给出子密钥分别为 $8,10$ 和 11 的情况下,根据上式可以得到

$$k = 4 \times 8 + 3 \times 10 + 11 \times 11 (\bmod 17) = 13$$

Shamir 门限体制可建立在任何有限域 F_q 上,其中 q 为素数的方幂,在计算机的应用中,最感兴趣的是有限域 F_{2^n}。

5.3　密码协议在区块链中的作用

密码技术是区块链的基础和核心。密码技术的底层是基于数学原理严格构造的对称密码算法、公钥密码算法、哈希算法、承诺方案、密码学意义上的随机数发生器等密码学原语。而密码协议是建立在密码学原语基础上,并在此之上为区块链中的共识

机制、智能合约、隐私保护等功能应用提供对应的密码服务,实现机密性、完整性、可用性、可控性、不可抵赖性等安全特性。

5.3.1　共识机制

5.3.1.1　共识机制介绍

所谓共识,就是指大家达成一致的意思。在区块链系统中,每个节点必须要做的事情就是让自己的账本和其他节点的账本保持一致。在传统的软件系统中,这几乎不是问题,因为有一个中心服务器存在,也就是所谓的主库,其他库向它看齐就行。在实际生活中,很多事情也是按照这种思路来处理的。但是区块链是一个分布式的对等网络,在该结构中没有哪个节点是"老大"或是"标准",一切都要通过协商来处理。在区块链系统中,如何让每个节点按照规则保持数据一致是一个核心问题,其对应的解决方案就是制定一套共识算法。

共识算法其实就是一套规则,每个节点都要按照这套规则去确认自己的数据,并且我们要从所有的节点中选举出一个最具有代表性的节点。那么如何筛选出最有代表性的节点呢? 其实就是要根据目标要求设置一组条件,就像我们筛选运动员、尖子生一样,给一组指标让大家来完成,谁完成得最好,谁就有机会被选上。在区块链系统中,存在着很多种这样的筛选方案,比如 PoW(proof of work,工作证明)、PoS(Proof of stake,权益证明)、DPoS(Delegate proof of stake,委托权益证明)、PBFT(Practical Byzantine Fault Tolerance,实用拜占庭容错算法)等。区块链系统就是通过这些筛选算法或者共识算法使得网络中各个节点的账本数据达成一致。

区块链解决了在不可信信道上传输可信信息、价值转移的问题,而共识机制解决了区块链如何在分布式场景下达成一致性的问题。区块链的一个伟大创新就是它的共识机制在去中心化的场景下解决了节点间互相信任的问题。区块链能在众多节点无中心的情况下达到一种较为平衡的状态也是因为共识机制。密码学从底层构建了区块链系统,共识机制则是保障区块链系统不断运行下去的关键。

所以当分布式的思想被提出来时,人们就开始根据 FLP 定理[①]和 CAP 定理[②]设计共识算法了。

规范地说,理想的分布式系统的一致性应该满足以下三点:

①可终止性(Termination)。一致性的结果可以在有限时间内完成。

②共识性(Consensus)。不同节点最终完成决策的结果应该相同。

---

① FLP Impossibility(FLP 不可能性)是分布式领域中一个非常著名的结果,该结果在专业领域被称为"定理"。FLP 给出了一个令人吃惊的结论:在异步通信场景,即使只有一个进程失败,也没有任何算法能保证非失败进程达到一致性!

② CAP 定理,又称 CAP 原则和布鲁尔定理,指的是在一个分布式系统中,Consistency(一致性)、Availability(可用性)、Partition Tolerance(分区容忍性)这 3 个基本需求,最多只能同时满足其中的 2 个。

③合法性(Validity)。决策的结果必须是某个节点提出的提案。

但是在实际的计算机集群中,可能会存在以下问题:

①节点处理事务的能力不同,网络节点数据的吞吐量有差异;

②节点间通讯的信道可能不安全;

③可能会有作恶节点出现;

④当异步处理能力达到高度一致时,系统的可扩展性就会变差(容不下新节点的加入)。

科学家认为,在分布式场景下达成完全一致性是不可能的,但是工程学家认为可以牺牲一部分代价来换取分布式场景的一致性。所以基于区块链设计的各种共识机制都可以看作牺牲一部分代价来换取多适应性的一致性,其实质也就是在适当的时间空间牺牲一部分代价换取适用于当时场景的一致性,从而实现灵活的可插拔式的区块链系统。此外,共识机制又分为两种,即根据分布式系统中有无作恶节点,分为拜占庭容错和非拜占庭容错的共识机制。

5.3.1.2 共识机制种类

共识机制是区块链系统在节点分布式情况下达成一致的核心机制,对区块链系统的建立和发展意义重大。区块链可以看作是一种去中心化的分布式账本系统,这个系统在点对点网络下存在较高的网络延迟,各个节点所观察到的交易事务先后顺序不可能完全一致,对事务的认识和态度也不一致。共识机制的作用就是保证在一个时间点上全网节点对事务的先后顺序达成共识,对事务的认识和态度形成一致意见。

根据技术手段、开放程度不同,区块链可分为私有区块链、联盟区块链和公有区块链,相对应的则存在如图5-5所示的私有链共识机制、联盟链共识机制和公有链共识机制分类。私有链可以绝对信任节点,联盟链要求有高效的计算环境。但公有链并不能够提供这样良好的计算环境,此时传统的分布式一致性算法更为适合。

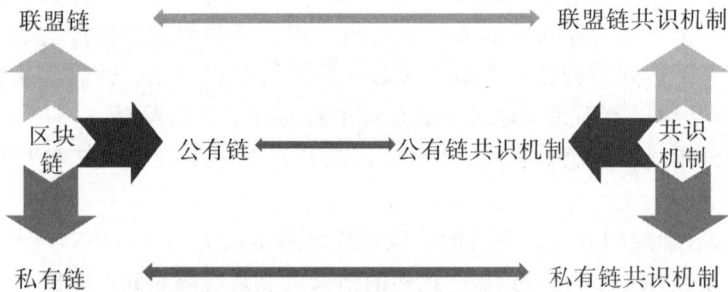

图 5-5 共识机制种类

私有链共识机制的适用环境一般不考虑集群中存在作恶节点,只考虑因系统或者网络原因导致的故障节点。在这种情况下达成共识通常使用 Paxos 算法①或 Raft 算

---

① Paxos 算法是由莱斯利·兰伯特(Leslie Lamport)在 1990 年提出的一种基于消息传递的一致性算法,解决的是一个分布式系统如何就某个值(决议)达成一致的问题。

法①。Raft 是 Paxos 的改进版,比 Paxos 容易理解,容易实现,并强化了 leader 的地位。

联盟链共识机制的适用环境除了需要考虑集群中存在故障节点,还需要考虑作恶节点,在联盟链中,每个新加入的节点都需要验证和审核。实用拜占庭容错算法(PBFT)可以在恶意节点不高于总数 1/3 的情况下,对新发生的事务进行共识,且保证安全性和灵活性。

公有链的共识机制和联盟链类似,需要考虑网络中存在故障节点和作恶节点,但公有链中的节点可以自由地加入或者退出系统,不需要严格的验证和审核。常见的公有链共识机制有工作量证明机制(PoW)、权益证明机制(PoS)、股份授权证明机制(DPoS)。

PoW 共识机制由算力决定记账权,按照持有的算力占总算力的百分比来决定获得该次记账权的概率。PoS 共识机制由持币数以及持有的时间来决定记账权。持有币的数量及持有的时间占系统总量的百分比,决定了获得该次记账权的概率。为进一步加快交易速度,同时解决 PoS 中节点离线也能累积币龄的安全问题,DPoS 被提出。DPoS 共识机制是一种基于投票选举的共识算法,类似于代议制民主。

从 PoW 到 PoS 再到 DPoS,是公有链共识机制发展的一条主线。各种共识机制,各有优劣,互存长短。PoW 共识机制安全性较高,面临攻击威胁小,但效率低。PoS 和 DPoS 效率得到提升,但安全性较差。公有链几种共识机制的比较见表 5-1 所示。

表 5-1　公有链共识机制比较

共识机制	优点	缺点	应用项目
PoW	完全去中心化。 节点自由进出,易于实现。 破坏系统需花费巨大成本。 记账节点选择通过求解哈希函数完成,不需人为参与。	TPS 低,无法满足高频交易需求。 为确保去中心化和安全,确认时间长。 巨大的资源消耗。	比特币 比特币现金 比原链等
PoS	不需消耗能源和硬件设备。 缩短了区块产生和确认时间,提高了系统效率。	拥有代币数量大的节点获得记账权概率大,容易使系统失去公正性。 规则复杂,人为因素多,对网络攻击成本低,易产生漏洞。 存在币龄依赖问题,会降低挖矿难度,产生双花攻击。	未来币 NXT ShadowCash BlackCoin Nushares 等
DPoS	不需消耗能源和硬件设备。 缩短了区块产生和确认时间,提高了系统效率。 减少了记账节点规模。 不需要挖矿和全节点验证,简单高效。	过于中心化,存在人为操作空间。	EOS XRB LISK 等

---

① Raft 能和 Paxos 产生同样的结果,有着和 Paxos 同样的性能,但是结构却不同于 Paxos,比Paxos 更易于理解。

共识机制可归结为以下几类:传统一致性算法(解决拜占庭将军问题的拜占庭容错算法 PBFT、解决非拜占庭问题的分布式一致性算法 Paxos 和 Raft)的改进、PoW 算法的改进、PoS 算法的改进以及 PoW 与 PoS 的结合(如针对 PoS 其中某个缺点进行修改而诞生的新协议,如 PoSV 和 PoA)。

共识机制是区块链技术框架中非常重要的一种技术,正是因为共识机制的存在,区块链才能在分布式网络中达到一致性状态。现有的区块链项目在选用共识机制时,通常会考虑资源消耗问题、节点扩展问题、安全性问题、效率问题以及开放性问题,但没有一种共识算法是适用于所有应用场景的,通常是选择牺牲一部分性能而换取另一部分性能的提升。如 DPoS 机制,牺牲了部分安全性,提升了时间效率。

没有一种共识机制是完美的,共识机制的背后实际上是人与人之间的博弈,再严谨的计算机编码遇到利益相关方的博弈,人类的判断原则都会受到影响。

区块链涉及的领域已经从最初的金融市场延伸至物联网、公益、社会管理等各个领域,每个场景的业务需求、参与人数、解决的问题、个人的可能行为、利益方的博弈方式都是不同的,这就要求共识机制的设计需要根据具体场景进行。适合 A 场景的共识机制不一定适合 B 场景,如公有链的共识机制如果运用到联盟链上或者私有链上,就完全不能满足联盟链或私有链高效率、高信任的要求。

因为任何共识机制都不能满足所有应用场景,那么设计出符合更多应用场景需要或者创造出适合自己项目产业背景、项目需求、算法创造诉求等要求的共识机制,也就可以称之为好的共识机制。同时,好的共识机制不仅能满足当下的需求,而且要具有前瞻性,能够有效遏制作恶节点的产生。

共识机制要使得区块链系统参与节点在相互没有信任基础的情况下就某项行为达成一致性,但这个过程不是一蹴而就的,而是需要经过不断测试、修改、调整而逐步演进的过程。共识机制的演进过程不仅需要我们能够及时发现各种算法的漏洞,而且还要有对未来行为的预判性和前瞻性,在对场景深度分析的基础上,逐步完善共识机制。

随着项目的进展,原本意图美好的共识机制可能会产生危机,共识机制一旦出现危机,就预示着整个系统的安全性和效率是需要怀疑的,共识机制就需要被修改或者重新设计。

例如,比特币系统始终面临两个大的危机,一是比特币的产量每 4 年就减半,随着比特币的产量越来越低,矿工挖矿的动力将会不断下降,矿工人数就会越来越少,整个比特币网络就有可能逐渐陷入瘫痪。二是随着矿工人数的下降,比特币很有可能遭受一些高算力的人或团队或矿池的 51% 攻击,导致整个比特币网络崩溃。

为克服这两个危机,PoS 共识机制被提出,并提出了对应的解决方案。在 PoS 体系中,只有运行节点才能发现 PoS 区块,才会获得激励。同时有一部分代币并不是挖矿产生的,而是由生成 PoS 区块的利息产生的。而 PoS 机制要求攻击者须持有全球超过 51% 的货币量,这些设计都大大提高了 51% 攻击的难度。但是随着时间的推移,

PoS 共识机制也暴露出了缺点,比如共识效率还不够高,比如存在离线攻击,即节点以离线方式锁币赚取收益而不参与系统运维,这就会影响到区块链网络的健壮性。为克服这些缺陷新的协议被提出,如 DPoS、PoA、PoSV。

现有的共识机制各有各的优缺点,随着区块链场景的不断拓展,满足新的需求的共识机制将会不断涌现。共识机制的设计需要进一步从经济学、政治学、伦理学以及哲学层面去研究,这与区块链本身的复杂性密不可分。区块链是包含了技术、经济、金融、社会组织治理和哲学思维等的复杂性综合体。

5.3.2　智能合约

智能合约[①]的存在是为了让复杂、带有触发条件的数字化承诺能够按参与者意愿正确执行。基于区块链的智能合约包括事务处理和事务保存机制,以及一个完备的自动状态机。从某种意义上来说,其工作原理类似于其他计算程序的 if-then 语句——包含发送数据的事务及涵盖数据描述信息的事件存入智能合约后,合约的资源状态被更新,进而触发状态机进行判断。如果存在满足时间描述信息的触发条件,状态机将根据预设信息选择合约动作自动执行。

简单来说,智能合约是一个事务处理模块和状态机构成的系统,它的存在是为了让复杂、带有触发条件的数字化承诺能够按参与者意愿正确执行。

"多方用户共同参与制定一份智能合约"的过程,包括如下步骤:

①首先用户必须先注册成为区块链的用户,区块链返回给用户一对公钥和私钥;公钥作为用户在区块链上的账户地址,私钥作为操作该账户的唯一钥匙。

②两个及两个以上的用户根据需要,共同商定了一份承诺,承诺中包含了双方的权利和义务;这些权利和义务以电子化的方式,转换成机器语言;参与者分别用各自私钥签名,以确保合约的有效性。

③签名后的智能合约,会将其中的承诺内容传入区块链网络中。

"合约通过 P2P 网络扩散并存入区块链"的过程,包括如下步骤:

①合约通过 P2P 的方式在区块链全网中扩散,每个节点都会收到一份;区块链中的验证节点会将收到的合约先保存到内存中,等待新一轮的共识时间,触发对该份合约的共识和处理。

②共识时间一到,验证节点会把最近一段时间内保存的所有合约,一起打包成一个合约集合(set),并算出这个合约集合的 Hash 值,最后将这个合约集合的 Hash 值组装成一个区块结构,扩散到全网。其他验证节点收到这个区块结构后,会把里面包含的合约集合的 Hash 提取出来,与自己保存的合约集合进行比较,同时发送一份自

---

① 智能合约,Smart Contract,最早是由跨领域法律学者尼克·萨博(Nick Szabo)在 1995 年提出来的。他给出的定义是:"一个智能合约是一套以数字形式定义的承诺(promises),包括合约参与方可以在上面执行这些承诺的协议。"

已认可的合约集合给其他的验证节点。通过这种多轮的发送和比较,最后所有的验证节点在规定的时间内对最新的合约集合达成一致。

③最新达成的合约集合会以区块的形式扩散到全网,每个区块包含以下信息:当前区块的 Hash 值、前一区块的 Hash 值、达成共识时的时间戳,以及其他描述信息。同时区块链最重要的信息是带有一组已经达成共识的合约集,收到合约集的节点都会对每条合约进行验证,验证通过的合约才会最终写入区块链中,验证的内容主要是合约参与者的私钥签名是否与账户匹配。

"区块链构建的智能合约自动执行"过程包括了如下步骤:

①智能合约会定期检查自动机状态,逐条遍历每个合约内包含的状态机、事务以及触发条件;将条件满足的事务推送到待验证的队列中等待共识;未满足触发条件的事务将继续存放在区块链上。

②进入最新轮验证的事务会扩散到每一个验证节点,与普通区块链交易或事务一样,验证节点首先进行签名验证,确保事务的有效性。验证通过的事务会进入待共识集合,等大多数验证节点达成共识后,事务会成功执行并通知用户。

③事务执行成功后,智能合约自带的状态机会判断所属合约的状态,当合约包括的所有事务都顺序执行完成后,状态机会将合约的状态标记为完成,并从最新的区块中移除该合约;反之将标记为进行中,继续保存在最新的区块中等待下一轮处理,直到处理完毕。整个事务和状态的处理都由区块链底层内置的智能合约系统自动完成,全程透明、不可篡改。

参考文献

[1] 郑东,赵庆兰,张应辉.密码学综述[J].西安邮电大学学报,2013,18(6):1-10.

[2] 韩璇.区块链技术中的共识机制研究[A].中国计算机学会.第32次全国计算机安全学术交流会论文集[C].中国计算机学会,2017:6.

[3] 唐文剑,吕雯,等.区块链将如何重新定义世界[M].北京:机械工业出版社,2016.

[4] 高承实.回归常识–高博士区块链观察[M].北京:中国发展出版社,2020.

[5] 曹天杰,张永平,汪楚娇.安全协议[M].北京:北京邮电大学出版社,2009.

[6] 杨宇光,张树新.区块链共识机制综述[J].信息安全研究,2018(4):369-379.

[7] 谈森鹏,杨超.区块链 DPoS 共识机制的研究与改进[J].现代计算机(专业版),2019(6):11-14.

[8] 马春光,安婧,毕伟等.区块链中的智能合约[J].信息网络安全,2018,18(11):8-17.

[9] 陀螺研究院,安比实验室.零知识证明技术发展报告[R].2020.

［10］王尚平,王育民,王晓峰,等.DSA 数字签名的零知识证明[J].电子学报,2004:5.

［11］张晓敏,张建中.基于 ELGamal 数字签名的零知识证明身份鉴别方案[J].计算机工程与应用,2004,34:8-11.

［12］马春光,安婧,毕伟,等.区块链中的智能合约[J].信息网络安全,2018,18(11):8-17.

［13］国密应用研究院.数字签名? 电子签名? 傻傻分不清楚! [EB/OL].(2020-09-10)[2020-10-02].https://mp.weixin.qq.com/s/J3M9wjevW0S6EvkR8m5G3w.

［14］国密应用研究院.数字签名的工作原理[EB/OL].(2020-09-21)[2020-10-02].https://mp.weixin.qq.com/s/DyF-p8rsGEEU92ZRmz6E1Q.

［15］程朝辉.数字签名技术概览[J].信息安全与通信保密,2020(7):48-62.

［16］PlatON.区块链与密码学全民课堂第 6-8 讲:数字签名算法在区块链中的应用［EB/OL］.（2020-11-27）［2020-10-02］.https://mp.weixin.qq.com/s/TPAbV3hKhQ0J3hKW60jLMA.

［17］张国印,王玲玲,马春光.环签名研究进展[J].通信学报,2007,28(5):109-117.

［18］黄东平,刘铎,戴一奇.加权门限秘密共享[J].计算机研究与发展,2007,44(8):1378-1382.

第6章 区块链安全问题的密码学解决方案

区块链是一种建立在密码技术应用基础上的新型分布式网络交易记账系统。区块链在设计中采用了一些新的安全思想、方法和技术,能够满足全球范围内各种类型网络交易的现实需求,同时也为以区块链引领的科技创新提供了坚实的基础和发展动力。人们称区块链为信任机器,根本原因有两点:一是区块链是单向生长、不可回滚的;二是在链上数据关系是可以验证的。这两点是区块链存在巨大价值的基础。数据出现回滚或出现关系不能验证的数据,在区块链系统中是极为严重的事件,会造成混乱或分裂,动摇人们对区块链的信任,因此要极力避免。

密码技术主要有两个功能,一是防止数据被不该知道的人知道;二是让别人可以验证数据是真实的。密码学对区块链的作用在于,它为区块链数据不可伪造、不可篡改、可公开验证和隐私保护提供了基础保障。这是区块链的信任之源和价值之泉。密码学是区块链的底层技术,没有密码学就没有区块链,没有密码学支撑的区块链也不可能安全。

6.1 区块链系统面临的安全问题

伴随着区块链技术的不断发展,区块链本身的安全问题逐渐凸显,与区块链相关的诈骗、传销等社会化安全问题日益突出。

6.1.1 与区块链相关的数字加密货币安全事件频发

6.1.1.1 因加密货币系统自身机制而出现的安全事件——以比特币为例

2017年10月,比特币网络遭遇垃圾交易攻击,导致10%以上的比特币节点下线。2018年5月,比特币黄金(BTG)遭遇51%双花攻击,损失1860万美元。

51%双花攻击最为典型。所谓51%攻击就是有人掌握了全网51%以上的算力之后,就可以像赛跑一样,抢先完成一个更长的、伪造交易的链。比特币只认最长的链,所以伪造的交易也会得到所有节点的认可,假的也随之变成了真的。"双花"(Double Spending)从字面上看,就是一笔钱被花出去了两次。BTG事件就是黑客临时控制了区块链之后,不断地在交易所发起交易和撤销交易,将一定数量的BTG在多个钱包地址间多次转账,这样一笔"钱"就被支出了多次,黑客的地址因此能得到额外的比特币。

6.1.1.2　区块链生态系统出现的安全事件

虚拟数字货币交易所面临各种风险,包括 DDoS 攻击[①]事件、交易所账户被黑客控制、攻击者控制交易行情、场外套利等。

2018 年 3 月,号称世界第二大交易所的"币安"被黑客攻击,大量用户发现自己账户被盗。黑客将被盗账户所持有的比特币全部卖出,高价买入 VIA(维尔币),导致比特币大跌,VIA 暴涨 110 倍。

6.1.1.3　区块链系统使用者使用不当带来的风险

区块链是多种技术的组合,技术门槛相对较高,其发展也还处于比较早的时期,更多用户是专业的计算机程序员,用户界面也并不友好,要理解或完全掌握数字虚拟币钱包这些交易工具也有较高的门槛,要求使用者对计算机、加密原理、网络安全均有较高的认知。但许多数字虚拟币交易参与者并不具有这些能力,容易出现各种安全问题。

2017 年 7 月 1 日,中原油田某小区居民的 188.31 个比特币(当时价值 280 万美元)被盗。油田警方几个月后将位于上海的窃贼戴某抓获。据审查,戴某获取了该居民比特币钱包的私钥,导致了比特币被盗事件。

2017 年 10 月,东莞一名 imToken 用户发现 100 多个 ETH(以太坊币)被盗,最终确认是身边的朋友盗取了他的数字加密货币。这两个案例都是由于私钥保管不善而造成的安全事件。

6.1.2　引发区块链数字加密货币的三大类安全问题

腾讯安全联合知道创宇发布的《2018 上半年区块链安全报告》认为,基于区块链加密数字货币引发的安全问题来源于区块链自身机制安全、生态安全和使用者安全三个方面,具体事件分类如图 6-1 所示。

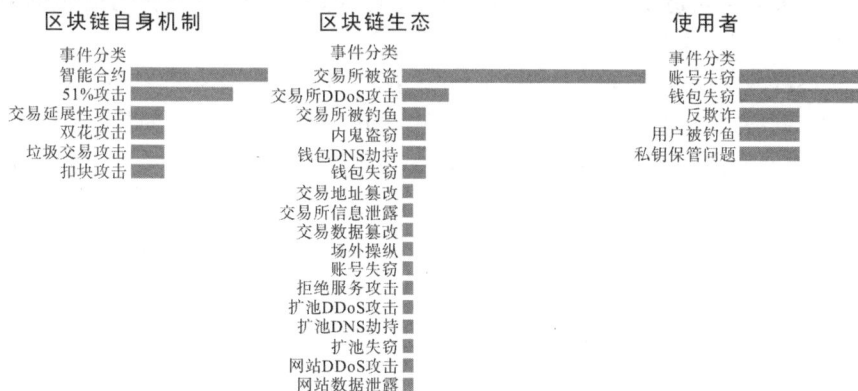

图 6-1　区块链数字加密货币三大安全问题

[①]　分布式拒绝服务攻击,是指处于不同位置的多个攻击者同时向一个或数个目标发动攻击,或者一个攻击者控制了位于不同位置的多台机器并利用这些机器对受害者同时实施攻击,大规模消耗目标网站的主机资源,让它无法正常服务。

上述三个方面的原因造成的经济损失分别是 12.5 亿、14.2 亿和 0.56 亿美元。

(1)区块链自身机制安全问题

①智能合约带来的安全问题;

②理论上存在的 51% 攻击已经成为现实。

(2)区块链生态安全问题

①交易所被盗;

②交易所、矿池、网站遭受 DDoS 攻击;

③钱包、矿池面临 DNS 劫持[①]风险(劫持数字虚拟币交易钱包地址的病毒已层出不穷);

④交易所被钓鱼、内鬼、钱包被盗、各种信息泄露、账号被盗等。

(3)使用者安全问题

①个人管理的账号和钱包被盗;

②被欺诈、被钓鱼、私钥管理不善,遭遇病毒木马等。

随着区块链系统及其生态的经济价值不断升高,不法分子开始利用各种攻击手段获取更多敏感数据,区块链数字加密资产被"盗窃"、被"勒索"、被"挖矿"等活动日益猖獗,区块链安全形势变得更加复杂。网络安全公司 Carbon Black[②] 的调查数据显示,2018 年上半年,有价值约 11 亿美元的数字加密货币被盗,且在全球范围内因区块链安全事件损失的金额还在不断攀升。随着数字虚拟货币参与者的增加,各种原因导致的安全事件仍在显著增加。

6.1.3 区块链系统存在的安全性问题

区块链系统在技术层面也存在一系列的安全风险。比如 2010 年比特币系统因整数溢出漏洞被凭空伪造了 1840 亿个比特币,再比如针对比特币挖矿的确认机制进行的各种挖矿攻击。

在区块链网络层的节点传播与验证机制方面,也先天地存在一系列风险。

①P2P 网络风险。区块链信息传播采用 P2P 网络,节点之间的信息传播会将包含自身 IP 地址的信息发送给相邻节点。由于节点安全性参差不齐,安全性较差的节

---

① 域名劫持,是通过攻击域名解析服务器(DNS)或伪造域名解析服务器的方法,把目标网站域名解析到错误的 IP 地址从而使得用户无法访问目标网站,或者达到恶意要求用户访问指定 IP 地址的目的。

② Carbon Black 成立于 2002 年,是 2018 年在纳斯达克上市的三家网络安全公司之一。

点就容易受到攻击,目前可进行攻击的方式有日食攻击①、窃听攻击、BGP 劫持②攻击、节点客户端漏洞、拒绝服务攻击等。2018 年 3 月以太坊网络就受到了"日食攻击"。

②广播机制风险。节点与节点之间相互链接,某节点将信息广播给其他节点,这些节点确认信息后再向更多的节点进行广播。在广播机制中常见的攻击方式有双花攻击及交易延展性攻击。双花攻击即同一笔加密资产被多次花费,当商家接受确认交易付款时或者通过 51% 算力攻击时这种情况较容易发生。交易延展性攻击也被称为可锻性攻击,即同样一个东西,它的本质和质量都没有改变,但是它的形状改变了,由此会造成交易 ID 和交易编号不一致,导致用户找不到发送的交易。

③验证机制风险。验证机制更新过程易出现验证绕过,一旦出现问题将导致数据混乱,而且会涉及区块链分叉问题。

区块链系统以及系统之上的所有应用都是用编程语言开发的,而编写过程序的人都知道,程序通常存在漏洞(Bug)。有些 Bug 可能是逻辑上的错误,不过更多的 Bug 其实在业务逻辑和程序逻辑上是没有问题的,只是没有考虑到某些特殊情况的处理。例如设计一套智能合约逻辑,在开始运行之后才发现有漏洞。这时,就可能有黑客会利用这个漏洞盗取利益。

区块链系统也需要由人来编写程序,那么就会面临以下几个问题:我们用什么来保证系统本身是安全的呢? 如果有人在系统中隐藏了恶意代码怎么办? 系统会不会有后门? 系统为什么能够保护上面所有人的隐私呢? 系统为什么能够保证对所有的用户都是公平的呢?

由于对 IT 系统认知的局限性,开发者在设计时不可能穷尽所有组合,只能局限于当前任务去设计 IT 系统,因此必定存在逻辑不完整不严密的情况。IT 系统在体系结构设计上,也缺失防攻击逻辑,从而难以应对利用缺陷进行的攻击。

当前网络空间极其脆弱。中国工程院沈昌祥院士认为,网络空间的安全问题缘于当前的计算机及网络系统在计算科学方面缺少攻防理念;在计算机体系结构方面缺少防护部件;在计算模式方面缺少安全服务。

---

① 日食攻击是通过其他节点实施的网络层面攻击,攻击目的是阻止最新的区块信息进入被攻击的节点,从而隔离节点。攻击手段是通过囤积和霸占受害者的点对点连接时隙,从而将该节点保留在一个隔离的网络中,达到隔离节点的目的。比特币网络和以太坊网络均已被证实受到日食攻击影响。

② 指攻击者恶意改变互联网流量路由,就类似有人在高速公路上改变标志,将车辆引导到错误的出口。

6.2 密码技术构造了区块链系统的基础安全

6.2.1 安全存储模型

区块链体现为一个分布式存储系统,采用记账式存储模型,通常被称为分布式记账系统,但它有别于一般的分布式数据库系统。分布式存储并不是一项新技术,但区块链与一般的分布式数据库还是存在一些显著的区别。

首先,一般的分布式数据库提供"增加"、"删除"、"修改"和"查询"4 种对数据的基本操作,而区块链系统却只有"增加"和"查询"2 种操作,没有"修改"和"删除"操作。但这并不表示区块链中的数据不能修改和变更,这 2 种功能需要通过添加新的交易记录来实现。区块链这种数据操作方式从根本上避免了对数据的恶意修改,为交易数据的安全奠定了基础。

其次,在存储结构上,区块链(如同数据库)由一系列数据区块(如同数据表)构成,每个区块由包含元数据的"区块头"以及含有当前周期内多条交易记录(如同数据记录)的"区块体"组成。这种结构更加安全,其原因在于它由 2 种带密码学哈希机制的数据结构构成:哈希链表和默克尔树。哈希链表是指由包含前一个"区块头"的密码学摘要(被称为前区块哈希值)作为父指针构造的线性链表,它不仅将所有区块链接在一起,而且保证任何区块的添加、删除和修改可被检测;默克尔树则采用二叉树结构,对所有区块内交易记录生成一个压缩后的密码学摘要(被称为本区块哈希值),它同样保证可检测到任何交易记录的改变。

与传统分布式数据库相比较,上述区块链存储方式提供了对交易数据一致性检验和完整性验证功能的支持。区块链中每个保存完整数据的节点记录了从初始到当前的所有交易数据,哈希链表能验证各节点中的数据是一致的,任何改动都会以密码验证方式被发现。其次,默克尔树保证了交易记录不会被恶意篡改,而且篡改检测也异常简单,只需要验证从它到树根路径上的哈希值正确即可。总之,区块链的这些存储和安全特征是传统分布式数据库所不具备的,在技术上保证了记账单元内数据的一致性和完整性。

6.2.2 去第三方信任的安全方案

区块链的分布式记账技术体现在所有存储数据对系统内各节点的公开化与一致化,类似于一个公开透明的全社会"征信"系统,它打破了社会中信息不对称、不可信的僵局。上述特征被称为"去信任化"。这种去信任化是依靠整个系统的运作规则公开透明取得的,这里的运作规则泛指在区块链系统中运行的各种安全协议。这些规则保证了去信任化能力能够在节点无须互相信任的条件下获得,无任何附加的要求和限制。

为实现去信任化,区块链中安全协议的设计不仅要满足分布式运行的特点,而且要具备容错性和抗攻击能力。首先,针对网络交易全球化、跨地域和分散化的特点,区块链技术选择建立在去中心化的 P2P 网络基础上,支持全球范围内任意设施自由进出;同时,区块链网络中的资源和服务分散在所有节点上,信息传输和协议运行都直接在节点之间进行,无须中间环节和服务器的介入,避免了可能的瓶颈。此外,P2P 的非中心化基本特点,也带来了可扩展性、健壮性等方面的优势。

其次,对等网络所具有的网络拓扑"高聚集度"和"短链"特征,使得区块链可以支撑世界各地的海量用户进行大规模、高并发交易,及时将交易数据通过记账节点存储到区块链中,实现全网内的数据快速同步。这两个特征为区块链奠定了安全高效的网络运行基础。

进而,在技术层面上,区块链的去信任化有赖于拜占庭一致协议所具有的鲁棒性和抗攻击能力,实现了对异常行为的发现和保障记账单元内数据的同步(全网一致性)。拜占庭一致协议体现了拜占庭容错特性:在 n 名成员构成的系统中,如果成员中的叛逆者(故障节点或攻击的共谋者)数目为 t,那么只要 $n>3t$,在同步(或时延有界)通信网络环境下能够保证:①在有限时间内终止协议;②忠诚方最终达成一致结果。拜占庭容错特性对保障区块链系统安全具有重要的理论和现实意义,使得任意少数节点的损坏或者退出都不会影响整个系统的运行。在此基础上,通过安全协议的构造可以实现区块链系统极好的健壮性。

就区块链的抗攻击性而言,已有研究表明,拜占庭容错所提供的鲁棒性和抗攻击上界($t<n/3$)并不是不可突破的。例如,在同步广播信道存在的情况下,拜占庭容错上界理论上可以接近总节点数的一半($t<n/2$);如果进一步引入密码学上 NP 完全问题的困难假设,那么拜占庭容错上界理论上能够抵抗任意数目敌手的共谋攻击,即突破 $n/2$ 上界。这些研究结果无疑增加了区块链系统的潜在安全性,对区块链发展具有决定性意义,为以区块链为基础的安全协议构造扫清了理论障碍。因而,采用具有可证明安全(provable security)的安全协议分析技术,构造更高抗攻击上界的多方协议是未来区块链研究的必然方向。

上述多方协作安全机制的引入使得区块链中存储的交易记录具有"公信力",这种公信力既是一种社会系统信任的表示,也是公共权威的真实表现。同时,这种公信力是受到各方面监督的,表现在区块链所体现的"权力制衡"思想,即对任意节点,权力和责任是均等的,通过共识机制实现集体意志,这对构建数字社会具有重要意义。

6.2.3　共识机制:安全协同共享

共识机制(consensus protocol)是指在多方协同环境下对任务执行结果所有方达成一致(共识)的机制。在区块链中引入共识机制最早是为了解决新交易块加入哈希链表中可能出现的"块冲突"问题,也就是多个块同时被不同的块创建者加入到哈希链表中而引起的链表分叉(forking)问题,它可能会导致双重花费(double-spending)与交易无效的风险。随着区块链研究的深入,共识机制已经与信任建立机制、酬劳分配机制等设计紧密相关,成为区块链技术必不可少的基本安全元素。

实现多方共识的机制有多种,最常见的是前面所述的拜占庭一致协议,它是一种通过全体成员采用一致表决的方式对某事务达成一致性意见的过程。然而,此方法虽然具有较好的理论基础,但却具有较高的通信复杂性,仅适合于较少节点的区块链系统,如联盟链。对具有几十万个节点的全球网络而言,实现新加入块的共识是一个具有挑战性的问题。更有效的做法是通过某种"凭证证明"代替"共同协商"来设计共识机制,这就如同用比较"劳动业绩"代替"投票选举"方式选择劳模一样。

这些共识机制的基本点是提供一种可比较、可证明的机制来推选出公认的块生成者,从而代替基于拜占庭一致的选举协议完成选择。这种方式减少了系统通信开销,但增加了节点的计算开销。为了弥补这种损失,共识机制也是作为一种对交易块生成的奖励而出现的。从安全协议分析角度讲,上述共识协议属于"数字认证技术"范畴,也就是通过验证某种共识性的信息实现对被选举人身份的确认。现代密码学在数字认证技术上具有坚实的理论基础和丰富的实践经验,对于进一步提高共识协议的完备性具有重要意义。

6.2.4　数字签名:安全交易证明

保证电子交易中的资产所有关系是数字资产保护的安全基础。区块链为此提供了基于标准数字签名算法的所有权认证功能,这被认为是数字资产保护的一种有效途径。在区块链中,每一笔电子交易都存储在块交易记录中,包含交易内容和资产接收者的公钥证书(certification)。与通常的公钥证书相比,它去除了公钥所有者标识信息,从而保证了资产接收者身份的匿名性。资产接收者只需要保留与公钥证书中公钥相对应的私钥,即可对资产所有权进行宣称和验证。

区块链中交易的所有权证明分为两个过程:

①交易签名。交易中资产卖出者将前一次资产买入的交易记录哈希值与交易内容和资产接收者的公钥证书绑定在一起,用自己的私钥进行数字签名,其中的数字签名表明交易获得了卖出者本人的授权。

②交易验证。对于一次有效的交易签名,任何人可依据存储在前一次资产交易中的资产卖出者公钥证书对交易签名进行验证,这一过程并不需要透露用户身份。

上述匿名性并不代表交易的不可连接性。例如,用户一直只采用一个公钥证书,那么可以通过查询该公钥证书获知其所有交易信息。因此,严格意义上的匿名性需要用户每次采用不同的公钥和私钥,但对于用户而言,管理如此多的密钥并不现实。

签名技术也是保证交易安全的基本保障,一些新的签名技术已经被引入到区块链构造中,如盲签名、群签名、环签名、聚合签名、门限签名等。这些签名技术的引入能够满足实际上更多种情况的需要。例如,在某些交易中,需要引入第三方来证明确实进行了交易,同时还不能让该第三方知道具体的交易内容,这种情况就需要采用盲签名技术。与传统数字签名技术相比较，这些高级签名技术具有特殊的安全属性，而且通常是可证明安全的。因此，提供更高的安全性和更好的性能，有利于拓展区块链在更多领域的创新应用。

6.3　区块链系统安全的密码学解决方案

中国工程院院士、国家信息化专家咨询委员会委员沈昌祥指出，要高度重视区块链安全，要从等级保护角度正视区块链系统安全，只有可信计算才能解决区块链系统面临的安全问题。具体需要从以下几方面考虑。

一是计算资源可信，要保证区块链计算过程不被恶意干扰，主动免疫防止恶意攻击。

二是交易数据可控，保证比特币等区块链数据能够安全可信存储和传输。

三是交易过程可靠，保证交易过程真实可信、不可伪造、可信共管。

沈昌祥院士指出，网络安全不是因为系统有漏洞，而是因为计算所涉及的 IT 硬件、软件由多个逻辑组成，逻辑是发散且不可穷尽的，因此只能在有限目标内，把能完成任务的有关逻辑组合起来，因此存在大量无穷无尽的跟工作无关的缺陷和威胁没有被考虑到。而攻击者正是利用这些缺陷发现了漏洞。

6.3.1　主动免疫的计算架构

主动免疫可信计算是指计算运算的同时进行安全防护，计算全程可测可控，不被干扰，使计算结果总是与预期一致。这种主动免疫的计算模式改变了传统的只讲求计算效率，而不讲安全防护的片面计算模式。

可信计算是一种运算和防护并存的主动免疫的新计算模式。以密码为基因，实施身份识别、状态度量、保密存储等功能，及时识别"自己"和"非己"，从而破坏与排斥进入机体的有害物质，相当于为计算机信息系统培育了免疫能力。

"可信"是可信计算中的基本概念。如果针对某个特定的目的，实体的行为与预期的行为相符，则称针对这个目的的实体是可信的。但是"可信"并不代表其行为就一定是安全的。比如说一个计算机系统，有时候会出现故障，有时候会出现被攻击的现象，如果这种现象是在我们预期范围内发生的，那么这个系统仍然是可信的，但是并不一定就是安全的。所以"可信"更强调的是实体的行为和预期行为是否相符。

可信计算由可信计算工作组 TCG[①] 提出，目的是能够知道计算环境的工作状态是否与预期一致。可以从以下四个方面来理解。

①用户的身份认证，体现了对用户的信任，即对用户是不是足够的信赖；

---

① TCG，Trusted Computing Group，可信计算组织，由 AMD、惠普、IBM、英特尔和微软组成，旨在建立个人电脑的可信计算概念。

②平台软硬件配置的正确性,体现了使用者对平台运行环境的信任,比如平台上是不是运行了预期的操作系统;

③应用程序的完整性和合法性,体现了应用程序运行的可信,比如对运行在系统上的应用程序是不是足够信赖;

④平台之间的可验证性,体现了网络环境下平台之间的相互信任。在网络环境下,平台之间需要进行通信,这就涉及了平台之间的相互信任。

6.3.2 安全可信体系框架

网络基础设施、云计算、大数据、工业控制和物联网等新型计算环境必须进行可信度量、识别和控制。采用安全可信系统架构可以确保体系结构可信、资源配置可信、操作行为可信、数据存储可信和策略管理可信,从而达到积极主动防御的目的。安全可信系统架构如图 6-2 所示。

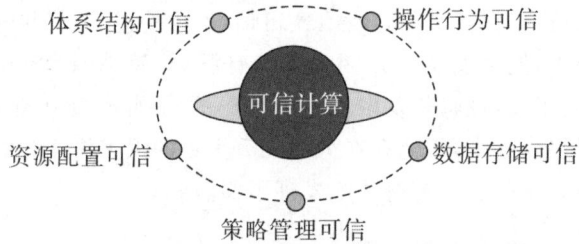

图 6-2　安全可信系统架构

主动免疫体系结构开创了以系统免疫为特性的可信计算 3.0 时代。可信计算的发展路径可以分为三个阶段,如表 6-1 所示。可信计算 1.0 以世界容错组织为代表,主要特征是主机可靠性,通过容错算法、故障诊查实现计算机部件的冗余备份和故障切换。可信计算 2.0 以 TCG 为代表,主要特征是 PC 节点安全性,通过主程序调用外部挂接的 TPM 芯片①实现被动度量。中国的可信计算 3.0 的主要特征是系统免疫性,其保护对象是以系统节点为中心的网络动态链,构成"宿主＋可信"双节点可信免疫架构,宿主机运算的同时可信机进行安全监控,实现对网络信息系统的主动免疫防护。

表 6-1　可信计算发展路径

	可信计算 1.0(主机)	可信计算 2.0(PC)	可信计算 3.0(网络)
特性	主机可靠性	节点安全性	系统免疫性
对象	计算机部件	PC 单机为主	节点虚拟动态链
结构	冗余备份	功能模块	"宿主＋可信"双节点
机理	故障诊断	被动度量	主动免疫
形态	容错算法	TPM＋TSS	可信免疫架构
代表	世界容错组织	TCG	中国

---

① TPM(Trusted Platform module)安全芯片是指符合 TPM(可信赖平台模块)标准的安全芯片,能有效地保护 PC、防止非法用户访问。

6.3.3　安全可信区块链体系组成

区块链的安全与其他重要信息系统等同,它由网络基础设施层、系统平台层、资产交互层、行业应用层组成。区块链安全风险在于网络传输、计算节点基础软硬件、开发的业务软件、工作量证明算法以及密码部件和密钥等存在大量的安全缺陷,易被攻击者所利用。区块链系统在业务应用信息安全方面保证交易有效、达成共识,必须确保资产交互和行业应用安全可信,在系统服务资源安全方面要做到不能篡改、不能中断,必须确保网络基础设施和系统平台安全可信。区块链本身的安全性,是用密码来保证交易过程不能篡改,确保分布式数据库账本公开透明可信。但是系统如果构建以后,系统安全一样无法保障,因此,必须构建安全可信的体系架构。

区块链是公开、透明、公共的交易账本,是去中心化的计算机数据处理系统,因此为保证数据和处理过程安全可信,必须用主动免疫可信计算技术以有效保护区块链业务信息的应用安全。在计算资源系统服务可信方面,必须实现区块链计算过程不被恶意干扰,主动免疫防止恶意攻击。在交易数据可控方面,应做到比特币等区块链数据能够安全可信存储与传输。在交易过程可管方面,确保交易过程真实可信,不可伪造,可信共管。

图 6-3 给出了安全可信区块链组成示意图。在安全可信区块链组成中,系统管理平台安全开发组为可信的硬件、软件和安全策略提供度量基准值。安全服务商为区块链计算环境提供可信保障策略。大量的区块链计算节点向区块链审计平台提供可信报告,根据可信报告确定区块链的异常情况,及时处理。只有基于可信计算技术构建出的安全可信的保障体系才能保证区块链健康的发展。

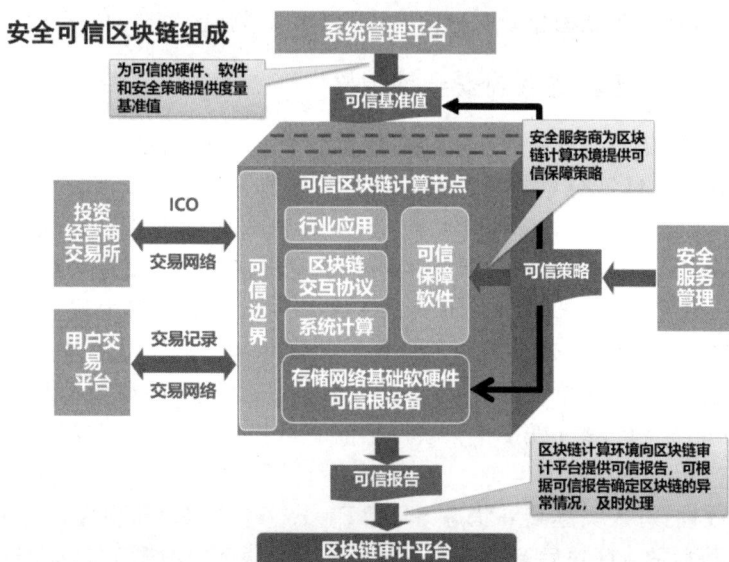

图 6-3　安全可信区块链组成

6.4 拟态区块链系统

区块链为了保证账本的透明可靠，需要多数参与节点对账本整体进行记载，以便于在少数节点故障时系统能够平稳运行。但是，所有节点运行的共识协议、签名算法通常是完全相同的。因此看到区块链系统的单个漏洞会影响整个系统的稳定性。本节将从安全性定义、动态异构共识机制、动态异构冗余签名机制、共识节点处理算法四个方面说明区块链系统可以通过添加动态异构冗余提高安全性。

6.4.1 问题引述

为了改善比特币中存在的共识集中问题，莱特币使用 Colin 发明的 Scrypt 哈希算法作为挖矿算法，这种算法使用内存多，暴力破解困难，使区块即使出块时间为 1 分钟，也不会有更为集中的控制者。比较有创新性的安全性观点是在 Algorand 中展现的，这个工作从本质上理解区块产生必须是不可预测、不可控制的，因此借鉴了密码抽签的方法。更为有趣的工作是将区块链的链结构取消，变成完全并行的结构，如 IOTA、Byteball 和 Raiblock，但是为了安全性 IOTA 又额外引入了中心协调器，Byteball 设置了排序模式，而 Raiblock 由于安全问题始终没有在公网运行。在此之后的工作大多围绕安全多方计算设置参数，形式化验证保护智能合约安全。这些安全解决模式都没能从根本上解决区块链的安全问题，因为漏洞是始终存在的，各类分析技术的不断成熟使得此时安全的技术在下一刻就不再安全。利用拟态防御技术核心的动态异构冗余架构，在区块链原有的同构冗余的基础上增加动态、异构的成分，从签名机制、共识机制两个角度构建动态异构区块链系统，增强区块链的安全性。

6.4.2 新型区块链系统安全性定义

在比特币中，用户想要确认自己的交易是否完成，通常需要等待一小时，也即在自己交易所在区块之后等待 6 个区块出现，此时该交易被篡改或取消的概率可以忽略不计。同样，在 Algorand 中，采用了基于 VRF 的 PoS 和拜占庭容错协议（Byzantine Fault-tolerant algorithm，BFT），设置错误参数，可以证明用户交易被篡改的事件平均 1.9 兆年才会出现一次。动态异构冗余的区块链安全解决方案中涉及了 PoW、PoS、DPoS 和 BFT，借鉴 Algorand 的思想，设置了可分叉参数 ρ，使得新型区块链系统安全性假设拓展至：如果存在单一共识机制可以发生分叉攻击，区块依旧是不可篡改的。不妨假设 $state(block_r)$ 表示第 r 个区块产生前的总状态，定义动态异构冗余区块链系统的不可篡改性如下。

不可篡改性：对区块链某一状态 $STATE = state(block_r)$ 和预先设置的可分叉参数 ρ，在本区块后的 ρ 区块后 STATE 不存在于历史状态中的概率是可忽略的。

签名算法在区块链中之所以占据重要位置，是因为签名算法一旦被攻破，整个区块链系统都将崩溃,链上的交易可以被攻击者伪造、修改、删除。因此量子计算如果一旦出现,以 ECDSA 签名算法为代表的传统密码体制将完全崩溃。动态异构冗余的区块链安全方案将交易不可伪造性假设拓展至:即使在单一签名算法产生的签名可伪造的情况下,也可以保证交易的不可伪造。如果 tx 表示用户的某次交易信息,Sign(.) 表示用户对某消息的签名,定义动态异构冗余的区块链系统交易不可伪造性如下:

交易不可伪造性:对某一已经在链上的完整交易信息$(tx,\mathrm{Sign}(H(tx)))$和预先设置的可更改参数 $\rho'(\rho'>\rho)$,即使某种签名算法是可伪造的,设 tx 所在区块的序列为 r,则序列大于 $r+\rho'$ 的区块中存在被伪造的交易的概率是可忽略的。

6.4.3　动态异构共识机制

本节所讲的动态异构共识机制,首先每一个共识节点在每一轮共识中通过密码抽签技术确定需要采用的共识机制,在传播共识区块的同时提交相应的密码抽签凭证。然后根据密码抽签凭证判断此轮的最终共识节点,同时其他节点对此共识节点的共识区块和密码抽签凭证进行验证。因为公布密码抽签结果前,区块采用的共识机制是不可预测的,区块链系统共识协议是动态的。由于选取的共识协议各不相同,共识协议又是异构的。

本节所讲的动态异构冗余签名机制,采用三种不同体制的签名算法,这三种签名算法结构不同,难度不同,基于的困难问题也不同。由于算法的异构冗余,攻击者即使能够成功伪造一种签名算法,也无法使得更改后的数据生效。另外机制增加了动态的特性,在动态异构冗余签名机制中会提前部署更多的签名算法,例如基于格、基于编码的后量子签名算法,一旦有哪种签名算法被破解,可以随时更换,以提高系统安全性。

目前区块链上的共识机制都是静态的、同构的共识机制,具体表现为每个用户在不同时刻的共识机制是相同的,不同用户在同一时刻的共识机制是相同的。如果存在针对某一共识的攻击方法,攻击者既可以选择大范围攻击不同用户,也可以长时间攻击少量用户。而且,现有共识协议中,都存在一定容错性,比如在工作量证明中,如果作恶节点超过 1/2,系统就会崩溃,而且已有研究成果说明,在采取某些措施后只需要 1/3 的算力就可以对系统造成严重的危害。

有些区块链系统也采纳了多种共识结合的方式,但都是串行模式,即攻击了某个环节,对整个系统的影响依旧是致命的。本节借鉴密码抽签技术,先试用三种不同的共识协议,在一轮中用户使用哪种共识协议、最终选取的共识协议是什么,都依赖于上一区块的哈希值以及本轮中所有用户的计算结果。每个共识节点需要对上一区块的哈希值做一个密码抽签凭证,通过这个密码抽签凭证可以实现两个功能,一是密码抽签凭证最小的用户更有可能获得记账权,比如 BFT 的领导者;二是根据密码抽签凭证可以确定每个节点在此共识轮中需要采用的共识协议。为选取安全参数作出如下假设。

假设 1　至少两种共识参与共识协议的敌手不会超过系统的 1/3。
下面给出动态异构共识机制的具体步骤。

(1)确定共识节点。不妨假设此时的共识轮为第 r 轮,共识节点数量为 n_r,$sig_i(.)$ 是第 i 个共识参与节点用其私钥进行的签名。

(2)确定共识协议。共识节点参与计算密码抽签凭证 $Ce_i^r = H(sig_i(H_1(Block_{r-1})||r))$,根据凭证确定用户本轮的共识协议 Co。

$$Co_i^r = \begin{cases} Co_1, & Ce_i^r \equiv 0 \bmod 3 \\ Co_2, & Ce_i^r \equiv 1 \bmod 3 \\ Co_3, & Ce_i^r \equiv 2 \bmod 3 \end{cases}$$

其中 Co_1、Co_2、Co_3 分别表示不同的三种共识协议,在这里选取 PoW、PoS 和 PBFT。

(3)共识执行。在经过时间 T 后,每个节点收集的凭证个数为 T_r($T_r > 2n_r/3$),计算 $Ce^r = min_{i=1}^{T_r} Ce_i^r$,则根据 Ce^r 执行对应的共识。

(4)区块生成。每个共识节点都可以对凭证 $\{Ce_i^r, sig_i(H_1(Block_{r-1})||r)\}_{i=1}^{T_r}$ 和本次产生的区块 $Block_r$ 进行验证,验证通过,用户将 $Block_r$ 加入到区块链中,并在此基础上进行第 $r+1$ 轮共识。

共识过程具体如图 6-4 所示:

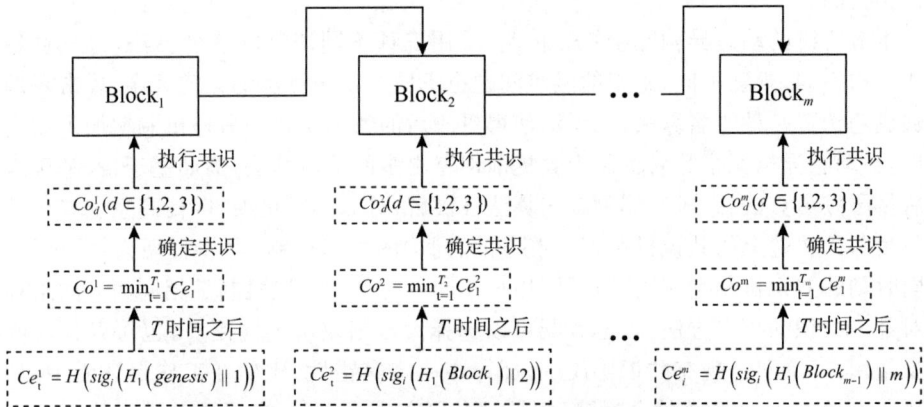

图 6-4 动态异构共识机制示意

接着给出可分叉参数 ρ 的上界。不妨对所有共识权益进行离散化处理,将区块共识权益总量假设为 d,事件 X 是该区块共识中敌手的数量,根据二项分布可知:

$$Pr\{X \geqslant l\} = C_d^l \left(\frac{1}{3}\right)^l \left(\frac{2}{3}\right)^{d-l}$$

如果区块共识是 PoW,则敌手能够成功生成区块概率是:

$$S_1 > \sum_{l=1}^{d} \frac{l}{d} C_d^l \left(\frac{1}{3}\right)^l \left(\frac{2}{3}\right)^{d-l}$$

如果区块共识是 PoS 或 PBFT,将 d 看作整数处理,d 的值越大表示离散化程度越高,则敌手能够成功生成区块概率是:

$$S_2 > \sum_{l=2/3d}^{d} C_d^l \left(\frac{1}{3}\right)^l \left(\frac{2}{3}\right)^{d-l}$$

$$= \sum_{l=0}^{d/3} C_d^l \left(\frac{1}{3}\right)^{d-l} \left(\frac{2}{3}\right)^l$$

不可篡改性的条件认为可以存在某共识是不安全的,即敌手能够以概率 1 生成区块,设置一个安全参数 ε,接下来将找到可分叉参数 ρ,使得 ε 足够小:

$$\begin{cases} S_2^{\frac{2\rho}{3}} < \varepsilon \\ S_1^{\frac{\rho}{3}} S_2^{\frac{\rho}{3}} < \varepsilon \end{cases}$$

因此

$$\begin{cases} \rho > \dfrac{\log\varepsilon}{2\log S_2/3} \\ \rho > \dfrac{\log\varepsilon}{\log S_1/3 + \log S_2/3} \end{cases}$$

选取可分叉参数 ρ 是满足条件的最小整数,则得到如表 6-2 所示计算结果。

表 6-2　参数选取示例表

共识权益度量	二项分布	S_1	S_2	ε	ρ
180	$B(60,1/3)$	0.1682	0.5820	10^{-4}	26
				10^{-8}	52
				10^{-12}	76
300	$B(100,1/3)$	0.1618	0.5470	10^{-4}	23
				10^{-8}	46
				10^{-12}	69
1000	$B(333,1/3)$	0.1803	0.5769	10^{-4}	26
				10^{-8}	51
				10^{-12}	76

根据表 6-2 可发现 PoS 和 PBFT 敌手攻击成功概率与权益总量 d 的大小几乎无关,当共识节点足够多时,可分叉参数 ρ 的取值只与 ε 有关,当 ρ 设置为 52 时,分叉出现概率可以忽略不计。

6.4.4　动态异构冗余的签名算法

区块链在发展过程中面临着签名算法的安全问题,随着分析技术和量子计算技术的发展,传统签名算法存在着被攻击的风险。本节给出的动态异构冗余签名算法,使用了多个签名算法代替原本的单一算法,但是考虑到系统开销,其中有两个签名算法只生成了签名的证据,只有出现攻击或需要更改交易时才动用其他签名算法。每个节点在初始化时都拥有六种签名算法的公私钥对,其中 3 个公私钥对 $\{(P_1, x_1), (P_2, x_2), (P_3, x_3)\}$ 在现行的动态异构冗余区块链系统中使用,另外三个公私钥对 $\{(P_4, x_4), (P_5, x_5), (P_6, x_6)\}$ 作为备用。为便于叙述,作如下简化假设。

假设 2　公钥是一次性公钥,交易只有一个输入和一个输出,且交易后发送方对应地址无余额。

因为其他交易模型可以根据 1 对 1 交易推出，所以假设是合理的。

交易采用 UTXO 模式，对每个消息，需要交易输入者 S 用一个私钥 x_1^S 进行签名，同时发送消息中携带交易接收者 R 的三个用不同哈希算法对不同公钥进行计算的哈希值集合 $\{H_1(P_1^R), H_2(P_2^R), H_3(P_3^R)\}$，以及交易的额外信息 Q^s。交易对应的 token 值是 tx_s_value。对一笔消息进行验证时，仅需要其中一个签名算法通过验证。但作为交易接收者 R 再进行交易时，需要使用另外一种签名算法。图 6-5 给出了动态异构冗余签名算法的实施过程。

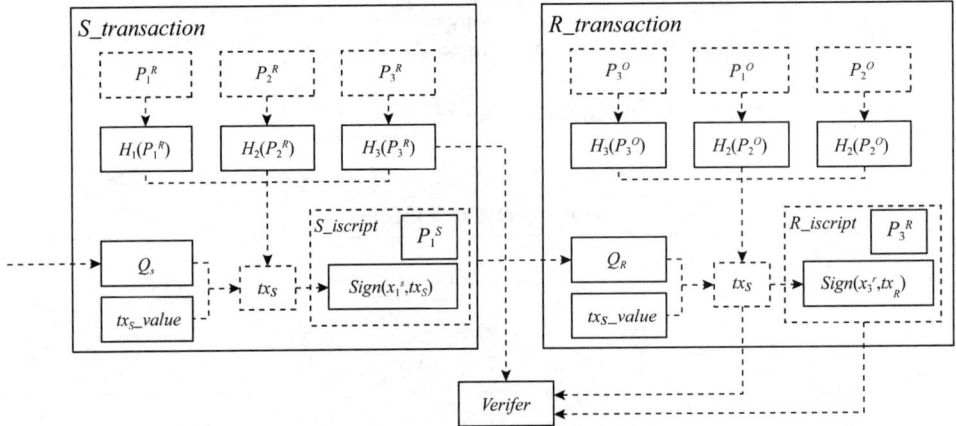

图 6-5　动态异构冗余签名机制

图 6-5 中的虚线部分是为方便起见设定的值，本身不出现在区块中。其中虚线表示的部分不会被记录在区块上，而在签名和验证过程中是需要计算的。

动态异构冗余的签名算法可以抵御一种算法的伪造攻击，即如果 (P_3, x_3) 对应的签名算法受到伪造攻击，在交易未花费时，只有公钥 P_3 的哈希在链上，因此攻击者只能通过伪造签名并通过分叉攻击进行双花。假设图 6-5 中 $R\_transaction$ 的区块序列为 t，攻击者伪造了另外一个签名消息 $sign_{x_3^R}(tx')$，并将该签名放在序列为 $r(r \geqslant t)$ 的区块中。为了用冗余的签名算法处理现有问题，必须允许用户进行更改交易消息。如果允许用户在 $r+\rho$ 区块产生前，用另外两个签名算法 $sign_{x_1^R}(tx'), sign_{x_2^R}(tx')$ 取消交易。图 6-6 给出了取消交易的决策机制示意。

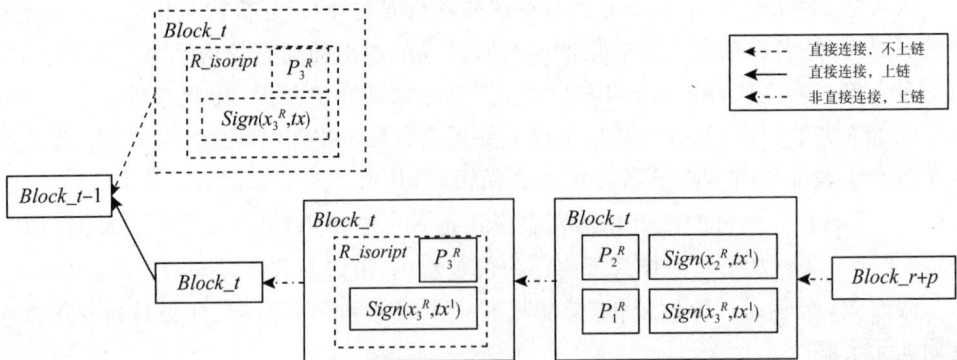

图 6-6　决策机制示意

根据之前可分叉函数的设立,敌手修改交易一定发生在 $t+\rho$ 区块之前,而对于敌手做坏的修改只需要在 $t+\rho$ 区块之后即可。也即 $r+\rho' \geqslant t+\rho$,即在确认攻击者已经完成攻击后还可以进行修改。不妨设置 ρ' 为 60,则要求用户在提交交易后 60 个块内最好保持可提示状态,以便于监督是否有敌手通过双花和分叉对其进行攻击。动态异构冗余签名机制还带来了一个天然的优点,即在交易发布的 60 个块内可以撤销交易,这种撤销不是通过更改原有数据,而是通过共识添加一个操作使得撤销是可以追溯的。

6.4.5　新型区块链系统安全性

6.4.5.1　1/n 攻击

$1/n$ 攻击是指如果攻击者能够获得超过 $1/n$ 的共识权力,就会导致网络震荡,系统崩溃的攻击。攻击者可以通过 DoS 攻击来阻止诚信的节点进行正常共识,从而降低自身所需要的共识权重。在动态异构共识协议中存在三种独立的共识协议,每进行一轮共识时,共识节点的选举通过密码抽签完成,由于每个共识节点在不同共识轮中要完成的共识任务是不确定的,因此与之前的 $1/n$ 攻击相比,在动态异构冗余区块链的安全解决方案中,只拥有单一共识权力的 $1/n$ 是无法完成攻击任务的,因此方案可以有效抵御 $1/n$ 攻击。

6.4.5.2　类自私挖矿攻击

自私挖矿攻击是指共识节点在完成共识任务后,并不在第一时间内公布自己的共识区块,而在此基础上继续进行了下一轮的共识任务,然后在适当的时候同时公布自己的多个共识区块,达到自己获利以及使其他用户工作无效的目的。目前在原始的自私挖矿攻击的基础上,发展出了多种更加有效的攻击方法。在动态异构冗余区块链的安全解决方案中,由于每个共识轮中共识节点是通过密码抽签的形式产生,需要大部分共识节点的密码抽签凭证的比较。因此共识过程具有更强的随机性与不可预测性,而且遇到 PoS 类和 PBFT 类的共识,自私挖矿产生的区块不能被超过 2/3 共识节点认可,所以方案可以有效抵御类自私挖矿攻击。

6.4.5.3　日蚀攻击

日蚀攻击通常与 51% 攻击相结合,攻击者首先发送 token 给接收方,等待交易上链后通过非正常途径产生大量节点与想要隐瞒的接收方节点链接,然后通过强大的共识权力造成区块分叉,新产生的区块包含将原本代币发送给其他接收方的交易,以此实现多次获利。在动态异构冗余区块链的安全解决方案中,下一轮共识与密码抽签结果一同公布,只拥有某种强大共识权力的攻击者不一定会成为下一轮共识节点,而且分叉需要公布大量连续区块,在难度调节机制中,某类共识块的连续出现将会提升该类共识块的出块难度。因此动态异构冗余区块链的安全解决方案可以使得日蚀攻击更加困难。

6.4.5.4 量子计算机威胁

传统区块链用的传统非对称签名体系对于量子计算中的 Shor 算法是不安全的，随着量子计算机的可计算能力提高，如果不提供一种可以抵抗量子计算的实用策略，区块链上的高价值数据会有很大的安全隐患。但是现有较为安全的后量子非对称签名体制公钥长度过长，签名速度过慢，对于区块链的性能和存储都有不利影响。动态异构冗余签名机制通过将后量子签名算法公钥哈希 H2(P2)存放在区块上，直到出现问题和需要修改的个例才使用后量子签名算法，同时实现不安全的签名算法的快速替换，将可能存在问题的区块迅速固化。这样做的优点是在没发生问题时不会使区块的性能和存储下降过多。

小　结

区块链的结构安全问题在这之前很少有人去考虑，大多仅从单一角度考虑共识协议安全性或密码算法安全性。因此当新的区块链系统开始运行时，基于 PoW 的共识协议容易遭受 51%攻击。该方案的贡献在于能够对于未来可能出现的威胁做出合理应对，也即如果新的针对某类共识的攻击算法出现、量子计算机对传统密码算法产生威胁，新型的区块链系统能够通过多胜少的异构决策方式使得威胁不会扩散，能够通过动态的方式进行调整排除存在问题的算法协议。

参考文献

[1] 徐明,韩维.一个基于交互式零知识证明的身份鉴别协议[J].徐州师范大学学报,2002,20(1):37-38+64.

[2] 中国信息安全.区块链基础设施安全风险和应对建议[EB/OL].(2020-01-13)[2020-10-17]. https://mp. weixin. qq. com/s/HuNOuGbhjYWC6xXC-ZSbbA. 20200113.

[3] 高承实.区块链的"去信任",到底是什么信任?[EB/OL].(2019-07-25)[2020-10-17]. https://news. huoxing24. com/20190725131758522627. html.

[4] 沈昌祥.用主动免疫可信计算 3.0 筑牢网络安全防线营造清朗的网络空间[J].信息安全研究院,2018,4(4):282-302.

[5] 杨宇光,张树新.区块链共识机制综述[J].信息安全研究,2018,4(4):369-379.

[6] 谈森鹏,杨超.区块链 DPoS 共识机制的研究与改进[J].现代计算机(专业版),2019(6):11-14.

[7] 王皓,宋祥福,柯俊明,等.数字货币中的区块链及其隐私保护机制[J].信息网络安全,2017,17(7):32-39.

[8] 祝烈煌,高峰,沈蒙,等.区块链隐私保护研究综述[J].计算机研究与发展,

2017,54(10):2170-2186.

[9] 祝烈煌,董慧,沈蒙.区块链交易数据隐私保护机制[J].大数据,2018,4(1):46-56.

[10] 王化群,吴涛.区块链中的密码学技术[J].南京邮电大学学报,2017,6(37):61-66.

[11] 方永锋,陈建军,曹鸿钧.可修复的 k/n 表决系统的可靠性分析[J].西安电子科技大学学报(自然科学版),2014,41(5):180-184.

[12] 张键红,韦永壮,王育民.基于 RSA 的多重数字签名[J].通信学报,2003,24(8):150-154.

[13] 王皓,宋祥福,柯俊明,等.数字货币中的区块链及其隐私保护机制[J].信息网络安全,2017(7):32-39.

[14] 浪里小白龙.虚拟货币的匿名性和混币原理[EB/OL].(2017-09-19)[2020-10-22].https://mp. weixin. qq. com/s/WqJNHAmISAx9WP0n6yY9Gg.

[15] InterValue 互联价值."裸奔时代"——区块链能否帮我们守住隐私? [EB/OL].(2019-03-14)[2020-10-22].https://www. sohu. com/a/301166235_100183225.

[16] 卜凡尧.比特币的安全问题[J].保密科学技术,2013,5:69-71.

[17] 乌镇智库.中国区块链产业发展白皮书[EB/OL].(2017-04)[2020-10-28].http://sike. news. cn/hot/pdf/12. pdf.

[18] Global Information,Inc. Global Blockchain technology Market Analysis & Trends-Industry Forecast to 2025[EB/OL].(2017-01-01)[2020-10-28]. https://www. giiresearch. com/report/accu440764-global-blockchain-technology-market-analysis.html.

[19] 徐蜜雪,苑超,王永娟,等.拟态区块链——区块链安全解决方案[J].软件学报,2019,30(6):1681-1691.

第7章　隐私保护技术及其在区块链中的应用

随着通信技术、网络技术和计算技术的广泛应用,万物智慧互联、信息泛在共享等新业态不断演化,用户数据跨境、跨系统、跨生态圈频繁交换已成常态,隐私信息滥用治理困难、保护手段缺失的状况日益成为焦点问题,个人信息保护已经成为国家安全战略,亟须加强此领域基础理论研究,支撑泛在互联环境下个人信息保护,守护隐私信息。

《中华人民共和国民法典》规定,隐私是自然人的私人生活安宁和不愿为他人知晓的私密空间、私密活动、私密信息。这些不想被别人知道的身份、特征、行为、行为属性和行为轨迹等方面的信息,在密码学中通常以数据形式呈现。数据是一组有意义的符号,理论上,其包含的信息应该可以平等地展示给所有观察者,但密码学技术可以改变数据的表现方式,从而改变其对不同对象的可见性。

密码学技术的这种能力,可以产生非常神奇的效果。它可以指定部分对象,使其能够理解数据,同时指定另外一些对象,使其能验证数据之间的某种关系但却无法理解这些数据,而除此之外的所有人完全无法从这些数据中得到除数据之外的更多信息。也就是说,密码学技术可以在不失数据公开验证性的情况下,控制数据的可知范围和可知程度。

这些用于保护数据隐私性的密码技术或者它们的组合一般也称为隐私保护技术。区块链中正需要这样的技术。在公有链中,需要对交易数据、地址、身份等敏感信息进行保护,同时又要能让记账节点验证交易的合法性。对于联盟链,在构建隐私保护方案的同时,又要考虑监管要求和对交易进行授权追踪的情况。这些似乎互相矛盾的需求,恰好可以通过一些密码学技术来解决。通过这些密码学技术,可以很好地协调区块链链上数据公开透明可验证和数据隐私之间的关系。

为了实现区块链中交易身份及内容隐私保护,可以采用高效的零知识证明、承诺、证据不可区分等密码学原语与方案。基于环签名、群签名等密码学方案的隐私保护机制、基于分级证书机制的隐私保护机制也在可选的范围之内。此外,也可采用高效的同态加密方案或安全多方计算方案来实现交易内容的隐私保护,还可采用混币机制实现简单的隐私保护。

本章首先对多种隐私保护技术进行介绍,然后介绍几个区块链中现有的用于解决个人隐私问题的密码学方案。

7.1　隐私保护技术概述

托夫勒在《第三次浪潮》(The Third Wave)一书中指出,伴随科学技术的发展,人类文明以浪潮的方式演进,每次浪潮都有若干重要的子波。开始于 20 世纪中叶的数字文明先后经历了计算机、互联网等重大的工具性革命之后,迎来了云计算、移动互联网、物联网、大数据、人工智能等新一代信息技术群落的形成和扩散,数字文明的一个重要子波——以"数据"为关键生产要素驱动经济社会创新发展的时代已然来临。

数据经济时代,数据资源需要在更多的维度和更广的领域实现流动与融合才能产生更高的价值。但是随着数据技术的普及、数据的泛在流通以及数据价值的激增,针对数据资源的外部攻击和内部滥用现象屡见不鲜,与之对应的企业数据合规和风险治理能力存在不足,企业数据安全和用户隐私已经成为关系个人权益、社会稳定和国家安全的核心议题。

近年来各国加快了数据领域的立法和监管,包括欧盟的《通用数据保护条例》、美国的《加州消费者隐私法案》以及我国的《数据安全法》《个人信息保护法》等法律法规密集出台,一个严厉而缜密的数据合规体系在全球快速织就。在此背景下,隐私保护技术愈发成为研究的热门方向。

7.1.1　隐私的概念

如图 7-1 所示,信息、数据、个人信息、隐私等概念具有不同的内涵。

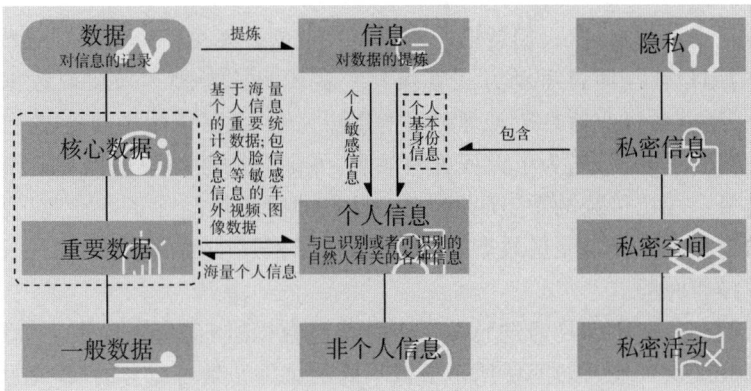

图 7-1　信息、数据、个人信息、隐私的关系

信息被认为是和物质、能量并列的构成世界的三大要素之一。香农认为,信息是"用来消除不确定性的事物";中国国家标准《情报与文献工作词汇基本术语》(GB 489885)将信息定义为"物质存在的一种方式、形态或运动形态,也是事物的一种普遍属性,一般指数据、消息中所包含的意义,可以使消息中所描述事件中的不确定性减少"。

数据是信息的表现形式,是为了让人们更好地使用或处理信息的一种编码形式。根据《中华人民共和国数据安全法》的定义,数据为"任何以电子或者其他方式对信息的记录。"

个人信息是信息的一部分,是从个人相关数据中提炼出来的与个人有关的描述。根据《中华人民共和国个人信息保护法》和欧盟《通用数据保护条例》,个人信息可定义为"与已识别或者可识别的自然人有关的各种信息。"

隐私与个人信息存在交叉关系,但不能等同。根据《牛津词典》的解释,隐私是指①独处不受干扰的状况;②不受干扰或不受公众注目的自由。隐私是一个不断变迁、发展的概念,随着现代信息技术的发展,作为法律概念的隐私权需求逐渐兴起,并在保护个人私域和个人自由方面呈现出传统财产权保护不可替代的作用。《中华人民共和国民法典》第1032条指出"隐私是自然人的私人生活安宁和不愿为他人知晓的私密空间、私密活动、私密信息。"其中,私密信息涉及敏感个人信息。

7.1.2 隐私保护技术

根据不同的运用场景和需求,业界发展出了多种隐私保护技术,主要包括数据脱敏、匿名化、隐私计算等。

7.1.2.1 数据脱敏

数据脱敏(Data Desensitization)也称为数据漂白,顾名思义,就是对敏感数据进行变形处理,降低数据的敏感度,同时保留一定的可用性、统计性特征。其目的是保护隐私数据的安全,例如机构和企业收集的个人身份信息、手机号码、银行卡信息等敏感数据的安全。

在信息化发展的早期,人们就已经意识到了数据外发可能带来的敏感数据泄露的风险,那时的用户往往通过手动方式直接写一些代码或者脚本来实现数据的脱敏变形。近年来,随着各行业信息化管理制度的逐步完善、数据使用场景愈加复杂、脱敏后数据仿真度要求逐渐提升,为了保证脱敏效果,专业化的数据脱敏产品逐渐成为了用户的普遍选择。相比传统的手工脱敏方法,专业的脱敏产品除了保证脱敏效果可达,更重要的价值点在于提高脱敏效率,在不给用户带来过多额外工作量的同时,最大程度节省用户操作时间。

数据脱敏的基本原理是通过脱敏算法将敏感数据进行遮蔽、变形,将敏感级别降低后对外发放或供其他人访问使用。根据不同的运用场景可以分为"静态脱敏"和"动态脱敏"两类技术。

静态数据脱敏一般应用于数据外发场景,例如需要将生产数据导出发送给开发人员、测试人员、分析人员等。静态脱敏直接通过屏蔽、变形、替换、随机、格式保留加密(FPE)和强加密算法(如 AES)等多种脱敏算法,针对不同数据类型进行数据掩码扰乱,并可将脱敏后的数据按用户需求,装载至不同环境中。静态脱敏可提供文件至文件,文件至数据库,数据库至数据库,数据库至文件等不同装载方式。导出的数据是以脱敏后的形式存储于外部存贮介质中,实际上已经改变了存储的数据内容。

动态脱敏一般应用于直接连接生产数据的场景,例如运维人员在工作中直接连接生产数据库进行操作,客服人员通过应用直接调取生产中的个人信息等。动态脱敏通过准确的解析 SQL 语句匹配脱敏条件,例如:访问 IP、MAC、数据库用户、客户端工具、操作系统用户、主机名、时间、影响行数等,在匹配成功后改写查询 SQL 或者拦截防护返回脱敏后的数据到应用端,从而实现敏感数据的脱敏。实际上存储于生产库的数据未发生任何变化。

由于其处理高效、应用灵活,数据脱敏在金融、运营商、企业服务等领域有广泛的应用,是目前工业界处理敏感数据普遍采用的一种技术。广义地讲,人脸图像打码(马赛克)实际也是一种图片脱敏技术,即通过部分的屏蔽和模糊化处理以保护"自然人"的隐私。

7.1.2.2　匿名化

匿名化技术(Anonymization)可以实现个人信息记录的匿名,理想情况下无法识别到具体的"自然人"。它要求同时满足数据可用性(Data Utility)和无法重识别(De-identification)等要求,即既要尽可能保留数据的使用价值,最小化数据失真程度,满足一些基本或复杂的数据分析与挖掘,又不能使发布数据的任意一条记录的隐私属性(疾病记录、薪资等)对应到某一个"自然人"。

为了满足以上需求,美国学者 Sweeney 设计了 K-匿名化模型(K-Anonymity)。通过对个人信息数据库的匿名化处理,可以使得除隐私属性外,其他属性组合相同的值至少有 K 个记录。图 7-2 是一个关于薪资的个人信息匿名化的例子。

图 7-2　保护薪资隐私信息

除 K-匿名化外,研究人员还设计出了 (α,k)-匿名$((\alpha,k)$-Anonymity)、L-多样性(L-Diversity)和 T-接近性 (T-closeness)模型等方案。

需要注意的是,假名化(Pseudonymization)、去标识化(De-identification)、匿名化(Anonymization)这三个概念有些联系,但不尽相同,却常常被混为一谈。

(1)假名化

将身份属性的值重新命名,如将数据库的名字属性值通过一个姓名表进行映射,通常这个过程是可逆的。该方法基本可以完好地保存个人数据的属性,但重识别风险非常高。一般需要通过法规、协议等对不合规行为进行约束,以保证隐私的安全性。

(2)去标识化

将一些直接标识符删除,如图 7-2 所示,去掉身份证号、姓名和手机号等标识符,从而降低重识别可能性。严格来说,根据攻击者的能力,这种方法仍然存在潜在的重识别风险。

(3)匿名化

通过匿名化处理,切断"自然人"身份属性与隐私属性的关联,攻击者无法实现"重识别"数据库的某一条个人信息记录对应的人。

一般来说,这三种方法对数据可用性依次降低,但隐私保密性逐渐提高。

7.1.3 隐私计算

隐私计算技术,是指在保护数据本身不对外泄露的前提下实现数据分析计算的技术集合,是隐私保护技术的一种。它是一种涵盖了众多学科的交叉融合技术,包含了安全多方计算、同态加密、差分隐私、零知识证明、联邦学习以及可信执行环境等主流技术子项的相关技术。隐私计算技术、方案种类较多,一般可以分为三大路径:以安全多方计算为代表的密码学路径、以联邦学习为代表的人工智能路径和以可信任执行环境为代表的硬件路径。

(1)安全多方计算

安全多方计算(Secure Multi-party Computation,MPC)是一种密码学领域的隐私保护分布式计算技术。安全多方计算能够使多方在互相不知晓对方内容的情况下,参与协同计算,最终产生有价值的分析内容。实现原理上,安全多方计算并非依赖单一的安全算法,而是多种密码学基础工具的综合应用,包括同态加密、差分隐私、不经意传输、秘密共享等,通过各种算法的组合,让密文数据实现跨域的流动和安全计算。

(2)联邦学习

联邦学习(Federated Learning,FL)又名联邦机器学习、联合学习。与采用中心化方式的传统机器学习不同,联邦学习实现了在本地原始数据不出库的情况下,通过对中间加密数据的流通和处理,来完成多方联合的学习训练。它一般会利用分布式数据来进行本地化的模型训练,并通过一定的安全设计和隐私算法(例如同态加密、差分隐私等),将所得到的模型结果通过安全可信的传输通道,汇总至可信的中心节点,进行二次训练后得到最终的训练模型。由于密码学算法的保障,中心节点无法看到原始数据,而只能得到模型结果,因此有效地保证了过程的隐私。联邦学习和多方安全计算的区别主要在于应用场景有较大不同。因此联邦学习的实现主要"面向模型",其核心理念是"数据不动模型动",而多方安全计算则是"面向数据",其核心理念是"数据可用不可见"。

(3)可信任执行环境

可信任执行环境(Trusted Execution Environment,TEE)指的是一个隔离的安

全执行环境,在该环境内的程序和数据,能够得到比操作系统层面(OS)更高级别的安全保护。其实现原理在于通过软硬件方法,在中央处理器中构建出一个安全区域,计算过程执行代码 TA(Trust Applition)仅在安全区域分界中执行,外部攻击者无法通过常规手段获取和影响安全区的执行代码和逻辑。计算数据通过加密等密码学算法保证数据只能在可信区中进行计算,其简单实现示意图如图 7-3 所示。

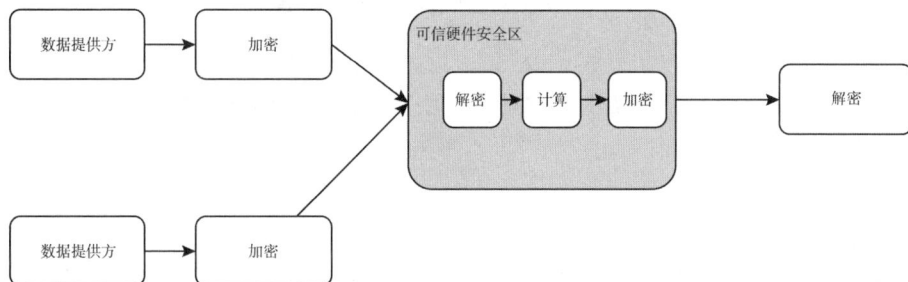

图 7-3　基于可信任执行环境的隐私计算实现过程

(4)零知识证明

零知识证明(Zero-Knowledge Proof,ZKP)指证明者能够在不向验证者泄露任何有用信息的情况下,使验证者相信某个论断是正确的。零知识证明是一种两方或多方的协议,通过一系列交互完成生成证明和验证,被应用在区块链系统中,主要体现在可验证计算、身份认证、分布式存储、共识机制、计算压缩与扩容等方面。

(5)同态加密

同态加密(Homomorphic Encryption,HE):允许在加密后的密文上直接进行计算,且解密后的计算结果与基于明文的结果一致。半同态(指仅支持有限的密文计算深度,如 Paillier 支持密文间的加法运算,但不支持乘法运算)和全同态加密方案两类。同态加密算法以通信量小、通信轮数少为特点,已经在 MPC、FL 和区块链等存在数据隐私计算的场景落地应用。

可信执行环境和另外两种技术路线的区别,在于可信执行环境不需要依赖过多复杂的密码学算法,因此计算效率高,且能够实现的计算逻辑更加丰富。如表 7-1 所示。

表 7-1　MPC、FL、TEE 三种隐私计算实现路径的对比

技术路线	核心思想	数据流动	密码技术	硬件要求
安全多方计算 MPC	数据可用不可见、信任密码学	原始数据加密后交换	同态加密、差分隐私、秘密共享等	通用硬件
联邦学习 FL	数据不动模型动、信任密码学	不交换原始数据	不经意传输、秘密分享、同态加密、差分隐私等	通用硬件
可信执行环境 TEE	数据可用不可见、信任硬件	原始数据加密后交换	非对称加密算法	基于可信技术实现的可信硬件

隐私计算三大技术路径中,除了可信任执行环境代表的硬件路径外,其他两个技

术路径均用到了多个复杂的密码学算法,且密码算法在使用目的和手段上均有不同。

7.2 节我们将介绍一些隐私保护技术中常用的密码学算法,方便大家认识这些算法,了解它们是如何保护数据和隐私安全的。

7.2 典型隐私保护技术

本节主要介绍隐私保护技术中常用的一些基础性的密码学算法,并介绍它们在区块链中的运用。

7.2.1 混淆电路

混淆电路(Garbled Circuit,GC)是一种加密协议,它使双方能够进行安全计算,互不信任的双方可以在不存在可信第三方的情况下,在它们的私有输入上共同计算一个函数的输出。

7.2.1.1 混淆电路概述

1982 年姚期智先生提出了著名的百万富翁问题:两个百万富翁想要比较谁更富有,但是都不想让对方知道自己有多少钱,在不借助可信第三方的情况下,如何比较出谁更富有? 这是一个典型的安全多方计算问题。姚期智先生提出了该问题的密码解决方案,即通常所说的混淆电路(Garbled Circuit),又称姚氏电路(Yao's GC)。它的核心技术是将两方参与的安全计算函数编译成布尔电路的形式,并将真值表加密打乱,从而实现电路的正常输出而又不泄露参与计算双方的私有信息。由于任何安全计算函数都可转换成对应布尔电路的形式,相较其他的安全计算方法,具有较高的通用性,因此引起了业界较高的关注度。

姚期智先生在论文"Protocols for Secure Computations"中提出了一个非常精妙的解决方法。假设富翁甲的钱数为 a,富翁乙的钱数为 b,均满足 $1 < a, b < N$。乙有一个公钥私钥密码对 (E, C),将公钥 E 发给甲,自己保留私钥 C。

第一步:甲取一个随机数 r,计算并发送 $x = E(r) - a$。

第二步:乙收到 $x = E(r) - a$ 后,由于并不清楚 a 的值,只能枚举 $E(r) \in X = \{x+1, x+2, \cdots, x+N\}$. 然后解密集合 X 里的所有数据:
$$R = \{C(x+1), C(x+2), \cdots, C(x+N)\}$$
乙知道 R 里面有一个是甲选择的 r,但不知道具体是哪个。

第三步:乙取一个素数 p,将集合 R 里的数据改成:
$$R_p = \{C(x+i) \bmod p \mid 1 \leqslant i \leqslant N\}$$

第四步:保留 R_p 的前 b 项,后面的项增加 1,和 p 一起发送给乙。最终甲收到的 N 个数分别为:$R_p^b = \{\delta_{i,b} + C(E(r) - a + i) \bmod p \mid 1 \leqslant i \leqslant N\}$,其中 $\delta_{i,b} = 1$, if $i > b$, else 0。

第五步：甲检查收到的第 a 个数，如果等于 r，表示乙的 b 大于等于甲的 a。否则表示乙的 b 小于甲的 a，但甲无法获知 b 的准确数值。

这里的第三步是关键，也是协议的神来之笔。缺少这一步，乙的 b 将被暴露，甲只需要解析：$\{E(\delta_{i,b}+C(E(r)-a+i))|1\leqslant i\leqslant N\}$。由于 $\forall y, E(C(y))=y$，甲只需要将上面的序列和 $\{E(r)-a+i|1<i<N\}$ 比较即可知道 b 的大小。

(1)姚氏电路

姚氏电路是基于半诚实模型（semi-honest）的安全两方计算。简单来说，可将整个计算过程分为两个阶段：

第一阶段，将安全计算函数转换为电路，称之为电路产生阶段。

参与运算的双方依靠专有编程语言（DSL）或其他相关编程语言扩展对需要安全计算的目标进行编程，然后针对实现计算的程序进行编译，生成布尔电路文件；然后针对双方输入值以及中间输出结果随机产生映射 label，再利用这些 label 做为 key 对每个对应的电路输出真值表采用分组密码方式进行加密，并对真值表值进行打乱操作，这一步就是混淆电路的概念。

第二阶段，利用不经意传输（Oblivious Transfer，OT）、加密等密码学原语执行电路，称之为执行阶段。

电路执行者针对布尔电路文件进行执行，执行时电路生成者需要将自己的输入所对应的 label 发给电路执行者；电路执行者依据自己所有信息通过 OT 方式选择自己对应的 label，这样电路生成者与执行者均看不到对方的输入数据；电路执行者此时获取双方输入对应的 label，作为 key 的相关信息对真值表进行解密，即可获取真值表的内容，循环往复，直至所有电路执行完毕，输出执行结果。

每一阶段由参与运算的一方来负责，直至电路执行完毕输出运算后的结果。针对参与运算的双方，从参与者的视角，又可以将参与安全运算的双方分为电路的产生者（Circuit Generator）与电路的执行者（Circuit Evaluator）。示意如图 7-4 所示。

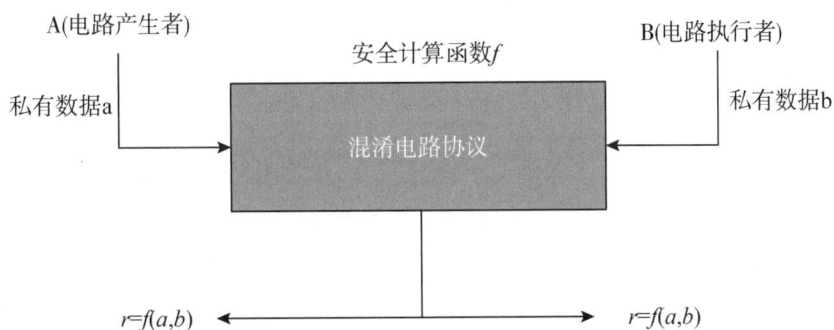

图 7-4　混淆电路计算过程示意

姚氏电路是第一个安全两方计算协议，后续大多数安全地计算布尔电路/算术电路的安全多方计算协议都是基于姚氏混淆电路进行扩展的。

比较常见的有 GMW/CCD/BGW/BMR 等，这些协议将姚氏协议支持的两方安全计算扩展到多方安全计算;将布尔电路扩展到算术电路;将安全模型由半诚实模型扩展到恶意模型,以抵抗一定数量恶意敌手攻击。

(2)不经意传输和布尔电路

混淆电路的原理比较复杂,涉及不经意传输、布尔电路等,下面进行简要的介绍。

①不经意传输。不经意传输是在构建安全多方计算时经常需要使用的一个模块。不经意传输(Oblivious Transfer,OT),也叫茫然传输,是一个密码学协议,消息发送者从一些待发送的消息中发送一部分给接收者,但不知道发送了哪部分消息(对发送者的隐私性),接收者也只能获得那部分消息,而不能获得其他消息的任何信息(对接收者的隐私性)。

在双方参与的不经意传输中,一方 Bob 输入一组数据,另一方 Alice 输入一个选择,从 Bob 输入的数据中选取一个;Alice 只获得其所选择的数据,无法得知 Bob 输入的其他数据;Bob 无法知道 Alice 选择获得了哪个数据。如 2 选 1 的不经意传输协议(1-out-2 OT 协议),Bob 输入 $\{a_0,a_1\}$,Alice 输入 r$\in\{0,1\}$,计算结束后 Alice 获得 a_r,但是无法获得 a_{1-r},Bob 也无法得知 Alice 输入的 r 的值。若 Alice 输入的 $r=0$,则 Alice 获得 a_0,无法获得 a_1;若 Alice 输入的 $r=1$,则 Alice 获得 a_1,无法获得 a_0。Bob 无法得知 Alice 具体获得的是 a_0 还是 a_1。

1-out-of-2 OT 是一个具有实际应用意义的不经意传输协议,也是目前较为常用的一种。其核心是 Alice 虽然不知道 Bob 想要哪一个信息,但能保证 Bob 只获得其中一个信息。不经意传输的这个特性是构建混淆电路的基石。

②布尔电路。混淆电路的构造从门开始,先加密一个门再延伸到加密整个电路。对于布尔电路而言,电路实现与或非即可实现完备,可以模拟任意的函数。

首先以与门为例,一个常见的与门及其真值表如图 7-5 所示,将该与门的输入线记为 w_1,w_2,输出线记为 w_3。

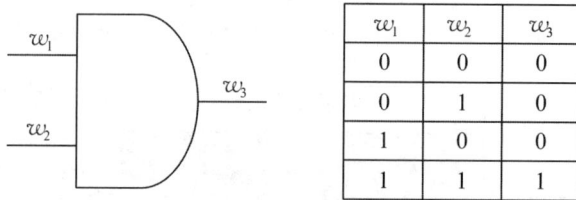

w_1	w_2	w_3
0	0	0
0	1	0
1	0	0
1	1	1

图 7-5　与门及其真值表

随机生成 6 个密钥 $(k_1^0,k_1^1,k_2^0,k_2^1,k_3^0,k_3^1)$,分别表示 w_1,w_2,w_3 这三条线为 0 和 1 时的两种情况。如 k_1^0,k_1^1 分别代表 w_1 为 0 和 w_1 为 1,k_3^0,k_3^1 分别代表 w_3 为 0 和 w_3 为 1。接着该门利用对称加密算法 $En(\cdot)$ 生成 4 个密文 $c_{0,0}$、$c_{0,1}$、$c_{1,0}$、$c_{1,1}$,$En_{a,b}(c)$ 表示用 a,b 作为加密秘钥,使用加密算法 $En(\cdot)$ 来加密 c,在对真值表进行加密后,形成一个新的输入输出表,该新表和该门的真值表呈现如图 7-6 所示的一一对应的关系:

w_1	w_2	w_2
0	0	0
0	1	0
1	0	0
1	1	1

w_1	w_2	w_2
k_1^0	k_2^0	$En_{k_1^0,k_2^0}(k_3^0)$
k_1^0	k_2^1	$En_{k_1^0,k_2^1}(k_3^0)$
k_1^1	k_2^0	$En_{k_1^1,k_2^0}(k_3^0)$
k_1^1	k_2^1	$En_{k_1^1,k_2^1}(k_3^1)$

图 7-6　真值表与加密后新表的一一对应关系

$$c_{0,0}=En_{k_1^0,k_2^0}(k_3^0)=En_{k_1^0}(En_{k_2^0}(k_3^0))$$
$$c_{0,1}=En_{k_1^0,k_2^1}(k_3^0)=En_{k_1^0}(En_{k_2^1}(k_3^0))$$
$$c_{1,0}=En_{k_1^1,k_2^0}(k_3^0)=En_{k_1^1}(En_{k_2^0}(k_3^0))$$
$$c_{1,1}=En_{k_1^1,k_2^1}(k_3^1)=En_{k_1^1}(En_{k_2^1}(k_3^1))$$

将$c_{0,0}$、$c_{0,1}$、$c_{1,0}$、$c_{1,1}$打乱顺序,在电路门储存这四个乱序的值,记为$c1$、$c2$、$c3$、$c4$,将这四个值称为电路门的混淆值。假设门上两条线w_1、w_2的输入的值对为$(0,1)$,那么输入线对应的电路计算值为(k_1^0,k_2^1)。输出导线w_3对应的加密值有四个,分别为$c_{0,0}$、$c_{0,1}$、$c_{1,0}$、$c_{1,1}$,由于对电路求值的一方不知道哪个才是真值,所以使用(k_1^0,k_2^1)分别对$c_{0,0}$、$c_{0,1}$、$c_{1,0}$、$c_{1,1}$进行解密,只有$c_{0,1}$能够被成功解密得到k_3^0,即为该门的输出值,对其他的值进行解密时会得到无效值。如何分辨有效值和无效值,可以在电路真值后面添加固定比特数的标志位,用来表明解密正确。如果是使用错误的秘钥进行解密,则无法得到正确的标志位,可以据此判断出是否是有效值。混淆电路的基础结构如图7-7所示,门 g 可以是与门、或门等。

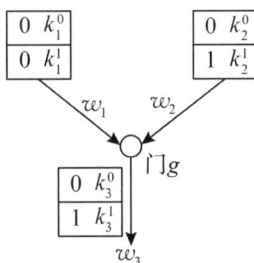

图 7-7　混淆电路的基础结构

若该门为整个电路的中间门,其输出是其他门的输入,那么将其输出k_3^0继续作为输入重复以上操作就可。若该门为最后的输出门,其输出即为结果,将k_3^0转换为 0 即可(若输出为k_3^1则转换为 1)。

对于多个电路组成的门,当一个输入线分成多条分别接入到多个门,其分出的每条线上的信号标记都相同。对于一个门如有多个输出线,每条输出线的信号标记也都相同。如对于三个门组成的电路,分别令w_1,w_2,…,w_7代表电路上的信号线,对于每一条信号线w_1,w_2,…,w_7,分别生成独立的密钥(k_1^0,k_1^1),(k_2^0,k_2^1),…,(k_7^0,k_7^1),给定所有密钥后,通过上文所述的思路对真值表进行替换和打乱顺序,即使用门的两个输入值对输出值进行加密,使用各个加密值替换真值表的相应位置,最后打乱真值表的顺序。如图7-8所示。

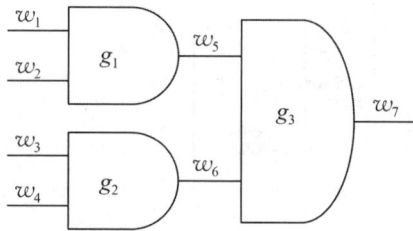

图 7-8　三个门组成的混淆电路

　　混淆电路是安全多方计算中一个非常实用的工具,电路可以通过与或非门实现任意一个函数,而多方计算的目标就是保护各方输入信息的情况下进行目标函数的计算。通过将目标函数的电路转换为混淆电路,可以实现保护隐私信息的情况下进行目标函数的计算。

　　在双方计算的例子中,假设 Alice 为发送方,Bob 为接收方。Alice 设计一个混淆电路发送给 Bob,由 Bob 负责进行计算。因为 Bob 不知道密钥和 0、1 的对应关系,因此 Bob 无法得知电路的实际真值表。Alice 直接将其秘密转换为密钥后发给 Bob,Bob 也不清楚其真值。Bob 通过不经意传输协议(OT)获得与其目标函数的输入所对应的 Alice 的密钥,然后按照电路的结构逐个门进行计算,直到获得最后的函数计算结果。这样 Bob 由于不知道 Alice 密钥和 0、1 的对应关系,因此无法得知 Alice 的实际输入。而电路计算过程都在 Bob 处完成,因此 Alice 也无法得知 Bob 的输入。这样既能实现双方合作进行目标函数的计算,也可以保护各方的输入隐私。如图 7-9 所示。

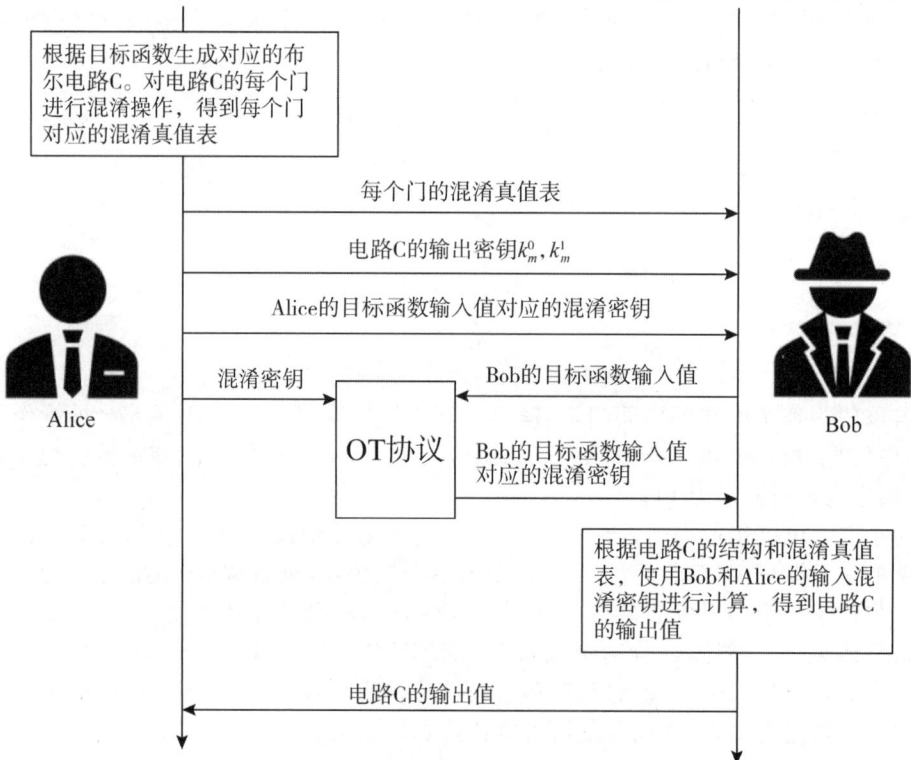

图 7-9　Alice、Bob 双方安全计算过程

7.2.1.2　混淆电路在区块链中的运用

混淆电路是安全多方计算的重要模块,是许多隐私保护技术(例如零知识证明等)的重要基础。2013 年,Jawurek 等人将基于混淆电路的零知识证明优化到了毫秒级别的证明和验证,3MB 左右的证明长度(针对 SHA2 计算的证明)。

混淆电路、安全多方计算等用到了很多密码学技术保护数据的安全,而区块链技术使用密码学能够实现数据一致存储、难以篡改、防止抵赖,同样可以保护数据的安全。区块链重在可验证的计算,强调的是计算的可验证性,这一过程中并不考虑输入数据的保密性。而安全多方计算强调的是计算过程中对于输入数据的保密性,但是并不能确保数据是可验证的。

这给二者的综合使用提供了基础。区块链可以通过采用 MPC 技术来提升自身的数据保密的能力,以适应更多的应用场景。MPC 可以借助区块链技术实现冗余计算,从而获得可验证的特性。随着数据隐私问题的愈加突出,MPC 和区块链的结合愈发受到研究人员的重视,相关的运用不断推出。在加密货币领域,ZCash 通过零知识证明的手段在 Bitcoin 上添加了保护交易隐私的功能。而在加密货币之外的领域,基于"区块链做存证＋MPC 做隐私保护"思路的解决方案正在不断地被提出,被广泛运用在联合征信、医疗数据联合建模、拍卖清算、广告推荐等运用场景之中。

7.2.2　零知识证明

"零知识证明"——Zero-knowledge proof,是由莎菲·戈德瓦塞尔(Shafi Goldwasser)[①]等人在 20 世纪 80 年代初提出的,指的是证明者能够在不向验证者提供任何有用信息的情况下,使验证者相信某个论断是正确的。零知识证明是一种涉及两方或多方的协议,即两方或多方完成一项任务所需采取的一系列步骤。证明者向验证者证明并使其相信自己知道或拥有某一消息,但在证明过程中证明者不能向验证者泄露任何有关被证明消息的信息。零知识证明分为交互式零知识证明和非交互式零知识证明两种类型。

7.2.2.1　零知识证明概述

(1)零知识证明的一般过程

证明方和验证方拥有相同的一个函数或一系列的数值。零知识证明一般过程如下:

①证明方向验证方发送满足一定条件的随机值,这个随机值称为"承诺";

②验证方向证明方发送满足一定条件的随机值,这个随机值称为"挑战";

③证明方执行一个秘密的计算,并将结果发送给验证方,这个结果称为"响应";

④验证方对响应进行验证,如果验证失败,则表明证明方不具有他所谓的"知识",

[①]　美国国家科学院、美国国家工程院、美国艺术与科学院"三院"院士,是历史上第三位获得计算机学术领域最高奖项的女性,也是迄今为止最年轻的图灵奖获得者。

退出此过程。否则，继续从①开始，重复执行此过程 t 次。

如果每一次验证方均验证成功，则验证方便相信证明方拥有某种知识，而且在此过程中，验证方没有得到关于这个知识的信息。

（2）零知识证明的性质

根据零知识证明的定义和有关例子，可以得出零知识证明具有以下三条性质：

①完备性。如果证明方和验证方都是诚实的，并遵循证明过程的每一步进行正确的计算，那么这个证明一定是成功的，验证方一定能够接受证明方。

②合理性。没有人能够假冒证明方使这个证明成功。

③零知识性。证明过程执行完之后，验证方只获得了"证明方拥有这个知识"这条信息，而没有获得关于这个知识本身的任何信息。

（3）简单算法介绍

①Sigma Protocol。例如 Alice 想证明他知道 w，满足 $g^w = h \bmod P$，其中（g, h, p）为公共参数，则验证步骤如下：

1）Alice 随机选择 $r \in Zq$，计算 $x = g^r \bmod P$；

2）Bob 选择随机挑战值 c，发送给 Alice；

3）Alice 发送 $y = r + cw \bmod P$；

4）Bob 验证 $x = g^r h^c$。

②Fiat-Shamir Scheme。Sigma Protocol 实现了一种简单的身份证明，但是仍然需要跟对方通信，而 Fiat-Shamir Scheme 则实现了一种非交互式的零知识证明，具体验证步骤如下：

1）Alice 随机选择 $r \in Zq$，计算 $x = g^r \bmod P$；

2）Alice 计算 $c = H(g, h, x)$，H 为 Alice 与 Bob 约定的公共函数；

3）Alice 计算 $y = r - cw$，生成 proof 为（x, y）；

4）Bob 验证 $x = g^r h^c$。

7.2.2.2 零知识证明在区块链中的运用

陀螺研究院和安比实验室（SECBIT）联合发布的《零知识证明技术发展报告》指出，零知识证明技术能够在不泄漏任何秘密信息的前提下完成对此秘密信息的验证，是现代密码学的重要组成内容。零知识证明技术对于解决当前信息安全中的诸多问题，如数据安全、隐私安全、监管检查，都能发挥重要的作用。

零知识证明与区块链的完美结合很好地解决了区块链当前面临的困局。一方面，零知识证明能够保护数据的隐私性，在不泄漏数据的条件下对其进行证明，用零知识证明为代表的密码学方案去解决隐私问题具备极好的优势。另一方面，零知识证明仅需要生成很小数据量的证明就可以完成对大批量数据的证明，在压缩数据量提高性能方面可以发挥很大的作用。

（1）应用层面

从应用层面上，零知识证明在区块链领域的应用大致可以分为三层，在如图 7-10 所示的三个层面都有其对应应用。

①零知识证明的隐私保护能力和数据压缩能力，可以使其成为公有链的基础组成技术；

②零知识证明技术可以成为底层扩展技术的组成部分，以支撑上层应用使用零知识证明技术，这也是目前一个重要的应用方向；

③零知识证明还可以直接在上层 DAPP 的应用中得到使用，这也是其发展的一个重要部分。

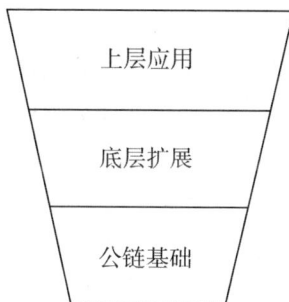

图 7-10　零知识证明应用的三个层面

（2）应用分类

零知识证明技术在区块链应用上可以大致分为隐私保护和扩容两大类，如图7-11所示。

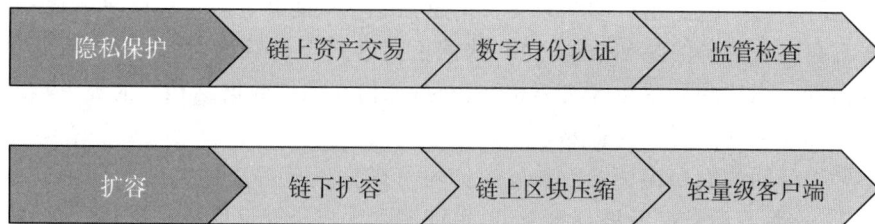

图 7-11　零知识证明在区块链应用上的分类

①隐私保护。区块链作为一种公开账本，一旦上链所有的数据将全部公开，这不可避免地会涉及数据隐私，如个人身份信息、高安全级别的合规数据、资产信息等。零知识证明在保护数据隐私方面有着不可比拟的优势，因此零知识证明在保护链上数据隐私方面将发挥重要的作用。

1）链上资产交易。资产信息是一个人或者一个机构的隐私信息中非常敏感的部分，账户的资产信息及资产交易信息暴露在公开场合，对于资产管理无疑是很大的风险和威胁。而区块链的一个主要特征就是公开的账本，所有的交易信息都公开可追溯，虽然这在一定的程度上解决了信息不对称和欺诈的问题，但也确实对账户资产隐私带来了很大的危害。一旦用户与区块链上的某个钱包地址关联，那么这个用户的所有资产信息和交易信息都将暴露无遗。

为此,区块链从业者提出了多个解决该问题的方案,如更换新地址、混币技术、Cryptonote 和环签,以及零知识证明。其中零知识证明的优势最为明显,它通过提交完全不泄漏任何信息的证明来完成交易的方案,既实现了交易信息完全匿名,同时又能够支持大规模的交易,因此零知识证明被广泛采纳并被用于实现区块链上的资产交易隐私保护。

不仅仅是区块链系统自身发行的虚拟加密货币,以智能合约为基础的 Token 资产(如 ERC20 Token,ERC721 Token)的资产转移也同样可以使用零知识证明技术来保护交易隐私。

2)数字身份认证。传统的中心化身份信息认证手段——将用户的个人信息完成认证并保存在服务器后台的方式已经很难保障用户的个人身份信息和隐私安全了,尤其是对于去中心化的区块链系统。如何通过技术手段实现在不泄漏用户身份信息的前提下完成身份信息认证就变得尤为重要。在最初的区块链系统上,仅存在钱包地址账户,而钱包地址账户与现实生活中的个人身份并没有直接的关联关系,用户仅依靠持有的私钥来获取账户的所有权。但随着区块链系统的进一步落地应用,基于区块链的应用不可避免地要与现实生活中的个人身份联系起来。

零知识证明能够在完成身份认证中的信息交互的同时,保证用户信息的隐私性和认证结果的正确性。提供证明的一方只需要将由用户身份信息计算出来的数据上链,验证方即可验证用户身份,并且依赖数学手段,可以完全保证身份信息为真实可信的,同时任何人也无法从证明中提取用户有关个人信息的数据。

3)监管检查。除了用户的个人身份信息,在航空、能源、金融、保险等领域,很多应用场景都存在着大量的隐私数据,这些数据不能暴露于公众面前,但又必须受到某些机构的监管。当这些领域与区块链相结合时,如何在保护数据隐私的前提下实现对数据的检查和监管就变得尤为重要。

零知识证明的隐私保护能力和验证能力可以完美地解决这个问题。通过零知识证明技术,这些隐私数据无需直接上链,由证明者生成合规证明提交上链,而监管方仅需要验证链上提交的证明即可完成监管检查。例如在信用凭证的场景下,由银行提供某用户是否正确支付了税款,再由用户生成数据证明提交上链,监管方只要验证用户提交的证明是否是根据银行提供的数据生成的证明,同时用户数据是否达到了信用凭证要求即可。

监管检查可能对公有链的用处不大,但对联盟链,尤其是对安全性要求较高的链,监管要求也较高的业务就显得尤为重要了,而零知识证明在这些领域的应用就显得非常重要了。

②扩容。随着区块链与越来越多实际业务场景的结合与应用落地,区块链本身的系统性能已经成为瓶颈。一方面,去中心化网络数据传输和节点同步的约束,致使每个区块能够容纳的数据数量有限,区块链系统能存储的数据也非常有限;另一方面,区

块的同步机制导致交易不能及时被处理,这严重阻碍了对响应速度有极高要求的传统应用场景向区块链系统的迁移。

零知识证明仅需生成很小数据量的证明就可以完成对大批量数据的证明。技术专家们早就注意到零知识证明的这一特性对解决区块链性能瓶颈所具备的潜力。

早在 2018 年 10 月,以太坊创始人 Vitalik Buterin[①] 就曾表示,通过使用 zk-SNARK 大规模验证交易,可以在以太坊上扩展资产交易规模。利用 zk-SNARK,Ethereum 上每秒可处理的交易数量可以达到 500 笔,这是当时 Ethereum 网络每秒所能处理的交易数量的 30 倍以上。目前基于零知识证明的扩容解决方案有很多,主要以链下扩容、链上区块压缩和轻量级客户端 3 个方向为主。

1)链下扩容。链下扩容是指在加密货币的主链之外,建立外围或第二层交易网络的分层结构,将绝大部分的计算转移到链下或侧链来完成,而主链仅提交极小数据量的计算结果。迄今为止,技术专家们在区块链扩容方面的尝试有很多,并且已经有一些较为成熟的分层方案开始落地应用。

实现分层方案的一个最核心问题就是如何保证从二层网络提交到主链数据的真实性,零知识证明是解决这一问题的一个重要方案。首先,零知识证明的重要特性——仅需要生成很小数据量的证明就可以完成对大批量数据的证明,这一点非常契合分层方案在二层完成数据计算而仅向主链提交很小数据量的需求;其次,零知识证明的数学特性保障了只要提交到主链的数据能够通过验证,那么数据就是正确的,二层网络完成的计算就是可信的。因此,零知识证明技术在不牺牲原有区块链安全性的前提下实现更高的并发量,同时由于提交到链上的数据量小,而完成一笔交易或执行合约的成本也变得更小。

2)链上区块压缩。在区块链上,区块的大小是有限的,每个区块所能容纳的交易数量也是有限的,因此如果能够使每笔交易的数据量变小,那么区块所能承载的交易数也会增加。所以除了链下扩展,区块数据压缩也是提高区块链吞吐量的一种思路。

使用零知识证明实现的数据压缩为数据应用上链也提供了诸多好处。首先,很多实际业务处理的数据量很大,根本无法直接在链上处理,而零知识证明提供了可选的解决方案。其次还降低了成本,压缩后的数据提交上链后,所消耗的手续费也将下降。由此零知识证明为区块数据压缩和更多的应用上链增加了可能性。

与链下扩容类似,实现区块压缩的关键就是如何验证压缩后的数据的真伪。零知识证明在这里依然可以发挥很大的用处。通过把链下的多个业务处理过程压缩成一个很小的证明,然后通过智能合约验证提交的证明就能保证服务节点没办法作弊。

3)轻量级客户端。随着区块的不停累加和业务的增长,全节点的数据量也在不断增加,因此区块链全节点将变得越来越巨大,这使得节点的网络同步以及存储都变得

---

① 维塔利克·布特林,以太坊创始人、程序员、写作者,创造以太坊时才 19 岁,因此币圈尊称其"V 神"。

很困难。一方面,下载以 G 甚至 T 为单位的全节点数据需要耗费很长时间;另一方面,全节点需要对下载的数据进行校验以确保数据的正确性,但大部分区块链系统需要将全节点所有的交易按照顺序执行一遍再和下载的状态作比较,每个全节点都要做一次校验,这个过程非常消耗时间。

受制于硬件设备的要求和运行全节点的复杂性,使得同步全节点对大部分普通用户非常困难,这也严重阻碍了区块链的大规模应用。如何通过技术手段解决以上问题,构建出轻量级客户端,是区块链应用可以大规模商业化的必备要素。

零知识证明的压缩能力也可以在这一环节发挥作用。利用零知识证明的验证能力,可以在不牺牲安全性的前提下很好地解决区块同步期间每个全节点都要重复执行验证交易区块数据的问题。所以说零知识证明为构建轻量级客户端提供了很好的解决方案。

Coda 项目①通过零知识证明的不断递归能力,将目前几十 GB 的区块链账本压缩到了 20kB。这个数据量使得哪怕是移动端设备都可以轻而易举地完成区块同步。

零知识证明技术已经是区块链领域一项非常重要的底层技术,它对于提高区块链系统的隐私安全,提升区块链系统的并发处理能力,实现链上链下相结合,都可以发挥重要作用。但时至今日,零知识证明技术尚未完全发展成熟,其理论和工程实现都处于快速发展中,四个较为明显的趋势——技术标准化、后量子零知识证明、性能优化和公链集成正在迅速发展。

7.2.3　数字签名

一套数字签名通常定义两种运算,一种用于签名,另一种用于验证。只有信息的发送者才能产生别人无法伪造的一段数字串,这段数字串同时也是对信息的发送者发送信息真实性的一个有效证明。数字签名是非对称密码技术与数字摘要技术的应用。

ISO 7498-2 标准将数字签名定义为"附加在数据单元上的一些数据,或是对数据单元所做的密码变换,这种数据或变换允许数据单元的接收者用以确认数据单元的来源和数据单元的完整性,并保护数据,防止被人伪造。"

数字签名在信息安全,包括鉴别、数据完整性、抗抵赖性等方面,特别是在大型网络安全通信中的密钥分配、鉴别及电子商务系统中,具有重要作用。

7.2.3.1　数字签名概述

(1)数字签名的作用

数字签名作为维护数据和信息安全的重要方法,可以解决伪造、抵赖、冒充和篡改等问题,其主要作用体现在以下几个方面:

①防重放攻击。如 A 向 B 借了钱,同时 A 写了一张借条给 B,当 A 还钱的时候,

---

　　①　Coinbase 投资的零知识证明明星项目。Coda 的区块存储压缩技术号称可以提高存储硬件设施的利用效率,让运行全节点的成本大大降低,真正保证整个区块链节点网络的去中心化。

A 向 B 索回借条,否则 B 可能再次要求 A 还钱。在数字签名中,如果采用了对签名报文加盖时戳或添加流水号等技术,就可以有效防止重放攻击。

②防伪造。其他人不能伪造对消息的签名,因为私有密钥只有签名者自己知道,所以其他人不可能构造出正确的签名数据。

③防篡改。数字签名与原始文件或摘要一起发送给接收者,一旦信息被篡改,接收者就可以通过计算摘要和验证签名来判断该文件无效,从而保证了文件的完整性。

④防抵赖。数字签名既可以作为身份认证的依据,也可以作为签名者签名操作的证据。要防止接收者抵赖,可以在数字签名系统中要求接收者返回一个自己签名的表示收到的报文,发给信息发送者或受信任第三方。如果接收者不返回任何消息,此次通信可终止或重新开始,签名方也没有任何损失。由此双方均不可抵赖。

⑤身份认证。在数字签名中,用户的公钥是其身份的标志,当使用私钥签名时,如果接收方或验证方用其公钥进行验证并获得通过,那么可以肯定,签名人就是拥有私钥的那个人,因为私钥只有签名人知道。

(2)数字签名算法

数字签名一般利用公钥密码技术来实现。比较典型的数字签名方案有:RSA 签名算法、ElGamal 签名算法、Schnorr 签名算法(C. P. Schnorr,1989)、DSS 签名算法(NIST,1991)。

①RSA 签名算法。基于 RSA 公钥体制的签名方案通常称为 RSA 数字签名方案。RSA 签名体制的基本算法如图 7-12 所示。

1)密钥的生成（与加密系统一样）

公钥 $PK=\{e,n\}$;私钥 $SK=\{d\}$

2)签名过程(d,n):

用户 A 对消息 $M\in Z_n$进行签名,计算

$S=\text{sig}(H(M))=H(M)^d \bmod n$;

并将 S 附在消息 M 后面。

3)验证过程(e,n):

给定(M,S),$ver(M,S)=H(M)$为真 $\Leftrightarrow S^e(\bmod n)=H(M)$成立。

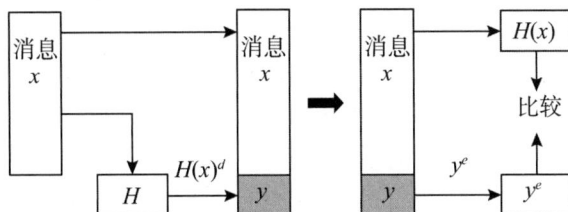

图 7-12　RSA 数字签名算法工作流程

②ElGamal 签名算法。假设 p 是一个大素数,g 是 $GF(p)$ 的生成元。Alice 的公钥为 $y=g^x \bmod p$,g,p 私钥为 x。

1）签名算法：

a）Alice 用 H 将消息 M 进行处理，得 $h = H(M)$；

b）Alice 选择秘密随机数 k，满足 $0 < k < p-1$，且 $(k, p-1) = 1$，计算 $r = g^k \bmod p$，$s = (h - xr)k^{-1} \bmod (p-1)$

c）Alice 将 (m, r, s) 发送给 Bob。

2）验证签名过程：接收方收到 M 与其签名 (r, s) 后：

a）计算消息 M 的 Hash 值 $H(M)$，

b）验证公式 $y^r r^s = g^{H(M)} \bmod p$

成立则确认 (r, s) 为有效签名，否则签名就是伪造的。

③Schnorr 数学签名。Schnorr 签名方案是一个短签名方案，它是 ElGamal 签名方案的变形，其安全性是基于离散对数困难性和哈希函数的单向性的。

假设 p 和 q 是大素数，且 q 能被 $p-1$ 整除，q 是大于等于 160 bit 的整数，p 是大于等于 512 bit 的整数，保证 $GF(p)$ 中求解离散对数困难；g 是 $GF(p)$ 中元素，且 $g^q \equiv 1 \bmod p$。

1）密钥生成：

a）Alice 选择随机数 x 为私钥，其中 $1 < x < q$；

b）Alice 计算公钥 $y \equiv g^x \bmod p$。

2）签名算法：

a）Alice 首先选择随机数 k，这里 $1 < k < q$；

b）Alice 计算 $e = h(M, g^k \bmod p)$；

c）Alice 计算 $s = k - x \cdot e \pmod q$；

d）Alice 输出签名 (e, s)。

3）验证算法：

a）Bob 计算 $g^k \bmod p = g^s \cdot y^e \bmod p$；

b）Bob 验证 $e = h(M, g^k \bmod p)$ 是否成立，如果成立则输出"Accept"，否则输出"Reject"。

Schnorr 签名与 ElGamal 签名有以下不同点。

安全性比较。在 ElGamal 体制中，g 为域 $GF(p)$ 的本原元素；而在 Schnorr 体制中，g 只是域 $GF(p)$ 的阶为 q 的元素，而非本原元素。因此，虽然两者都是基于离散对数的困难性，然而 ElGamal 的离散对数阶为 p^{-1}，Schnorr 的离散对数阶为 $q < p-1$。从这个角度上说，ElGamal 的安全性似乎高于 Schnorr。

签名长度比较。Schnorr 比 ElGamal 签名长度要短，ElGamal 的签名为 (m, r, s)，其中 r 的长度为 $|p|$，s 的长度为 $|p^{-1}|$。Schnorr 的签名为 (m, e, s)，其中 e 的长度为 $|q|$，s 的长度为 $|q|$。

④DSA 算法。DSA（Digital Signature Algorithm）是 Schnorr 和 ElGamal 签名算法的变种，被美国国家标准与技术研究所作为数字签名标准。DSA 是基于整数有限

域离散对数难题的,其安全性与 RSA 相比差不多。DSA 的一个重要特点是两个素数公开,这样,当使用别人的 p 和 q 时,即使不知道私钥,你也能确认它们是否是随机产生的,还是作了手脚。RSA 算法却做不到。

DSA 算法的工作过程如图 7-13 所示。DSA 的主要参数:

p:素数,要求 $2^{L-1}<p<2^{L}$,$512\leqslant L<1024$,且 L 为 64 的倍数;

q:$(p-1)$ 的素因子,$2^{159}<q<2^{160}$,即比特长度为 160 位;

$g=h^{(p-1)/q} \bmod p$。其中 h 是一整数,$1<h<(p-1)$ 且 $h^{(p-1)/q} \bmod p>1$

p,q,g 是全局公开密钥分量,可以为用户公用。

x:随机或伪随机整数,要求 $0<x<q$。x 是用户私有密钥。

$y=g^{x} \bmod p$。y 是用户公开密钥。

随机数 k。随机或伪随机整数,要求 $0<k<q$。

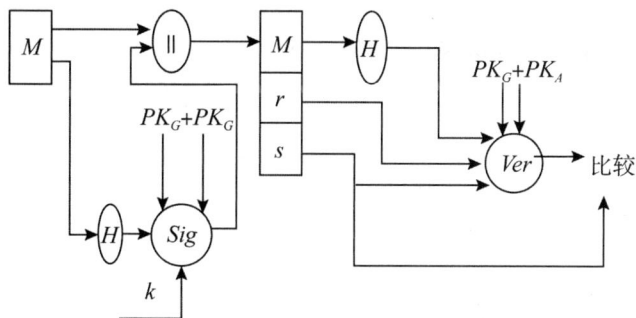

图 7-13 DSA 算法的工作过程

DSA 的签名过程如下所示:

用户随机选取 k,满足 $0<k<q$;

计算 $e=h(m)$;

计算 $r=(g^{k} \bmod p) \bmod q$;

计算 $s=k^{-1}(e+x \cdot r) \bmod q$;

输出 (r,s),即为消息 M 的数字签名。

DSA 的验证过程如下所示:

接收者收到 M,r,s 后,首先验证 $0<r<q$ 且 $0<s<q$;

计算 $e=h(m)$;

计算 $w=(s)^{-1} \bmod q$;

计算 $u_1=e \cdot w \bmod q$;

计算 $u_2=r \cdot w \bmod q$;

计算 $v=[(g^{u_1} \cdot y^{u_2}) \bmod p] \bmod q$;

如果 $v=r$,则确认签名正确,否则拒绝。

7.2.3.2 数字签名在区块链中的运用

比特币、以太币等虚拟加密数字货币均采用 ECDSA 算法保证交易的安全性,其流程也是用户利用私钥对交易信息进行签名,并把签名发给矿工,矿工通过验证签名确认交易的有效性。

一笔交易信息的形成如图 7-14 所示。比特币交易信息有输入和输出,输入是 UTXO、解锁脚本(包含付款人对本次交易的签名($<sig>$)和付款人公钥($<PubK(A)>$))、UTXO 序号(来源的),输出是发送数量、锁定脚本、UTXO 序号(生成的)。

其实交易的原理,就是使用原有的 UTXO 生成新的 UTXO,所以输入输出都有 UTXO 序号,不能混淆。脚本分为解锁脚本和锁定脚本,通常把解锁脚本和锁定脚本串联起来,才能用于验证交易的可行性。

交易的验证目的有两个:输入的 UTXO 确实是付款人的;交易信息没有被篡改过。

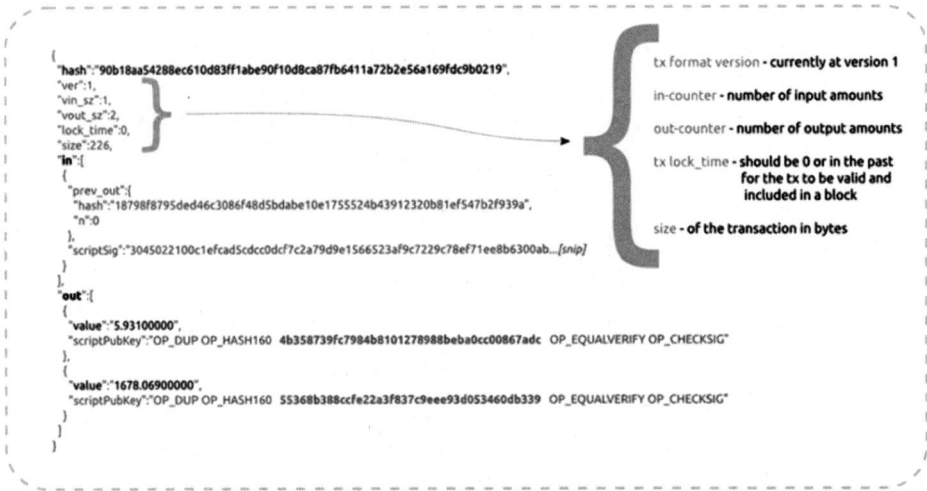

图 7-14 比特币交易信息示意

比特币使用基于 ECDSA 的签名算法,选择的椭圆曲线为 secp256k1。

7.2.4 群签名

7.2.4.1 群签名概述

在一个群签名方案中,一个群体中的任意一个成员可以以匿名的方式代表整个群体对消息进行签名。与其他数字签名一样,群签名是可以公开验证的,而且可以只用单个群公钥来验证。

群签名[①]是一种类似于数字签名的密码原语,其目的在于允许用户代表群签名消息,并在该群内保持匿名。也就是说,看到签名的人可以用公钥验证该消息是由该群

---

① 1991 年,Chaum 和 Van Heyst 首次提出了群签名的概念,后来 Camenish、Stadler、Tsudik 等人对这个概念进行了修改和完善。

成员发送的,但不知道是哪一个成员。同时,用户不能滥用这种匿名行为,因为群管理员可以通过使用秘密信息(密钥)来消除(恶意)用户的匿名性。

群签名方案的关键是"群管理员",它负责添加群成员,并能够在发生争议时揭示签名者身份。在一些系统中,添加成员和撤销签名匿名性的责任被分开,并分别赋予给群管理员和撤销管理员。群签名是一个中心化的签名结构,该结构的算法都是群管理员确定的,导致签名者的隐私没有得到真实保证的局面。

群签名有如下几个特点:只有群中成员能够代表群体签名(群特性);接收者可以用公钥验证群签名(验证简单性);接收者不能知道签名是由群体中哪个成员所签(无条件匿名保护);发生争议时,群体中的成员或可信赖机构可以识别签名者(可追查性)。

(1)群签名的安全性要求

①完整性。群成员的有效签名始终验证正确,无效签名则始终验证失败。

②不可伪造性。只有群成员才能创建有效的群签名。

③匿名性。给定一个群签名后,如果没有群管理员的密钥,则无法确定签名者的身份,至少在计算上是不可行的。

④可跟踪性。给定任何有效的签名,群管理员都能够确定签名者的身份。(这也暗示了只有群管理员才能破坏其匿名性。)

⑤不关联性。给定两个消息及其签名,我们无法判断签名是否来自同一签名者。

⑥无框架。即使所有其他群成员相互串通(包括和管理员串通),他们也不能为非群成员伪造签名。

⑦不可伪造的跟踪验证。撤销管理员不能错误地指责签名者创建了他本没有创建的签名。

⑧抗合谋攻击。即使所有群成员相互串通,他们也不能产生一个合法的不能被跟踪的群签名。

(2)群签名过程

①初始化。群管理者建立群资源,生成对应的群公钥(Group Public Key)和群私钥(Group Private Key),群公钥对整个系统中的所有用户公开,比如群成员、验证者等。

②成员加入。在用户加入群的时候,群管理者颁发群证书(Group Certificate)给群成员。

③签名。群成员利用获得的群证书签署文件,生成群签名。

④验证。验证者利用群公钥仅可以验证所得群签名的正确性,但不能确定这个签名是群中哪个成员所签。

⑤打开。群管理者利用群私钥可以对群用户生成的群签名进行追踪,并暴露签署者身份。

群管理者利用群私钥可以对群用户生成的群签名进行追踪,并暴露签署者身份。

7.2.4.2　群签名在区块链中的运用

近年来,匿名数字货币发展迅猛,产生了门罗币(Monero)[①]、Zcash[②]、Blindcion 等一系列匿名数字货币。这些匿名数字货币在数字货币交易中保护了用户的隐私,然而,由于它们的匿名性,也可能会带来一些新的威胁,如敲诈勒索、走私、逃税和洗钱。更糟糕的是,在匿名的掩护下很难追踪罪犯。

使用可连接群签名实现支付者的真实身份跟踪的方法能够同时保障匿名数字货币交易中的匿名性和可靠性。

该方案利用线性加密来帮助群管理员跟踪群成员的身份,并通过生成 VR-SDH 三元组的零知识证明(ZKPK)来生成群签名。如果一个群成员对同一个消息签名两次,那么两个签名就可以公开链接。这个方案还可以用于匿名数字货币的双花检测。

在公共资源的管理中,重要军事情报的签发、重要领导人的选举、电子商务重要新闻的发布、金融合同的签署等事务中,群签名都可以发挥重要作用。

比如在电子现金系统中,可以用群盲签名来构造有多个银行参与和发行的匿名且不可跟踪的电子现金系统。在这样的方案中,参与这个电子现金系统的每一个银行都可以安全地发行电子货币,这些银行形成一个群体受中央银行的控制,中央银行担当了群管理员的角色。

7.2.5　环签名

7.2.5.1　环签名概述

2001 年,Rivest、Shamir 和 Tauman 在"How to Leak a Secret"一文中提出了如下问题:

Bob 是一个内阁成员,他想向记者揭露首相贪污的情况,他要使记者确信此消息来自一个内阁成员,同时又不想泄露自己的身份(保证匿名性),以免遭到首相报复。

Bob 不能使用一般的数字签名技术把消息签名传给记者。这样做虽然记者会相信这个消息确实来自内阁成员,但同时会暴露 Bob 的身份。Bob 也不能通过一般的匿名方式把消息传给记者,那样虽然 Bob 的身份不会暴露,但记者却无法相信这个消息确实来自一个内阁成员。

群签名不能解决这个问题。因为群签名的生成需要群成员的合作,群管理员可以打开签名。如果群管理员受到首相的控制,Bob 的身份就会暴露。

在此背景下,Rivest、Shamir 和 Tauman 三人提出了环签名的概念。在环签名生成过程中,真正的签名者任意选取一组成员(包含自身)作为可能的签名者,用自己的私钥和其他成员的公钥对文件进行签名。签名者选取的这组成员称作环(Ring),生

---

①　门罗币,是创建于 2014 年 4 月的一种开源加密货币,它着重于隐私、分权和可扩展性。与其他加密货币不同,门罗币基于 CryptoNote 协议,并在区块链模糊化方面有显著的算法差异。

②　零币是一个去中心化的开源密码学货币项目,旨在创建一种真正匿名的交易方法。

成的签名称作环签名(Ring Signature)。

环签名是数字签名中的一种,它的特点是验证人并不知道签名人是谁,可以实现匿名签名。环签名可以很好地解决 Bob 的问题,所有的内阁成员构成一个环,Bob 把消息经过环签名后传给记者,在不暴露 Bob 身份的前提下记者可以通过验证环签名的正确性,确信签名来自一个内阁成员。

(1)环签名在使用上的特点

①签名者利用自己的私钥可以将签名中的一系列值首尾相连,环签名因其签名值由一定的规则组成一个环而得名;

②没有群体建立过程,也无特殊的管理者;

③不需要预先加入和撤出某个群体,群体的形成根据需要在签名前由签名人自己指定,是一种自组织结构;

④不能追踪签名人身份,能通过验证确定签名者是其中一人,但无人能指出具体是哪一位成员。

(2)环签名的安全性

①正确性。如果按照正确的签名步骤对消息签名,并且在传播过程中签名没被篡改,那么环签名满足签名验证等式。

②无条件匿名性。攻击者即使非法获取了所有可能签名者的私钥,他能确定出真正的签名者的概率不超过 $1/N$,这里 N 为所有可能签名者的个数。

③不可伪造性。外部攻击者在不知道任何成员私钥的情况下,即使能从一个产生环签名的随机预言者那里得到任何消息 m 的签名,他成功伪造一个合法签名的概率也是可以忽略的。

(3)环签名的优缺点

优点:

①环签名是一种简化的群签名,环签名中只有环成员没有管理者,不需要环成员间的合作。

②签名者首先选定一个临时的签名者集合,集合包括签名者自身。然后签名者利用自己的私钥和签名集合中其他人的公钥就可以独立地产生签名,而无需他人的帮助。签名者集合中的其他成员可能并不知道自己被包含在其中。

缺点:

①无条件匿名性。攻击者无法确定签名是由环中哪个成员生成,即使在获得所有环成员私钥的情况下,概率也不超过 $1/n$。

②正确性。签名必须能被所有其他人验证。

③不可伪造性。环中其他成员不能伪造真实签名者签名,外部攻击者即使在获得某个有效环签名的基础上也不能为消息 m 伪造一个签名。

(4)环签名和群签名的比较

①匿名性。环签名和群签名都是一种个体代表群体签名的体制,验证者能验证签

名是群体中成员所签,但并不能知道是具体哪个成员所签,可以达到签名者匿名的作用。

②可追踪性。群签名中群管理员的存在保证了签名的可追踪性。群管理员可以撤销签名,揭露真正的签名者。环签名本身无法揭示签名者,除非签名者本身想暴露或者在签名中添加额外的信息。

③管理系统。群签名由群管理员管理;环签名不需要管理,签名者只要选择了一个可能的签名者集合,获得其公钥,然后公布这个集合即可,所有成员平等。

④组织结构。环签名是一种自组织结构,真实签名者使用其他环成员的公钥时不需要他们的同意,环成员可以任意离开、加入;群签名中成员相对固定,群成员离开、加入群时密钥需要改变。

7.2.5.2 环签名在区块链中的运用

2013 年,Saberhagen 等人基于环签名技术提出了 CryptoNote 协议[①],该协议提出了匿名电子现金系统在隐私方面需要满足的两大特性,并针对这两大特性设计协议。这两大特性是指:

①不可追踪性。对每个交易输入,所有可能的交易发起者都是等可能的。

②不可链接性。对任意两个交易输出,不能证明它们是否发送给同一用户。

为了满足不可链接性,发送给同一接受者的不同资产需要发送到不同的地址。在传统区块链系统中,这需要接收者每次都生成新地址并从私密通道传递给发送者,但在实际应用中,这给交易双方都带来不便。

为了解决这一问题,CryptoNote 采用了一次性公私钥对的方式,发起方可以根据接收者的长期公钥生成新的一次性公钥,新公钥只有接收者能计算出对应的私钥,并且不能被其他用户关联到接收者的长期公钥。在保证了同一接收者每次交易存在不同接受地址的同时,发送者不需要接收者告知新公钥,可以独立构造交易。

采用一次性公私钥对完成交易的流程如图 7-15 所示,分为交易发起者生成交易与接收者检查交易两部分。

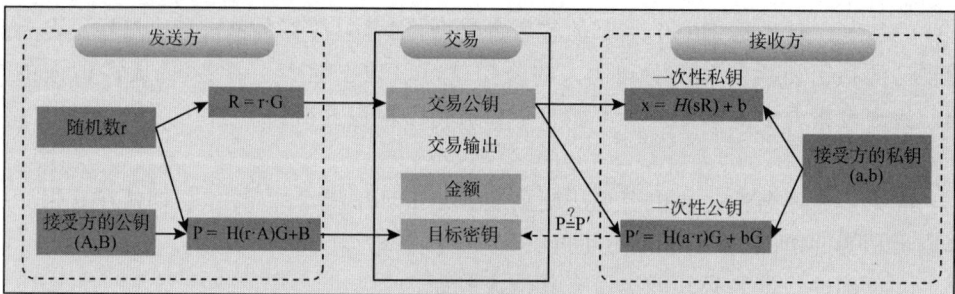

图 7-15 一次性公私钥对完成交易的流程

[①] 2012 年 12 月,第一个针对数字通证隐私问题的协议——CryptoNote 问世。该协议介绍了两种技术:隐私地址技术和环签名技术,分别提供对数据接收方和发送方的隐私保护。

交易发起者生成随机数并与接收者公钥计算一次性公钥,作为交易的目标地址,并在交易中公布随机数对应的交易公钥;交易接收者用私钥与交易公钥计算一次性公钥判断是否为交易目标地址。如果匹配,则能用私钥对该输出资产进行签名并花费。

为了满足不可追踪性,在发起交易的时候,CryptoNote 协议在一次性公私钥对的基础上采用一次性环签名技术保护交易发送者隐私。一次性环签名同样分为生成签名与验证签名两阶段,并利用私钥哈希值作为快照保证资产对应私钥只进行过一次花费。交易完成后即丢弃,保证交易目标地址不会重复。

CryptoNote 协议在交易中采用一次性公私钥对保护了接收方的隐私,采用一次性环签名保护了发送方的隐私。但 CryptoNote 协议采用环签名保护用户隐私的主要问题在于用户隐私依赖于选择的公钥集合,一旦集合中的其他用户公开使用了资产或发生隐私泄漏,导致输出被关联到对应地址,则该用户的地址关联情况也会被攻击者分析得出,导致隐私泄漏。

此后,ByteCoin[①]、Boolberry[②]、DigitalNote[③] 等一系列区块链项目都采用了 CryptoNote 作为底层框架来保护用户隐私。其中,应用较为广泛的是 Surae 等人提出的 Monero 项目,该项目通过强制每笔环签名交易至少包含 2 个额外资产的方式,解决上述隐私泄漏的风险,增强了用户的长期匿名性。

7.2.6　盲签名

7.2.6.1　盲签名概述

盲签名 1983 年由 David Chaum 提出,是指签名者在无法看到原始内容的前提下对信息签名。盲签名主要是为了实现防止追踪(unlinkability),签名者无法将签名内容和结果进行对应。典型的实现包括 RSA 盲签名等。

盲签名是一种特殊的数字签名,它用在文件的书写者和签名人并不是同一方的场景中,而且签名人无法知道所签名的文件内容,他只是起到了一个为文件背书的作用。它有两个显著的特点,一是消息的内容对签名者是不可见的;二是签名被公开后,签名者不能追踪签名。

(1)盲签名的性质

①不可伪造性。除了签名者本人外,任何人都不能以他的名义生成有效的盲签名。这是一条最基本的性质。

②不可抵赖性。签名者一旦签署了某个消息,他无法否认自己对消息的签名。

③盲性。签名者虽然对某个消息进行了签名,但他不可能得到消息的具体内容。

---

①　ByteCoin,字节币,是首家将 CryptoNote 技术应用于自身安全基础设施的加密货币。

②　Boolberry,布尔币,是一个根据 CryptoNote 算法而来的币种,和门罗币非常类似。

③　DigitalNote,XDN,是基于 CryptoNote 匿名技术和更新具有独特的难以捉摸的加密消息传递系统构造的区块链存款应用。

④不可追踪性。一旦消息的签名公开后,签名者不能确定自己何时签署的这条消息。

满足上面几条性质的盲签名,被认为是安全的。

(2)盲签名过程

一个盲签名方案一般包括四个过程:

①系统初始化。产生盲签名方案中的所有系统参数。

②密钥对生成。产生用户的私钥和公钥。

③签名。用户利用签名算法对消息签名,签名过程可以公开也可以不公开,但一定包含仅签名者才拥有的私钥。签名过程包括以下几个步骤。

1)盲化:用户将盲化因子注入待签名的消息;

2)盲签名:签名者对盲化过的消息进行签名;

3)去盲:用户从盲化签名(对盲化过的消息)去除盲化因子,获得去盲后的签名(待签名消息)。

④验证。验证者利用公开的系统参数、验证方法和签名者的公钥对给定消息的签名进行验证。

(3)盲签名的分类

根据算法的功能,可以将盲签名分为以下几类。

①完全盲签名。由 David Chaum 于 1987 年提出,完全盲签名实现了签名的完全匿名性,任何人无法准确地追踪到签名。

②限制性盲签名。解决了电子现金的二次花费问题,限制性盲签名将用户的身份信息嵌入到签名中,当用户二次花费时可以准确地追踪到用户的身份信息。

③公平盲签名。"公平"是区别于普通盲签名的不可追踪性而言的,相对于一般盲签名,公平盲签名引入可信的第三方,以便在需要对签名进行追踪的情况下,为签名者准确地追踪到签名者。

④部分盲签名。在盲签名的基础上增加了一个公共信息,该公共信息由签名者和用户共同在签名之前商议得到,由签名者在签名过程中把这些公共信息嵌入签名中,且该公共信息不能被删除或被非法修改。

⑤群盲签名。群签名和盲签名的有机结合,兼有群签名和盲签名的特性。

7.2.6.2 盲签名在区块链中的运用

在比特币系统中,交易是在用户之间直接进行的,没有中间人。用户通过向通信节点的对等网络广播数字签名的消息来发送支付。

随着区块链技术的快速发展,越来越多的在线商家提供比特币支付功能。比特币系统具有匿名性。一般来说,匿名性的目的是防止攻击者通过比特币网络和区块链发现比特币钱包地址与真实用户身份信息之间的关系。但是,比特币交易的匿名性特征绝非完美,如果客户在线向商家支付比特币,例如通过银行转账、信用卡,甚至阿里支付,商家可以将客户的支付信息链接到交易比特币的电子地址。

身份隐私是用户身份信息与区块链地址之间的关联关系。

区块链系统中地址是由用户自行生成，与用户的身份信息无关，用户创建和使用地址不需要第三方参与。因此，相对于传统的账号（例如银行卡号），区块链地址具有较好的匿名性，但是交易之间的关联性可以被用于推测敏感信息。区块链所有数据都存储在公开的全局账本中，用户在使用区块链地址参与区块链业务时，有可能泄露一些敏感信息，例如区块链交易在网络层的传播轨迹。

通过分析这些交易之间的关联关系（比如：同一交易的所有输入地址属于同一用户集合、找零地址和输入地址属于同一用户等等），再结合一些背景知识，能够逐步降低区块链地址的匿名性，甚至发现匿名地址对应用户的真实身份。

7.2.7　门限签名

门限签名是建立在门限秘密共享体制上的数字签名方案，是普通数字签名的一种推广，针对不同的应用目的，密码学界的研究人员设计出多种门限数字签名方案，解决了如何由集体成员而非个人代表组织或团体进行数字签名的问题。普通数字签名的签名是由一个签名者产生的，而门限签名的签名是由一组签名者中多个成员合作产生的，在一组签名者中，达到一定数量的签名者，能够代替整个签名组，对某条消息进行签名。能够代表签名组进行签名的成员的最小数量称为该签名系统的门限。门限签名方案的签名还是由一个私钥生成，然而这个私钥不会被任何人完整掌握，而是会以某种方式分成很多碎片，这些碎片可以被多人同时持有，然后通过 MPC 协议，保证这些碎片不需要全部被拼起来就可以直接产生一个合法的签名。门限签名方案可以极大地提升数字签名系统的安全性和隐私性。

7.2.7.1　门限签名概述

门限签名作为门限密码学的重要研究内容，最早由 Desmedt 等人提出。1991 年 Desmedt 和 Frankel 提出了基于 RSA 的 (t, n) 门限签名方案。此后，Wang 等人给出了基于离散对数的门限签名方案，Harn 提出了基于 ElGamel 的、不需要可信中心的门限签名方案，Gennaro 等人基于分布式可验证秘密分享方案设计了门限 DSS（Digital Signature Standard）签名。2001 年，Miyazaki 提出了一个基于椭圆曲线 ElGamal 的门限签名方案。

在一个典型的 (t, n) 门限签名方案中，由 n 个成员组成一个签名群体，该群体有一对公钥和私钥，群私钥通过某种方法分享给群体中的各个成员，群体内大于等于 t 个合法、诚实的成员组合可以代表该群体使用群私钥进行签名，任何人都可利用这个群体的群公钥进行对该签名进行验证。这里 t 是门限值。只有大于等于 t 个的合法成员才能代表群体进行签名，群体中任何 $t-1$ 个或更少的成员不能代表该群体进行签名，同时任何成员也不能假冒其他成员进行签名。

（1）门限签名方案的算法过程

门限签名方案的算法过程通常可以分为以下三个步骤：

第一步,密钥生成。在这个阶段需要完成签名组公私钥的生成和分配。生成私钥和分配私钥给参与者可以有两种方式:第一种是所有参与者相互协商选定系统参数,并按照相应程序计算自己的秘密份额,但这种方式由于很多人知道秘密而容易造成秘密泄露,所以对参与者诚实度要求高;另一种则是选定一个可信中心来选择系统参数、共享私钥,并分配私钥给参与者。

第二步,签名生成。签名生成有两个阶段——部分签名生成和签名合成。在部分签名生成阶段,一般参与者互相交流,每一个参与者生成给定消息 m 的部分签名;在签名合成阶段,如果拥有大于等于门限值个数的有效部分签名,那么可以计算出消息 m 的有效签名。

第三步,签名验证。给定公钥下,任何一个人都可以验证消息签名的有效性。

在门限签名中,私钥信息被分享给独立的多个参与者,每一次私钥计算都需要多个参与者同意,从而提高算法的安全性,当少量参与者发生故障、不可用时,并不影响私钥的可用性。

(2)门限签名的优点

门限签名具有如下优点:

①攻击者若想得到签名密钥,必须至少得到 t 个子密钥(t 代表门限值),这大大提高了攻击的难度;

②即使某些成员不合作、不愿意出示子密钥,或者泄露、篡改子密钥,或者丢失子密钥都不会影响签名消息的认证与恢复;

③实现了权力分配,避免具有签名权力的签名者滥用职权。

(3)门限签名的性质

根据门限签名方案的特性和应用场景,一个好的门限签名应具有以下性质:

①群特性:只有签名组中的成员才能完成自己的部分签名,非签名组中的攻击者无法伪造其部分签名;

②门限特性:只有当完成部分签名的人数不小于门限值时,门限签名才会产生;

③验证的简单性:验证者验证签名时只需知道群体的公钥;

④匿名性:验证者无法知道是哪些成员做了部分签名;

⑤可追查性:事后可以追查出哪些成员做了部分签名;

⑥不可冒充性:任何签名者的集合无法冒充其他签名者的集合完成签名;

⑦强壮性:当恶意成员达到或超过门限值时仍无法获得系统的秘密参数;

⑧稳定性:删除或加入成员时,系统参数无需做大的改动。

(4)门限签名的分类

按不同的分类方法,现有的门限签名方案一般可以分为以下几种类型:

①按照门限签名方案的数学基础划分。根据门限签名方案所基于的数学难解问题,目前的门限签名可以分为三类:基于大数分解问题的门限签名体制(主要是基于 RSA 的门限签名体制)、基于离散对数问题的门限签名体制和基于椭圆曲线上的离散

对数难解性的门限签名体制。

②按照是否可以追查签名者身份划分。主要可以划分为可以追查签名者身份的或者不能追查签名者身份的。

③按照系统参数的生成划分。可分为需要可信中心参与的或者不需要有可信中心参与的。

基于 RSA 的门限签名方案是最早提出的门限签名方案,也是目前研究的最成熟的门限方案之一,其基本思路是将 RSA 密码与门限体制(主要是 Shamir 的基于 Lagrange 插值公式的门限体制)进行结合,使得签名组中符合数量要求的成员可以通过插值完成签名。

相对于签名体制而言,构造基于离散对数难解性的门限签名相对容易。目前基于离散对数难题的门限签名方案主要有基于 ElGamal 签名变种的门限签名方案和基于 DSS 签名体制的门限签名方案。

与 RSA 密码体制和离散对数密码体制相比,椭圆曲线密码体制具有特殊的构造方式和优点。在基于椭圆曲线密码体制的门限签名的研究上,主要有两个侧重点:一是研究如何构造此类签名,二是讨论该类签名与其他两类门限签名体制相比所具有的优点。总的来说,椭圆曲线密码体制具有密钥长度短、计算速度快、占用存储空间小等优点,现有的此类方案完成了椭圆曲线密码与门限方案的有效结合,实现了门限签名的基本性能,发挥了椭圆曲线的特点,优化了门限签名这种多协议方多信息交互的签名体制。但是,这些方案对签名体制的安全和性能的研究较少,大多存在一些不足之处:例如不能有效抵御合谋攻击、伪造攻击等攻击方式,不具有可追查性、强壮性等实际应用中所需的性质。

(5)门限签名中存在的问题

门限签名方案是由数字签名与秘密共享方案结合而形成的签名体制,群体中的某些给定的子集先产生个体签名(部分签名),再通过某种结合方式生成代表整个群体的签名。一个良好的门限签名应满足群签名特性、门限特性、防冒充性、验证简单性、匿名性、可追查性、强壮性和系统稳定性等性质。现有的门限签名方案几乎都存在着一定缺点。在安全性方面,现有的门限签名方案大多在系统健壮性方面较差,当参与签名的成员数达到或超过门限值时,合谋攻击就能获取系统秘密参数,进而假冒其他成员代表群体签名,也就是所谓的合谋攻击问题。此外,一个好的门限签名一方面要求能够追查签名者,一方面又要求匿名性,隐藏签名者的身份,同时具有这两个性质是实现门限签名的一个难点。

7.2.7.2 门限签名在区块链中的运用

作为一种解决数字签名私钥中心化控制安全性风险的方案,门限签名在区块链领域得到了充分的应用。

(1)保障区块链账户安全

近年来,以比特币为代表的加密数字货币得到了迅速发展,并作为一种新兴的支付手段逐渐进入普通人的生活。与传统支付系统不同,加密数字货币系统不存在中心化的运营机构,所有支付操作都是通过从账户发送带数字签名的交易完成。因此,加密货币账户的安全等价于签名私钥的安全,私钥的泄露会直接导致账户内资产被窃取。然而用户加密数字货币账户的安全正在遭受巨大威胁:黑客通过发送带木马的邮件控制用户电脑,窃取账户私钥,然后发送交易将其中的加密货币转移到交易所出售牟利。因此,保障加密数字货币账户安全已经迫在眉睫。

门限签名算法是保障加密数字货币账户安全的有效手段。用户账户私钥不再由单一节点生成和保存,而是由 n 个节点合作生成一个账户地址,每个节点保存账户私钥的一个碎片。发送交易时,由其中一个节点构造交易内容并发送其他节点。然后所有节点运行门限签名算法,合作生成交易的合法签名。最终由某个节点将带签名交易广播到区块链网络中即可。攻击者需要对至少 t 个节点攻击成功才能够恢复账户私钥。用户可以根据实际需求灵活确定节点总数 n 和安全门限 t 的取值。因此,门限签名算法能够有效提高加密数字货币账户的安全性。

(2)跨链资产锁定

跨链技术能够使得数字资产在不同区块链上自由流动,打破不同区块链之间的信息孤岛。跨链过程中一个重要前提是"资产守恒",即当数字资产从一条区块链转移到另一条区块链上时,原区块链的数字资产需要锁定。为保证去中心化,资产锁定往往是由一组节点完成,只有超过一定数量节点合作才能够完成解锁。

对于以太坊、EOS 等支持智能合约的区块链而言,仅需将资产锁定的逻辑编写为智能合约,用户将资产转入这一特定合约即可完成锁定。而对于比特币等不支持智能合约的区块链而言,资产锁定依赖于建立一个多方托管的锁定账户,用户将资产转入这一账户即可完成锁定。

尽管也可以通过多重签名完成对账户的多方托管,但是门限签名在灵活性、匿名性和可扩展性方面的优势,使其更加适合跨链资产锁定的场景。在灵活性方面,门限签名方案中 n 和 t 的取值可以任意设置,以满足不同的场景需求;在匿名性方面,门限签名算法生成的锁定账户与普通账户数据结构和使用方式完全相同,合法的签名并不能暴露参与签名过程节点的信息;在可扩展性方面,每笔交易和普通交易一致,仅需携带一个数字签名,交易费较低,也不会给区块链系统增添额外的负担。

(3)共识机制的设计

在拜占庭类(BFT)的共识协议中,共识节点需要对所要共识的内容进行投票,投票超过一定比例(如三分之二),即为达成共识。算法过程中,"投票"需要对投票者身份进行核验,且要防止重放攻击,而采用的解决方案即为对共识内容进行数字签名,然后广播。分析整个共识过程,其核心逻辑和门限签名是非常吻合的,即超过一定门限值节点认可,即为共识/签名成功。因此,与其让共识节点在网络中收集足够数量的签名信息,不如基于门限签名构造一个共同的公钥,然后每个共识节点掌握一个私钥碎片,认可共识内容即用私钥碎片计算得到签名碎片,超过门限值数量的共识节点参与即可获得完整的数字签名。这种设计模式可以有效降低共识结果所占用的空间。

7.2.8　聚合签名

聚合签名是一种对多个数字签名进行聚合的签名技术,能够把任意多个签名σ_1,σ_2,……压缩成一个签名σ。这可以大大降低对于签名的存储以及网络带宽的要求,在区块链等分布式系统中非常有用。可以有效解决区块链的存储性能问题。把任意多个签名的验证简化到一次验证,也可以减少区块链系统中签名验证的工作,进一步提高区块链系统的性能,因此聚合签名技术对于区块链系统的签名与验证都具有很好的作用。聚合签名从第一次被提出,就受到了大量学习者的关注,得到了迅速的发展。

7.2.8.1　聚合签名的定义

聚合签名是一种用来将任意多个签名聚合成一个签名的变体签名方案,假定系统中有 n 个用户$\{u_1,u_2,\cdots,u_n\}$,对应地,存在 n 个公钥$\{pk_1,pk_2,\cdots,pk_n\}$,$n$ 个消息$\{m_1,m_2,\cdots,m_n\}$以及 n 个对消息的签名$\{\sigma_1,\sigma_2,\cdots,\sigma_n\}$,聚合签名的生成者(这里的聚合签名生成者可以是任意的,不需要在集合$\{u_1,u_2,\cdots,u_n\}$中,可以将$\{\sigma_1,\sigma_2,\cdots,\sigma_n\}$聚合成一个唯一的短签名 σ。重要的是,产生的聚合签名是可验证的,即给定 σ、参与生成 σ 的公钥集合$\{pk_1,pk_2,\cdots,pk_n\}$及其签名的原始消息集合$\{m_1,m_2,\cdots,m_n\}$,可以验证得到用户$u_i$分别对消息$m_i$做了签名$\sigma_i$。下面对聚合签名的执行进行详细的介绍。$AS=(Gen,Sign,Verify,AggS,Aggv)$是多项式时间算法五元组,具体说明如下:$DS=(Gen,Sign,Verify)$是普通的签名方案,亦称为聚合签名的基准签名。

（1）聚合签名生成 AggS

在 Gen、$Sign$ 的基础上,实现普通签名功能、消息向量$(m_1,\cdots,m_n)$,用户向量$(u_1,\cdots,u_n)$和个体签名向量$(\sigma_1,\cdots,\sigma_n)$的聚合功能以及聚合追加新的签名$\sigma_{n+1}$;

（2）聚合签名验证 AggV

假设每一个u_i对应一个公私钥对$\{pk_i,sk_i\}$,如果满足:

$$AggV(pk_1,\cdots,pk_n,m_1,\cdots,m_n,AggS(pk_1,\cdots,pk_n,m_1,\cdots,m_n,Sign(sk_1,m_1),\cdots,Sign(sk_n,m_n)))=1$$

则输出 1,否则输出 0。聚合签名还可以支持增量聚合,签名σ_1,σ_2可以聚合成σ_{12},然后σ_{12}可以和σ_3继续聚合成σ_{123}。

7.2.8.2　区块链中聚合签名的高效性

在当前区块链节点共识应用场景中,大多数联盟链共识采用 ECDSA 签名算法。针对区块数据,每个节点用自身私钥生成独立的数字签名,并广播给其他节点。其他节点会验证该签名,并将其写入下一区块数据中。使用这种方式,当共识节点数较多时,会导致每轮共识区块存储的签名数据不断增加,占用存储空间。每当新节点加入网络,需要同步历史区块时,大量签名数据会对网络带宽造成不小的挑战。

聚合签名方案可以在一定程度上解决以上问题。相比于直接保存多个独立签名,使用聚合签名技术,然后将签名分片聚合保存。这样,当新节点加入时,同步历史区块只需下载聚合后的签名数据,大大减少对网络带宽的占用。

7.3　区块链中个人隐私问题的密码学解决方案

随着比特币等密码货币的飞速发展,区块链引起越来越多的关注。区块链是一种颠覆性的技术,产生了新的计算范式,实现从信息互联网到价值互联网的转变。区块链的应用潜力巨大,应用范围广泛,各国的政治、经济、文化、军事等重要领域都陆续发布了区块链研究计划。

区块链的强安全和强隐私保护特性是推动区块链发展的重要方面,但是区块链的安全性和隐私保护特性并不是完美的。随着区块链的普及,越来越多的人关注区块链,同时越来越多的区块链安全和隐私泄露事件发生。2016 年 6 月 17 日,黑客偷取了以太坊中明星项目 The Dao 超过 1.5 亿美元的以太币,导致该项目失败;2017 年 7 月 19 日晚,以太坊多重签名钱包 Parity 1.5 及以上版本出现安全漏洞,15 万个以太坊 ETH 被盗;2017 年 12 月 18 日,朝鲜黑客攻击了韩国的加密货币交易所,导致当时价值 76 亿韩元(约合 699 万美元)的加密货币被盗,并造成大量用户隐私信息泄露。区块链的隐私保护和数据透明性本身具有一定的矛盾。典型公有链中所有的交易数据对所有的接入节点都是公开透明的,其隐私保护最简单的形式是采用一种伪匿名性,即系统中的账户地址与用户真实地址没有联系。但是在这种简单的伪匿名机制下,通过大数据分析、聚类分析并结合一定的网络攻击手段,从公开透明的交易记录中很容易得到用户的隐私信息。

区块链的隐私保护及安全性研究受到各国机构和研究学者的关注。2017 年 9 月 19 日,美国参议院通过了一项 7000 亿美元的国防法案,要求"一份关于区块链技术和其他分布式数据库技术的潜在进攻和防守的网络应用,以及一项由国外力量、极端组织以及犯罪网络利用这些技术的研究报告评估",主要是要针对区块链的隐私保护和安全性展开研究。

最初,比特币采用了简单的隐私保护方案,即采用伪匿名的方式将系统中节点的地址与现实用户的身份分离。但是随着人们对比特币研究的深入,以大数据分析、聚类分析为主构造的交易图技术一定程度上破坏了比特币的隐私性。2015 年发布的达世币,以中心化混币技术较好得解决了比特币的隐私保护缺陷。门罗币采用环签名等多种密码技术更好得实现了区块链的隐私保护。Zcash 使用承诺和零知识证明的技术实现了区块链的隐私保护。

区块链的隐私保护研究涉及了各种密码技术,本节针对目前区块链中典型的几种隐私保护机制和安全机制进行介绍。

7.3.1　混币技术

混币机制用以隐藏数字货币交易中输入地址和输出地址之间的关系。由于在这种机制中,交易的数据没有减少,只是对交易来源和交易去向进行模糊,因此可以把这类机制归类于数据失真的隐私保护技术。在数字货币领域,混币技术主要可以分为基于中心节点的混币方法和去中心化的混币方法。中心化混币技术需要中心化混币服务商参与,帮助混币用户进行混币操作。去中心化混币技术由所有参与混币的用户按照协议,自发进行混币交易。

7.3.1.1 基于中心节点的混币方法

中心化混币技术是最先出现的也是最简单的混币方案,在这种混币技术中存在一个可信的第三方来完成混币的操作。参与混币的用户首先将资金发送给第三方节点,然后第三方节点对资金进行多次交易,最终将资金转移给参与用户指定的地址。由于资金经过第三方节点的处理,攻击者很难发现参与混币用户的资金流向。中心化混币方案对于混币提出方和接收方来说操作简单,不需要精通相关的技术,适用于比特币以及其他虚拟数字货币。目前有很多网站提供这种混币服务,例如 Bitlaunder、Bitcoin Fog、Blockchain.info。用户支付混币费用,就可以使用网站提供的混币服务。

中心化混币的基本模型由四个阶段构成,分别是协商、输入、输出、结束。

协商阶段:希望参与混币的用户,与混币服务商进行协商,约定用于混币的输入地址、输出地址、服务商的接受地址、返回地址、混币金额、混币输入输出时间、混币手续费等相关参数。

输入阶段:用户按照协商阶段商定的相关参数,在约定时间之前将约定资产从输入地址发送到服务商指定的接受地址。

输出阶段:服务商在约定时间之前,将扣除手续费后的资产,通过返回地址发送到用户指定的输出地址。

结束阶段:如果协议正常运行结束,服务商和用户销毁协商阶段留下的记录,保护用户隐私。

由于第三方的存在,中心化混币方案会存在与其他中心化系统同样的问题。首先中心化混币服务商的行为存在一定特征,比如混币交易在时间上的规律、抽取一定比率的手续费、存在一个常用的地址池等。攻击者可以通过特征进行混币交易的分析,将用户输入、输出地址关联起来,攻击外部隐私性。

其次,中心化混币服务商存在内部作恶的风险,无法保证在接收到用户输入资产后将对应资产返还给用户,可信第三方可能存在收到转移的货币后据为己有的问题,同时可信第三方也有可能泄露混币地址的关联关系,服务提供商也无法保证删除了用户输入输出关联关系的记录,因此不能保证资产安全性和内部隐私性,交易双方的地址关联仍旧可能被发现。

最后,由于可信第三方的存在,混币参与方需要向第三方中心提交一定的手续费,这在一定程度上损害了用户的利益,影响了系统的可用性。由于可信第三方的在线问题、节点性能问题等会导致混币操作的延迟,影响交易的进行。

针对这些存在的问题,研究人员提出了增加中心化混币协议外部隐私性、资产安全性和内部隐私性的相应技术。主要包括:①随机化机制,减少混币服务商的特定行为特征,增加攻击者分析的难度,从而增强外部隐私性;②基于电子签名的承诺机制:混币服务商对协商阶段的参数进行电子签名作为承诺,以防服务商盗窃用户资产,增强了资产安全;③基于盲签名技术的隐藏机制:保持承诺机制的前提下保护关键参数不对服务商可见,从而对服务商隐藏用户的输入输出地址之间的关系,提供了内部隐私性。

为了防止攻击者根据平台固定的手续费等配置,来关联混币用户的输入输出地址,使用随机化机制在输出阶段,人为制造交易时间、手续费等信息的随机性,掩盖混币交易的特征。中心化混币平台 Bitcoin Fog 将收取的手续费设定为一个范围之间的随机值,并在用户指定时间内随机挑选时间将资产返还到输出地址。

用户为了防止中心化混币服务商泄漏用户隐私,会将资产在多家混币服务商依次进行混淆,连续的混币交易存在的手续费特征会暴露用户隐私。Mixcoin 协议设计了随机的、全有或全无(All-or-Nothing)的手续费机制,混币服务提供商以约定好的概率,将部分用户的混币金额全部留作手续费,其他用户的混币金额全额返还。

由于在区块链系统中,中心化的混币服务商没有实体身份作为信誉担保,可能出现盗窃用户资产的行为,用户很难相信混币服务商。同时,用户的账户地址也不存在对应的身份,因而服务商难以自证清白。为了保护用户资产安全,混币服务商利用数字签名技术的不可伪造和不可抵赖的特性,增加承诺机制帮助用户证明平台是否存在窃取行为。在协商阶段,混币服务商需要提供身份对应的电子签名作为承诺。承诺包括约定的输入输出地址、混淆资产金额、约定时间等信息,并用混币服务商的长期公钥对应的私钥进行签名。

服务提供商通过维护自己的"虚拟声誉",也就是使用代表身份的长期有效公钥,使得用户信任服务商。使用该公钥对应私钥的签名向用户承诺平台不会出现盗窃行为;否则,用户可以通过公开该承诺以及不符合承诺的区块链记录,向其他用户证明该平台存在盗窃行为,破坏服务商的声誉。承诺机制在一定程度上保障了用户资产安全,另一方面也避免了用户恶意造谣。

基于这种思想,出现了 Mixcoin 协议,通过电子签名增强资产安全性,这个协议的核心步骤如图 7-16 所示,在协商阶段加入承诺机制,服务商需要对协商参数进行签名并将其作为承诺,用户得到承诺后再向服务提供商支付混币资产。如果服务提供商没有按照承诺在约定时间之前返回资产,那么用户在结束阶段可以公示,协商阶段收到的承诺与区块链记录证明服务提供商违背承诺。

Mixcoin 协议

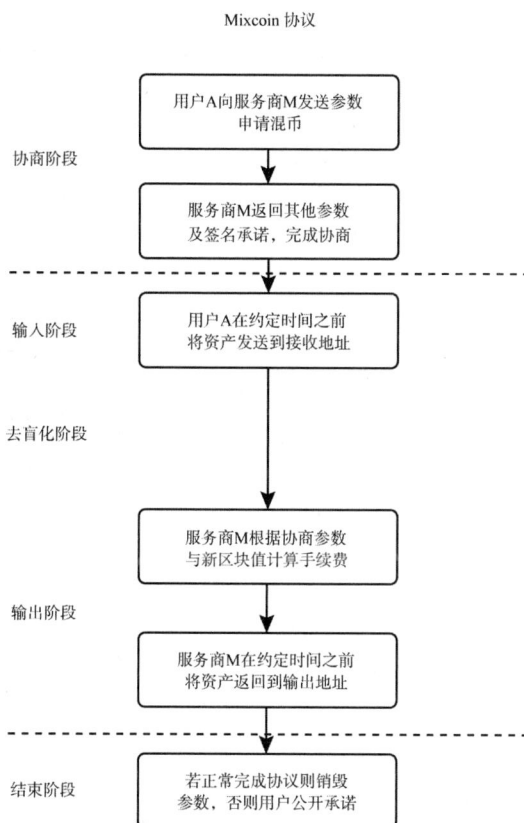

协商阶段

输入阶段

去盲化阶段

输出阶段

结束阶段

图 7-16　Mixcoin 协议

　　虽然 Mixcoin 协议通过承诺机制在一定程度上保护了用户资产安全，但是该协议无法提供内部隐私性，就是平台无法证明已如约销毁用户混币记录，用户也无法进行验证。因此，用户为了保护自己的混币隐私不被恶意平台泄露，通常采用在多个平台连续混币的方式。但这带来了较高的手续费，也留下了更多的混币记录，给攻击者提供了更多特征进行分析。

　　核心步骤如图 7-17 所示，Blindcoin 协议首先修改了协商阶段的签名部分，服务商对用户输出地址的承诺进行盲签名。然后，用户对盲化签名进行去盲化操作，得到针对真实输出地址的签名，并作为输出地址获取混币资产的凭证交给服务商，服务商可以验证该签名的正确性以及是否使用过。由于服务商在协商阶段知道用户的输入地址但不知道输出地址，而在输出阶段知道输出地址而不知道对应的输入地址，因而无法判断用户输入输出地址的关系。盲签名技术可以有效增强中心化混币方案的内部隐私性，为了同时保持 Mixcoin 协议的可审计特性，协议还需要在公开的账本中，记录下盲签名和去盲签名的内容，达到时间戳认证的效果。这一设计不会暴露用户的隐私，一旦混币服务商未履行承诺，用户可以公示服务商的承诺，并使用在区块链账本中存储的消息作为违约证据。

Mixcoin 协议

协商阶段
用户A向服务商M发送参数
申请混币

服务商M返回其他参数
及签名承诺,完成协商

输入阶段
用户A在约定时间之前
将资产发送到接收地址

去盲化阶段

服务商M根据协商参数
与新区块值计算手续费

输出阶段
服务商M在约定时间之前
将资产返回到输出地址

结束阶段
若正常完成协议则销毁
参数、否则用户公开承诺

Blindcoin 协议

协商阶段
用户A向服务商M发送参数
申请混币

服务商M返回其他参数
及签名承诺,完成协商

输入阶段
用户A在约定时间之前
将资产发送到接收地址

去盲化阶段
服务商M在账本公开对
盲化输出地址的签名

用户采用新身份A'在账本公
开去盲化后的输出地址签名

服务商M根据协商参数
与新区块值计算手续费

输出阶段
服务商M在约定时间之前
将资产返回到输出地址

结束阶段
若正常完成协议则销毁
参数,否则用户公开承诺

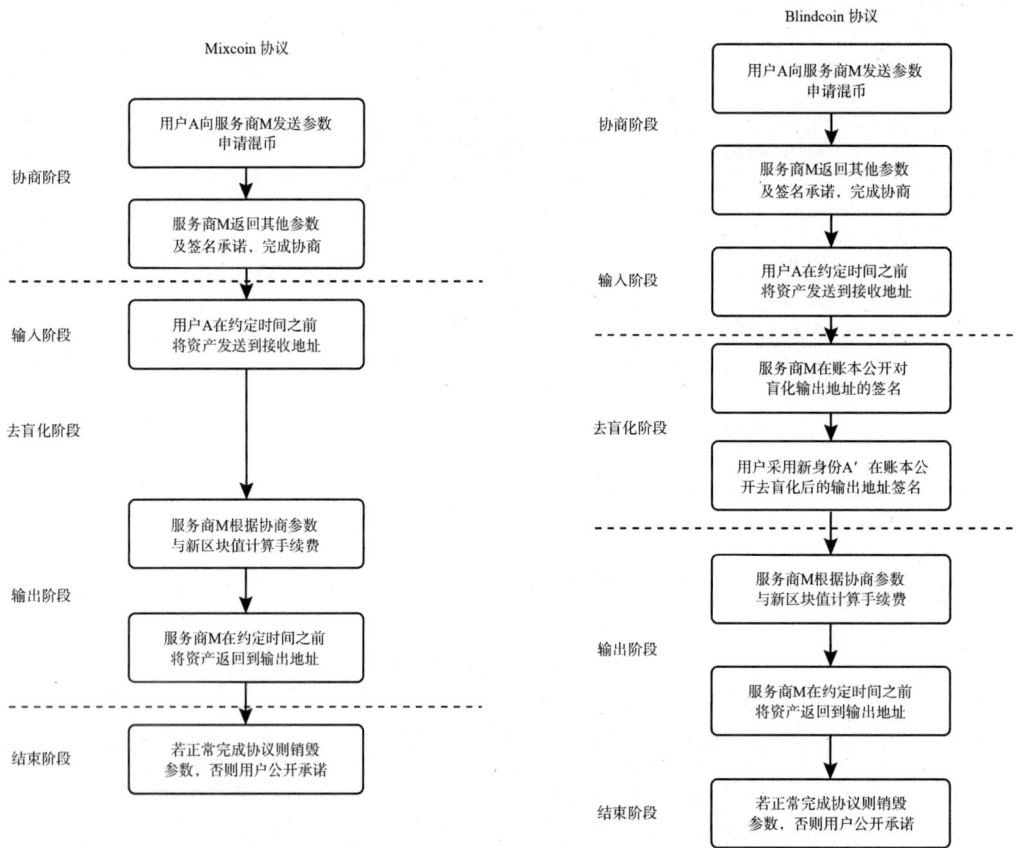

图 7-17　Blindcoin 协议

7.3.1.2　去中心化的混币方法

去中心化的混币方法的核心特点是混币过程不需要第三方节点执行,包含多方混币技术和双方混币技术。多方混币技术主要思路是 n 个参与方约定相等的混币金额,参与者数量要求大于等于 3,且隐私保护程度与参与者数量成正相关,构建 n-to-n 的多签名交易,保证每个交易输出都是相等的金额,外部攻击者无法通过分析交易分辨不同的输出,从而无法分析每个输出与输入地址之间的关联关系,保障外部隐私性。

多方混币技术的优点在于多参与方增强了地址混淆的外部隐私性,多参与方构造一笔交易也能节省交易费。缺点在于参与者数量的上升会增大攻击者混入的概率,攻击者可以在协议过程中监听并分析,其他参与者的输入输出地址关联关系,威胁内部隐私性,甚至还会进行拒绝服务攻击中断协议进程。

为了防止恶意攻击者参与混币,研究者提出将单次混币操作限定在两个用户之间进行,称为双方混币技术,可以降低恶意攻击者混入的概率,也可以减小攻击者攻击的危害。

双方混币协议的核心思想在于,将多个参与者进行一次混币交易,改为混币用户多次寻找不同的混币同伴,进行多轮双方混币,最终达到相同外部隐私性的混币效果。

这类协议的优点在于攻击者为了获取用户资产流动,必须参与该用户的每一轮混币,但在概率上难以达到,从而减少了攻击者的威胁,提升了协议的隐私性,并且每次的混币操作简单。缺陷在于多轮混币需要在区块链账本上发布多次交易,增加了交易费的支出,也带来了额外的时间花费。这就是去中心化混币技术的基本实现机制。

去中心化的混币最早的方案是由 Gregory Maxwell[①] 在比特币论坛上提出的 CoinJoin 机制,其核心思想是通过将多个交易合并成一个交易,隐藏交易输入方和输出方的对应关系。对于一个"多输入—多输出"交易,潜在攻击者无法通过阅读交易信息区分输入和输出之间的关系。

CoinJoin 思想被运用在多种匿名比特币交易中,例如 Dark wallet[②]、CoinShuffle[③] 和 JoinMarket[④],并取得了很好的效果。CoinJoin 机制能够增强所有用户的隐私保护能力。一旦数字货币系统中部分节点采用 CoinJoin 协议,即使其余用户没有使用这种协议,也不能采用原有的推测方法,认为一个交易中的多个输入地址隶属于同一个用户。

CoinJoin 方案不依赖第三方节点,能够有效避免中心化混币方案存在的资金偷窃、混币费用等问题。但是在混币的过程中,尤其是确认参与混币节点的过程中仍然需要存在中心,这就导致其仍然存在部分与中心化混币方案相同的问题。同时由于没有中心节点,CoinJoin 方案中参与混币的用户必须自行协商和执行混币过程。参与混币的各个节点之间需要通信,这个过程可能会泄露交易的相关信息。作为去中心化的方案,GoinJoin 还面临着拒绝服务攻击的风险,一旦参与混币的部分节点宕机或者受到黑客攻击,混币过程就会失败。为了解决 GoinJoin 存在的问题,Ruffing 等人提出了完全去中心化混币方案 CoinShuffle,CoinShuffle 在保证没有第三方中心参与的同时,各个参与混币的节点不会泄露混币的信息。但是 CoinShuffle 仅仅解决了 GoinJoin 的部分问题,GoinJoin 面临的拒绝服务攻击并没有解决,CoinShuffle 要求参与混币的节点在混币的过程中必须同时在线,这导致了 CoinShuffle 更容易受到拒绝服务攻击。针对此,Xim 被提出,在 Xim 中黑客攻击混币操作的代价与参与混币的节点数量成正比。另外,CoinParty 方案利用安全多方计算技术,保证即使有部分参与混币的节点遭到黑客攻击,混币过程仍旧能够安全地正确地进行。

---

① 维基百科的早期贡献者,曾在 Mozilla 基金会任职,现在是 Blockstream 的联合创始人。

② "黑暗钱包",意义在于提供一种保护隐私的金融活动,内置了"隐形"的钱包地址,旨在交易过程中隐藏地址,从而保护金融隐私。

③ CoinShuffle 在 2014 年 4 月正式推出,因其不依赖第三方的隐私技术被人们熟知。CoinShuffle 由萨尔布吕肯大学的研究者首先提出,是 CoinJoin 的进阶版,旨在混合多个不同的交易,达到打乱交易信息的效果。

④ JoinMarket 帮助创建一种特殊的比特币交易,以提高比特币交易的保密性和隐私性。

7.3.1.3　达氏币

达氏币(Dash)①被认为是采用中心化混币最成功的方案。达氏币系统采用了类似押金的策略。作为执行混币操作的主节点,在参与混币之前,要先向系统提交 1000 Dash 作为押金,一旦主节点发生做坏事的行为,押金就会被没收,这样就增加了主节点做坏事的代价,理智的主节点正常情况下不会故意做坏事。

达氏币中保护隐私的关键角色是主节点,而主节点依然存在被攻击者控制的可能性。为了解决这个问题,达氏币系统引入了链式混合和盲化技术。所谓链式混合,就是指用户的交易会随机选择多个主节点,并在这些主节点中依次进行混合,最后输出。所谓盲化技术,就是指用户不直接将输入输出地址发送到交易池,而是随机选择一个主节点,让它将输入输出传递到一个指定的主节点,这样后一个主节点就很难获取用户的真实身份。通过这两种技术,除非攻击者控制了很多的主节点,否则几乎不可能对指定交易进行关联。

除了防范交易数额和输入输出地址的关联攻击,达氏币还防范了交易时间上的关联攻击。每个用户往往都具备自己的交易习惯,例如每天的交易时间段以及短时间内进行多笔交易等,这些时间信息也会一定程度暴露用户身份。为了解决这个问题,达氏币提出了被动匿名化的方案,保证用户客户端以固定的时间间隔发起交易请求来参与主节点的混合。

7.3.2　门罗币

2014 年,门罗币基于 CryptoNote 协议开发上线,提出了一种不依赖于中心节点的加密混合方案,其中用到了两个关键技术:隐蔽地址(Stealth Address)和环签名。门罗币和其他加密方案相比,其最大的优势是混币操作可以在没有中心化第三方参与的情况下,由一个节点完成,这样既可以避免中心化混币带来的中心化问题,又可以解决去中心化混币中参与混币节点相互通信,泄露混币过程以及黑客进行拒绝服务攻击的问题。

7.3.2.1　隐蔽地址

隐蔽地址主要解决了不可链接性(Unlinkability),即输入输出地址关联性的问题。基于椭圆曲线的隐蔽地址由 Todd 在 2014 年提出,其思想是每次发送者要发起一笔交易时,先利用接收者的公钥信息计算出一次性临时中间地址,然后将币发送到这个中间地址,接收方再利用自己的公私钥信息找到那笔交易,从而进行花费。这样网络上其他的用户包括矿工等就无法确定中间地址到底属于谁的,但依然可以验证交易的有效性,而由于这个地址又是一次性的,每次都重新随机产生,攻击者也就无法对真实的发送者接收方作任何关联。

---

① 原名叫做暗黑币,在比特币的基础上做了技术改良,具有良好的匿名性和去中心化特性,是第一个以保护隐私为要旨的数字货币。

隐蔽地址基于椭圆曲线上的 Diffie-Hellman 密钥交换设计。当 Bob 想要在接收币的同时保持匿名，Bob 首先生成一个 ECDSA 密钥对 $Q=d \cdot G$（G 是一个公开的生成器），然后发布公钥 Q 作为静态标识符。Alice 现在生成自己的临时密钥对 $P=e \cdot G$ 并计算共享密钥 $c=H(e \cdot G)$。然后，Alice 使用 c 导出点 $Q'=Q+c \cdot G$，将 Q' 转换为币地址，并向其发送币。在交易中，Alice 还将以前生成的点 P 包含在 OP_RETURN 输出（币的基本交易类型之一）中。对区块链上可能包含 P 的交易，Bob 计算 $c=H(d \cdot P)$ 并检查这是否可以导出有效点 $Q'=(d+c) \cdot G$。然后 Bob 可以通过计算匹配的私钥 $d'=d+c$ 来花费在 Q' 上的币。

CryptoNote 就使用了隐蔽地址技术来实现接收方匿名。每个 CryptoNote 输出的目的地址（默认情况下）是一个公钥，从接收方的地址和发送方的随机数据派生。首先，发送方执行 Diffie-Hellman 交换，从接收方数据和接收方的一半地址获取共享密钥。然后接收方使用共享密钥和地址的第二部分计算一次性目的地址密钥。接收方还执行 Diffie-Hellman 交换以恢复相应的秘密密钥。以 Alice 向 Bob 发起一笔支付为例：

①Alice 首先获取 Bob 的公钥信息 (A, B)；

②Alice 生成一个随机数 r 并计算一次性公钥 $P=H_s(rA) \cdot G+B$；

③接下来 Alice 计算 $R=rG$，然后生成一笔交易将 P 作为目的地址并将 R 也放入交易中，也就是说现在交易中包括 R 和 P 两部分信息；

④Alice 将交易广播到区块链上；

⑤Bob 对所有的交易进行检查：从交易中获得 R，并通过公钥对应的私钥 (a, b) 计算期望的地址 $P'=H_s(rA) \cdot G+B$，如果 $P'=P$，那么该交易就是发给 Bob 的；

⑥Bob 找到自己的交易后就可以计算出对应的私钥 $x=H_s(aR)+B$，然后使用私钥签名交易进行花费。

通过变换 r 的值，即使 Alice 发给 Bob 很多笔交易，每笔交易的输出目标地址也是不同的，这样交易的匿名性就得到了保障（既无法猜到交易的发送方是谁，也无法猜到接收方是谁）。由于交易的接收方（即 Bob）需要不断检查交易是否是给自己的，其需要对每笔交易的每个输出进行计算，这也消耗不少的计算资源。Bob 可以将其一半的私钥 (a, B) 告诉第三方，由其提供服务对交易进行检查（即计算 P' 并判断其是否等于 P），而由于 B 对应的私钥 b 没有公开，所以第三方也无法花费 Bob 拥有的资产（即交易输出）。此外，Alice 也可以通过公布 r（或者通过 r 进行签名并由他人验证）来证明交易的发送方是其本人。

DarkWallet 和 BitShares 也使用了隐蔽地址技术。隐蔽地址虽然能保证接收者地址每次都变化，从而让外部攻击者看不出地址关联性，但不保证发送方的匿名性。

7.3.2.2　一次性环签名

为了保证发送方的匿名性，CryptoNote 引入了环签名方案将发送方交易隐藏在匿名集合中。如图 7-18 所示，每当发送者要建立一笔交易的时候，他会使用自己的私钥加上从其他用户的公钥中随机选出的若干公钥来对交易进行签名。验证签名的时候,也需要使用其他人的公钥以及签名中的参数。同时,发送者签名的同时还要提供钥匙映像来进行身份的证明。私钥和钥匙映像都是一次一密的,以保证不可追踪性(Untraceability)。

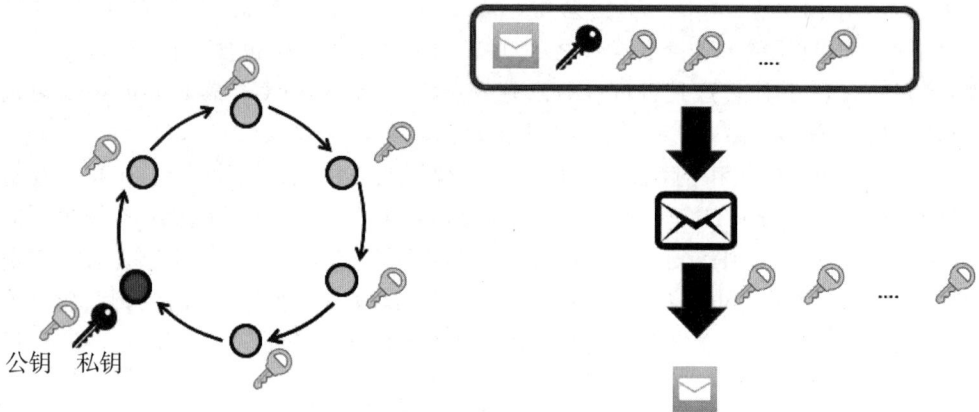

公钥　私钥

图 7-18　门罗币中环签名

CryptoNote 中一次性环签名的签名和验证的具体步骤如下:

①密钥生成(GEN)。签名者首先随机选择一个私钥 x,然后计算对应的公钥 $P=xG$,同时还计算另外一个公钥 $I=xh_p$,这个公钥 I 称之为“密钥镜像(key image)”,对于每一个签名来说这个密钥镜像是唯一的,所以后面也被用来判断签名是否之前出现过。

②签名(SIG)。签名过程是一个非交互零知识证明过程。签名者取其他(部分)用户的公钥 P_i 形成集合 $S'=\{P_i\}$,$|\{P_i\}|=n$,和自己的公钥一起组成集合 $S=S'\cup\{P_s\}$($(s\in[0,n])$表示交易发送方的公钥 P_s 在集合 S 中的秘密索引)。然后签名者再随机选择$\{q_i|i=0,\cdots,n\}$和$\{w_i|i=0,\cdots,n,i\neq s\}$,计算

$$L_i=\begin{cases}q_iG,\text{if } i=s\\ q_iG+w_iP_i,\text{if } i\neq s\end{cases}$$

$$R_i=\begin{cases}q_iH_p(P_i),\text{if } i=s\\ q_iH_p(P_i)+w_iI,\text{if } i\neq s\end{cases}$$

接着计算一个非交互式挑战 $c=H_s(m,L_1,\cdots,L_n,R_1,\cdots,R_n)$,最后签名者再计算响应:

$$c_i=\begin{cases}w_i,\text{if } i\neq s\\ c-\sum_{i=0}^n c_i \bmod l,\text{if } i=s\end{cases}$$

$$r_i=\begin{cases}q_i,\text{if } i\neq s\\ q_s-c_sx \bmod l,\text{if } i=s\end{cases}$$

最终的签名就是 $\sigma=(I,c_1,\cdots,c_n,r_1,\cdots,r_n)$。

③签名验证(VER)。验证者要验证签名的有效性,首先计算

$$\begin{cases} L_i' = r_i G + c_i P_i \\ R_i' = r_i H_p(P_i) + c_i I \end{cases}$$

然后验证 $\sum_{i=0}^{n} c_i = H_s(m, L_0', \cdots, L_n', R_0', \cdots, R_n')$。如果等式成立,再通过 LNK 来检测签名是否重复使用;如果等式不成立,说明签名是非法的。

④重复检测(LNK)。检查密钥镜像是否已被使用,即双重支付检查。验证者保存已使用过(即曾经已用于签名的)的密钥镜像集合 $I = I_i$,如果签名 σ 中的密钥镜像在集合中存在,表示该密钥镜像已被使用,即说明该交易存在双重支付的情况。

CryptoNote 实现的可追溯环签名可以有效防止双花。在可追溯环签名算法中,由一个私钥签发的两个签名是可以被关联起来的,因此,只要一笔交易双花,意味着私钥签发了两个不同的签名,因此可以被检测出来,从而解决双花问题。

除了交易地址,交易金额也会暴露部分隐私。门罗币还提供了一种叫做环状保密交易(RingCT)的技术来同时隐藏交易地址以及交易金额。这项技术正在逐步部署以达到真正的匿名。这项技术采用了多层连接自发匿名组签名(Multi-layered Linkable Spontaneous Anonymous Group signature)的协议。

虽然 CryptoNote 加密技术解决了加密货币的许多问题,提供了良好的匿名性,但是存在交易规模大和区块链扩展性差的问题。目前在 CryptoNote 加密货币中实现的环签名大小上存在限制,因为随着环的尺寸的增加,交易数据的大小呈线性增长。该加密技术的主要缺点是,它的交易特别是 RingCT(环状机密交易)的交易非常大,占用了几千字节,这大大增加了存储区块链所需空间,目前还无法精简已形成的加密区块链。使用与比特币完全不同的代码库,也意味着很难将其整合到现有的比特币生态系统中。

除此之外,以太坊平台也增加了一个类 CryptoNote 环签名,这样使得以太坊用户拥有类似于门罗币(Monero)的匿名能力。一些基于 CryptoNote 的密码货币例如 Bytecoin 和 DarkNetSpace 使用环签名来隐藏发送方。

7.3.3　零币和零钞

门罗币的方案看似已经接近完美,但依然存在一个可能的问题,即环签名依旧需要与其他用户的公钥进行混合,因此可能遭遇恶意用户从而暴露隐私。零币(Zerocoin)和零钞(Zcash)利用零知识证明避免了这个问题,让用户只是通过和加密货币本身进行交互来隐藏交易信息,做到了"所有货币生来平等"。

7.3.3.1　零币

Zerocoin 将零知识验证用于铸造零币和赎回零币过程中,以隐藏每一笔交易对应的发送方和接收方信息。Zerocoin 方案把比特币换成一个 Zerocoin 币,使用承诺隐藏交易细节,再从另一个比特币地址中换回 Zerocoin 币,割裂输入地址和输出地址的关

系。Zerocoin 通过创建两种新的交易类型来扩展比特币:铸币交易(Mint)和花费交易(Spend)。铸币交易允许用户交换一定数量的比特币以制造新的 Zerocoin 币。每个 Zerocoin 币是使用随机数 r 对序列号 sn 的币承诺 cm,$cm := COMM_r(sn) = g^m h^r$。

随后,用户可以发出包括接收地址、序列号 sn 和 NP 语句的非交互式零知识证明的 spend 交易"我知道秘密 cm 和随机数 r 使得:

①cm 过去被铸币(Zerocoin 币存在于区块链上);

②通过承诺随机数 r 打开 cm(揭露承诺 cm 背后的序列号 sn)。

Zerocoin 构建相应的零知识证明通过累加器累积所有铸币承诺的集合,然后证明该集合中相应的承诺随机数和集合中元素。在 Zerocoin 中,计算累加器的见证(Witness)需要访问目前为止的所有承诺。零知识证明并不将花费交易与任何特定的铸币交易(迄今为止所有铸币交易之间)相联系。如果验证正确,并且序列号以前没有被花费,则将相应量的比特币发送到目的地址。同样地,Zerocoin 也存在许多问题:

①功能局限性。Zerocoin 不能用来支付,不能拆分金额。

②匿名效果。Zerocoin 不能隐藏交易金额和接收方地址。

③性能问题。Zerocoin 的零知识证明,至少占 45 KB 空间和 450 ms 的验证时间(128 位密钥长度),必须全网广播和存储,并且由每个节点验证,将带来巨大的区块链容量和验证时间。

7.3.3.2 零钞

针对 Zerocoin 方案的诸多缺陷,研究人员提出了 Zerocash 方案,使用 zk-SNARKs(zero-knowledge Succinct Non-Interactive Arguments of Knowledge,零知识的简洁非交互式知识论证)来保证交易之间的不可链接性,同时也对交易金额和输入地址保密,达到了更好的隐私保护效果。

与比特币一样,Zerocash 中的用户通过广播和验证支付交易来协作维护电子货币。然而,在合并支付交易和验证方式上,Zerocash 与比特币是不同的。Zerocash 扩展了比特币协议,添加了新的交易类型,提供了独立的隐私保护货币,交易不会泄露支付账户、接收账户以及支付金额等信息。Zerocash 创建了一种独立的匿名币,此外还有一种基础币 Basecoin(非匿名)。每一个用户都可以将 Basecoins 转换为 Zerocash 币(匿名),后者称为 Zerocoins。之后用户可以将 Zerocoins 发送给其他用户、拆分或合并 Zerocoins。

(1)zk-SNARKs

zk-SNARK 是 ZeroCash 中用到的重要技术,它将需要验证的交易内容转换成证明两个多项式乘积相等,结合同态加密等技术在保护隐藏交易金额的同时进行交易验证,减少了证明和验证它们所需的计算量。其过程可以简述为:

①将要验证的程序拆解成一个个逻辑上的验证步骤,将这些逻辑上的步骤拆解成由加减乘除构成的算术电路;

②通过一系列的变换将需要验证的程序转换成验证多项式乘积是相等的,如证明

$t(x)h(x)=w(x)v(x)$；

③为了使得证明更加简洁，验证者预先随机选择几个检查点 s，检查在这几个点上的等式是否成立；

④通过同态编码/加密的方式使得验证者在计算等式时不知道实际的输入数值，但是仍能进行验证；

⑤在等式左右两边可以同时乘上一个不为 0 的保密的数值 k，那么在验证$(t(x)$，$h(x),k)=(w(x),v(x),k)$时，就无法知道具体的 $t(x)$、$h(x)$、$w(x)$、$v(x)$，因此可以使得信息得到保护。

（2）Zerocash

Zerocash 结构如图 7-19 所示，下面从可变金额、匿名传输、验证效率介绍 Zerocash 的一些特点。

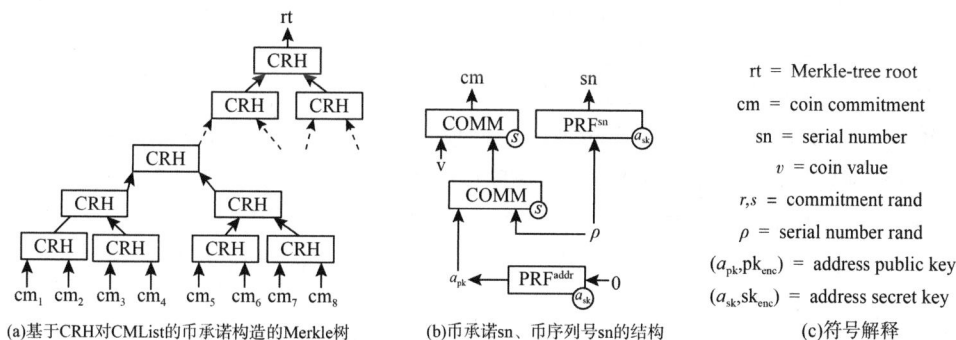

图 7-19　Zerocash 结构图

①可变金额。为完成支付功能，Zerocash 使用地址密钥对(a_{pk},a_{sk})，对应地址公钥和地址私钥。要铸造一个望值 v 的币，用户首先随机选择 ρ，即将币的序列号确定为 $sn:=PRF(^{sn}_{a_{sk}}(\rho))$ 的秘密值。那么，用户分两个阶段对元组(a_{pk},v,r)作出承诺：

1）对随机数 r 计算 $k:=COMM_r(a_{pk}\parallel\rho)$；

2）对随机数 s 计算 $cm:=COMM_s(v\parallel k)$。

铸币结果是币承诺 $c:=(a_{pk},v,\rho,r,s,cm)$和铸币交易$tx_{mint}:=(v,k,s,cm)$。由于嵌套的承诺，任何人都可以验证$tx_{mint}$中的 cm 是价值v的币承诺（通过检查$COMM_s(v\parallel k)$等于cm），但不能识别所有者（通过地址a_{pk}）或序列号 sn（派生自 ρ），因为它们都隐藏在 k 中。如前所述，只有在存入正确金额v的情况下，tx_{mint}才被分类账本接受。

②匿名传输。Zerocash 修改地址密钥对的结构，如图 7-20 所示，其中箭头指示密钥推导过程。Zerocash 地址密钥对包括两个公钥：与接收地址的币承诺匹配的接收密钥a_{pk}和用于 key-private 非对称加密方案的传输密钥pk_{enc}。"key-private"意味着除了相应的私钥（查看密钥sk_{enc}）的持有者，密文不会泄露关于它们被加密的密钥的信息。地址密钥对用于将区块链上的加密币承诺传送给目的接收方，接收方可以使用查看密钥sk_{enc}扫描区块链中的币承诺，然后解密。

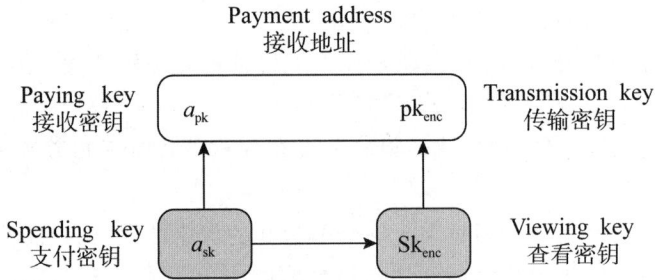

图 7-20　Zerocash 地址密钥对结构

用户在 pk_{enc}^{new} 下计算明文($v^{new}, \rho^{new}, r^{new}, s^{new}$)的加密密文 C,并将 C 包含在花费交易中($addr_{pk}^{new}$ 是用户新的公钥地址)。通过扫描公开账本上的花费交易来查找和解密该消息(使用私钥 sk_{enc}^{new})。由于加密方案的密钥私有属性,将 C 添加到花费交易中,既不泄露支付金额,也不会泄露目标地址。

③验证效率。Zerocash 通过对(增长的)列表 CMList 维护一个高效可更新的基于抗碰撞函数 CRH 的 Merkle-tree:Tree,并使 rt 表示 Tree 的根。插入新的叶节点时,更新 rt 的时间和空间复杂度与树的深度成比例。因此,运算成本从 CMList 的线性级降至对数级,也增加了列表空间(深度为 64 的树可以支持存储 2^{64} 个币)。

Zerocash 将 NP 语句修改为:"我知道 r,使得 $COMM_r(sn)$ 作为叶节点出现在基于 CRH 的 Merkle tree 中"。与初始数据结构相比,该修改使得对给定的 zk-SNARKs 可以支持更大的 CMList,且支持的大小呈指数增长。

不同于 Zerocoin 的密码学原语 RSA 累加器,zkSNARKs 技术较新,未经广泛验证,存在风险,同时由于更强的匿名性,Zerocash 的漏洞也更难发现。和 Zerocoin 相比,Zerocash 由于交易金额信息也是未知的,所以若 Zerocash 网络受到超发零钞攻击(攻击者无限制地发行零钞),则无法发现或采取措施。

此外,Zerocash 还存在着一些问题:①币值固定很不方便;②发送方可以通过序列号来判断接收方是否正在花钱;③接收方必须马上花掉得到的币,否则可能被发送方提取。为了解决这三个问题,零钞中提出了一种浇铸(pour)的操作来花销钱币。简单地讲,浇铸操作就是通过一系列零知识证明,将一个币铸造成多个币,输入输出的总和相等。每个新币都有自己的密钥、数额、序列号等内容,从而解决了以上问题。与此同时,零钞还采用了一系列的优化措施来提高整个运行系统的性能。

7.3.3.3　zkSTARKs

Zerocoin 和 Zerocash 均需要提前内置生成参数,用户在使用这些网络的时候必须信任这些参数没有被泄露。一旦这些参数被泄露,整个网络将面临毁灭性打击。复杂的信任设置使得 Zerocash 存在争议,即使他们设计了一套"仪式"(例如录下砸坏存有密钥电脑的过程)来证明自己。

可能的解决办法包括利用像英特尔 SGX 和 ARM TrustZone 这样的现代"可信执行环境"。就英特尔的 SGX 技术而言,即使应用程序、操作系统、BIOS 或 VMM 遭到了破坏,私钥也是安全的。除此以外,最新提出的 zkSTARKs 技术不需要进行信任设置。

根据 zkSTARKs 白皮书所述,zkSTARKs 是首次实现既可以不依赖任何信任设置来完成区块链验证,同时计算速度随着计算数据量的增加而指数级加速的系统。它不依赖公钥密码系统,更简单的假设使得它在理论上更安全,因为它唯一的加密假设是散列函数(如 SHA2)的输出是不可预测的(这一假设也是比特币挖矿稳定性的基础),因此也使其具有抗量子性。作为一种新颖的技术,zkSTARKs 也一样需要经过时间的检验。

就目前而言,零钞仍是所有虚拟数字加密货币中匿名性最好的加密方案,因此受到过市场狂热的追捧。

结　语

区块链技术中的隐私问题一直以来都饱受诟病,一方面普通用户在区块链上的交易隐私应该得到保护,另一方面又应该防止恶意用户开展非法交易。现有的匿名化技术还不能完美地保证匿名,例如零钞也还必须要依赖于初始化时的一些秘密参数(掌握在几个人手中),这给用户带来了交易与隐私上的风险。除了交易隐私,诸如以太坊等区块链技术中的智能合约隐私也是一个很值得关注的问题,目前也已经有一些这方面的研究工作在开展。希望在不久的将来,区块链既能做到保证隐私,又能同时为数字世界提供一个公开可信的技术支撑。

参考文献

[1]徐明,韩维.一个基于交互式零知识证明的身份鉴别协议[J].徐州师范大学学报,2002,20(l):37-38,64.

[2]中国信息安全.区块链基础设施安全风险和应对建议[EB/OL]. https://mp. weixin. qq. com/s/HuNOuGbhjYWC6xXC-ZSbbA. 20200113.

[3]高承实.区块链的"去信任",到底是什么信任?[EB/OL]. https://news. huoxing24. com/201907251317585226 27. html.

[4]沈昌祥.用主动免疫可信计算 3.0 筑牢网络安全防线营造清朗的网络空间[J].信息安全研究院,2018,4(4):282-302.

[5]杨宇光,张树新.区块链共识机制综述[J].信息安全研究,2018,4(4):369-379.

[6]谈森鹏,杨超.区块链 DPoS 共识机制的研究与改进[J].现代计算机(专业版),2019(6):11-14.

[7]王皓,宋祥福,柯俊明,等.数字货币中的区块链及其隐私保护机制[J].信息网络安全,2017,17(7):32-39.

[8]祝烈煌,高峰,沈蒙,等.区块链隐私保护研究综述[J].计算机研究与发展,2017,54(10):2170-2186.

[9]祝烈煌,董慧,沈蒙.区块链交易数据隐私保护机制[J].大数据,2018,4(1):46-56.

[10]王化群,吴涛.区块链中的密码学技术[J].南京邮电大学学报,2017,6(37):61-66.

[11]方永锋,陈建军,曹鸿钧.可修复的 k/n 表决系统的可靠性分析[J].西安电子科技大学学报(自然科学版),2014,41(5):180-184.

[12]张键红,韦永壮,王育民.基于 RSA 的多重数字签名[J].通信学报,2003,24(8):150-154.

[13]王皓,宋祥福,柯俊明,等.数字货币中的区块链及其隐私保护机制[J].信息网络安全,2017(7):32-39.

第 8 章 密码学构建的典型区块链系统和发展

在前面章节中,我们已经学习了区块链的一些底层核心技术,例如非对称密码算法、哈希函数、安全多方计算等,以及这些密码技术和算法在区块链中的应用。

美国学者 Melanie Swan 在其著作《区块链:新经济蓝图及导读》中将区块链技术对各个应用领域的颠覆性影响分为三种类型:区块链 1.0、区块链 2.0 和区块链 3.0。其中,区块链 1.0 是区块链技术在数字货币领域的应用,以比特币为典型代表;区块链 2.0 是区块链技术在合约中的应用,包括各类智能合约的应用;区块链 3.0 是指超越金融货币以外的更深层次的行业应用,特别是在政务、农业、经济、文化、健康等领域的新应用。

8.1 以比特币为基石的区块链 1.0

2008 年,中本聪发布了比特币白皮书,描述一个点对点电子现金系统,这个系统能够在不具备信任的环境下,建立起一套去中心化的电子交易体系,并提出了"区块链"的概念。中本聪还在 2009 年创立了比特币社会网络,开发出第一个区块,即"创世区块"。

比特币是属于区块链技术的一种应用,但区块链并不等同于比特币。区块链 1.0 指的就是以比特币为代表的虚拟货币的应用。

8.1.1 区块链 1.0——比特币

区块链 1.0 最具代表性的系统就是比特币。区块链技术实现了比特币的挖矿与交易,是构建比特币数据结构与交易信息加密传输的基础技术。比特币的出现,极大地推动了区块链的发展,至今比特币依然是区块链技术最大的应用场景,也是区块链技术目前最成功的应用。图 8-1 给出了区块链 1.0,即比特币系统的技术架构。

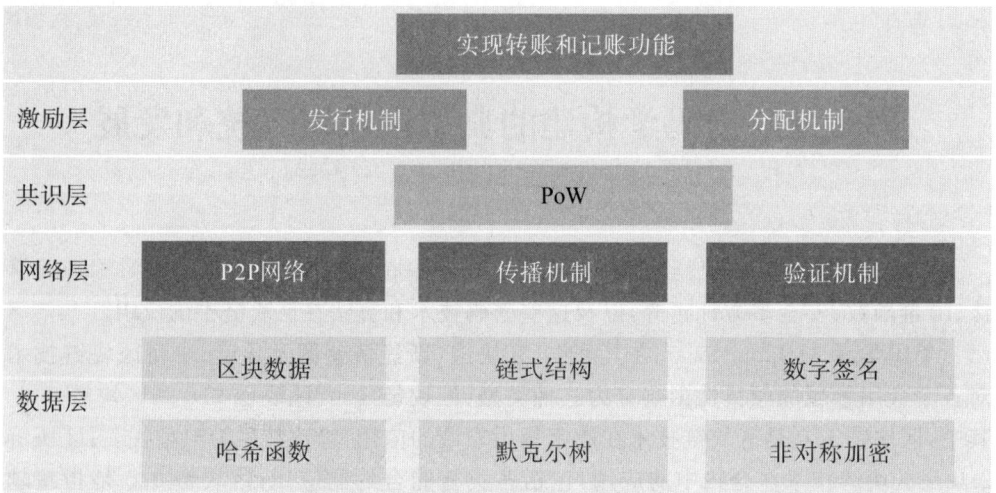

图 8-1 区块链 1.0 技术架构

比特币是由一系列概念和技术作为基础构建起来的数字货币生态系统。比特币并不是线下法定货币的替代物,而是非法定货币当局发行和管理的,主要模仿黄金,完全由互联网基础协议和严格的密码技术保护和支持的、全新的、去中心化的网络货币(虚拟货币)。由此也形成了一套不同于、也不受制于现实社会法律的新的货币规则和体系,而且还可以与法定货币进行买卖或兑换。图 8-2 给出了由比特币构成的产业生态图。

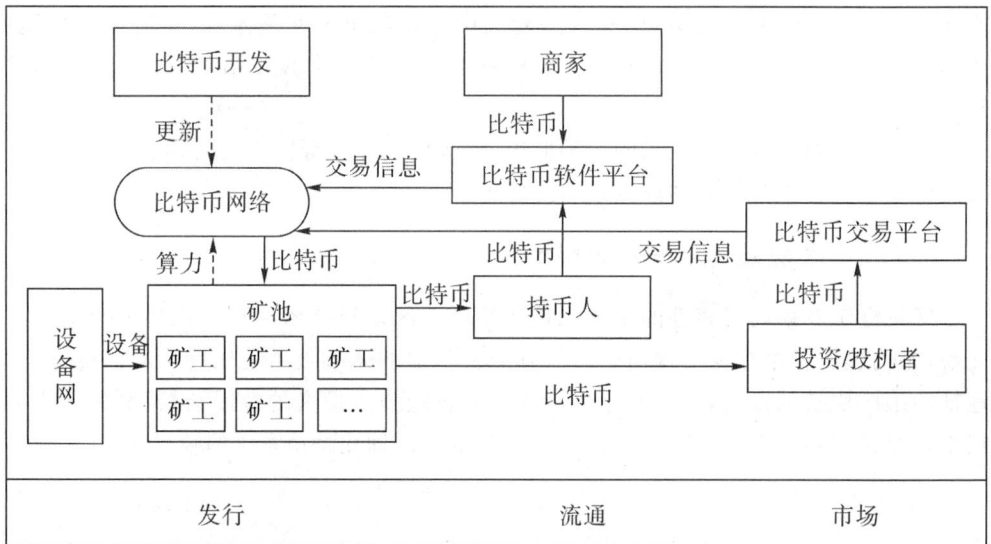

图 8-2 比特币产业生态

8.1.1.1 比特币的典型特征

①比特币交易具有不可逆性。比特币账号仅仅是一串数字地址,通过它无法得知拥有者的任何信息;比特币账号的生成过程无须任何实名认证账号,拥有者只能通过

私钥证明其所有权;同一拥有者的不同账号之间没有任何关联,这意味着其他人无法得知特定用户的全部比特币持有量。比特币的匿名性是一把双刃剑,虽然通过技术手段保障了个人财产的私密性,但也为洗钱、贩毒等非法交易提供了天然的温床。此外,匿名性的另一个潜在问题是会削弱政府的征税能力。当前全球税收体系主要依靠监控银行账户的变动来防止逃税,这是一种基于账户实名制的有效办法。一旦资金流动完全匿名化,征税的难度将会显著上升。

②比特币交易具有完整的可追溯性。任何一枚比特币,其从被挖矿生成到当前所经历的全部状态,都被完整地记录在主区块链中。任何特定账户的全部交易也可以被全程追溯。最为重要的是追溯过程并不需要认证,任何人都可以对任何账号进行查询。这有助于实现全网的互相监督以保障公平透明的市场秩序。

③去中心化的货币发行与管理方式。比特币成功利用密码技术解决了货币在去中心化发行时面临的信任问题,从而使得比特币的发行不需要依赖任何政府或机构,并且与互联网的去中心化特点高度吻合。

④比特币是一种高度匿名化的货币。每笔交易只有成功或失败两种状态,而且不允许撤销操作。这种设计的初衷是为了防止付款方利用撤销操作来侵害收款方利益,以及防止退款时因需要重新建立信任关系而额外收集个人信息。

⑤比特币的最终总量与生产速度都是事先确定的。比特币总量只有 2100 万枚,比特币的生产速度每四年减半。

8.1.1.2　比特币系统的工作原理与流程

①交易的形成。比特币当前所有者利用自己的私钥,对前一次交易和本次交易接收者签署自己的数字签名,并将这个签名附加在这枚比特币的末尾,制作成交易单。一笔新交易产生时,会先被广播到区块链网络中的其他参与节点。

②交易的传播。比特币当前所有者将交易单广播至全网,每个节点会将数笔未验证的交易 Hash 值收集到区块中,每个区块可以包含数百笔或上千笔交易。最快完成 PoW 的节点,会将自己的区块传播给其他节点。

③工作量证明。每个节点通过相当于解一道数学题的工作量证明机制,从而获得创建新区块的权利,并获得比特币奖励。各节点进行工作量证明的计算来决定谁可以验证交易,由最快算出结果的节点来验证交易,这就是取得共识的做法。

④全节点验证。当一个节点找到满足条件的随机数时,它就向全网广播该区块记录的所有盖有时间戳的交易,并由全网其他节点验证。其他节点会确认这个区块所包含的交易是否有效,确认没被重复花费且具有有效的数字签名后,接受该区块,此时区块才正式接上区块链,数据无法再被篡改。

⑤区块链记录。全网其他节点核对该区块记账的正确性,没有错误后它们将在该合法区块之后竞争下一个区块,这样就形成了一个合法记账的区块。所有节点一旦接受该区块后,先前没算完 PoW 工作的区块会失效,各节点会重新建立一个区块,继续下一回 PoW 计算工作。每个区块的创建时间大约在 10 分钟。虽然随着全网算力的

不断变化,每个区块的产生时间会随着算力增强而缩短,但系统也会通过调整"挖矿"难度系数来调整"挖矿"的速度,使得区块创建时间仍然维持在 10 分钟左右。

8.1.2 比特币系统的扩容技术

比特币的商业成功,也是区块链技术应用的成功。但比特币系统依然存在诸多问题。

①比特币 1M 容量的区块设计导致在交易频次越来越高、交易需求越来越多的情况下,转账速度变得越来越慢。这个问题可以由扩容解决,所以出现了之后的比特现金和比特黄金,以及比特钻石。

②比特币基于不受政府控制、相对匿名、难以追踪的特性,和其他虚拟加密货币一样,被用来进行非法交易。

③比特币可能遭窃且在技术上不可能获得任何补偿。

本节主要探讨比特币的扩容问题。

8.1.2.1 比特币区块容量限制

最原始的比特币系统并没有对区块容量的限制,只是由于比特币区块协议消息字节大小的限制,而被限定到了 32MB。

最初比特币的交易费用几乎为零。2010 年 7 月恶意攻击者在比特币网络上生成无数的交易信息,从而使比特币网络难以确认有用的交易数据,甚至使系统陷入瘫痪。当时唯一的比特币客户端——比特币核心,需要同步整个区块链的所有信息,才能使比特币系统继续使用。于是比特币的发明者中本聪临时引入了一个 1MB 的区块容量限制作为反制措施。

中本聪曾在通信邮件中表明,如果实际交易数据增加,可以通过逐步调整区块容量限制来增加其网络处理能力。正如其早在 2008 年的邮件中所说,比特币网络可以很轻松地扩容到与 Visa 信用卡相当的处理能力。

然而由于中本聪在 2010 年末的退出,以及比特币核心技术团队人员在 2013 年后对此限制的态度转变,使得原本暂时性的 1MB 的区块容量限制,慢慢变成了难以变动的固定限制和多方争论的焦点。

8.1.2.2 比特币的容量争论

比特币以其去中心、匿名、不可篡改等特点,带来了"机器信任",引领人们进入区块链时代。但比特币这一区块链系统,其发展正面临着种种限制瓶颈亟待解决,其中最让人诟病的便是比特币因容量、吞吐量与可扩展性不足所带来的交易拥堵、交易处理延迟等现象,且近年来这些现象愈演愈烈。

比特币每秒约 7 笔的处理速度,导致网络交易拥堵的情况时有发生,更有甚者交易发出 24 小时后还没有被打包确认。类似现象随着比特币价格的攀升以及区块链市场用户量的激增而愈演愈烈。

比特币网络的交易处理能力受到了 10 分钟平均出块时间和 1 MB 区块容量的限

制。区块容量瓶颈导致了过高的交易费用和较长的交易处理延迟。

提高比特币网络的交易处理能力,需要对比特币系统现有的架构进行改进。改进过程可被称为分叉,有硬分叉(Hard Fork)和软分叉(Soft Fork)两种类型。

①硬分叉。区块链发生永久性分歧,在新共识规则发布后,部分没有升级的节点无法验证已经升级的节点生产的区块,通常硬分叉就会发生。

分叉后的矿工依据新规则所产生的区块,在依据旧规则验证区块的节点被视为无效。所以在硬分叉时,所有按照旧规则工作的节点都需要升级,按照最新规则开展工作。如果一组节点继续使用旧规则,而其他节点使用新规则,则可能发生区块链被分裂为两个同源链的现象。

对于比特币而言,比特币现金(Bitcoin Cash)[①]是比特币最大的硬分叉币,并一度有传闻称其数字货币市场规模最终将超过比特币。

②软分叉。当新共识规则发布后,没有升级的节点会因为不知道新共识规则而生产出不合法的区块,就会产生临时性分叉,又被称为软分叉。

与硬分叉相比,软分叉是在不影响区块结构的情况下的一种规则的微调,它创建了被旧软件识别为有效的区块,即它是向后兼容的,软分叉一般不会产生永久性分叉的链。隔离见证(Segregated Witness)[②]就是软分叉的一个例子。

8.1.2.3　比特币扩容方案

①链上扩容(On-chain scaling):Layer 1 扩容。链上扩容是通过直接提高区块容量或生成频率,使比特币系统可以容纳更多交易。链上扩容主张对比特币区块进行扩展,使得比特币网络本身可以负荷更多的交易量,这类方案的实施需要对比特币进行硬分叉。

链上扩容技术主要有分片技术、隔离见证等。

分片技术是基于数据库分片概念引申而来的扩容技术。分片技术将数据库分割成多个碎片并将这些碎片放置在不同的服务器上。在公共区块链的情境中,网络上的交易将被分成不同的碎片,每个节点只需处理一小部分传入的交易,并且通过与网络上的其他节点并行处理就能完成大量的验证工作。将交易分割为碎片会使得更多的交易同时被处理和验证,随着网络的增长,区块链处理越来越多的交易将成为可能。这种属性也称为水平扩容。

分片技术承诺通过改变网络验证的方式来增加吞吐量。分片技术独立于其他扩容技术的关键特性,就是它可以进行水平扩容,即网络的吞吐量会随着挖矿网络的扩展而增加。这种特性使得扩容技术有可能推动区块链系统被更多应用快速采纳。

---

①　比特币现金是由一小部分比特币开发者推出的不同配置的新版比特币系统。比特币现金在分叉之前和所有比特币节点兼容,分叉以后就开始执行新的代码,打包大区块,形成新的链。

②　隔离见证通过改变比特币交易结构,将交易中签名的部分单独拿出来,放到另一个叫 witness 的结构当中,是对比特币设计缺陷的一个修改方案。

目前主流的分片实现方式有以下三类:网络分片、交易分片和状态分片。网络分片和交易分片更早被提出,通过网络分片和交易分片,区块链节点网络被分割成不同的碎片,每个碎片都能形成独立的处理过程并在不同的交易子集上达成共识。通过这种方式,我们可以并行处理相互之间未建立连接的交易子集,通过提高数量级来提高交易的吞吐量。

另一方面,在主流公共区块链上,所有公共节点都承担着存储交易、智能合约等工作,为区块设置更大的存储空间,会使得节点付出更大的开销,才能维持其在区块链上的正常运转。为了解决这一问题,状态分片作为一种可行方法被提了出来。这一技术的关键是将整个存储区分开,让不同的碎片存储不同的部分,由此,每个节点只负责管理自己的分片数据,而不是存储完整的区块链状态。

隔离见证是基于比特币系统的,属于链上扩容方案。隔离见证可以看作是比特币系统的一次重要升级,涉及比特币共识规则和网络协议。

2015年12月在香港召开的比特币扩容会议上,Bitcoin core开发团队的Pieter Wuillle提出了隔离见证方案。

每一次比特币交易信息其实包括两部分内容,一部分是基础交易数据,包括交易的输入地址、输出地址;另一部分为其他的事务数据(见证信息),包含了签名脚本等验证交易有效性的数据。隔离见证就是将见证信息从基本结构中拿出来,单独放在一个新的数据结构当中。做验证工作的节点或矿工会验证新数据结构中的见证信息,确保交易的有效性。本质上,隔离见证是通过改变区块数据结构来释放区块容量。隔离见证的本质不是扩容,而是对不合理的原比特币交易结构的优化,但它间接达到了扩容的目的。据估计,见证数据占交易数据体积的60%,因此实行隔离见证后,当前1MB区块支持的交易数量可能会增加60%。

尽管隔离见证能在一定程度上解决网络拥堵问题,并且提高了交易安全性,但是它依然未能被所有的比特币网络参与者完整采用。

②链下扩容(Off-chain scaling):Layer 2扩容。链下扩容是在保持比特币系统现有架构的同时,通过增设子网、子链等手段,使比特币交易可以转移到其他网络中完成。链下扩容方案主要包括闪电网络等软分叉方案,扩容主要技术有状态通道、闪电网络、侧链、跨链以及链下计算等。

状态通道。本质上是通过在不同用户之间或用户和服务之间建立一个双向通道,为不同实体提供状态维护服务。它允许把区块链上的许多操作在链外进行管理,等完成链外操作且多方签名确认后,才将最终结果上链。

状态通道为Dapp的可用性提供了基础,减少了Dapp的延迟以及将网络响应时间控制在用户的可容忍范围。Dapp的参与者将消息与事务分开发送以更新状态,但不会将消息发布到链中。如果其中一位参与者离开或试图欺骗另一位参与者,可以随时向区块链发布最新交易以完成状态更新,这其中的奖罚措施足以让参与者保持诚实。状态通道是两方之间的互动,可以适用于任何智能合约。状态通道管理商业进程或者交易状态,它可以在保证指定人群交互的性能和隐私性的同时,降低交易成本。

使用分片技术可以在一定程度上实现可扩展性,但是对于依赖大量原子操作(如流式支付、物联网设备、游戏等)的应用程序来说,分片技术无法有效降低成本,而对于大量细碎交易来讲,状态通道可以在很大程度上缩小开支。

闪电网络。2015 年,Joseph Poon 和 Tadge Dryja 两位开发者发布了闪电网络白皮书,首次提出了闪电网络的概念,其基本思想是建立交易方的微支付渠道(Micropayment Channels)①网络,将小额交易从比特币主网中带离,从而促进比特币的交易吞吐量达到每秒百万笔。

闪电网络的哈希时锁合约(Hashed Time Lock Contract,HTLC)目的是通过哈希运算允许跨多个节点的全局状态。具体而言,HTLC 可以锁定一项交易,并以一个约定的时间(某个未来的区块高度)和承诺披露的知识作为解锁条件。这种方式实现了网络中有条件的资金支付,不需要与通道双方及网络中其他人建立信任。

侧链。侧链是一条分开独立的区块链,但其会使用一个双向锚定来依附于主链。使用者可以将资产转移到侧链上,也可以转移回主链。这种双向锚定可以在主链和侧链之间按照预先设定的速率进行资产的内部交换。初始的区块链通常代表着主链,所有新增的区块链都被定义为侧链。交易转移到侧链进行,仅在交易出现欺诈时转移到主链进行。

跨链。跨链就是信息从一条链转移到另外一条链。区块链之间的互通性不足极大地限制了区块链的应用空间。不论是对公有链还是私有链,跨链技术都是实现价值互联网的关键,它是把区块链从分散的孤岛中拯救出来的良药,是区块链向外拓展和连接的桥梁。

链下计算。状态通道解决的是交易容量问题,链下计算解决的就是智能合约的容量问题。即将复杂的任务放到链下处理,再将结果返回链上。以太坊声称要做计算机,EOS 要做全球操作系统,但无论是做计算机还是做操作系统都得正视计算这个问题。链上计算的开销是非常大的,链上每一个 EVM 的代码都需要全球计算机都算一遍才能得出最终一致性结果,因此才有人想到在链外做计算,实现计算的扩展。

8.2　以以太坊为代表的区块链 2.0

2013 年底,Vitalik Buterin 发布了以太坊白皮书《以太坊:下一代智能合约和去中心化应用平台》,将智能合约引入区块链,打开了区块链在货币领域以外的应用,从而开启了区块链 2.0。以以太坊为代表的区块链 2.0,已将区块链应用从货币和支付领域扩展到了几乎整个金融领域。

---

①　微支付渠道可以解决买卖双方大量的小额交易和微额交易。

8.2.1　区块链 2.0

智能合约是一种基于规定触发规则的，可自动执行的计算机合约，也可以看作是传统合约的数字版本。智能合约是在 20 多年前由跨领域法律学者、密码学研究工作者 Nick Szabo[①] 提出的，这项技术曾一度因为缺乏可编程数字系统和相关技术而没有得到实际应用，直到区块链技术和以太坊的出现才为其提供了可信的执行环境。

区块链 2.0 基本架构如图 8-3 所示。相对区块链 1.0，区块链 2.0 具有如下优势：

①新的区块链平台大多采用了新的共识算法（PoS、DPoS、PBFT），交易处理峰值一般能到达 3000TPS，而比特币的处理能力仅 6～7TPS。以太坊系统可以满足一般金融类业务需要。

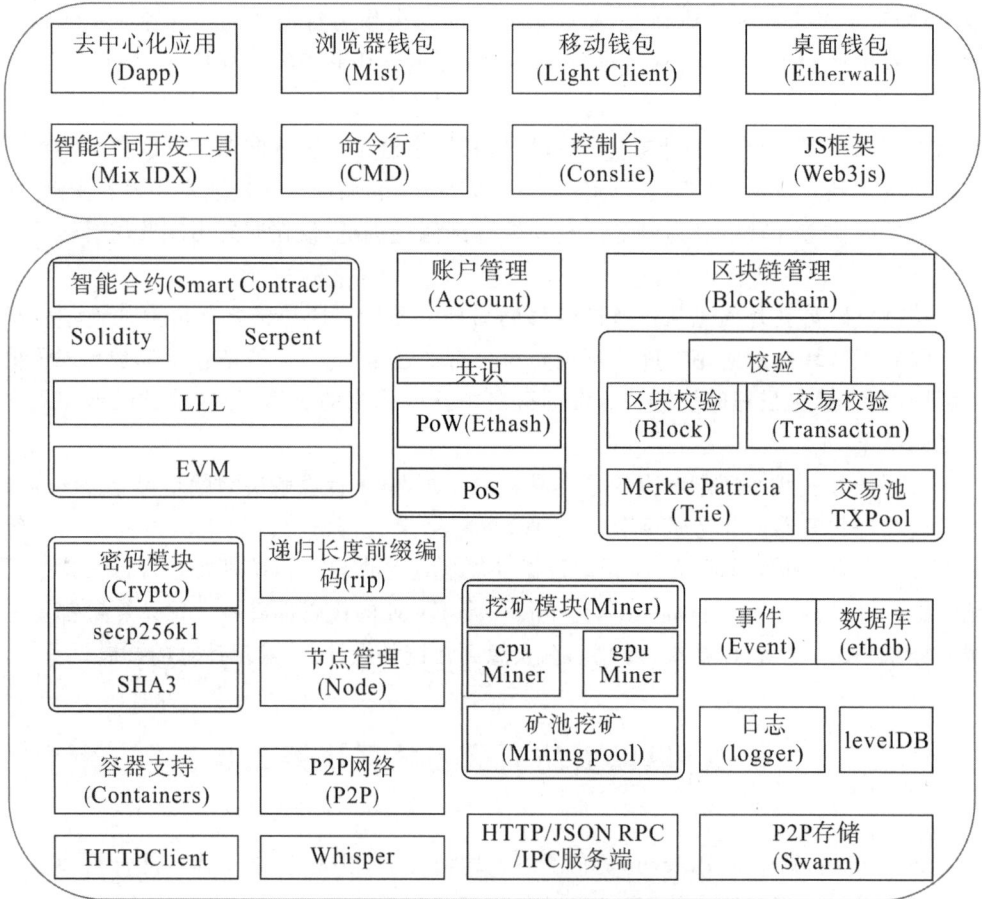

图 8-3　区块链 2.0 基本架构

---

①　计算机科学家、法律学家、密码学家，广泛涉猎计算机科学、货币起源、经济和法律等诸多领域，被称为"智能合约之父"。

②资源节省。相对比特币挖矿的大量资源投入,区块链 2.0 对共识算法进行了改进,不再需要消耗大量算力来达成共识。

③支持智能合约。智能合约是一种计算机协议,协议的判决过程完全由代码控制,其目标是最小化恶意事件或者意外事件发生的可能性,同时减少对信任中介的需求,从而降低合约欺诈的可能性和仲裁的成本。

8.2.2 区块链 2.0——以太坊

2013 年年末,以太坊创始人 Vitalik Buterin 针对比特币系统非图灵完备性、效率低等特点,首次提出以太坊(Ethereum)概念,发布了以太坊初版白皮书,启动了该项目。2014 年,以太坊基金会成立,Vitalik Buterin、Gavin Wood 和 Jeffrey Wilcke 创建了以太坊项目,作为下一代区块链系统。2016 年年初,以太坊技术得到市场认可,以太币(Ether)价格暴涨,吸引了大量开发者走进区块链世界。今天,以太坊作为全球最为知名的公有区块链项目之一,同时拥有了全球最大的区块链开源社区。

以太坊是一个开源的有智能合约功能的公共区块链平台,发行有专用加密货币以太币,通过提供去中心化的虚拟机(称为"以太虚拟机",Ethereum Virtual Machine,EVM)环境来处理点到点的合约。以太币是目前市值第二高的加密货币,仅次于比特币。

与比特币相比,以太坊属于图灵完备的脚本语言,支持开发者在该平台创建和发布任意去中心化的应用程序。从诞生到现在,全球基于以太坊的去中心化应用已经达到数百个,比较有名的有 Augur、TheDAO、Digix、FirstBlood 等。

以太坊的最初目标是打造一个智能合约平台,该平台支持图灵完备的应用,并且按照智能合约的约定逻辑自动执行。在理想的状态下,以太坊永远不会存在停机、欺诈以及第三方干预等问题。以太坊可以看成是一个类似比特币网络的 P2P 网络平台,智能合约运行在网络中的以太坊虚拟机中,网络自身是公开的,任何人都可以接入并且参与网络中数据的维护。与比特币系统相比,以太坊有以下特点:

①支持图灵完备的智能合约,设计了编程语言 Solidity 和虚拟机 EVM。以太坊就像安装有安卓和 iOS 操作系统的手机,为用户提供了编程的接口,用户可以在以太坊的基础上快速构建基于区块链的应用(类似于我们开发安卓和苹果 App 一样)。

②使用了出块的激励机制,并且减少了区块产生的间隔。比特币是平均每 10 分钟出一个块,而以太坊是平均每 15 秒出一个块。从这点看,以太坊能够支撑更高的并发量。

③以太坊通过 Gas① 限制代码执行的指令数,避免循环执行攻击。

④以太坊支持 PoW 共识算法,并且计划支持效率更高的 PoS 共识算法。PoS 可以类比为股权机制,在 PoS 系统中,没有矿机也可以挖矿,大大节约成本。

---

① Gas 表示以太坊系统计算工作量的计量单位,作为以太坊网络中的燃料,为以太坊网络生态的发展提供动力。

以太坊是一个"可编程的区块链",在以太坊上发送的交易不只是转账,还可以是一段用户自定义的可执行的代码(智能合约),通过其专用加密货币以太币提供去中心化的虚拟机来处理点对点合约。在这个区块链平台上有众多的节点参与,这些节点共同组成了 P2P 网络,这些节点彼此平等,没有任何一个节点有特殊的权限,也不存在任何节点对系统工作进行协调或调度。相比比特币系统,以太坊有更快的出块速度和更先进的奖励机制,这意味着以太坊具有更大的系统吞吐量和更少的交易确认时间间隔。另外,以太坊支持智能合约,用户可以自定义数字资产和流通逻辑,通过以太坊虚拟机几乎可以执行任何计算,而比特币只能支持比特币的转账,这意味着以太坊平台作为一个通用的区块链平台,可以支持各种去中心应用。以太坊还为开发者准备了完善的集成开发环境。

8.2.3 以太坊是如何运行的?

与其他区块链系统一样,以太坊需要几千人在自己的计算机上运行一个软件,为该网络提供动力。网络中的每个节点(计算机)运行一个叫作以太坊虚拟机 EVM 的软件。可以将以太坊虚拟机想象成一个操作系统,它能理解并执行通过以太坊特定编程语言编写的软件。由以太坊虚拟机执行的软件/应用程序被称为"智能合约"。

以太坊底层通过 EVM 模块支持合约的执行与调用,调用时根据合约地址获取代码,生成环境后载入到 EVM 中运行。通常智能合约的开发流程是用 Solidity 或其他支持的语言编写逻辑代码,再通过编译器编译元数据,最后发布到链上并调用 EVM 来实现,如图 8-4 所示。

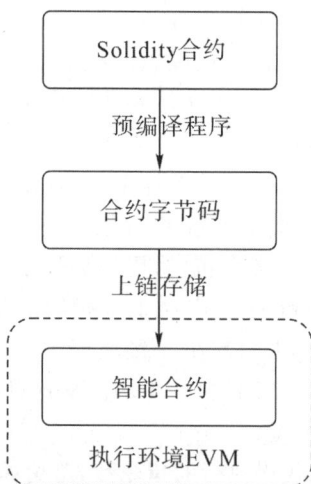

图 8-4 智能合约在以太坊平台上的编写运行过程

在以太坊系统上交易或执行代码,需要支付以太坊系统自己的加密数字货币——以太币。以太币与比特币在本质上基本相同,但以太币可以在以太坊上支付智能合约执行费用,而比特币不具备这个功能。

在以太坊上,无论是人还是智能合约都可以作为用户。人类用户能做的事,智能合约也能做,而且还远不止如此。

在网络中,智能合约的表现和其他人类用户完全一样,二者都可像收发其他货币一样收发以太币。但是,不同于人类用户的是,智能合约还可以执行预定义的计算机程序,在程序被触发时执行各种操作。

智能合约与区块链的关联在哪里?

不管智能合约于何时执行,它都记录了在区块上执行的交易信息。从系统层面来看,以太坊区块链上的交易内容结构如图 8-5 所示。

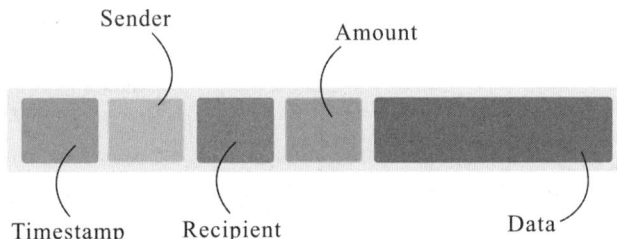

图 8-5　以太坊区块链上的交易内容结构

上面数据结构中的最后一个字段"Data"可以用于创建记录和执行智能合约(也就是交易),这个字段赋予了以太坊以独特的力量。以太坊区块链上任何给定区块都可以包含以下三种交易:

(1)人类用户和用户之间的常规以太币转账

这些都是网络中的常见交易,类似比特币交易。如果直接将以太币送给朋友,"Data"项就会留空。如图 8-6 所示。

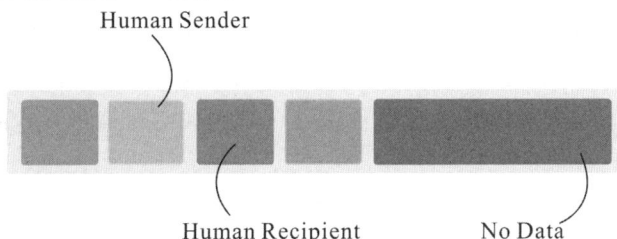

图 8-6　人类用户和用户之间的常见以太币转账

(2)无接收方的以太币转账

没有接收方的交易,意味着该交易的目的是在网络中利用"Data"项的内容创建一个智能合约。"Data"项包含软件代码,该代码会像网络中的其他用户一样进行操作。如图 8-7 所示。

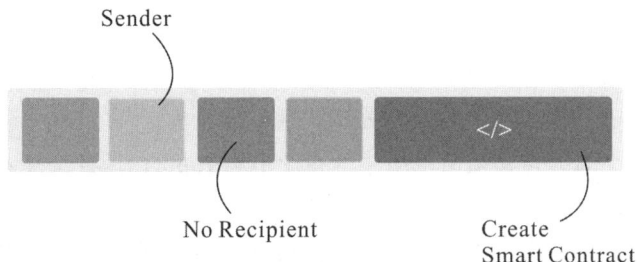

图 8-7　无接收方的以太币转账

（3）用户和智能合约之间的以太币转账

无论用户（或智能合约）何时想要执行智能合约，都需要与智能合约进行一次交易，将执行指令置于"Data"项中。如图 8-8 所示。

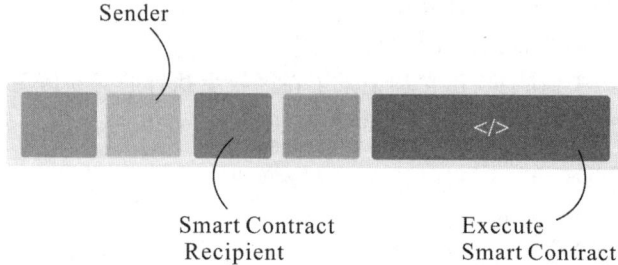

Sender

Smart Contract Recipient

Execute Smart Contract

图 8-8　用户和智能合约之间的以太币转账

就像在其他区块链上一样，不管上述三个事件中任何一个在何时发生，都会发布在整个网络上，每个节点都会记录下来。除了记录之外，每个节点也会执行收到指令的智能合约，让以太坊虚拟机的状态与余下的网络同步。

每个节点执行软件的一部分，因此使整个网络充当巨大却运行缓慢的分布式计算机。之后，每次执行都会存储在区块链上，从而达到永久存储的目的。

（4）什么是 Gas?

使用智能合约的用户必须支付一定费用才可以去执行该合约，该费用支付给了智能合约运行过程中消耗了内存、硬盘、计算和电力的节点。

为了计算智能合约的费用，每个语句都有指定的成本。例如，如果执行使用节点内存的语句，这类语句有特定成本。如果执行使用节点硬盘存储器的语句，这类语句也有特定的成本。特定成本的单位被称作 Gas。最终，Gas 通过一定的兑换率转换成以太币。

无论何时执行智能合约，必须确定要消耗的最大 Gas 量。当合约执行完成，或是达到 Gas 限制时，都会停止执行该合约。这么做是为了避免智能合约陷入无限循环，而无法执行其他合约。

程序员的失误有可能让节点的计算陷入无限循环，而无限循环之后的反复计算是毫无意义的。Gas 的设置解决了这一问题，这也是为了防止程序员的疏忽。每重复计算一次都会消耗特定数量的 Gas，因此会将无限循环变为有限。

（5）以太坊的应用领域

以太坊并不仅仅是一种用于交易的加密货币，其真正的价值在于让拥有以太币的人能使用通过几千个节点提供动力的分布式世界计算机。

因为每个微小的语句必须由网络中的每个节点去执行，因此去中心化的分布式计算机运行缓慢且成本高昂。

为了享受中心化计算机的低成本，我们给它们控制一切的力量。如果中心化的计算机或服务器出故障或被黑客攻击了,就会连累与其连接的所有用户。而去中心化的分布式系统只有每个节点都出现故障了,去中心化的分布式系统才会出故障,即在理想情况下,像以太坊这样的去中心化分布式计算系统这台大的"计算机"能够一直工作下去。

表 8-1 给出了更为丰富的区块链 2.0 应用领域案例。

表 8-1　区块链 2.0 应用领域

应用	说明
金融服务	区块链 2.0 的一个重要方向是利用数字货币与传统银行和金融市场做对接。 Ripple Labs 正在使用区块链技术来重塑银行业生态系统,使用 Ripple 支付网络可以让多国银行直接进行转账和外汇交易,而不需要第三方中介。Ripple 也开发了一个智能合约和自己的程序语言 Codius。 Paypal 在做比特币与传统金融和支付市场对接的解决方案。 BTCjam 在做基于区块链的去中心化 P2P 借贷。 Overstock 在做基于区块链的去中心化证券交易所 Medici。
智能资产	区块链 2.0 可以用于任何有形资产或无形资产的资产注册、存储和交易,广泛用于金融、经济和货币各个领域。区块链 2.0 开辟了不同类型各个层次的行业运用功能,涉及货币、市场和金融交易。使用区块链 2.0 编码的资产通过智能合约成为智能资产。 智能资产是指所有以区块链为基础的可交易的资产类型。智能资产通过区块链控制所有权,并通过合约以符合现有法律,比如预先建立的智能合约能够在某人已经偿还全部贷款后,自动将车辆所有权从财务公司转让到个人名下。 智能资产有可能让我们构建无须信任的去中心化资产管理系统。
智能合约	智能合约意味着区块链交易远不止货币交易,还会有更丰富的指令嵌入到区块链中。传统合约是指双方或者多方协议做或不做某事以换取某些东西,每一方必须信任彼此会履行义务。而智能合约无须彼此信任,因为智能合约不仅是由代码进行定义的,也是由代码强制执行的,完全自动且无法干预。
众筹	基于区块链的众筹平台支持初创企业通过创建自己的数字货币来筹集资金,分发自己的"数字股权"给早期支持者。这些数字货币作为支持初创公司应获股份的凭证。
预测市场	通过对现实生活中可能发生的事情进行结果预测,并在预测事件真实发生后执行相应的结果,比如比特币价格、选举、体育赛事等。
无需信任的借贷	区块链 2.0 的去信任机制网络是智能资产和智能合约发展的重要推动因素,这让互不相识的人在互联网上实现现金借贷,并将智能资产作为抵押。这必然大幅降低借贷成本,让借贷更具竞争力。非人为干预的机制也让纠纷率大大降低。

8.2.4　以太坊 2.0

区块链系统应用面临安全性、去中心化和可扩展性的不可能三角,也就是说,当前的区块链系统没有办法同时达到高安全性、高度去中心化和高可扩展性。EOS 区块链项目为了达到高可扩展性,在一定程度上牺牲了去中心化特性,由 21 个超级节点管控全网的数据流通。作为区块链 2.0 的典型代表,以太坊依然无法跳出这个框架,为了维持去中心化特征,当下以太坊并不能完全支持并发的数据变更,也就是说在同一时间只能有一条数据变更。再加上以太坊还沿用了比特币的 PoW 共识机制,从而导致以太坊的数据吞吐量较低,无法支持大规模应用需求。目前以太坊的吞吐量在 10～20TPS,而 Visa 的吞吐量在 50,000～60,000TPS。

为了解决以太坊的共识和扩展性问题,Vitalik Buterin 与研究团队试图在目前运行的 PoW 共识算法上覆盖基于 PoS 的终结系统,同时还要实现状态分片,以扩展以太坊区块链。在 2018 年 3 月份的台北标志性研究会议之后,以太坊研究团队提议将 Casper PoS 与分片合并为一项名为 Ethereum Serenity 的计划,也被称为以太坊 2.0。以太坊 2.0 是计划中的以太坊替代方案。

以太坊 2.0 的设计目标包括以下几个方面。

①去中心化。目标是允许普通笔记本电脑使用 $O(C)$ 复杂性的资源来处理/验证 $O(1)$ 的分片任务(包括任何系统级验证,例如信标链中的验证)。这将允许更多的低端设备参与到以太坊网络中。

②系统弹性。面对大量节点中断或网络破碎化时,仍能保持系统运行。

③安全性。使用密码学和设计机制以使尽可能多的验证节点完全参与到每个时间单位的验证。

④简单性。系统复杂度越低越好,甚至可以牺牲效率来降低复杂性。

⑤持续性。为系统选择保证抗量子安全性的组件。如果该组件暂时不能满足抗量子安全的要求,那么选择易于更换的组件。将来,当存在抗量子安全组件时,可以轻易替换这些组件。

为实现这些目标,以太坊 2.0 采用了信标链、分片、PoS 及 eWASM 等技术。计划中的以太坊 2.0 结构如图 8-9 所示。

以太网 2.0 系统将分为四层。

①PoW 主链层。也就是以太坊 1.0 的单链,将作为最底层的基础。在以太坊1.0 向 2.0 的过渡阶段,以太坊 1.0 中的价值(以太币)将逐渐转移到信标链中。当以太坊 2.0 过渡完成后,PoW 主链可能会与信标链作为一条分片链,也可能继续保留,目前尚未有定论。

②信标链层。此层最终将是分片链的管理层,负责管理分片链,并参与分片链之间的互通,在过渡阶段也涉及价值转移等功能。

③分片链层。64 条不同的链,与同一条信标链进行沟通,存储数据,运行合约,每一条链都相当于一条以太坊 1.0。

④虚拟机层。eWASM 虚拟机,运行智能合约的执行环境,建立于分片之上。

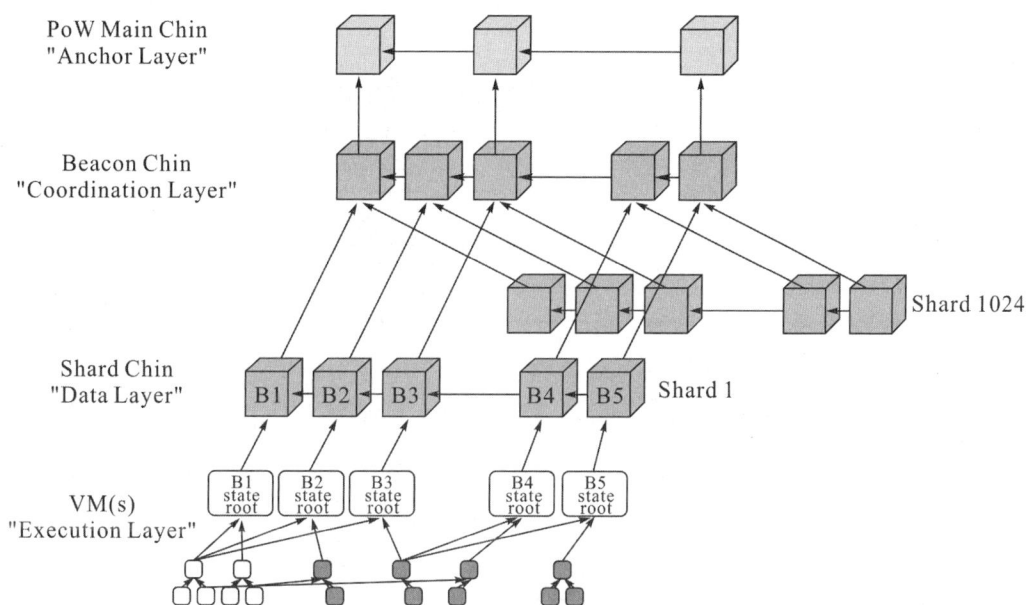

图 8-9　以太坊 2.0 结构

以太坊 2.0 是一个宏大且具有挑战性的技术愿景,其组成部分仍有一些关键问题以待解决。例如,如何以去中心化的方式提供并存储数据,以免少部分数据提供商垄断整个网络? 跨越分片的交易如何运作? 以及执行环境治理等问题仍需进一步探索。

8.3　区块链 3.0——智能化物联网的应用场景

2017 年,丹尼尔·拉里默(Daniel Larimer)[①]发布区块链操作系统 EOSIO 白皮书,引入一种新的区块链架构,着重解决区块链系统的性能瓶颈,构建区块链应用基础设施,并推出了针对各个领域的商业解决方案,被称为区块链 3.0。

8.3.1　区块链 3.0 的应用

EOS 是 Enterprise Operation System 首字母缩写,即为商用分布式应用设计的区块链操作系统。EOS 引入了一种新的区块链架构,如图 8-10 所示,旨在实现分布式应用的性能扩展。表 8-2 展示了 EOS 系统在系统性能、安全性和可扩展性方面带来的优势。

―――――――――――――

　　① 　Daniel Larimer 是 Bitshares、Steem 和 EOS 的联合创始人,江湖传闻 BM(Bytemaster)是目前世界上唯一连续成功开发了三个基于区块链技术去中心化系统的人。

图 8-10　区块链 3.0 基础架构

区块链 3.0 可能主要由以下要素构成:应用提供的产品(包括实体产品和知识付费等其他虚拟产品)、不特定多数对象(多方参与且不是特定的几个人)、市场中的广泛交易行为。

区块链 3.0 的应用主要体现为行业应用,包括为政府、健康、科学、工业、文化和艺术等各个领域的应用。支持行业应用意味着区块链平台必须具备企业级属性。

关于区块链 3.0 场景,以后可能会有以下这些方面的应用。

自动化采购。在区块链上订立一个自动化的供货流程,来追踪合约的执行过程,并根据供货的时间、地点、数量、质量等信息自动完成全额支付、部分支付、补贴、罚款。

在这个过程中涉及的采购方、供货方、物流、银行等多个业务主体之间的协作,是区块链 3.0 系统交易的一个特点,参与方是不特定的多数对象。

智能化物联网应用。可以用来监控、管理所有智能设备,人们只需要下指令给智能设备,而不需要关注设备工作的过程。

供应链自动化管理。现在已经出现一些应用,比如农产品、奢侈品、红酒等供应链和区块链结合的应用,主要解决商品的真实性和溯源问题。

表 8-2　EOS 带来的优势

优势	说明
高性能	Bitshare 第一版区块间隔是 10 秒,仍然沿用了比特币的一些思想,比如 UTXO,在可用性方面有很多不足。石墨烯工具组之上建立的 Bitshare2.0 间隔时间为 3 秒,每秒支持 1 万笔交易。
安全性	EOS 转账交易与运行智能合约并不需要 EOS 系统代币。EOS 的带宽和算力分配由代币持有的份额决定,可以有效避免恶意攻击。恶意攻击者只会消耗掉他们的 EOS 代币赋予他们的那部分网络。某个应用或许会遭到 DOS 攻击,但不会干扰整个网络。
扩展性	全网只有 21 个超级节点负责出块,且超级节点的出块顺序由系统随机设定,并且随时会变。这样既能提升效率,也能避免硬分叉。

8.3.2　区块链 3.0 的应用场景案例

目前,区块链技术的运用不再局限于加密货币和金融领域,区块链在供应链、物流、教育、文化、医疗、版权、社会管理、共享经济等领域的应用也在不断探索中。图 8-11 给出了区块链 3.0 广泛的应用场景。

区块链能解决公益捐赠的不透明问题,可以对公益捐赠做到全程监管,保证整个过程透明,能有效消除腐败。在医疗领域,利用区块链技术,可以解决病人隐私和医疗数据的安全性问题,建立医院间的医疗健康数据共享。在版权保护方面,区块链能够确认版权主体身份,进行版权所有权跟踪,锁定侵权证据,低成本、高效率地满足版权保护需要。在物流领域,区块链能够提高行业透明度,加强行业资源整合,节省时间和成本,降低风险和欺诈,优化资源利用率,压缩中间环节,提升行业整体效率。在社会管理方面,利用区块链技术能够提升服务效率,降低信息系统运营成本,打破数据垄断和各种信息孤岛,增强社会公信力。

支付、交易清结算、贸易金融、数字货币、股权、私募、债券、金融衍生品、众筹、信贷、风控、征信

物品溯源、物品防伪、物品认证、网络安全性、网络效率、网络可靠性

公益捐赠

租车、租房、知识技能

数字病历、隐私保护、健康管理

代理投票、身份认证、档案管理、公证、遗产继承、个人社会信用、工商管理

视频版权、音乐版权、软件防伪、数字内容确权、软件传播溯源

档案管理、学生征信、学历证明、成绩证明、产学合作

专利、著作权、商标保护、软件、游戏、音频、食品、书籍许可证、艺术品证明

票据、仓储证明、单证

IoT、金融、公益、医疗、文娱、版权、供应链、教育、社会管理、共享经济

区块链技术

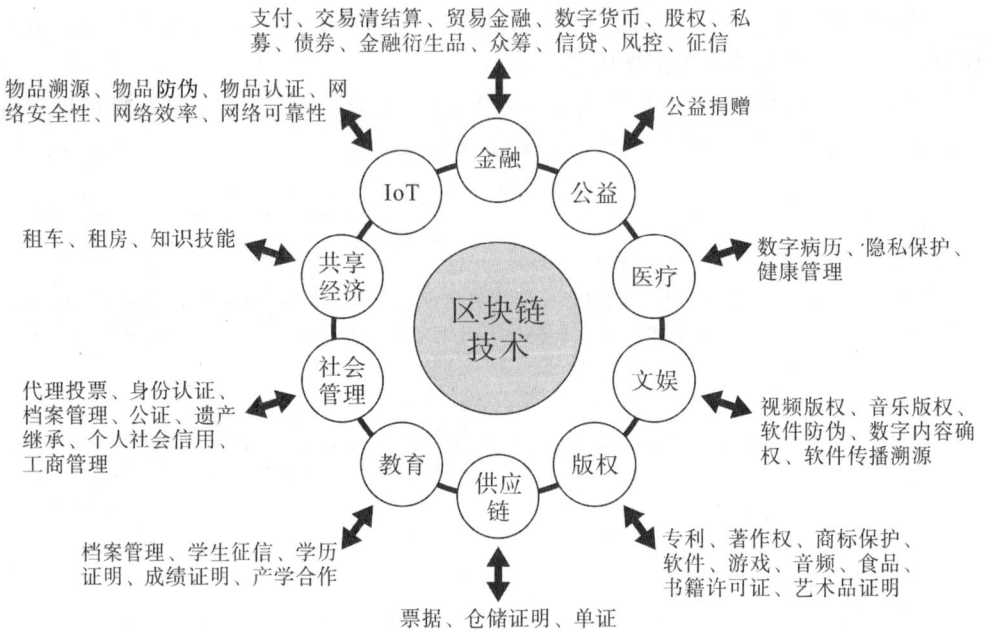

图 8-11　区块链 3.0 的应用场景

8.3.2.1　设备管理

设备管理是物业系统相对核心的业务内容。传统情况下,小区的设备出现故障后,设备使用人会将故障信息通过相应渠道反馈到设备管理中心。设备管理中心再派单给设备维修人员,指派人员进行维修。在设备维修人员完成维修任务后,再将维修结果反馈到设备管理中心。

整套流程不仅慢而烦琐,且容易出现推诿扯皮的现象。比如,设备管理中心是否及时派人维修了?如果设备管理中心派人维修之后几天设备还有问题,到底是维修人员没到现场维修,还是修过后又出现的故障?有了区块链技术后,处理类似问题将变得高效。

在小区设备周边安装相应的传感装置后,设备运行状态将被实时感知,并写入相应的区块链中。如果设备运行状况有问题,设备管理中心、设备维修人员和设备使用人员都可以第一时间发现。然后,设备维修人员就按职责分工,直接去维修,而不再需要等设备管理中心派单;设备修好后,也不需要设备维修人员再填相应的报单回报给设备管理中心,所有状态在区块链系统上一目了然。在区块链系统环境下,甚至设备管理中心都可以被取消。

8.3.2.2　遗嘱公证

现实生活中很多事情只有通过公证处公证,才能获得相应的法律效力,比如遗嘱。如果遗嘱未经公证,那么在委托人去世后,就容易发生财产分割纠纷;如果将遗嘱进行公证,又会有对公证人员在委托人生前泄密的担忧,尤其是当遗嘱涉及巨额财产时,这

种担忧更为显著。如何利用区块链来解决遗嘱公证问题呢？

委托人将遗嘱形成数字化信息后，可以对其进行加密处理，并由相关权益人分别对加密的遗嘱进行数字签名，签名连同签名的内容信息一并写入区块链系统。这里的数字签名，就代表了遗嘱相关权益人对这份遗嘱的真实性和法律有效性进行了认可。

如果这份遗嘱除了委托人，还与 N 个人利益相关，那么，就可以设计一个 $(N, N+1)$ 的门限方案，将加过密的遗嘱按门限算法分成 $N+1$ 份，每人持有 1 份，只有 N 个人全部同意的时候，才能够把这个遗嘱秘密解开。由于遗嘱牵涉到所有相关权益人的利益，因此委托人在世时，这 N 个相关权益人不可能为了提前获得遗嘱内容而事先配合解开这个秘密，只有当委托人去世后，他们才会共同协作获得遗嘱内容。

这份遗嘱事先获得了相关权益人的数字签名，因此具有与公证处相同的法律效力。同时这些相关权益人事先对遗嘱内容也不知情，很好地维护了委托人生前的生活状态。

未来，随着人工智能、物联网的发展，区块链会有越来越广泛的应用场景。在不久的将来，区块链将作为下一代互联网的重要组成部分，解决目前互联网存在的建立信用、维护信用成本高的问题，并将互联网从现在的信息互联网提升到价值互联网。这必将给人类的生产生活方式带来巨大的革新和正向影响。

8.3.3　区块链应用 1.0 版大幕开启

2020 年 4 月 20 日，国家发改委创新和高技术发展司司长伍浩表示，初步研究认为，新型基础设施包括信息基础设施、融合基础设施和创新基础设施。区块链作为新技术基础设施的组成部分，被归类在信息基础设施类别。基于以上信息，可以认为区块链应用 1.0 版大幕已经正式开启。

区块链自诞生以来走过的路并不平坦。先是为各种虚拟加密货币所困扰，进而又被各种炒币挖矿绑定，而区块链系统本身具有的数据公开透明、数据不可篡改不可伪造、去中心化、系统集体维护、去信任、交易可追溯等特性却很少得到应用，更不用说通过区块链以上特点特征降低甚至消除信息不对称，进而优化业务流程和改变生产关系了。

2019 年中共中央政治局集体学习区块链的"1024"讲话，作为区块链在中国发展的纲领性文献，立意高，着眼长远，具有极强的指导性，同时也有正本清源，校正区块链发展方向的重大意义。本次发改委将区块链纳入新基建建设内容，正是对"1024"讲话精神的落实。

发改委将区块链与人工智能、云计算并列，说明目前我们主要还是将区块链作为一种技术手段和技术工具，区块链在当前的新基建中起的作用也主要是区块链本身所具有的这些技术特性。现阶段也确实有非常多的业务场景急需通过技术手段实现区块链以上这些属性，以确保数据权属和数据质量。

我们将直接利用区块链这些技术特性的应用，称为区块链应用的 1.0 版。

随着对区块链认识的不断深入,我们也认识到,区块链最终要实现的,除了直接应用区块链以上这些技术特性,更要通过区块链最终实现优化业务流程、降低运营成本、提升协同效率,进而重构生产关系的目标,即伍浩司长定义的"融合基础设施"的内容,也是我们所定义的区块链应用的 2.0 版。

因此,伍浩司长也指出,"伴随着技术革命和产业变革,新型基础设施的内涵、外延也不是一成不变的。"那么,在当前的区块链应用 1.0 版本大幕开启之后,区块链将会有哪些改变呢?

区块链被纳入新基建建设内容以后,在需求、政策和资金等多种要素投入的驱动下,将获得难得的历史机遇,得到极大的发展。发展重点应该至少包括以下几个方面。

一是区块链技术体系自身的完善。区块链在与产业场景结合的过程中以及区块链自身技术发展迭代过程中,也遇到了一些技术层面的问题。比如交易处理效率问题、隐私数据保护问题、资源消耗问题、不同区块链系统的数据互连互通问题。这些问题,有些是区块链自身技术层面的问题,有些则是区块链如何与业务场景匹配的问题。这些问题都有待区块链在新基建的建设背景下取得技术层面的突破,使自身的技术体系得到进一步丰富、发展和完善。

二是区块链应用落地的进一步丰富。区块链作为新基建的一个重要组成部分,就不应该再是面向某一个行业或某几个行业,而要具有相当的普适性。目前区块链已经在一些产业、行业、场景中得到落地应用,比如区块链发票、司法存证、跨境贸易等。2019 年中央政治局集体学习区块链之后习近平主席的讲话,已经指出了区块链要发挥作用的广泛的应用空间。在被纳入新基建以后,随着自身技术体系的完善,区块链将在更多场景、行业和产业当中得到更广泛的应用。

三是区块链与其他技术的发展融合将得到进一步深化。与 5G、云计算不一样的地方在于,区块链本身不是单一的技术,而是一个有着特定结构的技术体系。因此,在与更多业务场景匹配的过程中,区块链也必然要与其他技术融合,实现更加丰富的功能组合,这也是区块链与其他几种技术不同的地方所在。在区块链融合其他技术形成新的技术功能组合以后,区块链将获得更加广阔的应用空间。

四是区块链的标准化工作将得到快速推进。区块链成为新基础设施的一个组成部分,必然要求区块链自身技术体系的标准化和规范化,否则难以形成统一的基础设施,也难以向上层应用提供稳定可预期、可推广复制的规模化的服务。

在以上四个方面的改变发生并作用发挥得以深化以后,区块链将真正奠定其信息基础设施的地位,同时向融合基础设施方向演进。那个时候,就将是区块链应用的 2.0 版大幕开启之时了。

8.4　区块链可扩展性技术

8.4.1　侧链技术

比特币诞生以来,数以千计的竞争币被开发出来。竞争币虽然有着新的优势和特性,但比特币的霸主地位依然屹立不倒,而很多竞争币却湮灭在历史中。虽然比特币有不少缺点和限制,但比特币却又是最去中心化、最多分布节点、最公平的区块链,从数字货币地位、节点数量、去中心化程度等方面来看比特币还是很有优势。基于比特币的应用则因为开发难度大、限制比较多,导致应用项目不多,类似以太坊、比特股的区块链在技术和应用上后来居上,对比特币区块链产生相当大的威胁。

侧链技术由此推出,侧链是以锚定比特币为基础的新型区块链,就像美元锚定金条一样。侧链是以融合的方式实现加密货币金融生态的目标,而不是像其他加密货币一样排斥现有的系统。利用侧链可以轻松地建立各种智能化的金融合约,股票、期货、衍生品等等。可以有成千上万个锚定到比特币上的侧链,特性和目的各不相同,所有这些侧链依赖于比特币主区块链保障的弹性和稀缺性。在这基础上,侧链技术进一步扩展了区块链技术的应用范围和创新空间,使传统区块链可以支持多种资产类型,以及小微支付、智能合约、安全处理机制、真实世界财产注册等,并可以增强区块链的隐私保护。

比较著名的比特币侧链是 ConsenSys 的 BTC Relay、Rootstock 和 BlockStream 推出的元素链,非比特币的侧链如 Lisk 和国内的 Asch。

BTC Relay 是一种基于以太坊区块链的智能合约,把以太坊网络与比特币网络以一种安全去中心化的方式连接起来。BTC Relay 通过使用以太坊的智能合约功能可以允许用户在以太坊区块链上验证比特币交易。BTC Relay 使用区块头创建一种小型版本的比特币区块链,以太坊 DApp 开发者可以从智能合约向 BTC Relay 进行 API 调用来验证比特币网络活动。BTC Relay 进行了跨区块链通信的有意义的尝试,打开了不同区块链交流的通道。

RootStock 是一个建立在比特币区块链上的智能合约分布式平台。它的目标是,将复杂的智能合约实施为一个侧链,为核心比特币网络增加价值和功能。RootStock 实现了以太坊虚拟机的一个改进版本,它将作为比特币的一个侧链,使用了一种可转换为比特币的代币作为智能合约的"燃料"。

元素链是 Blockstream 的开源侧链项目,使用了比特币双向挂钩技术,侧链协议的目的是实现双向锚定(Two-way Peg),使得比特币可以在主链和侧链中互转。相比比特币,元素链使用许多创新技术,私密交易、证据分离、相对锁定时间、新操作码、签名覆盖金额等。这些技术可以被任意组合应用到任意侧链中。

Lisk 是新一代的区块链平台,它把每个应用加到 Lisk 的单独侧链上。由于比特币和以太坊只有一条主链,所有功能和数据都加入这条主链导致区块快速膨胀,超大的区块体积,超长的同步时间。Lisk 的侧链模式给在处理高交易量下如何解决网络拥堵的问题提供了一种方法,用户只有用到相关的应用时才需要下载对应的侧链,大大减小了无效的同步数据,保持了整个 Lisk 网络的高效运行,而且,Lisk 网络的速度随着时间的推移会继续加快,越显示它的特别优势。

8.4.2　跨链技术

基于交易性能、容量规模、隐私保护、合规监管的考虑,联盟链和私链技术被商业机构特别是金融机构广泛采用。相比起公链来看,现在联盟链的发展势头要耀眼得多,但需要警惕的是,不要让联盟链变成纯粹的中心化或多中心化。相比于传统的区块链设计技术,现在大部分的联盟链没有提供太多的可实现不可逆交易或降低中心化风险的方式,这些中心化式的信任会使联盟链区块链因网络审查和简单故障点的失误,导致整个网络处于风险之中。相比之下,在比特币等公网区块链的框架下,交易一旦完成传输确认无人能更改,无论法院执行令或一小部分参与者的冲动都无权冻结资金或征收罚款。对于联盟链,无论是主观的团体作恶或因不可抗的审查或多节点故障等风险,都让用户们对此无法彻底信任和放心。联盟链和私链的方式从一定程度上违背了区块链的去中心价值和信任体系,也让区块链里面的数字资产不能在不同的区块链间直接转移,主动或被动地导致了价值的孤岛,由此各种连接不同区块链的跨链技术也被人们开始关注和探索。

跨链,是指通过某些特定的技术手段,能让价值跨过链与链之间的障碍进行直接交互,从而实现不同区块链之间的资产流通和价值转移。跨链的实现原理和现实生活中货币兑换的原理是一致的,即通过既定的合法合规的准则达到不同区块链间的资产转移的目的。

从商业应用的角度来看,跨链技术就相当于一个可信第三方交易所,不同的用户均可通过该交易所进行跨链交易,并且在跨链过程中并不会改变任意区块链上的价值总额,只是完成了不同区块链用户之间的价值兑换。

跨链技术将是推动区块链产业大范围快速落地运用的强力助推剂,就像 4G 时代的移动、联通、电信等基于传统的 TCP/IP 传输协议的技术,可以实现不同运营商电话共通联系。可以把跨链也理解为一种协议,解决两个或多个不同链上的资产以及功能状态可以互相传递、转移、交换的难题。

相较于 TCP/IP 传输协议而言,跨链有效地解决了账本之间在同步数据的过程中容易造成价值丢失和双重支付的问题。跨链不仅实现了信息的传输,还保证了在价值守恒的前提下,实现价值在不同区块链之间的流动。

总而言之,跨链技术是链接区块链的桥梁和枢纽,是实现价值互联的关键,是区块链向外拓展并打破区块链形成价值孤岛的有力手段。跨链交易是一种价值的交换,既要保证信息流的精确性,更要保证双向价值流通的可靠性。

目前,区块链跨链机制并没有普遍的适用性,原因在于除了在此之前需求的强烈程度不高之外,技术上的众多难点也是一大障碍。接下来介绍目前的一些相关技术的研究案例。

8.4.3　DAG

有向无环图(Directed Acyclic Graph,DAG)原本是计算机领域一种常用数据结构,因为独特的拓扑结构所带来的优异特性,经常被用于处理动态规划,导航中寻求最短路径,数据压缩等多种算法场景。

传统区块链和 DAG 的区别,简单地说:

①单元:区块链组成单元是 Block(区块),DAG 组成单元是 TX(交易);

②拓扑:区块链是由 Block 区块组成的单链,只能按出块时间同步依次写入,像单核单线程 CPU;DAG 是由交易单元组成的网络,可以异步并发写入交易,像多核多线程 CPU;

③粒度:区块链每个区块单元记录多个用户的多笔交易,DAG 每个单元记录单个用户交易。

传统区块链技术的几个问题:

①效率问题:传统区块链技术基于 Block 区块,比特币的效率一直比较低,由于 BlockChain 链式的存储结构,整个网络同时只能有一条单链,基于 PoW 共识机制出块无法并发执行;例如比特币每十分钟出一个块,6 个出块确认,大约需要一个小时;以太坊大幅改善,出块速度也要十几秒。

②确定性问题:比特币和以太坊存在 51% 算力攻击问题,基于 PoW 共识的最大问题隐患,就是没有一个确定的不可更改的最终状态;如果某群体控制 51% 算力,并发起攻击,比特币体系一定会崩溃;考虑到现实世界中的矿工集团,以及正在快速发展量子计算机的逆天算力,这种危险是现实存在的。

③中心化问题:基于区块的 PoW 共识中,矿工一方面可以形成集中化的矿场集团,另一方面,获得打包交易权的矿工拥有巨大权力,可以选择哪些交易进入区块,哪些交易不被处理,甚至可以只打包符合自己利益的交易,这样的风险目前已经是事实存在。

④能耗问题:由于传统区块链基于 PoW 算力工作量证明达成共识机制,比特币的挖矿能耗已经与阿根廷一个国家耗电量持平,IMF 和多国政府对虚拟货币挖矿能源消耗持批评态度。

Digiconomist 数据表明:全球挖矿业务总计,每年产生约 2.9 亿吨碳排放。由于以上问题,所以有人提出疑问:"为什么一定需要区块呢?",DAG 技术被用于尝试解决区块链的上述问题。

8.4.3.1　DAG 起源

最早在区块链中引入 DAG 概念作为共识算法的是 2013 年 bitcointalik. org 上由 ID 为 avivz78 的以色列希伯来大学学者提出，也就是 GHOST 协议，作为比特币的交易处理能力扩容解决方案；Vitalik 在以太坊紫皮书描述的 PoS 共识协议 Casper，也是基于 GHOST POW 协议的 POS 变种。

后来 NXT 社区有人提出用 DAG 的拓扑结构来存储区块，解决区块链的效率问题。区块链只有一条单链，打包出块无法并发执行。如果改变区块的链式存储结构，变成 DAG 的网状拓扑可以并发写入。在区块打包时间不变的情况下，网络中可以并行打包 N 个区块，网络中的交易就可以容纳 N 倍。此时 DAG 跟区块链的结合依旧停留在类似侧链的解决思路，交易打包可以并行在不同的分支链条进行，达到提升性能的目的。

2015 年 9 月，Sergio Demian Lerner 发表了"DagCoin：a cryptocurrency without blocks"一文，提出了 DAG-Chain 的概念，首次把 DAG 网络从区块打包这样粗粒度提升到了基于交易层面，但在论文中 DagCoin 仅停留在理论层面，没有通过代码实现。

DagCoin 的思路，让每一笔交易都直接参与维护全网的交易顺序。交易发起后，直接广播全网，跳过打包区块阶段，达到所谓的 Blockless，这样省去了打包交易出块的时间。如前文提到的，DAG 最初跟区块链的结合就是为了解决效率问题，现在不用打包确认，交易发起后直接广播网络确认，理论上效率得到了质的飞跃。DAG 进一步演变成了完全抛弃区块链的一种解决方案。

2016 年 7 月，基于 Bitcointalk 论坛公布的创世贴，IOTA 横空出世，随后 ByteBall 也闪亮登场，IOTA 和 Byteball 是头一次 DAG 网络真正技术实现，也是此领域最耀眼的领军者；此时，号称无块之链（Block Less）、独树一帜的 DAG 链家族雏形基本形成。

一句话来概括：DAG 是面向未来的新一代区块链，从图论拓扑模型宏观地看，从单链进化到树状和网状、从区块粒度细化到交易粒度、从单点跃迁到并发写入；是区块链从容量到速度的一次革新。

8.4.3.2　DAG 发展现状

DAG 系当前代表项目，最知名的无疑是 DAG 三驾马车——IOTA、Byteball（字节雪球）、Nano（原来的 Raiblocks），作为最新的分布式账本主力竞争技术，DAG 开始引发大量关注始于 IOTA 在 2017 年下半年市值冲入币值排行榜第四名，之后基于 DAG 技术的新项目不断进入人们的视野。

①IOTA 背后最主要的创新是 Tangle，是一个基于 DAG 全新设计的分布式账簿结构，是一个既没有块也没有链的区块链。在 Tangle 中，每一个节点代表的是一个交易。IOTA 里没有区块的概念，也没有挖矿和矿工的概念，没有挖矿和矿工就代表没有交易费，整个网络的吞吐量也很高，这是 IOTA 的最吸引人的亮点之处。

Tangle 的核心原则与区块链一致，依旧是一个分布式的数据库、P2P 网络，以及共识算法来验证交易。Tangle 与传统区块链之间的主要区别，就是 Tangle 数据结构以及共识机制。

在 IOTA 里没有区块的概念，取而代之的是交易网络，每一个交易都会引用过去的两条交易记录 Hash，这样前一交易会证明过去两条交易的合法性，以及间接证明再之前所有交易的合法性。这样，整个网络都参与交易合法性的验证，而不像传统区块链，只有全网中的矿工（或 PoS 的权益所有人）这样少量节点来验证交易合法性。因此，IOTA 的共识就是它自身内化特性，可以使它在没有交易费用的情况下进行规模化使用。IOTA 中不再有区块的概念，共识的最小单位是交易。

Tangle 的另外一个强大之处，就是可以随意地让交易从网络中剥离出来或者合并回去。这种离线异步处理的能力在物联网领域应用中尤为重要。IOTA 存在的问题是：①MIT 报告指出，IOTA 使用了自己开发的哈希算法 curl，但是 curl 算法的哈希值极易发生碰撞，于是就能伪造数字签名。②因为共识是由全网交易确定的，那么理论上来说，如果有人能够产生 1/3 的交易量，他就可以将无效交易变成有效交易。另一方面，由于 IOTA 无手续费，所以没有矿工激励，IOTA 面临着拒绝服务攻击和垃圾信息攻击可能，就像不收物业费的小区，靠业主自治很难扫清不法分子。③IOTA 引入闭源的中心化组件 Coordinator 来对全网交易进行检查，如何有效移除 Coordinator？并建立一个具有良性激励机制的去中心化"Coordinator 群体"，IOTA 还没有给出解决方案。

②Byteball 被称为区块链 3.0 的代表。Byteball 在 DAGCoin 的基础上，创新性引入主链与见证人概念，鼓励验证多个父辈交易单元，形成一个随着交易增长、相互验证，安全性不断加强的数字签名 Hash 网络，Byteball 创造性地发明了"主链"概念，也就是经过见证人认定的最短路径 MC 的 Parents 优选算法。主链创造了一个全网共识确定的交易时间序列，优雅地避免了双花问题。

Byteball 中"见证人"（Witness）真正意义就是形成"共识机制"；12 个"见证人"发布的交易单元，在理论上无限宽广的 DAG 并发交易网络中划出了一道确定性的交易时间序列。正是这道无限延伸基于时间的确定性交易序列，打造了 Byteball 中的主链，在宽广无序的有向无环哈希世界中形成了强健有序的唯一主干。基于见证人＋主链的共识机制，双重支付等问题得到了轻松解决。

Byteball 取消了区块链和工作量证明挖掘的概念，而是选择了 DAG 数据存储技术。与基于传统区块链的加密货币相比，这具有强大的优势，Byteball 中的所有交易都是以加密方式相互关联的。新产生交易将添加到 tips 交易单元后面。这样让网络上的所有节点（用户）都参与验证交易，完全的去中心化。

这不仅可以更快地验证付款，还可以让网络保持足够的分散。避免在比特币中的一些问题：例如可能威胁网络的大型集中式矿池；同时 Byteball 通过收取存储在 DAG 网络的每字节数据存储费用，通过类似 Gas 机制减少网络上的 SPAM 垃圾信息。

Byteball 由于每个交易都有发起者的私钥签名，同时每笔交易都验证与引用从前发生的交易,以此编织成一个巨大的网络,对网络的篡改牵一发而动全身,同时不可能有人拥有全网所有用户的私钥,所以 Byteball 具备银行级最终确定性。

Byteball 正在积极地尝试替代现有的数字货币,如比特币,或者更夸张地说,是去取代美元、欧元和所有其他法币,至少长期来看是这样。就像比特币要做的一样。

Byteball 的问题是:由于主链算法和见证人发布频率有关系,交易确认的时间是不确定的。由于 Byteball 基于关系数据库来存储数据,SQL 语言过于紧耦合算法逻辑。在一定程度上限制了 Byteball 目前的扩展能力和速度。

③Nano(原名 RaiBlocks XRB),是一种基于区块点阵(Block Lattice)结构的新型加密货币。Nano 创新性地采用了一个用户一条链的方式,只记录自己的交易,也只有自己可以修改记录,不与其他账户共享数据,从而使所有的交易都可以并行执行,能提供秒级的交易速度和无限可扩展性,并且允许它们异步地更新到网络的其余部分,从而以极小的资源开销获得快速的交易确认。

Nano 的一个节点可以存贮所有账户的历史账本,也可以只存贮每个账户的最后修剪记录。当一笔交易发生的时候,发出金额的一方会生成一个 sendtx 的区块,包含记录扣除的金额;而收款账户则生成 receivetx 区块记录对应获得的金额。交易数据的收发是可以异步进行的,所以就算同时有多笔金额汇入一个账户也没有问题,最终的金额是收到的金额的加法。如果接收方不在线也没关系,未到账的金额会单独标记,等到接收账户上线之后,这笔金额就会从未结算区打入接收区块,完成交易。

Nano 使用了 DPOS 共识机制,账户可以指定代表为其投票,得票最多的代表将处理分叉,这个代表会将分叉广播到网络,并观察来自高权账户节点在固定时间内的投票结果,以此来确定保留哪一个区块。DPOS 可以保证区块的合理低能耗运行。Nano 也使用到了 PoW 机制,确认交易需要非常少的工作证明。

Nano 的问题:没有被充分测试、缺乏同行评议。共识算法可能有严重缺陷的风险。例如,如果没有足够的法定人数投票来解决网络冲突会发生什么? 另一个大问题是:如果 Nano 网络的某些部分长时间分离,当分离的网络重新加入时会发生什么? 重新加入的网络是否会在不可避免发生的投票过程中瘫痪?

8.4.3.3　DAG 革新与趋势

DAG 技术正快速地发展与革新,新 DAG 项目在共识算法、去中心化机制、速度与并发上,都取得了更新的进展。Hashgraph 是由 Leemon Baird 开发的一种 Gossip 八卦协议共识算法。所有节点随机地与其他节点共享其已知交易,因此最终所有交易可传递到各个节点。Hashgraph 开创性地在公链环境下做异步 BFT 共识,传统 BFT 的一大问题是消息复杂度太高,大量消耗系统的网络带宽,无法很好地应对动态网络。这里 Hashgraph 引入了传统 Gossip Protocol,并加以独特的创新,另外再加上虚拟投票机制,这样在需要共识的时候不会引起突发大规模消息传递风暴。Hashgraph 每秒交易 250000 次以上,由于闭源和专利,Hashgraph 适用于私链或者联盟链,短期内不会应用于公链和得到规模验证。

DAG 区块链项目 SPECTRE 由 DAGlabs 发起。SPECTRE 是一种比特币扩展解决方案,它采用了 Block＋DAG 的"区块有向无环图"技术,可以并行挖矿,从而带来更大的吞吐量和更快的交易确认时间。2018 年 2 月 SPECTRE 的扩容协议 Phantom 发布,能够大大扩充网络交易容量,并兼容智能合约。不同于"闪电网络"(Lightning Network)等链下解决方案,PHANTOM 是链上扩容方案。PHANTOM 采用线性排序会在一定程度上牺牲 SECTRE 可实现的交易确认速度。Daglabs 计划等待 Phantom 协议成熟之后,可能发布基于 SPECTRE/Phantom 协议的 DAG 公链。

Hycon 是韩国的 DAG 项目,定位平台型公链,还要做生态,包括价值交换媒介去中心化交易所,准备募集近一个亿美元的资金,另外 70％是要靠以后挖矿挖出来的。Hycon 整个生态系统的建立分为三个阶段:价值交换媒介、区块链平台以及去中心化交易所,旨在打造集价值交换、商业应用以及 Token 流通等属性于一身的价值生态系统。其中,区块链平台是整个生态系统的核心,将解决交易确认速度低、吞吐量有限的区块链性能瓶颈,从而实现商业级应用。Hycon 公链平台的主要特性是:快速交易确认时间、链上交易扩展性(在 2MB/s 的连接中高达 3000TPS 交易吞吐量)、同步出块(可基于 DAG 结构位置而不是时间先后链接区块)以及智能合约。

最近在海内外大火的明星项目 Algorand,目标是建立一个低能耗、高速度、民主化、可拓展性好而且几乎不会出现分叉的分布式账本。Algorand 没有引入激励机制或发行数字加密货币。Algorand 由图灵奖得主、MIT 教授 Sivio Micali 募集 400 万美元开发。

凡事有利必有弊,DAG 的速度快、吞吐量高,但作为一个很年轻的数据结构,安全性和一致性还有待更多验证和认可,应用场景也还不像传统区块链那么广泛;但 DAG 技术的优势和创新速度已经崭露头角,越来越多后继基于 DAG 的创新项目和 DAPP 正源源不断地迅速涌现。

从广义上讲,DAG 仅是广义区块链的一种组成技术。区块链和 Token 经济驱动作为关键组件,与 AI 人工智能、大数据、AR/VR 虚拟现实、5G 高速无线网络等共同迎接第四次价值互联网浪潮的到来。

8.4.4　其他

8.4.4.1　Polkadot

Polkadot 技术是由以太坊核心开发 Ethcore(Parity 科技)推出的第三代公开无需授权的区块链科技,它的设计核心理念为即时拓展性和延伸性,解决了当今两大阻止区块链技术传播和接受的难题。

Polkadot 计划将私有链/联盟链融入到公有链的共识网络中去,同时又能保有私有链/联盟链的隐私和许可的防护措施。它给予了我们一个全新的交易层,并有机会将数百个区块链互相连接。

Polkadot 的核心思想是区分交易方发起和执行交易的方式以及交易方统一记录

的方式。Polkadot 提供基础的中继链(relay-chain),很多可验证的、全球动态同步的数据架构都建立在这个基础上,这些数据架构为平行链或者侧链。区块链应用可以将以太坊分叉,按照各自需求调整,通过 Polkadot 与以太坊公有链连接,或者给不同的链设置不同的功能,实现更好的扩展性和效率。

Polkadot 目前还是以以太坊为主,实现其与私链的互连,并以其他公有链网络为升级目标,最终让以太坊直接与任何链进行通信。

8.4.4.2 Interledger

在不同账本之间进行价值转移和交换,总会碰到各种问题。比如 Alice 希望通过比特币作为媒介向海外同事 Bob 进行汇款,Alice 目前只有人民币,Bob 只接受美元。这笔交易是首先 Alice 把人民币换成比特币再把比特币换成美元给到 Bob,但这里有个问题就是币价会不稳定,导致价值损耗。而 Ripple、Stellar、Circle 等正是解决这些难题的利器,这几个的核心思想方向基本一致:账本提供的第三方,就会向发送者保证,他们的资金,只有当账本收到证明,且收件人已经收到支付时,才会将资金转移给连接者。第三方也会保证连接者,一旦他们完成了协议的最后部分,他们就会收到发件人的资金。

Interledger Protocol,简称 ILP,是由 Ripple 公司主导发起了互联账目协议,它将实现不同账本之间的连接从而创造账本之间的协作。Interledger 协议适用于所有记账系统、能够包容所有记账系统的差异性,ILP 推出的目标就是打造全球统一支付标准,创建统一的网络金融传输的协议。

金融机构基本上都是在自己的网络之中运行着各自的记账系统,即使运用了区块链技术后,也是在运行自己的私链或内部圈子的联盟链,这个除了是应对监管合规性的原因外,更重要是保护他们的内部数据避免泄密。ILP 的由来是由于 Ripple 原来推广业务的困难导致的,银行宁愿用 Ripple 的源代码来搭建他们自己的私链,也不愿意连接到 Ripple 上。既然建立一个每个人都支持的全球金融传输协议很困难,Ripple 就开发一个协议,能将所有我们目前正在使用记账系统连接在一起。

Interledger 协议创建了一个这样的系统,在这个系统中,两个不同的记账系统可以通过第三方"连接器"或"验证器"机器来互相自由地传输货币。记账系统无需去信任"连接器",因为该协议采用密码算法为这两个记账系统和连接器创建资金托管,当所有参与方对资金量达成共识时,便可相互交易。ILP 移除了交易参与者所需的信任,连接器不会丢失或窃取资金,这意味着,这种交易无需得到法律合同的保护和过多的审核,大大降低了门槛。同时,只有参与其中的记账系统才可以跟踪交易,交易的详情可隐藏起来,"验证器"是通过加密算法来运行,因此不会直接看到交易的详情。理论上,Interledger 可以兼容任何在线记账系统,而银行现有的记账系统只需小小的改变就能使用该协议。

Ripple 让世界各地的银行可以无需中央对手方或代理银行就可直接交易,从而使得让世界上的不同货币(包括法定货币和虚拟货币)自由、近乎免费、零延时地进行汇兑；Circle 则让用户可以在无需手续费的情况下，以发送消息的形式发起即时的国内或跨境转账、收付款。目前 Ripple 和 Circle 正受到资本市场的热捧，Elwin 觉得其中的原因，与其说它们的崛起是由于跨境汇兑和 P2P 支付革新，还不如说它们是对价值交换的革新，它们将各种账本连接起来，实现在互联网上交换资金能像交换信息一样轻松。

跨链的身份认证平台：科技巨头微软与初创企业 Blockstack Labs 和 ConsenSys 达成合作，共同搭建开源身份认证平台，目的是整合比特币和以太坊区块链。他们用 ConsenSys 的 uPort 保证与以太坊区块链的互连，然后用 Blockstack 的 OneName 整合该平台与比特币区块链。这种跨链的解决方案能够扩展到未来所有的区块链，或者全新的分散化的分布式系统中。

Bletchley：微软推出了区块链项目 Bletchley，它是一个区块链生态系统所用的体系结构和解决方案，旨在打造"开放、模块化的区块链框架"，它是"用微软自己的架构方式创建区块链企业生态联盟"。Bletchley 包括了区块链中间件和加密书签 Cryptlets，其中，Bletchley 区块链中间件将提供的核心功能有一个是区块链网关服务，它使用类似 Interledger 的服务为相互关联的分布式分类账提供相互通信的能力；而 Cryptlets 将支持互操作性，以及 Azure 及其他的公共/私有云、生态系统中间件及其他的客户技术的沟通。Bletchley 将对多个区块链协议开放，支持多种协议，例如 HyperLedger 和 Ethereum，无论使用哪个底层区块链平台，都可顺利支持区块链中间件和 Cryptlets 的运行。

龙链：龙链是将其混合公有/私有区块链的区块链平台，它与其他公共和私人区块链有很强的互操作性。龙链区块链拥有共五个层次各种类型的节点，在任意一个层次的节点的验证处理中，可以选择与其他区块链进行连接和联系。比如第一层是商业节点，用于处理交易并且可以决定某笔交易是否被批准或者被拒绝，如果要提供去中心化的实现，可以选择使用比特币网络或其他基于 PoW 共识机制的区块链去实现交易的共识处理。

太一区块链：太一区块链支持跨链交易和多链交互。太一跨链交易有两种模式，第一种模式是基于太一超导网络而设计的逻辑链之间的双向交易，这种模式是无第三方参与的一对一的跨链交易；第二种模式是基于太一区块链特有的逻辑链之间而发起的多重签名的智能合约来实现的无第三方参与的一对一的跨链交易。太一多链交互一方面包括行业内的价值转移链、信息记录链的交互，另一方面包括身份链、征信链、数据存证链、监管链等基础服务功能的区块链的交互，各种链互为关联，共同向用户提供可信安全、快捷高效的服务。

参考文献

[1] Nakamoto，Satoshi. Bitcoin：A Peer-to-Peer Electronic Cash System[EB/

OL]. （2008-10-31） [2020-11-10]. https://downloads. coindesk. com/research/whitepapers/bitcoin. pdf.

[2] Melanie S. Blockchain：Blueprint for a new economy[M]. O' Reilly Media，2015.

[3] 刘宁,沈大海. 解密比特币[M]. 北京:机械工业出版社,2014.

[4] 于江. 新型货币"比特币"：产生、原理与发展[J]. 吉林金融研究,2013,5：17-23.

[5] 袁勇,王飞跃. 区块链技术发展现状与展望[J]. 自动化学报,2016,42(4)：481-494.

[6] Fergal R，Harrigan M. An analysis of anonymity in the Bitcoin system[A]. In Proceedings of the 3rd IEEE International Conference on Privacy，Security，Risk and Trust and on Social Computing，Social Com/PASSAT '11,2011：1318-1326.

[7] Bonneau J,Miller A,Clark J,et al. Research Perspectives and Challenges for Bitcoin and Cryptocurrencies[EB/OL]. (2015-06)[2020-11-25]. https://eprint. iacr. org/2015/261.

[8] 李芳,李卓然,赵赫. 区块链跨链技术进展研究[J]. 软件学报,2019,30(6)：1649-1660.

[9] 喻辉,张宗洋,刘建伟. 比特币区块链扩容技术研究[J]. 计算机研究与发展,2017,54(10):2390-2403.

[10] 路爱同,赵阔,杨晶莹,等. 区块链跨链技术研究[J]. 信息网络安全,2019,19(8):83-90.

[11] 潘晨,刘志强,刘振,等. 区块链可扩展性研究:问题与方法[J]. 计算机研究与发展,2018,55(10):2099-2110.

[12] 李赫,孙继飞,杨泳,汪松. 基于区块链 2.0 的以太坊初探[J]. 中国金融电脑,2017,6:57-60.

[13] Etherscan. Ethereum unique address growth chart[EB/OL]. (2018-09-02)[2020-11-25]. https://etherscan. io/chart/address/.

[14] Gavin W. Ethereum：A secure decentralised generalisedtransaction ledger[R/OL]. （2020-06-28） [2020-09-21]. http://static. tongtianta. site/paper_pdf/7fc6b3be-d526-11ea-9440-15110339cde3. pdf.

[15] Buterin V. Ethereum white paper[R],2013.

[16] Buterin V. A next-generation smart contract and decentralized application platform[EB/OL]. (2018-05-10) [2020-11-25]. https://cryptorat-ing. eu/whitepapers/Ethereum/Ethereum_white_paper. pdf.

[17] SZABO N. Smart contracts：Building blocks for digital markets（1996）[EB/OL]. [2020-02-26]. https://www. fon. hum. uva. nl/rob/Courses/InformationInSpeech/

CDROM/Literature/LOTwinterschool2006/szabo. best. vwh. net/smart_contracts_2. html.

[18] Szabo N. Formalizing and securing relationships on public networks[J]. First Monday,1997,2(9):80-95.

[19] EOSIO Inc. EOS. IO Technical White Paper v2[EB/OL]. (2018-05) [2020-12-01]. https://github. com/EOSIO/Documentation/blob/master/Technical White Paper. md.

[20] 高承实. 绘一幅区块链社会画像[EB/OL]. (2019-11-13) [2020-12-07]. https://news. huoxing24. com/20191113101205955029. html.

[21] 高承实. 区块链应用 1. 0 版大幕正式开启[EB/OL]. (2020-04-20) [2020-12-07]. https://news. huoxing24. com/20200420215909953676. html.

[22] 区块链的跨链技术介绍完整版[EB/OL]. (2016-11-30) [2020-12-07]. https://blog. csdn. net/elwingao/article/details/53410750.

[23] 话 DAG：第 3 代区块链技术 DAG 全盘点[EB/OL]. (2018-04-23)[2020-12-07]. https://www. jianshu. com/p/aa3136fa081c? utm_campaign=maleskine&utm_content=note&utm_medium=seo_notes.

第9章　我国密码管理相关法律法规及发展

9.1　我国密码管理相关法律法规

密码乃国之重器,是保护国家利益的战略性资源,是网络安全的核心技术和基础支撑。为适应国家安全和发展的新形势新要求,发挥密码在维护安全与促进发展综合平衡中的重要支撑作用,我国的法律法规和政策性文件都对密码应用提出了明确要求。

2019年10月26日,十三届全国人大常委会第十四次会议审议通过《中华人民共和国密码法》(以下简称《密码法》),并规定自2020年1月1日起施行。《密码法》是我国密码领域的综合性、基础性法律文件,该法对密码应用的主要制度和要求做出了明确规定,对密码实行分类管理,将密码分为核心密码、普通密码和商用密码,规定核心密码、普通密码属于国家秘密,商用密码用于保护不属于国家秘密的信息。《密码法》的出台规范了密码应用和管理,促进了密码事业发展,保障了网络与信息安全,提升了密码管理科学化、规范化、法治化水平,开启了新时代密码工作法治化的新征程。

为落实《密码法》精神,密码法配套法规建设加速推进,2020年8月20日至9月19日,《商用密码管理条例(修订草案征求意见稿)》(以下简称《条例》)面向社会公开征求意见,国家密码管理局认真研究吸收各方面意见建议,对草案进一步修改完善后已报请国务院审查,其他各相关规章制度的修订工作也全面展开。国务院颁布的《条例》,将党中央、国务院关于商用密码工作的一系列方针、政策和原则以国家行政法规的形式确定下来,并总结吸取了我国发展和管理商用密码的实践经验,是我国发展和管理商用密码的法律武器。《条例》集中体现了党中央、国务院关于发展和管理商用密码的决定精神,科学界定了商用密码的定义,明确规定了加强商用密码管理的目的、范围、基本原则、罚则、主管及委托分管的组织机构,并对商用密码产品的科研、生产、销售、使用等具体环节的管理都做了明确规定。

《中华人民共和国网络安全法》(以下简称《网络安全法》)自2017年6月1日起施行。《网络安全法》对密码应用做出明确规定。一是建设、运营网络或者通过网络提供服务,应当"采用技术措施和其他必要措施,保障网络安全、稳定运行,有效应对网络安全事件,防范网络违法犯罪活动,维护网络数据的完整性、保密性和可用性"。二是网络运营者应当"采取数据分类、重要数据备份和加密等措施"以"保障网络免受干扰、破坏或者未经授权的访问,防止网络数据泄露或者被窃取、篡改"。这些法定要求都需要密码技术为其提供支撑。

《网络安全等级保护条例》和《信息安全等级保护管理办法》也在强化密码应用要求,确定密码的等级保护准则、密码安全管理责任、密码产品使用、密码设备测评等内容,突出密码应用监管,重点面向关键信息基础设施和网络安全等级保护第三级以上系统,落实密码应用安全性评估和国家安全审查制度。

9.2　密码管理相关法律法规的发展与应用

9.2.1　法律法规体系不断完善

为落实《密码法》确立的商用密码工作新举措,国家密码管理局组织修订包括《商用密码管理条例》在内的配套法律法规,持续完善商用密码管理法规体系,以应对商用密码发展过程中面临的新挑战。

我国自 1996 年确立商用密码发展战略以来,坚持以党管密码为根本原则,不断强化商用密码管理工作规范化,持续完善商用密码管理政策法规体系,加快构建与商用密码应用发展相适应的密码管理体系。目前已初步确立了以《商用密码管理条例》为核心,《商用密码科研管理规定》《商用密码产品生产管理规定》《商用密码产品使用管理规定》等多部专项管理规定为主要内容的"1＋N"商用密码管理体制,有效保障了商用密码的健康有序发展。

在商用密码检测认证方面,为充分激发市场活力,有序推进密码产业的健康发展,《密码法》通过建设实施商用密码检测认证体系重塑密码产品管理体系,鼓励商用密码产品和服务自愿检测认证,同时对特定范围的密码产品进行强制检测认证,注重"放管服"与保障国家安全的平衡。2020 年 2 月 20 日,市场监管总局、国家密码管理局联合起草了《关于开展商用密码检测认证工作的实施意见(征求意见稿)》(以下简称《实施意见》)。《实施意见》从工作原则与机制、认证实施和监督管理三方面对商用密码检测认证工作提出了具体的实施意见。

在商用密码应用安全性评估方面,为充分发挥商用密码在网络安全中的核心支撑作用,规范重要领域网络和信息系统商用密码的应用,《密码法》规定"法律、行政法规和国家有关规定要求使用商用密码进行保护的关键信息基础设施,其运营者应当使用商用密码进行保护,自行或者委托商用密码检测机构开展商用密码应用安全性评估。"

此外,相关部门正在制定的《网络安全等级保护条例》和《关键信息基础设施安全保护条例》等政策法规,都对商用密码应用安全性评估提出了明确的要求,依法依规对网络和信息系统密码应用的合规性、正确性及有效性,有序开展安全评估相关工作。不仅是网络运营者和主管部门必须履行的责任,还是维护网络和信息系统密码应用安全的客观要求。目前,国家密码管理部门已经制定了商用密码应用安全性评估管理办法、商用密码应用安全性测评机构管理办法等相关规定,对安全评估程序、评估方法、监督管理等内容进行了明确。

作为我国首部密码领域的行政法规,《商用密码管理条例》的颁布施行,极大地推动了我国商用密码在网络安全领域从无到有、从初创到规范管理的发展,在党和国家的密码工作史上具有里程碑意义。

9.2.2 标准体系逐步建立

密码是信息安全领域的核心与支柱技术,密码标准化工作是信息安全领域实施标准化战略的直接体现,也是密码技术与密码产品互联互通、走向大规模商用的必然要求,是一项艰巨、长期的基础性工作。近年来,在习近平总书记关于网络强国战略思想的指引下,商用密码实现了跨越式发展,管理体制逐渐健全、标准体系逐步完善、科技创新成果不断涌现、商用密码产业蓬勃发展。

在国际标准化方面,密码领域的标准及其体系框架设计主要是由国际标准化组织(ISO)和国际电工委员会(IEC)的信息技术联合技术委员会(JTC1)负责,其中JTC1/SC27是与密码最密切相关的专门从事信息安全标准化的分技术委员会,是信息安全领域中最具代表性的国际标准化组织。SC27工作范围广泛地涵盖了信息安全管理和技术领域,包括信息安全管理体系、密码学与安全机制、安全评价准则、安全控制与服务、身份管理与隐私保护技术。SC27主要提供密码理论基础及密码应用基础的标准,而且每个标准文本都是对同一类型密码算法、密码应用的描述,针对密码技术在其他行业中的具体应用标准,由其他相关标准委员会制定,例如银行业中的密码技术应用标准是ISO/TC68/SC2负责。此外,ITU、3GPP、TCG等组织也会发布采用密码或涉及密码的标准。

密码标准在美国主要由美国国家标准技术研究院(NIST ,National Institute of Standards and Technology)制定,NIST发布的标准与指南包括三种形式:联邦信息处理标准(FIPS,Federal Information Processing Standard)、特别出版物(SP,Special Publication)、机构间报告(IR,Interagency Report)和信息技术实验室安全快报(ITLs,Information Technology Laboratory)。其中密码算法和密码技术基础相关的标准主要以FIPS式发布,如为人所熟知的包括密码算法验证和密码模块验证的FIPS140—2。另一个重要的信息安全指南是SP800,它包含了多方面的密码应用,如密码算法的选择和使用指南、密码算法的操作模式、使用密码的鉴别/验证技术实现指南、密钥管理技术实现及系统实现、服务器BIOS保护、终端用户密码使用指南等。SP800中有关密码的指南是在FIPS标准基础上建立的,如SP800中描述的随机数生成器、分组密码的操作形式、密钥生成函数等,应用了FIPS标准中定义的分组密码、哈希函数以及数学原语(数学基础)。SP800并不作为正式法定标准,但实际上已经成为美国和国际信息安全界广泛认可的事实标准和权威指南,是指导美国信息安全管理建设的主要标准和参考资料。

2003 年,中办发〔2003〕27 号文件《关于加强信息安全保障工作的意见》中指出,"要加强信息安全标准化工作,抓紧制定急需的信息安全管理和技术标准,形成与国际标准衔接的具有中国特色的信息安全标准体系。重视标准的贯彻实施,充分发挥其的基础性、规范性作用"。2011 年,密码行业标准化技术委员会的成立是我国密码标准化工作走上科学化、规范化、体系化道路的里程碑。2018 年 1 月 1 日新修订的《中华人民共和国标准化法》颁布实施,我国标准化工作迈入了全新的时代。密码是网络信息安全的核心技术和基础支撑,是保护国家利益的战略性资源,在维护国家安全、促进经济发展、保护人民群众利益中发挥着不可替代的重要作用。密码标准化既是在密码领域实施标准化战略的直接体现,也是密码技术与密码产品互联互通、走向大规模商用的必然要求,更因密码作为保障网络空间安全核心支撑的特殊地位而成为网络空间与信息安全国际竞争的制高点。

经过多方面的努力,我国已形成较为完善的商用密码标准体系,从应用维、管理维和技术维三个维度来刻画。应用维是按标准适用的不同应用领域划分,比如金融领域、交通领域、能源领域等。管理维是指国家标准、行业标准等不同管理属性,比如密码国家标准和密码行业标准,前者是基础性、通用性的密码标准,对全社会各行业、各领域的密码应用具有指导作用,而后者则主要由密码行业内单位在密码产品设计、研发、检测等环节遵循使用。技术维是从密码技术自身的体系层次出发,对密码标准从技术角度进行归类,从而形成密码标准的技术体系框架。

当前,我国已发布商用密码相关国家标准 29 项,行业标准 90 余项,其中 11 项已上升为国家标准,覆盖密码算法、协议、产品、检测、应用、管理等各方面,为规范商用密码管理发挥了重要作用。在密码应用与安全性评估方面,国家密码管理局发布了 GM/T 0054—2018《信息安全技术 信息系统密码应用基本要求》,该标准对各级信息系统中密码的应用提出了具体的要求,是我国当前指导、规范和评估各类信息系统商用密码应用的标准依据,确保商用密码合规、正确和有效应用。

在国家密码发展基金等国家级科技项目的引导和支持下,我国在序列密码设计、分组密码算法设计与分析、密码杂凑算法分析、密码协议基础理论与分析、量子密钥分配等密码基础理论研究方面取得了一系列的创新科研成果。

同时,我国自主设计的椭圆曲线公钥密码算法 SM2、杂凑算法 SM3、分组密码算法 SM4、序列密码算法 ZUC、标识密码算法 SM9 等已经成为国家标准或密码行业标准,标志着我国商用密码算法体系已经基本形成。

此外,为进一步扩大我国密码技术、产品的影响力,增强我国密码技术国际竞争力,提升国际话语权,在全国信息安全标准化技术委员会和密码行业标准技术委员会等相关单位的大力推动下,我国在密码算法标准国际化进程中也取得重要进展,ZUC 算法已经成为 3GPP LTE 国际标准,ZUC—256 有望成为 5G 标准,含有我国 SM2、SM9 数字签名算法的 ISO/IEC14888—3/AMD1 正式成为 ISO/IEC 国际标准,SM4

算法以补篇形式纳入 ISO/IEC18033—3 标准。

随着密码应用进入新的阶段,应用领域快速扩展,应用场景复杂多变,加之新技术、新应用、新业态的不断涌现,多元化的密码标准需求与密码标准有效供给能力相对不足之间的矛盾凸显。当前,密码与量子技术、云计算、大数据、物联网、人工智能、区块链等新技术在快速地融合演进,而在这些领域我国的密码行业标准仍基本处于缺标可循、无标可依的被动局面,这无疑制约和阻碍了密码技术的应用,也不利于引导和规范密码在新兴领域正确、合规、有效地应用。

9.2.3 密码应用取得显著进展

经过多年发展,我国在密码基础理论研究方面取得了大批国际瞩目的原创成果,设计了具有中国特色的基础密码算法体制,制定了涵盖应用各层面的密码标准体系,拥有了具有国际影响力的密码学家团体,建立了完备的高校和科研院所专业密码人才培养体系,具备了从密码芯片到密码应用系统全产业链的密码产业队伍,拓展了以金融等重点行业应用为代表的,深入国民经济信息应用各环节的,统一可控的密码应用市场。目前,商用密码通用产品达 1900 多款,从业单位 900 多家,密码产品不断丰富,产业支撑能力不断增强。

2014 年,国务院办公厅印发金融领域密码应用指导意见,要求充分认识金融领域密码应用面临的安全风险,切实增强金融信息系统安全保障能力,推广应用符合国家密码管理政策和标准规范的密码算法、技术和产品,率先在金融 IC 卡、网上银行、移动支付、网上证券、电子保单等重点业务实现突破,力争到 2020 年实现密码全面应用,并提出加快产业升级改造、强化基础设施支撑、稳步推进密码应用、加大宣传培训力度和积极开展标准国际化工作等 5 项重要任务。

2015 年,密码应用从金融领域拓展到其他重要领域,核心目标是提升基础信息网络、重要信息系统、重要工业控制系统和面向社会服务的政务信息系统这 4 类重要网络和信息系统的网络空间安全密码保障能力。新建网络和信息系统应当采用密码进行保护,做到同步规划、同步建设、同步运行、定期评估,已建网络和信息系统密码应用不安全的应当进行升级改造。具体来说,一是推进电信网、广播电视网、互联网等基础信息网络密码应用;二是规范金融、能源、教育、公安、社保、金融等涉及国计民生和基础信息资源的重要信息系统密码应用;三是促进先进制造、石油石化、电力系统、交通运输等重要工业控制系统密码应用;四是加强党政机关和使用财政性资金的事业单位、团体组织使用的面向社会服务的政务信息系统密码应用;五是着力提升密码基础支撑能力;六是建立健全密码应用安全性评估审查制度,重点是提升密码产品检测和系统密码应用安全性评估能力。

近年来,我国商用密码技术发展迅速,产业队伍不断壮大,标准和产品已成体系,检测能力快速提升,密码在金融、税务、海关、电力、公安等重要领域的网络和信息系统中得到广泛应用,取得了良好的社会效益和经济效益。

一是密码应用领域和范围快速拓展。在金融领域,商用密码已大规模应用于金融IC 卡、网上银行、跨行交易等主流银行业务。93 家银行参与的密码应用示范工程,累计发行标准金融 IC 卡 2.34 亿张,完成 POS 终端升级 353 万台,ATM 机升级 58 万台,新发行网银设备 7977 万个。在社保、能源、交通、广电、税务、公共安全等重要领域和行业的密码应用试点全面实施。应用商用密码的第二代居民身份证发放 15 亿张,杜绝了伪造、变造身份证违法行为;应用商用密码的智能电表超 4 亿只,输配电和调度系统全部应用商用密码,确保电网持续安全稳定运行;数字证书发放超 20 亿张,以电子认证服务体系为基础的网络信任体系逐步建立健全。中国密码"走出去"态势逐渐显现,在"一带一路"共建国家的市场影响力和竞争力不断增强。

二是密码应用推进工作机制逐步完善。各地各部门加强对密码应用推进的组织领导、统筹政策规划和顶层设计,强化督促检查和任务落实,完善各项工作机制。在出台金融、网信、公安、政务等领域有关配套政策中,明确以密码技术作为基础支撑的要求。如财政部出台的《政务信息系统政府采购管理暂行办法》、发展改革委制定的智慧城市评价指标,切实写入了密码应用要求;通过信息系统立项审核、采购管理等强有力手段,从源头上加强管理;通过组织召开政策宣贯专题会议或举办培训班,编写出版《商用密码知识与政策干部读本》,加强密码应用政策在重要领域、重点人群的宣贯。

三是密码产业支撑能力显著增强,密码供给能力进一步提升。在国家专项支持和应用需求的有力牵引下,支持 SM 系列算法的密码产品已达 1000 多款,其中密码芯片123 款,有的填补了国内空白,有的性能指标优于国外产品,总体由可用向好用转变。密码产品检测能力显著提升;信息系统的密码应用安全性评估试点逐步展开,首批 10家密评机构已经国家密码管理局认定,稳步开展密码应用安全性评估试点工作。密码标准体系建设逐步健全,已发布 68 项商用密码行业标准;密码标准国际化实现重要突破,祖冲之算法成为 3GPP 标准、SM2 和 SM9 算法成为 ISO 国际标准。

四是密码应用社会认可度大幅提升。从银行、证券、保险,到通信、广电、能源、教育、公安、社保、测绘地理信息、环保、交通、卫生计生等领域,从面向社会服务的政务信息系统,到基础信息网络、重要信息系统、重要工业控制系统,产、学、研、测、用、管方方面面,密码应用政策宣传和普及得到加强,以国家安全观为统领、以密码为基础支撑的网络安全观得到各界普遍认同,应用密码维护网络和信息安全的意识逐渐深入人心。

在肯定成绩的同时,我们也要清醒地认识到,与新时代党中央的更高要求和网络空间密码应用的迫切需求相比,在一些关系国家安全的重要领域,仍然还存在使用密码保护网络与信息安全的自觉性不够,密码意识淡薄,密码应用缺乏体系规划,密码人才缺乏,密码使用不规范,服务保障、风险控制和应急处置能力不强等突出问题,难以抵御有组织、大规模的网络和密码攻击。

9.3 国密算法在区块链中的应用和挑战

随着《网络安全法》和《密码法》的发布,信息安全受到空前重视从而上升至国家战略层面,密码作为网络安全的核心技术,在保障信息安全方面起着极大的作用,构建以国产密码为基础的网络空间安全体系已经刻不容缓。

国密算法是中国国家商用密码算法的简称,也是国密体系的核心所在,主要包括SM2/SM3/SM4/SM9 等密码算法标准及其应用规范,其中"SM"代表"商密",即是用于商用、不涉及国家秘密的密码技术;SM2 为基于椭圆曲线密码的公钥密码算法标准,包含数字签名、密钥交换和公钥加密,用于替换 ECDSA、ECDH、RSA 等国际算法;SM3 为密码杂凑算法,用于替代 MD5/SHA-1/SHA-256 等国际算法;SM4 为分组密码算法,用于替代 AES、3DES 算法;SM9 为基于身份的密码算法,可以替代基于数字证书的 PKI/CA 体系。通过部署国密算法,可以降低因弱密码和错误实现带来的安全风险,同时减少部署 PKI/CA 带来的开销。

区块链作为以密码应用为核心技术的重要技术,随着其在国内的应用越来越广泛,在某些关键应用如政务、金融、能源等领域,其涉及的密码技术必须符合国家密码标准。但目前除少数设计之初就考虑到国密算法适用性的国产区块链系统外,国际知名的区块链平台如 Hyperledger Fabric、比特币、以太坊等平台都不支持使用国密算法作为加密算法,国密算法还没有覆盖同态加密、零知识证明、安全多方计算等内容,亟须拓展相应国密算法库,并实现标准化。随着我国区块链应用跨出国门,国密算法也应一并走向世界,成为国际标准。这些都对我国国密算法提出了更高的要求。虽然区块链的应用是去中心化的,但区块链的密码标准体系则由特定机构掌控。可以说,谁掌握了密码标准体系,谁就掌握了区块链发展的话语权。

目前各主流区块链公司都有尝试将国密应用在区块链上,这些工作主要集中在:①用 SM3 代替 SHA-256 等作为默认的密码杂凑算法;②用 SM2 替代 ECDSA 签名算法;③用 SM2 证书代替 RSA、ECDSA 证书。对于上层的协议(如 SSL)涉及较少,区块链相关的硬件设施(如硬件钱包)也很少采用国密标准(如 SKF)进行设计。此外区块链中比较热门的密码学协议(如零知识证明、安全多方计算),由于国密体系内尚未制定针对性标准,因而难以实现国密化改造。

因为国密算法的开发及优化涉及大量的专业知识且工作量巨大,多数公司还是选择开源的国密实现(如 GmSSL)在区块链系统上进行集成,由于这些区块链系统在设计之初并没有考虑国密的兼容性问题,集成的工作量仍然很大。为了解决这个问题,HyperLedger 成立了 URSA 项目,旨在为 Fabric 等底层区块链系统打造一个支持多数密码算法(包含国密)的密码库。

随着区块链系统对共识算法、签名方案、隐私保护、数据安全共享等需求的不断发展和变化,国产密码体系涵盖的基础密码已经无法满足区块链的应用需求,亟须和现有国产密码安全参数保持兼容的一系列新型密码方案。区块链系统所使用的密钥、密码消息的数据格式和一般的密钥、密码消息的数据格式有一定差异,和传统 PKI 体系也有所不同,因此也需要有针对性地制定相应规范。特别是公有链,通常需要在全球范围内部署,因此为了能够在公有链上获得应用,国产密码体系也需要国际化,不仅是算法和标准的公开,还需要设计原理和安全参数选择的公开透明。

一个成功的区块链系统的部署和其运行生命周期完全可能超过某个密码算法标准的生命周期。目前国产密码标准中的算法的安全性均为 128 比特,不包含支持抗量子计算机的算法,也不支持适用于物联网的轻量级密码算法。在应用国产密码算法的同时也应关注密码算法的灵活性,使得区块链系统在设计上满足可以在无须硬分叉的条件下替换或更新密码算法,以满足应用场景、合规性、性能和安全性的要求。

随着政务、金融、能源等国家政治经济领域核心场景和环节对区块链的需求日益增加,区块链底层技术研发及应用也在加速推进,其中的国密算法应用与创新也被提到了议事日程。国密算法体系可以在以下几方面着手以应对当前挑战:①加快推进现行国密算法在区块链底层技术的应用研究、实验、验证和标准化工作,制定相关应用指南;②进一步拓展国密算法体系,包括更为丰富的加密、签名、共识、安全多方计算等方案,并逐步标准化;③进一步研究硬件密码处理模块对区块链系统的支撑与集成应用,在物联网、工业互联网等领域加速推进协同创新;④加大力度推进国际合作,在合作中提升和发挥我们原始创新和引领能力,扩大技术及应用的影响力。

9.4　商用密码的未来发展

密码经历了从艺术到科学、从黑屋走向公众的历史进程。当今的密码,已经从传统的通信密码保障拓展到了信息化密码保障,正在逐步拓展到网络空间密码保障;已经从最初的战争工具,拓展为生产、生活工具;已经从维护国家安全,延伸到了推动经济社会发展、保护人民群众利益的层面。与传统密码发展历程不同,在以网络化、数字化、智能化为主要特征的新一轮技术革命浪潮推动下,密码必将以前所未有的广泛影响力,深度融入大国博弈的各个主战场。谁在密码发展上领先一步,技高一筹,谁就掌握了密码及其相关科技发展的主动权。密码法的颁布实施标志着我国密码事业进入了一个新的发展阶段,标志着密码技术作为网络空间安全的核心技术和基础支撑必将发挥更大作用,密码事业在百年未有之大变局中必将迎来重大历史发展机遇。

密码与人类文明发展密不可分,在历史变革中发挥着至关重要的作用。密码作为保障网络空间安全的核心技术和基础支撑,应加强与物联网、云计算、大数据、人工智能、区块链等新兴信息技术的融合发展,肩负起助力我国在新兴信息技术领域实现"换道超车",改变网络空间争夺格局,构建可信可管可控数字世界的历史使命,助力数字经济安全和发展、助力国家治理体系和治理能力现代化。

9.4.1　疫情对商用密码市场的影响

在我国,商用密码目前仍处于发展初期,市场呈现出由政府和政策主导的"不完全竞争"状态。全球新冠疫情的暴发,促使各国政府的工作重心会在短期或是一定阶段发生"偏移",转移到疫情防控上来,这可能对商用密码市场从服务层面、产品采购层面构成一定地制约或是适度地拖延。

疫情肯定会对企业经营带来一定程度的影响。无论是商用密码服务和产品的提供方还是需求方,都会在运营和经营层面受到疫情的冲击。由于受到宏观经济层面制约,商用密码服务和产品提供方会受到人员、资金投入、研发周期等客观因素制约;而商用密码服务和产品采购方,也会受到资金成本、采购成本、企业现金流动和周转等客观因素制约,这种影响目前看是全方位的。

全球疫情暴发,也会对商用密码的学术交流、论坛搭建、行业沟通带来限制和一定的"障碍"。虽然这种短期的困难不会对行业发展带来长期影响,但短期影响却是不可否认的,也会在总体上限制行业技术的进步速度。

中国商用密码市场必然要经历从政府和政策主导到更加市场化这一过程,更多的非政府和政策主导的需求和产品将不断涌现,更加个性化的服务也会产生并且会逐步扩大其市场服务范围。

但受全球疫情影响,这种传导的速度可能减缓。但"危机相互依存",没有单纯的危险更没有单纯的机遇。疫情发生后,在防控的过程中,包括人们的思维导向、生活方式、工作方式、沟通方式在内的多个方面内容其实已经发生了改变,而这种改变更多是基于互联网的应用而产生的,而商用密码又是满足互联网应用的安全需求而发展的,这又会催生出很多之前没有发现、考量和预期的密码应用方式,这也会对商用密码产业的扩充、完善和迭代更新起到积极的作用。

9.4.2　商用密码发展面临的挑战

虽然我国商用密码发展已取得很大成绩,但整体仍处于初期发展阶段,仍然存在商用密码管理体制尚不健全、标准体系不完善、安全可控基础薄弱、产业链支撑不足、密码人才匮乏等突出问题。

在商用密码管理体制方面,虽然我国已经在《网络安全法》《密码法》《网络安全等级保护条例(征求意见稿)》多部政策法规中明确了商用密码应用的要求,但是在政策法规的落地实施上仍有待完善,仍然缺乏面向不同行业的商用密码应用工作指导性文件。2018 年商用密码应用安全性评估联合委员会对 1 万余个等保三级及以上的信息系统进行的普查结果显示,未使用密码进行安全防护的信息系统占比高达 75.23%,多数企业不知道密码技术需要在哪里用、用什么、怎么用。

同时,由于不同行业信息系统的差异化,商用密码技术的应用场景、应用范围和管理手段等都不尽相同,对于具体行业来说,缺乏操作性强的指导性文件,这在一定程度上制约了商用密码应用的推广。在标准规范体系方面,我国在标准领域已取得较大进展,但与国际先进水平相比,标准体系仍不完善。2018 年商用密码应用安全性评估联合委员会对 118 个大部分已使用密码技术的重要系统进行抽查,发现 85％的系统不符合密码应用要求,MD5、RSA1024、SHA-1 等具有重大安全隐患的算法也仍在大量使用。

我国虽已发布系列密码算法,但仍然缺少密码应用方面的相关标准,跨行业制定密码应用标准难度较大,适用于具体行业的密码应用标准缺失,较难对商用密码的应用发展起到积极的促进作用。此外,已发布的相关密码标准与不断更新的国际规范存在对接兼容问题。例如在 TLS1.2、TLS1.3 等常用的主流安全协议中,对如何使用商用密码的问题仍不明确,密码应用不广泛、不规范等问题突出。

在商用密码技术自主可控方面,我们也还存在高端商用密码受制于人的情况。多边组织框架下的《瓦森纳协议》(The Wassenaar Arrangement,WA)将密码技术和产品作为军民两用物项对待,对其出口进行严格限制。美国《出口管理条例》(Export Administration Regulations,EAR)规定对高强度密码出口进行严格限制,以及美国《出口管制改革法案》(Export Control Reform Act,ECRA)将量子加密技术和产品纳入出口管制目录。以上这些政策法规说明,先进的密码技术不仅是出口管制立法的重要支撑内容,还是支撑国家网络安全自主可控的核心和关键。

在密码算法基础研究方面,我国密码技术的研究起步晚、密码算法基础薄弱,仍处于“跟跑”发达国家的阶段。在密码算法实现方面,仍存在密码芯片等硬件产品被国外厂商垄断的情况,对国外密码技术和产品的过度依赖现象严重,商用密码技术的实现存在高性能需求与低效的算法实现之间的矛盾,应用软件密码集成门槛高等挑战,国家网络安全建设的迫切需求正倒逼密码技术的发展。

在产业链支撑方面,虽然我国已初步建成较为完整的商用密码产品供给体系,但多数以较为独立的模块或产品销售,存在与具体应用的主流设备和系统融合度不足的问题。当前,密码算法多以内嵌的形式固化于主流的设备和系统中,算法的选择和产品实现方式完全依赖于设备生产商,密码算法与设备和系统的深度耦合不仅制约了密码算法的选择,同时增加了系统的维护难度和成本。

此外,在产业环境角度,我国产业生态环境虽呈现优化趋势,但仍然缺少具有影响力的权威行业协会或产业联盟组织对商用密码产业发展进行引领,形成企业参与联盟和协会的热情虽高,但缺乏一致性目标的“两张皮”怪圈,导致产业链上下游资源凝聚力不足,产业缺乏协同。

在密码人才方面,密码人才匮乏已成为制约密码合规、正确、有效使用的瓶颈。数据统计显示,未来十年我国信息安全人才总需求量为 140 万人,而当前仅仅有 3 万名毕业生,人才缺口高达 98％,每年培养的密码学专业人才仅上千人,人才数量与质量、结构与市场需求不匹配。通过梳理相关政策法规可见,商用密码应用指标虽不多,但是与实际业务系统或平台紧密耦合,不仅涵盖数据流转的各个环节,还覆盖对密码设备和网络资产的安全防护,涵盖密码算法、密钥管理、密码产品、密码标准等内容,牵涉背景知识多,对密码相关的网络安全从业人员的背景知识要求较高。

9.4.3 我国商用密码下一步发展的重点

为充分发挥商用密码技术的核心支撑作用,强化网络安全,有力保障我国关键信息基础设施安全,仍需加强以下几方面的工作。

9.4.3.1 建立健全密码管理体制

在国家网络安全法治建设的总体框架下,建议国家密码管理部门以《密码法》的出台为契机,加快密码领域法律制度的整体规划和顶层设计,持续推进《商用密码管理条例》等配套政策法规的制修订工作,做好《密码法》与《网络安全法》《关键信息基础设施安全保护条例(征求意见稿)》《网络安全等级保护条例(征求意见稿)》的相互衔接,加快构建以《密码法》为核心的密码管理法律制度体系,理顺体制机制,明确职责任务,狠抓落实,确保各行业密码管理工作有法可依,有规可循。此外,为确保《密码法》的落地实施,有效推进商用密码的应用,重要行业应加快行业内商用密码应用规范及商用密码应用测评等相关管理要求的制修订工作。

9.4.3.2 持续完善标准化体系建设

在标准化体系建设方面,首先应加快编制并发布面向等保2.0的等级保护对象的商用密码应用标准,发挥标准化对技术引领、产业发展的重要支撑作用。加快推进行标 GM/T 0054—2018《信息系统密码应用基本要求》升级为国标《信息安全技术 信息系统密码应用基本要求》的进程,做好与网络安全等级保护、关键信息基础设施安全保护的衔接,为网络运营者、系统承建者开展系统规划、系统建设、系统运营中的密码应用提供重要工作依据。

其次,为更好地适应各行业差异化的安全需求,应聚焦重要行业,明确行业内密码应用的安全需求,完善密码应用标准化工作,指导各行业开展商用密码应用工作,充分发挥标准化的基础性和引领性作用。

最后,持续推进我国自主研发的商用密码算法标准的国际化进程,扩大我国商用密码产品和服务的影响力,有效解决商用密码算法与国际密码算法的互联互通问题,增强我国密码产业国际竞争力,提升我国在密码标准方面的国际话语权。

9.4.3.3 强化密码技术自主创新

"有备则制人,无备则制于人。"核心技术是国之重器,而在我国部分关键领域核心技术受制于人的局面仍未得到根本改变。为尽快扭转核心技术受制于人的被动局面,需牢牢牵住核心技术自主创新这个"牛鼻子",加强密码技术基础研究,积极开展商用密码技术创新、加强关键核心技术攻关,提升产品性能,促进密码技术的成果转化,缩小商用密码技术与国际主流密码技术之间的技术差距,切实提升密码产品服务质量,夯实密码基础支撑能力，为贯彻落实等级保护制度提供重要保障和基础支撑。可重点布局加强面向政务云、面向工业互联网/物联网等领域的平台化、开放化密码管理服务能力建设，以不断适应网络信息技术万物互联、智能化的趋势。

9.4.3.4　优化商用密码产业生态环境

商用密码产业化发展是商用密码服务国家安全战略的内在需求，是实现商用密码自主创新成果转化运用的必由之路。建议以重大工程、重大专项等为牵引，搭建商用密码协同创新大平台，统筹利用政、产、学、研、用等各类资源，促进政府、企业、高校、科研院所、商用密码产品生产商等不同社会部门围绕密码学术研究、商用密码产品研发、商用密码应用推广等内容，突破原有界限壁垒，实现人才、知识、技术、资本等各类创新要素的优势互补和深度耦合，统筹推动商用密码基础理论研究、标准化推进、产业链融合、检测认证同步实施，促进商用密码产业多样化、全覆盖发展，打造商用密码发展新业态。

此外，可选择密码应用基础牢固、产业链条成熟、聚集效应明显的地区建设商用密码应用示范基地和平台，围绕密码应用技术研发、应用示范、产融合作、人才培养等关键环节，探索产业发展创新路径，促进产业聚集发展，发挥先行先试和示范带动作用。

9.4.3.5　着力完善人才培养机制

学科是知识体系的载体，专业是人才培养的平台。为解决密码人才的巨大缺口，需尽快完善密码人才培养的顶层设计和战略规划，确立以实现国家安全战略为密码人才培养目标，建立政治素养过硬、专业基础扎实、实践能力强的密码人才队伍。同时，强化密码专业学科和师资队伍建设，强化密码学科建设。

此外，积极探索产学研协作创新培养模式，鼓励通过校企合作构建创新基地合作，提升网络安全教育培养质量，夯实网络安全工作的基础。加快网络安全人才与创新基地建设，尽快形成校企合作的持续培养机制，推动网络安全高层次人才队伍不断壮大。

参考文献

[1] 秘书工作.《中华人民共和国密码法》解读[EB/OL].(2019-12-03)[2020-01-03].https://mp.weixin.qq.com/s/PVQ2wmAM06W8VLaEnPktsA.

[2] 国家密码管理局.国家密码管理局新闻发言人解读《密码法》[EB/OL].(2020-01-03)[2021-01-15].https://mp.weixin.qq.com/s/3VGjbQRcen9mfxgcX4_FHA.

[3] 霍炜,郭启全,马原.商用密码应用与安全性评估[M].北京:电子工业出版社出版,2020.

[4] 国家密码管理局.密码法背景下的商用密码应用及挑战[EB/OL].(2020-04-12)[2021-01-15].https://mp.weixin.qq.com/s/bKOAmrIp1tiUAkZmQZDwjA.

[5] 新华网.筑牢维护国家安全的密码防线——《中华人民共和国密码法》颁布一

周年工作情况综述[EB/OL].(2020-10-26)[2021-01-15].http://www.xinhuanet.com/legal/2020-10/26/c_1126658325.htm.

[6] 国家密码管理局商密办.深入贯彻落实密码法,全面推进商用密码法治建设[EB/OL].(2019-12-25)[2021-01-15].https://www.oscca.gov.cn/sca/c100238/2019-12/30/content_1057312.shtml.

[7] 李兆宗.新时代密码工作的坚强法律保障[EB/OL].(2019-12-25)[2021-01-15].http://politics.people.com.cn/n1/2019/1029/c1001-31425032.html.

[8] 王榕,谢玮,曹珩,等.我国商用密码管理现状与发展对策建议[J].信息安全与通信保密,2020(3):83-90.

[9] 江东兴,董贵山,李学斌,等.新时期商用密码泛在化运营服务研究[J].信息安全与通信保密,2020(6):81-87.

[10] 王勇,岑荣伟,郭红.国家电子政务外网电子认证系统 SM2 国密算法升级改造方案研究[J].信息网络安全,2012(10):83-85.

[11] 张岳公.商密产业迎来历史发展机遇[J].中国信息安全,2019(11):76-78.

[12] 桑杰,许雪姣,刘硕,等.基于国密算法的分布式加密存储研究[J].中国信息安全,2020(1):9-12.

[13] Hyperledger 超级账本.Hyperledger Fabric 国密改造项目介绍[EB/OL].(2020-11-16)[2021-01-15].https://mp.weixin.qq.com/s/FoO2ZdeAaRzniPMU6Wu7hQ.

[14] 网络安全观.商用密码应用与安全性评估[EB/OL].(2020-08-20)[2021-01-20].https://mp.weixin.qq.com/s/qYgp3sNX9TX4rPCuBviCtg.

[15] Cismag.商用密码在政务外网的应用思考[EB/OL].(2018-06-01)[2021-01-20].https://mp.weixin.qq.com/s/_jc178JZ6a8bRor0HrBpXA.

[16] 唐明环,许一骏,徐秀.金融行业商用密码应用初探[EB/OL].(2020-05-17)[2021-01-20].https://mp.weixin.qq.com/s/NYaO-px01WN7r3AyqJKqYQ.

[17] 数观天下.疫情下的商用密码市场及未来发展趋势[EB/OL].(2020-04-08)[2021-01-20].https://mp.weixin.qq.com/s/BB0u5hJ8cdMhJlSIE1CXsw.

[18] 秦放.千兆国产化商用密码卡技术[J].通信技术,2019,52(5):1257-1262.

[19] 杜峰.践行《密码法》精神,走进"密码+"时代[J].中国信息安全,2019(11):79-81.

[20] 万玉涛.国家对密码实行分类管理[N].政府采购信息报,2019-11-04.

[21] 崔光耀.推进商用密码在新技术环境下的广泛应用[J].中国信息安全,2018(8):5.

[22] 陈红,赵宏瑞.国家安全视域下中国特色商用密码信息安全法律体系构建[J].信息安全与通信保密,2020(6):29-35.